20

外国美学

International Aesthetics

中国社会科学院文学研究所文学理论研究室
中华美学学会外国美学学术委员会 编

江苏教育出版社

图书在版编目（CIP）数据

外国美学. 第二十辑 /汝信主编. —南京:江苏教育出版社，2012.4
ISBN 978-7-5499-1667-2

Ⅰ.①外… Ⅱ.①外… Ⅲ.①美学—国外—丛刊 Ⅳ. ①B83-55

中国版本图书馆 CIP 数据核字(2012)第 062088 号

书　　名　《外国美学》第二十辑
主　　编　汝　信
责任编辑　周敬芝
出版发行　凤凰出版传媒集团
　　　　　凤凰出版传媒股份有限公司
　　　　　江苏教育出版社（南京市湖南路 1 号 A 楼　邮编 210009）
苏教网址　http：//www.1088.com.cn
集团网址　http：//www.ppm.cn
照　　排　南京前锦排版服务有限公司
印　　刷　江苏凤凰通达印刷有限公司（电话 025-57572508）
厂　　址　南京市六合区冶山镇（邮编 211523）
开　　本　787×1092 毫米　1/16
印　　张　26
版　　次　2012 年 5 月第 1 版　2012 年 5 月第 1 次印刷
书　　号　ISBN 978-7-5499-1667-2
定　　价　50.00 元
邮购电话　025-85406265，85400774 短信 02585420909
E-mail　jsep@vip.163.com
盗版举报　025-83658837

目　　录

Contents

神学美学

主持人语：

美学与神学

尤西林

美学作为启蒙哲学派生学科，历来被启蒙意识形态划拨在与神学对立一方。中国启蒙文化时代也有“以美育代宗教”信条。然而，即使在这种对立理解中，美学与神学以及美育与宗教的同一层次关联关系也已突显出来了：美学抗衡神学或美育取代宗教，恰恰意味着双方具有相对称或相近的功能地位。而且，即使接受上述现代进步谱系，作为历史接续，双方也必然包含了传递与继承的联系。但是上述统一性关系被18世纪以来的现代性及其意识形态压倒掩盖了。由此塑造了美学的流行观念。美学被它的表面命名“感性学”俘虏，乃至濒临于“享乐学”甚至“肉欲学”。持此类美学观念者往往以尼采美学为鼻祖，却不懂得尼采恰恰站在美学与神学、审美与信仰近乎刀刃般统一的分水岭顶端：尼采的美学就是神学，但是美学化的神学，或者说，是负号神学的美学、企图取代神学的美学。处在顶端的尼采美学当然承袭了神学的气质，而“肉欲学”美学则是从尼采的顶端坠落到感官享乐泥沼的美学。从学术思想史角度看，“肉欲学”美学不仅背离了尼采美学，也背离了美学启蒙问世时深邃的历史使命。美学观念的这一演变根源于现代性的历史演变①。

以巴尔塔萨为代表而崛起于20世纪并引起包括中国在内的世界美学关注的神学美学，在一定意义上却是要重新返回到尼采所代表的神学与美学的关联性状态。但是，巴尔塔萨所代表的神学美学是以神学统摄美学，亦即以宗教信仰涵摄审美。具体讲，神学美学关注的是

---

① 美学学科史研究必须结合思想史特别是启蒙与现代性关系才能深入下去。局限于词源学或业已分科的凝固学科史研究不仅是表浅的，甚至可能误导向歧途。

感性的审美经验如何见证(μαρτυρια)超感性的神性,或者说,超感性的神性如何主导着感性的审美。这一立场与哲学-美学史上的柏拉图主义相吻合,20 世纪的神学美学从而激活了从柏拉图到普洛丁的柏拉图传统,并通过奥古斯丁凸现了神学与柏拉图主义的关系。但是,对于神学美学来说,神学与美学的关系,在根本上乃是由基督宗教"道成肉身"这一信仰立场所决定的。"道成肉身"不仅肯定了感性世界所体现的超感性世界意义,而且将前者置于后者所规定的向度域。这一向度禁止审美在内的感性经验的僭越,著名的"反拜偶像"原则与运动,不仅是反对沉迷于感性,而且是反对由于感性肉身可以上溯不可见者(上帝)而将上帝感性化。因此,感性与信仰之间的对立统一紧张关系贯穿着基督宗教思想史。其中同时包括着神学与美学的对立统一紧张关系。对审美经验作神学解释的"神学美学"(theological aesthetics)不同于试图将神学纳入美学或以美学为旨趣的"审美的神学"(aesthetic theology)①。

因此,"神学与美学"是一个不同于"神学美学"的论域。前者是人文科学研究,后者却必须至少保持最低限度的信仰态度。美学对于神学美学进而对于神学的兴趣,乃是基于审美与信仰这两种人性高级精神形态的相近相仿的比较意义;从精神史与思想史角度看,则是在人类心性情趣从古代转型为现代后,导致宗教与审美所发生的新的深层关系:这种关系不仅指古今嬗替与交接,而且是指,当宗教与审美面对共同的价值虚无主义与消费享乐主潮时的彼此援引渗透。质而言之,"神学与美学"课题的时代背景,乃是美学与神学在反省现代性与重建现代精神这一历史平台上的空前接近与相互吸引。如本文开始所指出的,美学的现代性演变趋势乃是背离信仰或非精神化。正是这一趋势,逼使美学依靠分析技术混合艺术学维持边缘化的学科局面。从而,神学美学乃至神学成为沉迷于"肉欲美学"的时尚解毒剂,也成为美学恢复自身固有向上精神维度的积极资源。

为本辑专栏所撰写的七篇专题论文中,盖格《神学与美学》一文可作为进入神学美学论域的纲领性导论。该文不仅全面地介绍了神学美学的代表性作者及其观点,而且系统上溯了神学美学的思想史及其

---

① 参阅耿幼壮:《审美的神学:或巴尔塔萨以后的神学美学》对这一组概念的梳理。《基督教文化学刊》第 20 辑,北京:宗教文化出版社,2008 年。

内在矛盾。张俊关于巴尔塔萨神学美学视域中的先验美学谱系研究，不仅提供了一种从神学美学角度解读西方古典美学源流的独特视野，而且怀抱有更大的抱负，那就是为西方古典美学传统的现代分梳奠立部分基础，从而在批判现代性基础上指向一种吸收了真善美统一古典思想的未来美学。萧潇在同一方向上致力于阐释神学美学对于美学重建的意义，作为“感性学”的美学，“就是从各种感觉中提炼精神意义，将依附在每一个姿态、事件和现实中的精神彰显出来。”同时凸显出神学美学的基督宗教底色：神学美学所理解的“美”，与“爱”及“真”不可分割，这有别于以“善”为主要关系方的传统美学。刘光耀对诗与诗人的神学前提的追溯，颇似海德格尔关于艺术作品本源的存在论追究。面对神学与美学相关联的神学美学，他的强调是，如果美学希望从神学美学中获益，就必须以一种完整健全的神学信仰建设为前提。美学对于艺术学的深层思考，从来是美学区别于艺术学并且为艺术学所期待与依靠的。本辑所刊登的其中两篇论文则表明，神学美学眼光的引入，对于艺术学的美学深化研究是何等卓有成效。陆扬关于希腊悲剧与希伯来相同文本的风格差异细读，实际通过对后者的神学美学解释，清晰揭示了美学与艺术学著名的悲剧净化说的信仰渊源。只有在超越人本苦难的信仰平台上，一种如托尔斯泰所言的超越了肉身痛苦与个人不幸的世界性悲剧美感才获得支撑与合乎逻辑的渊源解释。柏峻霄关于奥古斯丁神学音乐思想的研究是对西方音乐史一个关键问题的开拓。基督宗教对于西方音乐的重大意义是一个显性事实，诸如格里高利圣咏(Gregorien Le chant du silence)之里程碑地位。但是，音乐史的史实只有在美学思想史的解释下才被理解为内在的规律；而美学解释借助奥古斯丁神学才得以进入基督宗教与音乐的内在关系，等等。

神学与美学的关系是积极而复杂的。愈是如此，美学愈应研究这一课题。

灵性、诗性互看:我向神学美学期望些什么?

——一个神学诗学思索者的独白

刘光耀

内容提要 人类行动是诗性的,一种像诗一样的模仿。但行动仅是对行动意图的模仿,诗则是对这种模仿意图之行为的模仿,即对人意识的意识,出自于更整全、纯粹、高级的意识层面。这样,对一位基督徒诗人来说,其写作的处身位置便必更趋近于圣灵。按照基督教,圣灵是在耶稣基督的在世行动结束之后赐下的,故更具未来性。悲剧正是未来意识的体现,中国基督徒诗人未创作出悲剧,意味着其向圣灵的趋近尚为欠缺。

关键词 行动 模仿 诗性 圣灵 悲剧

谁有了宗教,就将谈论诗。然而哲学是寻找并发现诗的工具。①

——施勒格尔

一、一个给基督徒诗人的问题

1 若从一个基督徒或者基督徒诗人的眼光来看,不难想象,他完全有理由说:一个非基督徒的生活、一个非基督徒诗人的创作可以是有某种意义、价值的,但其意义、价值却是不充分的,残缺的;因惟有基督教的上帝才是“独一的真神”,②不以之为基的一切都只是相对性、预备性的东西,就像在但丁(Dant)《神曲》中连荷马(Homer)、奥维德

① [德]施勒格尔:《浪漫派风格——施勒格尔批评文集》,李伯杰译,北京:华夏出版社,2005年,第111页。

② 约17:3。

(Ovid)、维吉尔(Vergil)这样的大诗人及柏拉图(Plato)、亚里士多德(Aristotle)这样的大哲都要在"林菩狱"等候基督的判决那样,虽然从荷马、柏拉图至今两千多年(对荷马,已快三千年)已过去了,非基督的生活、非基督徒诗人的创作其意义、价值也仍旧是残缺的,甚至堪称是前意义、前价值的,因其尚在通向基督教的意义、价值之域的途中。

2　当然,从非基督徒、非基督徒诗人的眼光来看,这自然是有问题的。

现在,略过该"有问题"不论,我心里想问的是:若一基督徒已然循着耶稣基督的教导生活过了,已"因信称义",已然置身于救主的"道路、真理、生命"[①]之中了,也就是说,他已然得救了,那么,他究竟为什么还要写诗,还要"创作""文学"呢?这对其之得救必需吗?

很明显,似乎不可说是必需的。因为:

> (一)《圣经》上没这么说过,也没有哪位神父、圣徒、神学家、神学美学家这么说过(有没哪位诗人说过,是我不知道的);
>
> (二)从基督教信仰的历史上看,这么说是荒唐的:历史上基督徒中有多少个文盲啊!即令在今天不也一样!他如何会写诗呢?况且,即令不是文盲,诗人在基督徒中岂不仍寥若晨星?若不能诗文者不能得救,他们岂不都白信了?如果这样,有资格或能力来"信基督教"的还会有几人?

3　显然,这个问题首先是提给基督徒诗人的,他有必要对此做出在逻辑上严谨的澄清。同样显然的是,该问题即使没有谁来提,对基督诗人来说,他也必须对之做出某种澄清,不论有意识抑或无意识地、自觉抑或盲目地、多或少地。因若没对其创作的合法性、必然或必要性的确信,他怎会毫不犹豫地投身进去?

4　那么,在这儿,是谁在"提"此问题呢?

是神学美学家、神学诗学家。当然,去掉"神学"这个修饰语,一般所谓美学家、诗学家也完全可以且可能提出此问题。仅仅由于该问题对神学更具相关性,由于也许其只有在神学的论阈内才可望得到更具人文学术之"公共性"的考察——在我看来,只有神学或基督教哲学才

① 约14:6。

是超神学、超宗教的更具哲学品质的哲学①——我更愿说这是神学美学或神学诗学家提给基督徒诗人的问题。

5　那么,基督徒诗人必须回答这问题吗?他可不可以不加理会?因明摆着的是,不论回不回答、理不理会,他都照样写作。并且,同一切诗人一样,基督徒诗人也同样会以仿佛不假思索的优越感对诸如此类的提问轻蔑地不加理会。而且,基督徒诗人的轻蔑也许会自以为是"基督徒"了而比通常诗人轻蔑得更傲慢,更不基督徒。作为诗人,他似乎不用想便会说:诗人是在诗学家、美学家之前的,没有诗人的诗作,诗学家等便没有可对之提问、研究的对象;而且,如果说是相应的对象诱使你提问,而任何答案其实已早为相应的提问所包含、所规划的话,那么,诗学、美学问题的答案归根结蒂其实皆已蕴藏于、置身于诗作中了。诗学家、美学家要做的应是从诗人的作品中、创作行为中将答案找出来,而不是向诗人去提问。也就是说:诗人、诗作是诗学(及美学;下同。本文对它们不细加区分而稍偏之于诗学)的立法者;诗学是关于诗的学问,诗在前,诗学在后,诗学及诗学家如何反能以一个先生的口吻向诗人提问?

6　其实,如是说正是包括许多基督徒诗人在内的诗人们最无知的地方。不错,诗、诗人在先,诗学、诗学家在后;若没有诗,诗学拿什么去"学"、去加以研究呢?但是,认识论上在先的东西,逻辑学上便一定在后吗?比如,我们自然是先认识了一个个具体的存在物,然后才进而认识了关乎于、并先之于具体的存在物,然后才进而认识了关乎于、并先之于具体存在物(beings)的"存在"(Be)的;是先行认识到一个个"相对"的东西,然后才终于认识到了在相对之上还有一个超越于相对之上的"绝对"或"绝对者"、"至高者"的;我们岂可因先向人显出其存在的是存在物、相对物,便断言存在、绝对在逻辑上也后之于前者,断言前者为后者的立法者?

7　因此,虽然诗学、美学出现于诗之后,虽然诗艺、诗艺的认识论品格出现在关乎诗艺的诗学、美学之前,丝毫不意味着诗学、美学之法则尽在诗中,不意味着诗学只能向诗人学,而不能给诗以恰其所需的告诫。想到当前中国的诗歌——当然,在这儿,首先主要是中国的基督徒诗歌——的情形当更是这样。诗学的"功夫在诗外",哲学解释学

① 参赵敦华:《基督教哲学1500年》,北京:人民出版社,1994年,第142页。

已经辩明:任何“学”(解释)在其进入“学”(解释)之前,已经自先有其“学”(“前理解”)了。尽管此一“学”也许是“偏见”,但它也正因此而能提供其所“学”、所研究的对象(诗)中本所没有的东西。

8 那么,在基督徒的生活行为发生之后还要有、或自发地已然有基督徒诗之创作,对基督徒的生命、得救来说,这意味着什么?另一方面,如果在基督徒诗之创作确然关乎其之生命、得求,神学美学、神学诗学又自诩自有其学,它能给基督徒诗歌与诗人的“忠告”又将是什么?

二、摹仿与诗性

9 且允许我们暂先回到神学美学、神学诗学以前的美学:亚里士多德的《诗学》。

人们也许即刻会问:为什么要先回到亚氏?他岂是神学美学?岂可让一个基督徒诗人听命于一个非基督徒的、前基督教甚或“异教”的学说吗?“若从一个基督徒或基督徒诗人的眼光”来看,神学美学岂不应比非基督教、前基督教的诗学高吗?

这当然应当是这样的。但没有疑问的是,“高”应是包括着“低”在身上,即是以“低”为基础的,而不是将“低”排除于已外,与“低”不兼容。金字塔顶耸立在金字塔基之上。若说亚氏诗学为整个西方美学奠基,则对神学美学、神学诗学来说,它至少也可是“埃及的黄金”。况且,基督徒诗歌既然是诗,其基本法则与性质便应不与一般诗歌相悖,由此,由非基督徒诗作立论的亚氏诗学亦当不与神学诗学相悖。

10 那么,亚氏诗学看诗的性质是什么?

摹仿。“史诗的编制,悲剧、喜剧、狄苏朗勃斯的编写以及绝大部分供阿洛斯和竖琴演奏的音乐,这一切总的来说都是摹仿”。其差别仅在于:“摹仿中采用的”“媒介”、“对象”与“方式”不同而已。[①]

11 那么,“摹仿”又是什么?

惯常的理解是“认识”、“反映”;诗如镜,映照“现实生活”。

但如今我们终于知道,反映说并未反映出“摹仿”一词在亚里士多德这位非中国的、马克思主义之前的诗学奠基人那里本有的含义。

---

① [古希腊]亚里士多德:《诗学》,陈中梅译注,北京:商务印书馆,1999年,第27页。

《诗学》的希腊文作“Aristelous Peri Poiētikēs”，即“亚里士多德的诗学”。据戴维斯(Michael Daris)令人钦佩的研究，“我们或许得重新翻译亚里士多德这本最常为人所读的小册子的题目。Peri Poiêtikês 或许意为‘关于行动的艺术’(On the Art of Action)”。[①] 也就是说，亚氏的诗学其实是“行动学”，《诗学》研究诗却不是在研究诗，而是在研究人类的行动。

12　那么，为什么研究人类行动不直接从人的实际行动着手，反而取道于诗？因为诗最为充分地体现了人的行动的特质：摹仿。在戴维斯，摹仿“是人类行为的区别性特征，无论何时我们选择做什么，我们都为自己设想了行动，仿佛我们正从旁打量着似的。意图不是别的，意图就是想象的行动——将外在的东西内在化。因而，所有的行动都是对行动的摹仿，是诗性的”。戴维斯说：“就所有人类行动始终业已是行动之摹仿说来，其本性恰好就是诗的。”[②]这里的意思显然有两层：(一)“所有人类行动始终业已是行动之摹仿”；(二)对“行动之摹仿”即我们通常所谓“诗性”。显然，摹仿与诗性的这种一体性、同一性，为亚里士多德从诗研究摹仿提供了可能与方便，故“《诗学》对诗的关注远不及对 Mimēsis(摹仿或扮演)的关注”。但必须即刻说明的是，亚氏由诗去研究摹仿，从根本上说却非出于什么“方便”，而是因为在逻辑上，“从摹仿自身无法直接把握摹仿，……因此，对摹仿的探究必须看起来像是对其产物的探究。诗是唯一的这种产物，但因为行动和思想都享有诗歌摹仿的形式，因此，诗对亚里士多德的目的来说最合适不过”。[③]

13　现在让我们更具体地看一下，为什么“从摹仿自身”即从人的实际行动“无法直接把握摹仿”。

戴维斯注意到，亚氏“《尼名马可伦理学》中对勇敢的思考最令人吃惊的是，亚里士多德严格限于用虚构的例子——阿喀琉斯、赫克托尔、狄俄墨得斯等。没有诗的话，几乎不可能看到使勇敢是其所是的因素”。原因在于，戴维斯说，“勇敢总是意味着战争中的勇敢，那么它将总是在政治背景中展示自己。战争乃城邦制造出来的，非个体之人

---

① 戴维斯：《〈诗学〉微》。刘小枫、陈少明主编《诗学解诂》，北京：华夏出版社，2006 年，第 4 页。

② 同上，第 7—8 页。

③ 郝兰：《悲剧性过错：重启〈诗学〉》。刘小枫、陈少明主编：《诗学解诂》，第 277—278 页。

为之”。故“勇敢最高的虚假形式乃是政治的勇敢;其目标在于荣誉”。也就是说,因荣誉及城邦相关政治因素的渗入,在人实际行动中表现出来的勇敢并不是充分真实的勇敢,“从行为本身并不能知道勇敢这些虚假形式和真实形式之间的区别”。因此,“如果勇敢是一种德性,它应该具有某些超越任何特定城邦的东西”。那么,这种作为德性的勇敢其寻何处?诗所编排(更准确些:摹仿)的故事。戴维斯说:“我们需要完整的故事,而这只有诗能给我们。诗让我们看到一个人的内在世界,那样我们才能歌颂他们对 Kalon 的热爱。”

“Kalon”意为“高贵”。综括看,戴氏意可有三:一,诗给人的是纯粹的、作为纯粹之德性的勇敢;二,纯粹的,当然也是完整或“整全”的;三,与实际行动中的德性不同,“诗使我们在行动整全之前就能将其作为整体来体验。这种整全于是成为这种体验自身的一部分。……因而是诗建构了这种体验。……一般来说,或许诗之对于道德性乃是必需的条件”。①

14　接下来当问的显然是:诗是怎样实现或创造出了纯粹德性或整全生命的呢?

理解这一点的秘密仍是摹仿,即诗的摹仿。

不难看出,若说行动已然是(对意图的)摹仿,那么,作为对行动的摹仿,诗——当然,在亚里士多德心中,首先且主要的是悲剧,他定义“悲剧是对一个严肃、完整、有一定长度的行动的摹仿”②——则显然堪称对人的摹仿行为的摹仿,即“摹仿的摹仿”了。正是这种(对行动的)摹仿的摹仿,诗创造出了人的实际行动所没有的,更纯粹、更整全的德性。亚氏所谓诗比历史更具“普遍性”,③于此亦可见一般。令人兴趣盎然的是,在这儿很清楚地看到柏拉图的影子。柏氏以诗是对事物和人的行为的摹仿为由,贬诗同真实(理念、理式)隔了两层,亚氏却反其道而行之,从相反的角度判明,恰是这“摹仿的摹仿”为诗赢得了更纯粹完整并因之而更高级的真实性、真理性。

---

① 戴维斯:《〈诗学〉微》。刘小枫、陈少明主编《诗学解诂》,第 6 页。

② [古希腊]亚里士多德:《诗学》,第 63 页。

③ 同上,第 83 页。

三、从诗性到灵性

15　那么，如果说戴氏的《〈诗学〉微》所发掘出的亚氏《诗学》的微言大义不错的话，对于基督徒及其诗人、诗作来说，这意味着什么呢——试想：除说意味着基督徒诗人的诗作从整体上创造了纯粹、整全，从而更合乎三一上帝意旨的德性外，还会意味着什么？

16　如果这么说是对的，这会令人禁不住询问："摹仿的摹仿"魔力何在？难道仅凭摹仿本身，诗所创造出的德性、生命比基督徒实际生活行为或生命行动所已实现的德性便还要高，还要纯粹、整全吗？

17　问题的回答仍须回到摹仿。

前已言，摹仿总是出于、并为了相应意图之实现所进行的摹仿。

显然，这使我们必须说，诗对摹仿的摹仿亦然：它必也出于、并为了相应的意图。

那么，那是什么样的意图呢？

18　无疑的，是想象性的意图。这种意图只是要通过对（人的）摹仿（行为）的摹仿表明自己，即表明自己的意图之作为意图，却并没有要求立即实现它的实际行动。

19　那么，这种意图意味着什么？

岂不意味着它更趋于圣灵，领受有更丰富的灵性吗？

我心里想的是：一个基督徒，当他依基督的教导生活时，可否说那也是一种道成肉身呢？我想可以。因道成肉身的含义便是上帝之道（言、话、逻各斯；下同）成为人的样式，以人的样式活出来上帝之道。这样，如果不拘泥于道成肉身的字句含义（上帝之道或上帝本人亲自成为肉身），如果人以本已之肉身接纳上帝之道，使自己实实在在地活出了上帝的"形象和样式"，[①]使神圣逻各斯的光辉透过他的肉身彰显出来之时，他不也是一样道成肉身、也得了圣子的名份吗？当然，这与上帝本人、神圣逻各斯本身之道成肉身不可等量齐观，与圣子耶稣不可等量齐观，但这并不妨碍在类比的意义上将之视为相等。因为：在信仰上，既然人乃上帝的形象和样式，这个形象和样式自含有上帝道

---

① 创 1:26。

成肉身的形象和样式，在一定意义（即类比意义）上说人之依神言而行为道成肉身并不与圣经相左；在逻辑上，人对上帝的摹仿、仿效（“效法基督”）永远只能是近似的、类比的——对此人们所论甚多，十分明白：既为“形象和样式”，便如镜像、照片之于原型，便只能是近似的、类比的。

20　这样，若人依神言而行的道成肉身的类比可以成立，则下一个类比便也是成立的：一个基督徒，当他在一种行为、一段生活行动结束之后过头来反观那行为、行动时，他已不是再站在道成肉身的圣子的身位，而是已然站在圣灵的近旁、置身于圣灵的身位了。

理由有二：一，圣子来了，但并未永驻，圣子又离去了；二，圣子离去之后到来的是圣灵——圣子耶稣基督说：“我要把实情告诉你们，我去对你们是有益的。如果我不去，保惠师（亦可译为“圣灵”——引者）就不会到你们这里来；我若去，就会差他到你们这里来。”①

我心里想的是：若说人依上帝之言而行如道成肉身的圣子耶稣基督，则随着时间中人日子的流逝、消失，便可如耶稣基督之离开世界；这样，若说耶稣基督去后随之而来的是圣灵的降临，圣灵乃圣子之工作的继续，那么，人在“效法基督”之后对自身行迹的反观或摹仿，所凭借的身位，在逻辑上，不恰就应是圣灵吗？

21　由此可以解释，为什么已努力效法基督地活过了的基督徒诗人仍然要不可遏止地投身于诗的创作了。比如但丁（Dante），在被仇敌追杀、四处躲藏、食不裹腹的放逐岁月里，却时刻将《神曲》的稿子带在身上；比如陀思妥耶夫斯基（Dostoevsky）贫病交迫还要为《卡拉玛佐夫兄弟》等拼命劳作——而他们都虔诚信主！为何写作呢？因他们被圣灵充满！因圣子走了，却“差”来了圣灵，现在圣灵在他们心里动工，催迫其以诗摹仿其曾经有过的行动了！

22　由此还可以解释，为什么基督徒诗人能创造出比其曾有之生活所表现出来的更纯粹、整全，更趋近于上帝之真理的德性。因为“真理的圣来了，他要引导你们进入一切真理”②，而“真理使他们成圣”，圣父“叫他们也因真理成圣”！③　圣灵的真理催迫基督徒诗人要努力投身

① 约16:7。

② 约16:13。

③ 约17—19。

创造!

例如《神曲》。梅烈日柯夫斯基(D. S. Mereskovskij)令人赞佩的研究表明,在写作《神曲》之前或之外的但丁对"三"(位一体)的真理也许并不始终清醒,天和地之"二"在他那里并不总是相交为十字线,却时常是平行线,他身上有基督,也有反基督,有但丁,也有反但丁;①他对贝雅特里齐的爱以及后者对他的爱也并不时刻都圣母般高贵、圣洁;②但在《神曲》中,"对于但丁来说,在神圣的母性的秘密当中,贝雅特里齐与神圣的童贞女马利亚结合在一起了"。③ 在现实中他从未那么激烈地反对罗马天主教会,更从未说出或未敢说出盼望"新的教会",盼望"三位一体的第三位圣灵也必须降临,以便赎回教会的罪孽";④但《神曲》中响彻云霄的则是"三",则是对"新的教会"即圣灵的"第三王国"的期盼,"《神曲》中转动一切的轴心是圣灵新的降临"。⑤

23　这使我们有理由期望——我想说的首先是、并主要是向中国的神学美学期望,期望能通过她呼吁如今中国的基督徒诗人能够更自觉地站入圣灵的身位,领受、祈求圣灵的指引与浇灌,从而首先为今天中国的读者、中国的基督徒提供更多的出于圣灵、更具灵性的信息,彰显更纯粹、完全的为圣灵所喜悦的品质或德性,却不要胶执于"第二约"《新约》经文字句,以及相关的基督教历史传统所形塑的教条教义、信理信条,更不用说连新旧约也不加区分,⑥甚至胶执于第一约《旧约》,将旧约混同于新约了。也许可以说,一个基督徒诗人,当他执笔写作之际,"第三约法"即圣灵之约,"第三个圣灵王国"⑦便已然向他发出邀请,已对他降下自由创造的恩典:惟"主的灵"能让"被掳的得释放,瞎眼的得看见,叫那受压制的得自由"!⑧ "哪里有圣灵,哪里就有

---

① [俄]梅烈日科夫斯基:《但丁传》,刁绍华译,沈阳:辽宁教育出版社,2000年,第319—329页。

② 同上。

③ [俄]梅烈日科夫斯基:《但丁传》,第391页。

④ 同上,第342页。

⑤ 同上,第345页。

⑥ 参章智源:"《圣经》的两约观"。刘光耀、杨慧林主编《神学美学》第3辑,上海:上海三联书店,2009年。

⑦ [俄]梅烈日科夫斯基:《但丁传》,第389—393页。

⑧ 路4:18。

自由”,[1]圣灵使“你们必晓得真理,真理必叫你们得自由”![2] 自由非他,自由即创造。伟大的俄罗斯宗教哲学家、神学家、神学美学家别尔嘉耶夫(N. Berdjajev, 1874—1948)深刻地称上帝为自由,为精神和创造,为自由、精神、创造的三位一体。[3] 正是圣灵的真理所赋予其之创造的自由,使基督徒诗人敢于且能够说出其实际信仰行动中所欠缺或没有的东西,使其甚至敢于且能够像一个否定神学家那样言圣经之所未言。[4] 试想,在圣灵之自由中的诗作如何会不令人惊奇、奇异,因为其乃出于圣灵的创造!诚然,这样的诗作对许多基督徒及非基督徒来说可能是难以理解和接受的,是“深奥诗”。[5] 仍比如《神曲》,不仅仅七十余年前的鲁迅,读一读中国高校外国文学教程中关于《神曲》的章节,今天的人们又读懂了多少呢?但这又何碍其伟大!也许圣灵充满的诗作不会登时便妇孺传诵,也许它们必须初听之下应如五旬节门徒所说之“方言”![6] 而中国的基督徒诗人之所以还没有写出《神曲》等般伟大的诗作,岂不正意味着大家离圣灵尚远,尚未自觉而充分地向圣灵开放、吁请和聆听吗?

四、诗性、灵性的互看:对中国神学美学的期望

24 人们这里也许会心生疑问:既然前边说,当基督徒诗人开始摹仿其堪称道成肉身的行动时便意味着他已然站圣灵身位了,怎么又说中国基督徒诗人离圣灵尚远,需要神学美学的呼唤呢?这岂不在逻辑上自相矛盾吗?而你总好像说很讲逻辑似的。

25 我想,由诗的创作开始的对圣灵的趋近或“站入”,应区分为两个方面:形式、心灵(内容)。作为人行动的摹仿,诗在形式上毫无疑

---

① 林后 3:17。

② 约 6:63。

③ [俄]H. A. 别尔嘉耶夫:《精神王国与恺撒王国》,安启念、周靖波译,杭州:浙江人民出版社,2000 年,第 14—22 页。

④ (托名)狄奥尼索斯:《神秘神学》,包利民译,汉语基督教文化研究所,1996 年,第 92—97 页。

⑤ [德]施勒格尔:《浪漫派风格——施勒格尔批评文集》,第 252 页。

⑥ 徒 2:4。

问地已经超越了人现实的实际行动，这种摹仿本身已然丝毫无疑地是向圣灵趋近的形式了。理由非常简单：诗的摹仿不用说是一种反思，而任何反思都意味着从原来的处身位置“抽离”出来，站入原来所站位置的“外面”，而且是比原来的位置更“高”的地方去反观自己。没有反思就没有人精神上、灵性的提升。这种在人现实的行动之“外”、之“上”且使人“提升”的所在，不是圣灵之维又会是哪里？不惟对基督徒诗人，即使对非基督徒乃至反基督之徒，其在诗的摹仿中都至少在形式上离圣灵近了一步。必须说，诗的摹仿这种行为形式的产生本身便是人回应上帝召唤的某种结果，尽管人可能会以这种形式去反对上帝，正像在形式上美的发生便是人背离上帝，想“像上帝一样”①的罪之所致。② 但正如所谓上帝可以在罪中兴起拯救、实现其正义一样，③即使是对上帝有罪、错谬的回应，上帝仍然对他而在，尽管是以隐晦的、别样的形式存在。赘言之，正像人皆使用语言，尽管所言不同，但只要他在使用着，语言形式本身的力量（无疑，也是一种逻辑性的力量）便潜在地发挥着揭露其谬误、引导其趋向真理的作用了。比如，所谓汉语自20世纪80年代以降开始主动“承纳”上帝之言（刘小枫语）的历程应作如是观吧。不论怎么说，不论说对说错，只要在“说”的形式之中，你便是在语言之中的，便终有希望被语言所提升。

26　然而，问题也恰出在这里：说之为说除了有说的形式，还要有所说的“话”，即要有“所说”，要有所说的“话”，即“有‘话’要说”。这意味着：“说”从“话”来；若“无话可说”，则何说之为？那么，“话”从何来？岂不由“听”？“说话”岂不乃对“听话”的回应？说总是要说给谁、说给某个人的，是从对对方那里“听”到的“话”的回应或“学说”、（呀呀）“学语”：无听无说。

听对于说如此重要，那么，人是在怎么听的呢？很明显，听者心中不是一块白板，他心中原有的语言、言语在制约着、纠缠着他。

这便离下面的结论不远了：即便一个基督徒诗人，即使形式上似乎在听，形式上在圣灵之维，他也未必一定会听见并学言圣灵之言的，

---

① 创3:5。

② 参拙文：“先验差涩与美的发生”。《神学与教会》（台湾），总第二十五卷第一期（1999年12月）。

③ ［英］约翰·波尔金霍恩、［德］米夏埃尔·韦尔克：《关于上帝信仰的对话》，刘光耀译，北京：中国人民大学出版社，2005年，第103—104页。

因他心中原有的东西堵塞了他的耳朵。这样,他的诗作灵性匮乏又有什么不可能呢?吾敢大胆断言曰:在整体上,现在中国基督徒的诗作里圣灵的声音实在是微乎其微的![1]

27 根据何在?

根据:中国基督徒还没有创作出自己的戏剧——准确说,还没创作出自己的悲剧!

28 那么,何以说没创作出戏剧中的悲剧便意味着中国基督徒文学离圣灵尚远?

我认为,从诗学上看,人作为时间性的存在者,悲剧这种文体最本质的特征即对人的未来之在,即对人在过去和现在皆未曾有过的来自于未来之域的精神或德性的表现。究极地看,这种未来的东西恰应为圣灵所赋,圣灵即意味着未来:"真理的圣灵来了……要把将来的事告诉你们。"[2]对非基督诗人来说,戏剧之发生也许可以不说其未来意识直接关乎于圣灵;但对基督徒诗人言,其未来意识若不出于圣灵则其当出何处?这样,若中国基督徒诗人尚未创作出悲剧,岂不正暗示着其圣灵之匮乏?

另一方面,前以言及,圣灵即自由。依别尔嘉耶夫,所谓悲剧即来自圣灵王国或精神王国的自由对世界的"闯入",而世界的统治法则乃必然,故其必抗拒圣灵自由的"闯入",由之而有悲剧苦难的发生。[3]这样,在基督徒诗人笔下若无悲剧(戏剧)的发生,甚至连陀思妥耶夫斯基那样的悲剧性小说[4]也没有,可否说也暗示着其离圣灵距离尚远?

29 诚然,亚里士多德没有这么解释悲剧的发生。但深入地看,这里的解释与亚氏对悲剧的看法是恰相呼应的。

我们知道,亚氏诗学所着力处理的一大问题是"性格"与"情节"的关系。他视情节比性格为重要,并强调两者之冲突。戴维斯指出:"从《尼各马可伦理学》看来,很清楚,情节和性格总体的一致有点不自然,

① 参拙文:"俄罗斯神人思想与中国'灵性'文学"。杨剑龙编《灵魂拯救与灵性文学》,新加坡青年书局,2009年。

② 约16:13。

③ [俄]H. A. 别尔嘉耶夫:《精神王国与恺撒王国》,第112—136页。

④ [俄]尼古拉·别尔嘉耶夫:《文化哲学》,于培才译,上海:上海人民出版社,2007年,第10—11页。

突转变动必然发生于斯。"[①]情节即人物的命运遭际，它发生于人的生活环境；性格实在也就是人物禀持的精神、德性。前已言，依戴维斯，诗中的德性是真实的，比现实中的要纯粹、整全。试想：真实、纯粹而整全的德性岂能被现实环境所见容？戴氏所谓"情节和性格的总体一致有点不自然"，原因应在这里。也正因此二者不可能"总体一致"，故"突转变动必然发生于斯"。显然的，不难看出，情节和性格的总体不一致及由之引发的"突转"，与我们所谓上帝王国的精神、圣灵之自由同现实世界之必然的冲突，恰应是异曲同工的。在一定意义上，以悲剧为核心讨论各类文体之摹仿的亚氏诗学堪称神学诗学、神学美学的"预表"吧！

30 因此，事情又回到了文体，讨论灵性的神学美学再一次显出来同讨论摹仿，即讨论诗性问题的亚氏诗学的内在关联，显出两者之需"互看"。从悲剧摹仿的特质上，中国基督徒诗人与圣灵的距离将在新的层面被揭示。

前已言，在亚氏，一切人类行为都是摹仿性的，即诗性的。诗比人类行动优越的地方在于，作为"摹仿的摹仿"，它是对人的摹仿行为的反思、反观。因"人做什么都是两面性的，……它具有自我意识的部分和非自我意识的部分"。[②] 也就是说，在人的行动中，就其要按照（即摹仿）其意图去行动而言，他是有意识的，即他要时时"看"着意图的要求去行动。但很明显，他却无法在"看"意图之要求的同时也去看他对意图的"看"。诗的摹仿就是去看他的"看"，故诗的摹仿比实际行动的摹仿更自觉、站得更高。

31 于是，这便生出一个问题：诗看"看"，那么，诗的看要不要谁也去看呢？诗在看"看"时体现了更高的自觉意识，但若看不到自己的看，她的看岂不便仍是无意识、不自觉的？

解决这个问题，亚里士多德"转向戏剧"，因为"戏剧比叙事诗更大的程度上反映了做和看待做——也即行动和反思——之间的区别"。[③]细心地思考不难发现，在抒情诗、叙事类、戏剧这三大文体类别当中，惟独戏剧能够观看诗的看。抒情诗的摹仿即对人实际行动的观"看"

---

① ［俄］尼古拉·别尔嘉耶夫：《文化哲学》，于培才译，上海：上海人民出版社，2007年，第10—11页。

② 戴维斯：《〈诗学〉微》。刘小枫、陈少明主编《诗学解诂》，第8页。

③ 同上，第4页。

是由抒情主人公来实现的，但抒情诗主人公在抒情时却无法同时反观自己的抒情行动；同理，叙事类文体的摹仿即看由叙事者来实现，但叙事者在叙事时却无法同时反观其叙事行为。戏剧则全然不同。戏剧的摹仿（看）由演员对角色的表演来实现，但演员却能一边表演角色对人行为的摹仿，另一边同时又能旁观、“观看”自己的表演，能随时把握自己的表演，以使自己“演得像”。若一般的诗（抒情诗、叙事类）是“摹仿的摹仿”，则戏剧当是“摹仿‘摹仿的摹仿’”呢！

32　前边说到，一般来说，诗的摹仿比实际行动的摹仿所站的意识、精神的层次更高，因前者是对后者的反思。现在我们看到，悲剧的摹仿比一般诗的摹仿所站层次更高，因其（演员的表演）又是对诗的摹仿（剧中角色的行动）的反思。套用现象学认识论的说法，人的实际行动是相关目标、意图的直接意识（摹仿），诗是对实际行动的反思（摹仿的摹仿），两者都是意向性的；而悲剧则是“先于反思知识的内地意识”（笛卡尔）、“反思前的我思”（萨特）或“纯粹的直观”（胡塞尔），①是非意向性的，处于认识的最根基或最高的维度。这样，若一般诗的摹仿已开始站入圣灵之维，已向圣灵趋近，那么，说悲剧所占离圣灵更形趋近，在逻辑上应可站立吧。因对人的意识来说，“全知全在”的圣灵岂不正是非意向性的吗？

可以想象，在这儿也许人会疑问说：如此说来，只有戏剧家或戏剧中的悲剧家才是最趋近圣灵的，抒情诗人、叙事类文体作家就没有希望，就只好低于悲剧家了么？

我想，抒情诗人、叙事类文体作家能够尽其最大所能地趋近圣灵，他无疑能够写出充满灵性的抒情诗与叙事作品，像前边说到的但丁和陀思妥耶夫斯基那样。但同样无疑的是，正如在亚氏《诗学》、在古希腊里悲剧是诗中的最高者，是诗的典范，在基督徒文学里，抒情诗人、叙事类作家的座次怕也只好排在悲剧家以后了吧！

33　因此，我于中国神学美学的另一期待，是其由对圣灵的吁请而吁请基督徒创作之悲剧的诞生。吾敢断言曰：这悲剧一天不诞生，它便意味着在整体上中国基督徒的上帝信仰是残缺的、未完成或长成的、未成年的。试想，基督教被称为“悲剧的宗教”，②而若中国的基督

① 参周伟驰：《记忆与光照》，北京：社会科学文献出版社，2001 年，第 151—172 页。

② ［俄］尼古拉·别尔嘉耶夫：《文化哲学》，第 152 页。

徒诗人竟没有创作出自己的悲剧，你的信仰该怎样解释呢？如果上帝信仰残缺、未完成，中国的神学便不可能会整全和完成的。于是，相应的，中国的神学美学便也不可能会整全的、完成的。① 因为不论去如何定义与构建它，神学美学的定语都是“神学”，没有神学的先行整全、完成，整全、完成的神学美学便无从谈起——这样，顺理成章的，对中国神学美学最后当寄的期待便是：磨砺信仰，建设神学吧！

（作者单位：襄樊学院神学美学研究所）

① 当然，中国神学已然有了长足的发展，如果没有中国基督徒悲剧的诞生，中国神学美学也许同样是不完整的，因如果少了悲剧（戏剧），中国基督徒文学在文类上便是残缺的，很难想象在这种情况下神学美学会是完全的。参拙文《神人诗学刍议》；见拙编《走向神学诗学 14 诗人谈》，九州出版社，2012 年 4 月版。

俄底修斯的伤疤和亚伯拉罕献祭

陆　扬

内容提要　奥尔巴赫在《模仿:西方文学中现实的再现》一书中就荷马史诗和《旧约》叙事风格的比较,向来为人称道。奥尔巴赫的结论是荷马叙事面面俱到,不留悬念,然《旧约》的超越性特征,致使其叙事在平铺直叙的平静中潜伏着云谲波诡的张力。本着这一视野,我们比较俄底修斯回乡和亚伯拉罕献祭,进而阿伽门农和耶弗他的骨肉献祭故事,可以见出虚构和历史意识在古希腊和希伯来这两种文学中的不同表现。亚伯拉罕的献祭发生在遥远的史前时代,它是神话,不存在虚构的禁忌。虽然,文学的想象和良善意愿,使这个献祭故事同嗣后希腊文化中的阿伽门农献祭一样有个差强人意的结局,但是它足以显示,在无条件的信仰面前,世俗生活的一切患得患失,都只能义无所顾地割舍不恋。

关键词　奥尔巴赫　俄底修斯　亚伯拉罕

一、俄底修斯的伤疤

德国文学批评家埃里克·奥尔巴赫,在他最负盛名的《模仿:西方文学中现实的再现》(1946)一书中,其开篇第一章《俄底修斯的伤疤》,回顾了荷马史诗《奥德赛》第十九章中俄底修斯回乡的一个情节。时当俄底修斯历经千辛万苦、九死一生,回到故乡,扮作流浪汉闯入宫廷,一心要测试明白他离乡背井攻打特洛伊,然后又是颠沛流离、矢志不渝回归故土的二十年里,宫中故人是不是移情别恋。这时候不知夫君就在眼前的王后帕内洛珀,已被俄底修斯的一派胡言深深打动,叮嘱当年俄底修斯的奶妈,老仆欧鲁克蕾娅给他洗脚,盖因这本是招待珍贵客人的礼数。史诗写欧鲁克蕾娅取过闪亮的洗脚大盆,先倒凉水，又倒热水均和，一面念叨她当年奶大的少爷，正和客人相仿年纪呢，而且，你们长得多么像啊。俄底修斯心里惦记着腿上幼年给野猪撕开的伤疤，刻意转向暗处，他心知瞒不了欧鲁克蕾娅，可是至少可以再将帕内洛珀蒙上一阵。果不其然，欧鲁克蕾娅认出伤疤，大喜过望，一失手俄底修斯双脚掉进水里，撞响铜盆，水也溅将出来。老妇热泪盈眶，正待惊呼，俄底修斯一把掐住她脖子，连哄带吓，不让她吭声。与此同时，帕内洛珀因为雅典娜故意拨转了她的思绪，眼前发生的一切，竟是一无所见。

奥尔巴赫对这段情节赞不绝口，认为荷马是以一种看似漫不经心的风格，将这一切小心翼翼、栩栩如生叙写出来。一方面两个女人饱经风霜，言谈莫不露出对人类命运的焦虑，一方面事件按部就班，有条不紊推进，每一条轮廓线都清清楚楚：

> 既然在发现俄底修斯身份的戏剧性当口，荷马也没有忘记告诉读者，俄底修斯是用他的右手扼住老妇喉咙，不让她出声，与此同时，又用左手将她拽向身边。勾勒清晰、表达明朗通畅，人物和事物凸显在一个一切皆是一目了然的王国里，就是个中人物的情感与思想，也都清清楚楚表露无遗，甚至他们的激情，都显得井井有条。①

奥尔巴赫欣赏的是荷马叙事的清晰脉络，诚如他紧接着提醒读者，荷马叙述俄底修斯扮作流浪汉回乡，因为腿上伤疤身份暴露这一场景，当中还穿插了七十多行诗来追叙这一条疤痕的由来。总而言之一切交代得清清楚楚。即便是海阔天空跑野马，极力渲染当年那一只可怕的野猪怎样刺伤了俄底修斯，荷马也懂得及时打住，把场景拉回到帕内洛珀的卧房，有条不紊将故事一步步讲下去。至于甚至连人物的激情，都显得井井有条，底下这段引文虽然或许长了一些，但是它或者足资印证荷马史诗的情感风格：

> 欧鲁克蕾娅悲喜交加，双眼

---

① Eric Auerbach, *The Representation of Reality in Western Literature*, Princeton: Princeton University Press, 1953, p. 3.

热泪盈眶，激奋噎塞了通话的喉嗓。
她伸手托摸俄底修斯的下颌，开口说道：
“错不了，心爱的孩子，你确是俄底修斯，我先前
不知，我的主人，直到触摸在你的身旁。”

说罢，她闪眼帕内洛珀，心想
让女主人知晓，亲爱的丈夫已在身旁，
但帕内洛珀不知掉头这边，看出她的意思，
雅典娜拨移了她思绪的方向。俄底修斯
摸找出她的位置，右手掐住她的喉咙，
左手将她拉至近旁，说道：
“你想把我毁了，我的老妈妈？如此，为何
把我奶大，挨着你的乳房——如今，我历经千辛万苦，
在第二十个年里，同返家乡。现在，
既然你已经认出我来，神明将信息注入你的心房，
我要你保持沉默，不要对宫中任何人声张。
让我直言相告，此事会成为现状：倘若
你张扬出去，而通过我的双手，神明击倒傲慢的求婚者，
那时，尽管你是我的保姆，我将不会把你饶放，
当我杀死别的女仆，放倒在我的宫房！”

听罢这番话，谨慎的欧鲁克蕾娅说道：
“这是什么话，我的孩子，迸出了你的齿隙？
你知道我的心志，倔硬刚强，我将闭口不言，像一方顽石，或一块生铁一样。
我还有一事相告，你要记在心上。
倘若通过你的双手，神明击倒傲慢的求婚者，
我将对你诉告宫中女仆的情况，
哪些个贱污了你的门楣，哪些个清白无辜。”①

---

① 荷马：《奥德赛》第十九卷，第471—498行。见荷马：《伊里亚特·奥德赛》，陈中梅译，上海译文出版社，1998年，第1070—1071页。

这一段对话之间，荷马的激情叙事风格可谓表露无遗。这个风格是华丽夸张的，然而也是细致入微、无微不至的。诚如荷马乐于给他的人物加上近如原型的定语，俄底修斯果然是“足智多谋”，欧鲁克蕾娅果然是“谨慎”十分。我们看到欧鲁克蕾娅从腿上伤疤认出主人，热泪盈眶，正待欢呼，告知女主人帕内洛珀，无奈帕内洛珀心不在焉，对于眼前的激动场景竟是视而不见，而视而不见的原因，荷马也交代得明白：那是雅典娜为了俄底修斯快意复仇，故意让此时的帕内洛珀，思绪转向了别处。

但是我们没有想到，俄底修斯居然会一把掐住欧鲁克蕾娅的脖颈。说真的，那是他的奶妈啊。非但如此，俄底修斯居然可以威胁她的奶妈，倘非紧闭口风，他当格杀勿论。如此六亲不认，应该不是英雄本色。可见在俄底修斯的老谋深算面前，情分和情感固不足一道。谨慎的欧鲁克蕾娅对她先时主人这般蛮横作风，倒是心领神会，所以尽管稍有不满，马上表示坚决配合，发誓像顽石生铁一般绝不吭声。不仅如此，她明明白白告诉俄底修斯，他和搅得帕内洛珀宫中鸡犬不宁的那一班求婚者之间的恩恩怨怨，就看命数了断吧。倘若俄底修斯有幸击败强敌，重掌威权，那么她自会将主人缺场的这二十年来，哪些宫女干了哪些好事，一一摊将出来。这想起来有点叫人不寒而栗。可是俄底修斯假若没有神明佑助，假若他面对劲敌，力有所不逮呢？看来谨慎的老妇多少又是给自已留了一条后路。但是欧鲁克蕾娅的谨慎其实多余，我们看到足智多谋的俄底修斯告诉他的奶妈，那其实是多此一举，到时候，他自会亲自考察，洞悉每一个人的心思。总之，情感或者说激情的来龙去脉，逐一交代清楚，虽然是以极尽铺陈的形式。故此读者心中基本上不存在悬念。这一点恰恰也是奥尔巴赫的心得：

> 荷马史诗中悬念的因素是微乎其微的；两部史诗的全部风格当中，压根就没有哪一点是老谋深算，让读者或者听众始终是凝神屏息，不敢出气。走题叙述不是并非意在给读者设置悬念，恰恰相反，它是旨在化解张力。①

① Eric Auerbach, *The Representation of Reality in Western Literature*, Princeton: Princeton University Press, 1953, p. 4.

自然，如上所述，奥尔巴赫所谓的“化解张力”，指的就是那条“俄底修斯的伤疤”，意思是荷马总是把一切交代得明明白白，不留一点悬念。所以过去的一切故事，或早或晚，也总要见诸青天白日。或者更明确地说，荷马史诗中的人物，其情感波折，其面临凶险灾难的降临，大体都不是默默无言淡然过去，而必有滔滔对白或者独白，甚或内心独白，一如阿伽门农和阿喀琉斯的对白、阿喀琉斯和赫克托的对白、俄底修斯与求婚人的对白等等。

二、上帝的超越特征

由此我们可以和圣经的叙事风格作一比较。圣经是所谓“两希文化”中希伯来文化的代表，以独独一部典籍，对峙希腊汗牛充栋的文史哲各门各类著述，数量上没有可比性。但是圣经是基督教的经典，这样就有了神圣和世俗文化的可比性。较早提出两希文化概念的，可推19世纪英国的诗人和批评家马修·阿诺德(Matthew Arnold)。阿诺德的名著《文化与无政府状态》，其第四章的标题就是“希伯来主义和希腊主义”。阿诺德认为西方文化中有两种某种程度上说，大致是互为对立的力量。对立不是形容它们的性质，而是说它们在历史上在人类的思想行为上，表现为不同的形态，而且由此是将整个世界一分为二。阿诺德认为可以以人类的两个种族来给它们命名，把这两种力量叫做希伯来主义和希腊主义。他指出西方的文化，就在这两种力量之间发展，希伯来文化和希腊文化有时候一端为强，有时候另一端为强。但人类文化的理想状态，应该是两者的平衡，虽然，这一平衡的理想从来也没有达到过。

据阿诺德的分析，希腊文化的最高理念，是如其本然看世界。希伯来文化的最高理念，则是行动和服从。所以希腊文化和希伯来文化的区别，说到底也是世俗文化和神圣文化的区别。关于希伯来文化，阿诺德发现它就是基督教的传统：

> 基督教将行为高架于知识之上，丝毫没有改变希伯来主义的基本倾向。自我征服、自我奉献，以及服从，不是顺从我们的个人意志，而是顺从上帝的意志，是这一形式的基本理念。同样，它也

是我们普遍叫做希伯来主义的那一学科的基本理念。①

所以希腊人孜孜不倦同身体和欲望作斗争，理由是它们阻碍了正确的思想。同样希伯来文化也在和身体及其欲望搏斗，但原委却是它们妨碍了正确的行动。思想和行动，因此基本上可以视为两希文化及其叙事特征的两个关键词。我们不妨来看《创世纪》中亚伯拉罕以亲子以撒作牺牲的记述。奥尔巴赫看中的，同样是这一段故事。这段情节一开始是这一句话：

> 这些事以后，上帝要试验亚伯拉罕，就呼叫他说：'亚伯拉罕！'他说：'我在这里。'"(22:1)

就是这简简单单的一句开场白，奥尔巴赫的评论是，假如我们放下荷马来看圣经，准保要大吃一惊。这场对话发生在哪里？我们不得而知。可是我们知道人和神固不能相提并论，谁也别指望能在尘世遇到上帝。所以，上帝必然是从高天的什么地方，降尊纡贵下来，同亚伯拉罕说话的。可是，这地方是在哪里呢？我们不得而知。这也没有什么奇怪，或许因为两希文化中的至高神，本来就有天和地的差别。希腊神话中的宙斯和众神待在奥林匹斯山上，对于人间的一切荣华富贵好像都不陌生。希伯来神话中的上帝耶和华，如果不是大音希声，至少也是大象无形，他住在什么地方，我们根本就不知道。诚然，上帝每每在西奈山和摩西以及其他先知们沟通，可是西奈山毋宁说是上帝以他超越一切人类知识能力的方式，向他的子民显示意志的地方，却肯定不是他的居所。所以不妨说，圣经中的上帝本身，就是一个最大的悬念。

亚伯拉罕得闻上帝的呼唤，当时的回答是，"我在这里"。但是"我在这里"(Hinne-ni)这一句话，在奥尔巴赫看来，又是云谲波诡，非同寻常。"这里"是哪里？那是在别是巴还是其他什么地方？是在屋子里还是在旷野里？显然《创世纪》的作者没有交代。此外，上帝呼唤亚伯拉罕的时候，亚伯拉罕在干什么？我们也是一无所知。所以不奇

① Matthew Arnold, *Culture and Anarchy and Other Writings*, edited by Stefan Collin, Cambridge: Cambridge University Press, 1993, p. 128.

怪，奥尔巴赫指出，Hinne-ni 这个希伯来语词，与其说是指称具体方位，不如说是显示人在尊贵上帝面前的一种谦卑的道德方位，即是说，至高的主，您的仆人在这儿听从吩咐呢。由此我们可以设想这段对话发生的场景：亚伯拉罕无疑是在前景，他或许是匍匐在地？或许张开双手、仰面朝天，凝视着深不可测的远方？总是亚伯拉罕在场，上帝未必在场。这便是和人神同形同性的希腊文化殊不相似的人和神的关系。

上帝大象无形固不待言，上帝本人的名字，探究起来，似乎也是一个问号。《出埃及记》中摩西问上帝，倘若以色列人问及他们的上帝叫什么名字，他该如何答复呢。上帝当即答道："我是自有永有的。"(3:14)这段话的英译是"I am I am."我是我所是。这正是希腊哲学中逻各斯、存在、理念一类终极真理的表述方式。我是我所是。上帝的名字就是上帝自身，其他一切语言表达的努力，看来都是徒劳无功的。

但是我们都知道上帝的名字叫耶和华。耶和华是英语 Jehovah 的中译。但 Jehovah 同样不是上帝原本的名字。上帝在希伯来语最初的名字 YHWH，没有元音，无法发音。故上帝之名大音希声，是无以用声音表达的。但是语言的本性就是言所不能言。所以一方面，犹太先知们深感上帝的本名无比神圣，人类没有资格直呼其名，是以读经但凡遇到上帝之名，多用"我主"(Adonai)一语来加替代。另一方面，"我主"即 Adonai 中的元音，久而久之被添加进上帝的本名 YHWH，使这名字成了 Yahweh。Yahweh 可以发音，一般中文译名作亚卫。

所以认真来讲，上帝的名字不应是耶和华，而应是亚卫。Yahweh 的另一个流行的中文译名是雅威。可是我们总觉得用"雅威"来命名上帝，似乎有点不伦不类。雅威者，雅是文雅、高雅、雅致、雅量、雅趣、雅兴、雅人；威者，威风、威武、威力、威严、威而不猛、威震四海……可是即便雅而又雅，即便八面威风，同上帝又有什么相干？上帝的神圣本来已经远非人类的语言可以表述，现在用上这雅和威这两个给人许多联想的形容词，如此来给上帝命名，未必不是画蛇添足、弄巧成拙。所以，上帝的名字用亚卫这两个相对中性的汉语词来加以表达，对于表征上帝超越人类知识和情感的名号，或许是差强人意。

但是上帝终究是叫耶和华。亚卫的语音转来转去，就变成了耶和华。语言表意是约定俗成的。既然我们管上帝叫惯了耶和华，那么，还是叫上帝耶和华吧。《出埃及记》里，摩西问上帝叫什么名字时，上帝除了答以“我是自有永有的”之外，还说了这样的话：

> 你要对以色列人这样说：“耶和华你们祖宗的上帝，就是亚伯拉罕的上帝，以撒的上帝，雅各的上帝，打发我到你们这里来。耶和华是我的名，直到永远；这也是我的纪念，直到万代。”(3:15)

上帝无名复有名，这可见他绝非人类的知识可以沟通把握。如上所见，上帝的约定俗成的名字是耶和华，它的来源是亚卫，而亚卫的来源是大音希声的 YHWH。上帝耶和华是独一无二的唯一的神。“神”在希伯来语中叫 elohim，所以，上帝的另一个名字又是 Elohim。Elohim 是复数，意指众神，所以它是一个雄伟的复数。可是耶和华三番五次告诉以色列人，他是唯一的神，除了他以外再没有别的神。Elohim 用来指耶和华，这样来看，就是充分显示了上帝作为宇宙创造者的宏大气派。据统计，Elohim 一语在《旧约》中使用频率超过二千次，可谓神的一个专有名称，它最终是充分强调神凌驾于一切之上的超越性。

奥尔巴赫解亚伯拉罕献祭故事的上述开场白，同样认为是充分凸显了上帝的超越性。他指出，即便希伯来文化中那个早期荒漠中的上帝，就既没有形状，也没有固定居所，而且独一无二。而到后来，上帝的这一超越性不仅保留下来，而且在和周围近东世界那些相对具象的异教神的竞争中，愈益变得超凡脱俗。故而以色列人的上帝概念，与其说是一个动因，不如说是这个民族理解和表征事物的一种方式。要之，这样一种超越特征，和圣经叙事有什么关系？它当然大有关系。对此奥尔巴赫比较圣经中的亚伯拉罕亲子献祭和荷马史诗中俄底修斯的伤疤两段故事，得出的一个结论是：

> 《旧约》故事声称是在表征普遍的历史，它们始终联系着一个唯一的、隐而不现的上帝，这一联系，又不断再被新的冲突所重新界定，而上帝无所不在，且以应许和勒令引导世界历史。这一切，都使这些故事的视角，判然不同于任何荷马传统的诗歌。①

---

① Eric Auerbach, *The Representation of Reality in Western Literature*, Princeton: Princeton University Press, 1953, p. 16 - 17.

三、献祭叙述的比较

如此我们来看亚伯拉罕亲子献祭的故事主体。比较圣经和希腊文学的风格,或者可以见出素朴和华丽、神圣和世俗两种文化传统的影子。同样上帝的超越特征,究竟是或不是足以解释亚伯拉罕献祭故事的那种极为简朴的、似乎不带任何感情色彩的三言两语式叙述,同样可以进一步深入考究。但可以感觉到的是,这样一种平静质朴的叙述,其实最是令人动容的。它和《创世记》里面约瑟的故事一样,都属于列夫·托尔斯泰推崇备至的超越一切国界的"世界性文学"。以至于有的文学批评家会断言,仅就纯粹的文学价值而言,圣经也高过荷马史诗。关于献祭的过程,《创世纪》是这样记载的:

> 上帝说:"你带着你的儿子,就是你独生的儿子,你所爱的以撒,往摩利亚地去,在我所要指示你的山上,把他献为燔祭。"亚伯拉罕清早起来,备上驴,带着两个仆人和他儿子以撒,也劈好了燔祭的柴,就起身往上帝所指示他的地方去了。到了第三日,亚伯拉罕举目远远地看见那地方。亚伯拉罕对他的仆人说:"你们和驴在此等候,我与童子往那里去拜一拜,就回到你们这里来。"亚伯拉罕把燔祭的柴放在他儿子以撒身上,自己手里拿着火与刀,于是二人同行。以撒对他父亲亚伯拉罕说:"父亲哪!"亚伯拉罕说:"我儿,我在这里。"以撒说:"请看,火与柴都有了,但燔祭的羊羔在哪里呢?"亚伯拉罕说:"我儿,上帝必自己预备作燔祭的羊羔。"于是二人同行。(22:2—8)

这是非常质朴的圣经的文风,它在不动声色之间,去掉一切芜枝蔓叶,叙述了一个惊恐万状的故事。燔祭即火祭,它意味着亚伯拉罕不但要杀死他最钟爱的孩子,而且要把他烧烤成灰献给上帝。这里的悬念和悲情已经超出了一切人类的想象。事实上它所表征的信仰的绝对性,也的确超乎了一切世俗逻辑的阐释努力。

活人献祭无疑是远古时代的遗风。《旧约》中还有一则类似亚伯拉罕亲子献祭的记述。《士师记》里,先知耶弗率领以色列兵马,同亚扪人交战。一如以往的风俗,耶弗向耶和华许了一个愿,希望上帝保佑他打胜仗:“你若将亚扪人交在我手中,我从亚扪人那里平平安安回来的时候,无论什么人,先从我家门出来迎接我,就必归你,我也必将他献上为燔祭。”(11:30—31)这个许愿应验了,果不其然,在上帝的佑助下,以色列人大败亚扪人。可是耶弗他万没有想到,回到家里,第一个从走出家门口,击鼓跳舞出来迎接他的,居然是自己的独生女儿:

> 耶弗他回米斯巴到了自己的家。不料,他的女儿拿着鼓跳舞出来迎接他,是他独生的,此外无儿无女。耶弗他看见她,就撕裂衣服,说:“哀哉!我的女儿啊,你使我甚是愁苦,叫我作难了,因为我已经向耶和华开口许愿,不能挽回。”他女儿回答说:“父啊,你既向耶和华开口,就当照你口中所说的向我行,因耶和华已经在仇敌亚扪人身上为你报仇。”又对父亲说:“有一件事求你允准:容我去两个月,与同伴在山上,好哀哭我终为处女。(11:34—38)

这个故事发生在更为晚近的士师时代,其真实性远胜过年代久远渺不可考的亚伯拉罕献祭。它是道地的悲剧。它可以见出一直到迄至公元前11世纪的士师时期,近东地区活人献祭依然流行。而部族之间战争的残酷,足以让军事首领心甘情愿以家人献祭,来换得胜利。这岂知是血与火的洗礼呢。耶弗他想必家里人丁兴旺,献上一个烧烤了给上帝享用,也不十分在意。可是他哪曾想到这充作燔祭的命运,偏偏会落到他最是心爱的独生女儿身上呢。一言既出,驷马难追。这可见许愿许诺,千万要事先考量周全才好。更令人悲哀的是,耶弗他的女儿哀哭的不是自己将被作燔祭的可怕命运,而是悲哀她到了这生命的最后时刻,还是处女之身,没有亲近过男人。这也可见即便是无辜的少女,面对信仰,也是赴汤蹈火,在所不惜。

但是,难道耶弗他不可以转过来跟上帝说明情况,请求换一个人来作燔祭吗?难道他不可以偷梁换柱,施调包计蒙混过去吗?就是耶弗他的女儿,既然父亲答应了她宽限两个月,那么她不可以再恳求父亲,帮她找个郎君,成就完整人生,也强似拉个女伴到山里哭哭啼啼?这一切都是以非常单纯的逻辑铺陈开来,所以有种惊心动魄的悲哀。

比较来看,希腊文化中也有希腊联军统帅阿伽门农因舰队受阻,被迫向月亮和狩猎女神阿尔忒弥斯献祭的情节,他献祭的是亲生女儿伊菲革尼娅。荷马《伊里亚特》中未就这一传说展开铺陈,仅在第九卷中,提到阿伽门农自报他有三个女儿,分别是克鲁索塞弥丝、劳迪凯和伊菲阿娜莎。其中伊菲阿娜莎(Iphianassa),应即为给他百无奈何之下,摆上祭坛的伊菲革涅亚(Iphigeneia)。关于阿伽门农献祭的缘由和前后的心理活动,殴里庇得斯《伊菲革涅亚在奥利斯》等剧作中,有不厌其详的细致交代,一如奥尔巴赫之分析"俄底修斯的伤疤",它是没有悬念的。由此我们知道,阿伽门农被逼献祭亲生女儿的因由,是因为他张弓搭箭射了头鹿,由此夸口即便狩猎女神阿尔忒弥斯,箭法恐怕也不过如此。就这一声夸口开罪了阿尔忒弥斯,让奥利斯港口风平浪静,阿伽门农眼看急待扬帆启航的十万希腊大军滞留海港,束手无策。推究起来,阿伽门农固然是口出狂言,不解人的能耐和神力固不可相提并论,可是阿尔忒弥斯也未免是小心眼,何至于同她庇护的俗人一般见识呢。待到随军祭司说破玄机,道除非阿伽门农献祭亲生女儿,不得破局,阿伽门农闻讯之初暴跳如雷,赌咒发誓说他爱女儿更甚过妻子,根本就不答应。后来无奈不得不骗来女儿,说让她跟阿喀琉斯完婚,临到头又作翻悔。最后实在是给逼得没有办法,才狠下心来,跟女儿道破真相,由得卡尔卡斯开刀。阿伽门农这中间的情感波折,希腊的悲剧诗人们没有少费笔墨,这里面人和神的恩恩怨怨还在其次,说老实话阿伽门农似乎并不十分担心阿尔忒弥斯能把他怎样。这和希伯来文化中以色列人对上帝的无条件的绝对信仰,诚不可并提。阿伽门农的一个非常实际的考虑,是他担心军队会在足智多谋的俄底修斯的策划下,发生哗变。诚如他对兄弟墨涅拉俄斯所言:

> 你想他不会出来站在阿耳戈斯人的中间,叙述卡尔卡斯所说的神示,说我怎样地应允给阿尔忒弥斯献牺牲,后来却翻悔了?这样地煽动军队,他不会叫阿尔戈斯人来杀了你和我,拿那女孩子去上供的么?即使我逃到阿耳戈斯去,他们也会走来,毁坏了那地方,连那圆目巨人的城墙都拆毁到地的。这就是我的苦痛。啊,不幸的我呀,我怎么给神们弄到这样绝望的境地呀!墨涅拉俄斯,这一件事替我注意,你走到军队中间去,不要教克吕泰涅斯特拉知道这事,在我把我的孩子交给了冥王之前,那么我可以做

了那悲痛的事还少流点眼泪。①

我们可以发现，欧里庇得斯的风格与荷马大同小异，都是极尽渲染人物的内心活动，不留悬念和空白。阿伽门农甚至想到先瞒过妻子克吕泰涅斯特拉，可以少一份悲伤。虽然，阿尔忒弥斯终究是在最后举刀关头，慈悲开恩，一阵风摄走伊菲革涅娅，当了自己的祭司，阿伽门农却是在十年后的班师之日，为此丢了自己性命，死在妻子和情夫刀下。

阿伽门农的年代同《旧约》中的士师时代接近，但是女儿终于免得一死，则不似同时期士师耶弗他的惨痛，反相近遥不可考的亚伯拉罕的献祭结果。历史和虚构，由此意味深长地冰剑而立。阿伽门农献祭可以说充分显示了世俗文化中的一切或然性和必然性。阿伽门农先是遣俄底修斯回迈锡尼，借口许配阿基里斯，把女儿伊菲革涅娅带来。进而翻悔，让老奴回去告诉妻子不要把女儿送来，乃至妻子终于发现自己上当受骗。如是各种云谲波诡的情感因果层层推进，最终为阿伽门农将来的惨死埋下了必然的种子。无怪这一段故事日后成为从埃斯库罗斯到欧里庇得斯的悲剧母题，它所激发的怜悯和恐惧，然后得到净化的悲剧情感，正是希腊文化留给我们的最为意味深长的美学遗产。

比较来看亚伯拉罕的献祭，其叙述节奏是波澜不兴的。我们读到父子两人到了上帝所指示的地方，亚伯拉罕就在那里搭起一个祭坛，摆好柴火，捆绑起儿子以撒，放在柴堆上，然后伸手拿刀，要杀他的儿子。这时候天使的声音从天上传来，叫住亚伯拉罕，上帝告诉他现在已经知道他的敬畏之心，因为他义无反顾献出了自己的独生儿子。亚伯拉罕举目四望，见小树林里有一只公羊给缠住了角，就取了公羊，献为燔祭，替下了儿子。其中人物的心理活动，献祭的具体地点(如伊菲革涅亚在奥利斯)，我们一概不知。我们知道亚伯拉罕对上帝忠心耿耿，不惜牺牲自己身边唯一的儿子，这就够了。其他一切，是无关紧要的。但是，最后改用公羊替代子女献祭，这或许具有一种杀子祭神于此终结的象征意义。由此可以比较度测希腊悲剧的观众心理，他们未

---

① 欧里庇得斯:《伊菲革涅亚在奥里斯》，周启明译，见《欧里庇得斯悲剧集》，第三集，人民文学出版社，1958年，第292页。

必愿意看到伊菲革涅亚流血牺牲的血腥场面。人类的原始风俗，故此可以说早在亚伯拉罕献祭的情节中，已经在开始向文化过渡了。

但是耶弗他的女儿为什么必须去死？一个令人遗憾，却似乎是无以回避的阐释是，亚伯拉罕的献祭是虚构，耶弗他的献祭是史实。惟其年代渺茫，真伪无以考辩，《创世纪》的作者可以借用亚里士多德所谓诗的或然性和必然性本能，安排一个虚惊一场，终而能够脱身而出的亲生女儿献祭场景，虽然阿伽门农不知道伊菲革涅亚给阿尔忒弥斯的神风刮到了什么地方，可是女儿没有惨死在眼前，终究还是一个差强人意的结局。但是耶弗他不同，耶弗他献祭独女更多具有共时记述的特征，惟其年代相近，少有虚构的空间，所以它毋宁说是一种无可奈何的历史叙事。《士师记》的作者以非常简练的笔触，记叙了迄至是时，无条件信仰的盲目和惨烈。作者最后说，以后以色列有个规矩，那就是每年以色列的女子，将为耶弗他这位终身为处女的女儿，哀哭四天。这同样是历史叙事而不是虚构。

亚伯拉罕的献祭发生在遥远的史前时代，它是神话，故而不存在虚构的禁忌。虽然，文学的想象和良善意愿，使这个献祭故事同嗣后希腊文化中的阿伽门农献祭相似，一样，但是信仰同样是无条件的信仰，世俗生活的患得患失，甚至最为亲近的骨肉，在这个无条件的信仰面前，都只能义无反顾地割舍不恋。信仰不是因为有所希冀，有所索取和回报的夙愿，信仰的目的就是信仰本身，它是盲目的本能，不计得失，不计后果，流淌在生命的血脉里面。上帝试验亚伯拉罕，就是用这样骇人听闻的极端形式，示范了他的选民的绝对忠诚。

（作者单位：复旦大学中文系）

神秘入思的美和艺术

——普罗提诺的神秘主义美学思想引论*

李 弢

内容摘要 本文拟对新柏拉图主义者普罗提诺的美学思想作一导引式论述，认为普罗提诺是着重从他的神秘主义哲学出发来思考美和艺术的问题，他对于古希腊以来的这些问题作了新的阐发和总结性的分析，同时他的某些观点在后世得到了继承和发展，因而我们若能深入其文本并从历史中去考察其相关思想，当能凸现其独特的理论意义。

关键词 普罗提诺 神秘主义 美学思想

古希腊哲学发展到公元前 3 世纪时已渐趋衰微，进入希腊化时期，亚历山大的征服引起希腊语世界的普遍混乱和道德败坏，非希腊的宗教和迷信冲毁了古希腊哲人建立起来的清晰理智，信仰渐渐占了上风。"形而上学隐退到幕后去了，个人的伦理现在变成了具有头等意义的东西。"②这种状况一直延续到公元 3 世纪的罗马帝国时期，这一时期怀疑主义得以复兴，哲学思辨式微，神秘主义相应发展。在地中海的亚历山大里亚城，汇集了以斐洛为代表的希腊-犹太哲学、新毕达哥拉斯主义和复兴的怀疑主义；与此同时，由于基督教在下层人民中的传播，早期基督教神学也在兴起。在这一背景下，一支自称是追随柏拉图的学派凸现出来，其创始人是阿漠尼乌·萨卡斯(Ammonius Saccas)，这一学派的学说后来被命名为新柏拉图主义，其代表人物是普罗提诺(Plotinus，公元 204/205—270 年，又译普洛丁)。

---

* 该文为同济大学文科科研基金资助的"新柏拉图主义美学思想研究"项目的系列成果之一(项目代码：0300219023)。

② [英]安古斯：《剑桥古代史》，卷 7 第 231 页。转引自[英]罗素：《西方哲学史》(上卷)，何兆武、李约瑟译，北京：商务印书馆，1963 年，第 291 页。

一

普罗提诺生活在正逢强盛的罗马帝国走向衰危之时，内有军队窃国，外有蛮族入侵，国内财政面临崩溃。现实世俗的悲惨和不幸没有体现在他的著作里，相反他却处处表现出对永恒的善和美的热望，传达出观照超感觉世界的幸福感，当然这样的幸福感是基于对感官生活的蔑视。① 这样的生活态度甚至使得他不去谈论自己的家世，不愿庆祝自己的生日或让人给自己画像。他 28 岁在亚历山大里亚学习哲学，后遇到以"授神"闻名的哲学家阿漠尼乌，跟随他 11 年之久。随后加入戈尔狄安皇帝东征波斯的军队，只为"获得波斯和印度哲学的直接知识"。未果，后定居罗马，40 岁始授哲学。头 10 年为守诺言述而不作，后来还是写了 54 篇论文。在死后，由其弟子波菲利(Porphyry)汇编成六卷，每集九章，名为《九章集》，并根据各章内容加上标题。②

普罗提诺作为新柏拉图主义者，其最大的功绩是将柏拉图的哲学神秘化。尽管他宣称自己的学说并不新颖，古已有之，能做的只是去阐释它们，用柏拉图的见证来证明它们。③ 但是，正是他以自己的神秘主义发展了柏拉图的学说，使之成为中世纪基督教神学的基础，并潜在地化作西方文化的精神命脉。他从神秘主义思想出发，思考美和艺术的问题，在西方美学史上作出了他的贡献。"神秘主义"一词的英文是 mysticism，出于拉丁文 mysterium，这一拉丁词语又源自希腊文 mysterion，词根 Muein，意思为引导，介绍入会，秘密，放弃肉体感觉、代以超验的启示等。④ "神秘"并不属于单纯的认识论问题，它是一种

---

① 参见罗素《西方哲学史》(上卷)，第 360 页。

② 本论文原始文本依据麦肯纳(S. Mackenna)和佩奇(B. S. Page)的英译本《九章集》(*The Six Enneads*)，《西方世界名著集》第 17 册，芝加哥大学，1980 年。上文内容见译本前"普罗提诺传注释"。

③ Plotinus, *The Six Enneads*, translated by Stephen Mackenna and B. S. Page, Great Books Of The Western World 17, The University of Chicago, Reprinted 1980. 即[古罗马]普罗提诺(或译普洛丁)：《九章集》，卷 5 第 1 章第 8 节，为 Plotinus, *Enneads*, V.1.8，下依此。

④ 参见王晓朝《神秘与理性的交融》，杭州：杭州大学出版社，1998 年，第 1 章导论部分。

体验；这种体验是个体的，也是内省的，用言辞难以表达，所以往往借助于类比和隐喻。它融合意志、情感、认识和信念，超出概念表述的领域。学术界使用神秘主义一词，多是作属性判断，而非实体陈述。神秘主义关注超感觉世界，追求个人与神合一的直接感受，所以，也成为宗教现象的主要内容。普罗提诺的神秘主义是他哲学思想的核心，他不再致力于认识客体，而是寻找个体灵魂的精神状态，以禁欲的态度将灵魂提升到上界，与神相结合，至于欣喜若狂的至福状态，最终以神的启示代替哲学研究，"完成了哲学的自戕。"①普罗提诺没有建立可以称之为"美学"的体系，但其思想中融入了对美和艺术的思考，这些思考构成了他的美学思想。其美学思想又依附于他的神秘主义哲学，所以探讨他的神秘主义美学，必先进入他的神秘主义哲学体系。

一

普罗提诺虽从未表明自己的哲学思想是原创的，也没有标示自己有独特的体系存在。但是深入到他的思想中，仍可能看到他的一种哲学建构。这种建构，基于两大部分：一是超感觉世界的终极第一原理太一向下，经由第二原理心智到第三原理灵魂，最后进入最低一级的可感现象世界，这是一条逐级下降的道路；二是与此相反的上升之路，即肉身化的灵魂超越自身，经由心智复归到所由出的太一，达到与神合一的至福境界。②

（一）下降之路

普罗提诺的神秘主义哲学的核心是"三一原初原理"，也是他的宇宙论学说。三个原初原理向下呈差级序列，向上时又同归于一。三一原初原理的终极第一原理是"太一"(One)，也就是至善和神。太一不受限制、没有形式、不可定义，对其本性我们一无所知。太一就是万物，但它不是"多"，而是绝对的"一"。太一是完满自足的统一体，因其

① [德]E・策勒尔：《古希腊哲学史纲》，翁绍军译，济南：山东人民出版社，1992年，第312页。

② Plotinus, *Enneads*, Ⅵ.9.

完善而要流溢，它必然产生派生物。太一创造出第二原理心智(Nous)[①]，心智作为沉思者观照太一，因而获得自己的完满性。心智是最高的存在，是理念的领域。心智因为完善发生第二次流溢，产生第三原理灵魂(Soul)。灵魂仍然属于超感觉世界，但它已站在这一世界的边缘。灵魂不像它的父亲心智和心智的在先者太一是静止的，它的形象是运动的。灵魂因为观照心智也获得完满性，但它向下运动产生它的形相。第一灵魂或世界灵魂流溢出第二灵魂自然，第二灵魂与世界的躯体相结合，产生了分有的灵魂，就到了超感觉世界的最低界限。当个别的灵魂再进一步下降，就形成最不完善的东西即物质。这样超感觉世界产生可感现象世界的整个过程就完成了。这一过程也是太一的神派生出全体存在物的过程，太一的完善性呈梯级递减的方式，它流溢的最远界线是物质，物质位于存在与非存在的交界之处，太一的光辉最后消失在非存在的黑暗之中。

（二）上升之途

普罗提诺的三一原理描绘了世界形成的图景，但是他不是仅仅为了说明灵魂的堕落过程。相反，他的神秘主义哲学的目的是要指明一条回归之路，即灵魂复归到太一的上升之途。因为灵魂的本性是属于更高的超感觉世界，它渴望回到所从出的地方，归于完满的太一。由于灵魂沾染了杂质不再纯洁，变成了“相异之地的居民”，而“与神明的所有相似均被隔绝”，[②]它必须寻找途径来恢复本有的纯洁性和与神性的相似。这一途径首先要依靠净化(Katharsis)，就是清除灵魂的杂质，远离玷污其纯净的东西，恢复自身的美。这在现实中表现为对世俗德性的追求，我们在尘世中有德性的生活是为了灵魂从此世超脱。道德进一步净化，将灵魂带入宁静，使得“在灵魂中不再有争战”。[③] 更重要的是心智净化，灵魂经过辩证法和心智的训练，使我们继续上升，进入到心智或理念的领域，见到美自身。净化使灵魂回到它自己，此

① Nous̃ 心智（音译“奴斯”），这一词的对译是困难的，有英译为精神、理性等，均不能包含全部意思。麦肯纳(S. Mackenna)译本作理智-本原(intellect-principle)，此处依国内哲学界的通常译名。

② Plotinus, *Enneads*, Ⅰ. 8. 13.

③ Plotinus, *Enneads*, Ⅰ. 2. 5.

时它在心智的领域“沉思实在”。[①] 沉思将灵魂引向心智，沉思者与被沉思者结为一体。但是这还不是灵魂寻求的终极，灵魂需要超越它才能到达太一。净化已使得灵魂通体透明，全然纯净，成为是其所是的心智。这时，“只有借助一跃，我们才能达到太一……”。[②] 这一跃是突然地被激发，在一种无意识的入神出窍(ecstasy)状态中，灵魂出离自身而进入太一。我们顿时充满了神的光辉，消失了与太一的所有差异，直接地与它合一。此时灵魂终于到达故乡，结束复归之路。这样一种与太一合一的神秘体验，就波菲利所知，普罗提诺经历过四次。当他临死时，他向朋友宣称：“现在我将竭力让心中的神提升到那宇宙中的神去。”[③]这也是普罗提诺一生的写照，是他的神秘主义哲学和美学思想的浓缩。

普罗提诺作为一个形而上学家，他是由古希腊哲学终结到中世纪神学开端的过渡性人物。他的神秘主义哲学和美学实际上是继承了古希腊以来的理性神秘主义的传统。古希腊文化的源头是古希腊神话与宗教，希腊神话中的神是奥林匹斯山上的诸神，人神同形同性。希腊神话的泛神意识以超自然、超人间的思维方式，孕育了哲学抽象思维的种子。早期希腊哲学家企图打破神的束缚，以万物的始基或本原等概念和理论来思考自然，说明自然现象，这样哲学的思维方式就诞生了。到苏格拉底，他以自己的方式体验到神，建立了理性神学，认为真正的智慧是属于神的、是“神的财产”[④]，智慧只适合于神，而人只能是爱智慧。[⑤] 他的弟子柏拉图延续他的思想最早使用“神学”一词，[⑥]用理性去思考神的问题，集中体现在《蒂迈欧篇》中，阐述神以自己为原型创造世界的思想。他的神观与《旧约·创世记》有相似之处，但柏拉图是以理性思想的目的论解释宇宙的产生，并将自然科学服务

---

① Plotinus, *Enneads*, V.5.1.

② Plotinus, *Enneads*, V.5.8.

③ 见麦肯纳、佩奇英译本《九章集》前“普罗提诺传注释”。

④ [古希腊]柏拉图:《申辨篇》,《柏拉图全集》,第1卷,王晓朝译,北京:人民出版社,2002年,第9页(标准页23A)。

⑤ [古希腊]柏拉图:《斐德罗篇》,《柏拉图全集》,第2卷,王晓朝译,北京:人民出版社,2003年,第202页(标准页278D)。

⑥ Theology(神学)一词源于希腊文 Theos(神)和 Logos(知),意为关于神的知识和学问。参见王晓朝《神秘与理性的交融》,第40页。此处论述多参照该书第二章第二节的有关内容。

于神学。真正体系化了的神学理论是在亚里士多德那里得到确立,亚里士多德在《形而上学》中将研究自然生成原理的学问称为“第二哲学”,而将研究原理本身的学问定为“第一哲学”(中译为“形而上学”)。第一哲学研究实体及其本性,认为最高的实体是单一的、纯形式的,至善的:它是万物运动的最后因,为“第一推动者”;它是纯理性和纯精神的,在自身中精神和精神的对象是同一的。最高的实体就是神,第一哲学也就是神学。这样,古希腊以来的理性神学变为思辨哲学,亚里士多德式的逻辑推理和理性思辨,最终使早期神学的情感和体验荡然无存。

经过希腊化时期的普罗提诺,由于时代的境况,他转而寻求内心世界的宁静。在希腊文化和东方文化交汇的亚历山大里亚,古希腊的理性神秘主义得以与东方神秘主义联姻。普罗提诺宣扬柏拉图哲学的神秘主义,倾向于神对个人的直接启发,追求个人在与神本身接触的同时,领悟到神圣的真理。这种人与神的直接接触是个人性的,神启的发生是个体向内诉求的结果,而非来自对外在的偶像神的膜拜。普罗提诺正是以此来对抗早期基督教神学对神的历史权威的确认,肯定个人与神相通的可能,在这一点上他是以古希腊的理性精神来排斥原始宗教的蒙昧主义。但是普罗提诺所描述的人神交通不是经由逻辑推理而获得,而是通过直观和体验,伴随着情感和想象,以一种超理性的方式瞬间悟得。人在领悟神的同时,自己也变得与神一样具有神性,人神合一而将人提升到至高的精神境界。这又显示出他与亚里士多德为代表的思辨形而上学的不同,同时也是他的神秘主义哲学和美学的终极旨归。

三

对于新柏拉图主义的奠基人普罗提诺的美学思想的研究,国外学者评价不一。如鲍桑葵认为他是继柏拉图、亚里士多德之后的美学理论更加完整的美学家;[1]文德尔班也肯定他是西方古代美学史上“第一

---

① [英]鲍桑葵:《美学史》,张今译,北京:商务印书馆,1985年,第149页。

次对形而上学美学的尝试”。[①] 而车尔尼雪夫斯基则批评他的艺术“理想根源说”莫名其妙，认为这一派的学说是幻想的、虚无的，因而没有积极实在的概念。[②] 我国对他的研究因时代使然，一直没有给予足够重视。除朱光潜在《西方美学史》上作过某些研究外，很长时间将其斥为发展了柏拉图的非理性的反动学说打入另册，相关论文也少而又少。晚近学者范明生先生在《西方美学通史》第1卷中，以原始材料为基础作了较详细的研究，并提出了许多新的见解。[③]

实际上我们可以看到，普罗提诺作为由古希腊哲学向中世纪神学的过渡性人物，他以自己的神秘主义对古希腊以来的美和艺术问题作出了新的阐发和总结性的分析，同时他的某些美学思想在后世得到了继承和发展，在此若从历史中去考察其美学思想，当能凸现其独特的理论意义。

（一）形而上之思

古希腊时期的哲学家是将宇宙作为自己的思考对象，在他们眼中，宇宙是一个有秩序的整体。无论是毕达哥拉斯的作为本原的“数”，还是赫拉克利特的按周期熄灭的“活火”，都是将宇宙看作是有规律可循的，是各部分彼此和谐的整体。基于这样一种整体观和秩序感，在他们看来，最美的东西是显示出对称的东西，美就在于对称与和谐。然而对称只是美的事物的外在表现，和谐又是外在的对称给人的感觉。哲学家探寻美则要穿透各种美的现象深入到其内质，于是就有了柏拉图关于“美本身”的询问。柏拉图以理念解决万物的本原问题，以分有和摹仿解决美本身和各种美的事物之间的关系。在《会饮篇》

---

① ［德］文德尔班：《哲学史教程》（上卷），罗达仁译，北京：商务印书馆，1987年，第334页。

② ［前苏］车尔尼雪夫斯基：《美学论文选》，缪灵珠译，北京：人民文学出版社，1957年，第146页。

③ 19世纪末以来西方学者对普罗提诺思想进行的相关研究，以及国内学者的若干研究，其状况可参见寇爱林的博士论文《心向上帝的旅程——普罗提诺宗教思想研究》（复旦大学2005年，导师黄颂杰教授）和胡宁非的硕士论文《普罗提诺美学思想中的神圣与世俗》（四川师范大学2008年，导师董志强教授）中这部分的内容。另外，随着《九章集》（石敏敏译，北京：中国社会科学出版社2009年）首部中译本的整体问世，和新近学人在希腊原文基础上进行的释读和专题研究著作的相继出版（如张映伟：《普罗提诺论恶：〈九章集〉一卷八章解释》，上海：华东师范大学出版社2006年，以及刘玉鹏：《自净其心——普罗提诺灵魂学说研究》，杭州：浙江大学出版社2008年），相信今后国内学术界对此的研究会有长足进步。

中柏拉图借女巫第俄提玛之口，描绘了由观看个别美的形体到一切美的形体，再到美的行为、制度、学问，最后观照到最高的美本身的梯级上升过程。由此，美有了层次的区别，对美的探讨由外在表象进入到内在实质，美的问题得到深化。

但是上升如何可能，柏拉图并没有回答；而且“美本身”的发问方式表明他是把美当作一个实体来看待，对美的研究就成为对一个客观存在的实体的研究。普罗提诺继承了柏拉图关于美有梯级层次的观点，他要做的工作是如何实现这种上升。他的神秘主义美学无疑是告诉我们：美不是外在的，而只是内在的；美不能向外寻求，而只能向内诉求。在普罗提诺的一系列对美的思考中，我们可以看到，他对美在于对称和和谐的说法深刻怀疑，极力思索对称背后的东西。因为对称是某些美的物体的外在特征，并不能成为涵盖一切美的事物的规定。他一方面考察低层次的物体美，认为物体的美在于内在的形式美；另一方面，他更称颂高级层次的精神领域的事物美，认为这一类型的美属于灵魂的美。而要见到精神领域的美，需将自己的灵魂进行净化，上达到心智；在心智中凝神观照到太一，也就是神，在转身向神时得到神的光辉沐浴；人逐渐与神接近，最后灵魂在刹那间出窍入神，人神合一而将人提升到神的境界，人在精神上呈现一种狂喜状态。这一过程是由观看美的事物，最终领悟到美是源于一切所归依的神、源自真善美合一的太一。

这里，普罗提诺宣告了一种崭新的美学观，即美不在于可视可触的物质外观，而在于内在的精神特质。他引领人们抛弃迷惑感官的形体，而去把捉那使形体具有魅力的东西，这个东西不是别的，它正是人的精神。这样，美的司芬克斯之谜在这里成为对人自身之谜的求解，追问美本身变成对人自身的追问。拨开普罗提诺思想中的神学迷雾，我们可以发现，普罗提诺无时不是充满了对人的肯定。他首先肯定人有先天的美和善。因为人的灵魂是由世界灵魂下降与肉体结合而生，世界灵魂因具有彼岸性而出自至上的太一，所以世界灵魂是先天高尚的，那么人的灵魂也潜在地具有先天的高尚因子。正因为如此，关乎人精神领域的一切事物本就应该是美的。但是，由于灵魂沾染了杂质，沉迷于感官，灵魂就变成异己的丑。而要恢复原来的美，就要清除杂质，返璞归真。这就有了第二点，即美要到人的内心世界去探寻。美不是在人的身外，而是在人的心内。向内诉求美的过程，也是使人的心灵变得纯粹、变得高尚的过程。因为将美诉诸人的内心，就需要人向本己的美回归，去剔除那不真不美的部分，让内在美的形象显现出来。美的形象显现了，神的光辉也就照临其上，这是因为我们见到了真的美，就接近了美的根源。在普罗提诺那里，美的根源就是太一意义上的善，也就是神。接近了美的根源也就接近了神，人神合而为一。于是有了第三点，也是最重要的一点，即美在于神，人神合一，美也就在于人。认识了美也就是认识了你自己，认识美的过程其实是逐渐发现自己本性的过程。神使美成其为美，然而神并不是外在的偶像，毋宁说神就居于你的心中。到你的心中去吁请神，在神降临时受到他的光辉的照耀；在灵魂入神的狂喜中，领悟到神的伟大，在与神的直接接触中观照到彼岸世界的美。这时，你也变成了神，或者说恢复了自己的神性，也就变成全然是美的。正因为你若不能变得美，你就不能观照到美；同样，你若不能成为神，你也就不能洞见到神的存在。观照美的历程最终是将人提升为神，肯定人有超越自身的可能性；认识美也就是认识到人自身的神圣性，这就是普罗提诺的神秘主义美学的实践意义。

普罗提诺的神秘主义是以古希腊传统的理性神秘主义反对早期基督教神学的偶像崇拜，他的美学思想显示了由古希腊的"美在于整体"到中世纪的"美在于上帝"的过渡，也预示了近代美学将目光关注到人性自身的一种可能。

（二）感性之维

美学作为一门新科学的确立，是在 1750 年鲍姆伽通用"Aesthetik"来称呼它。按这一词的希腊词根原义来看，它的意思是"感性学"或"感觉学"。以此来命名研究美的学问，说明美不再只是思维的对象，也应是知觉的对象。美学研究开始关注各种具体的感性事物的美，开始对各种美的艺术门类进行总结，探讨美由形而上之思转向感性的维度。所以鲍姆伽通在他的《美学》第一章，将美学界定为"以美的方式去思维的艺术，是美的艺术理论"。[①] 美学成为专门的学问发生在近代，只有在这一时期，美的艺术哲学才有它的位置。然而，我们在普罗提诺那里却惊奇地发现，这样一位唯心论（实际意义上）的

---

① 朱光潜：《西方美学史》（上卷），北京：人民文学出版社，1963 年，第 296—297 页。

形而上学家，却对感性美注入了热情，并以他自己的方式来理解艺术，某些观点为后世继承并发展，显示了他的理论的生命力。在柏拉图那里，现实中个别有形的物体美是没有多少意义的，因为它们是最低层次的美。柏拉图很少讨论具体的物体美，他只注目于高高在上的“美本身”。因为万物都因分有和摹仿理念而存在，分有者和摹仿者相对于所从出的主体来说，其意义和价值是微弱的。所以，柏拉图告诫我们抛开、远离感性事物的美，而只留意最高级的美的理念。

而普罗提诺却肯定了物体美的价值。他虽然像柏拉图一样，认为物体的美是由于分有了美的理念，但是他并不因此就贬低物体美。相反他认为物体因而就具有一种美的形式，当人的视觉感官与物体相遇时，人的心灵就悟到这样一种形式美，并由此回忆到更高层次的美。这里，普罗提诺形成了这样一种美的观念，即一方面人的内心有一种先天的美的理念存在，人依靠它来评判美：另一方面物体中也有一种美的形式，判定物体美就是要见出这种美的形式。关于第一点，人心中先天的美的理念使人具有一种内在的审美功能。这一功能在17—18世纪的英国剑桥派新柏拉图主义者夏夫兹博里那里，被命名为“内在的感官”和“内在的节拍感”。“内在的感官”是人之为人的一种特殊的审美能力，它属于人的理性部分，但作为审美能力则又具有不假思索的直接性。关于第二点，普罗提诺强调了有一种抽掉物质质料的纯形式，这种纯形式是一种纯粹的美。如果我们把眼光放到20世纪，这样一种观点可以看作是形式主义美学的先声。形式主义美学的一个重要倾向，就是以艺术的抽象代替具象。以贝尔为代表的英国形式主义艺术流派，将艺术的本质看作是“有意味的形式”，认为一切视觉艺术，只是以线、色关系的组合造成一种感人的形式，唤起我们的审美情感。在贝尔那里，“有意味的形式”包括两个层次：一是这种艺术的纯形式引起人们强烈的审美情感；二是决定这种审美情感的是一种把握世界“终极实在”的实在感，也就是意识到最高的上帝的存在。[①] 而这种类似的观点在普罗提诺那里早已得到详尽的表述，不过他的观点是贯穿在对物体美和对艺术的阐发之中。

普罗提诺关于艺术理论的一个重要功绩，就是第一次明确地将艺术和美联系在一起，并提出了相应的美的艺术的某些观点。在古希腊

① 朱立元主编:《现代西方美学史》，上海：上海文艺出版社，1996年，第331—332页。

时代，艺术作为技艺并不在于表现出美。柏拉图认为艺术家的作品只是间接地摹仿最高的理念，从“艺术非真”的角度批评艺术创作。亚里士多德则将艺术看作一种推理性质的创造活动，艺术品依照自身的规律被艺术家创造出来。普罗提诺以自己的理解，来说明我们今天可以称之为美的视觉艺术如绘画、雕刻等，这些艺术有如镜子捕捉到灵魂的形象，并反映出灵魂的美。艺术创作不是凭借理性的推理，而是艺术家回到他内心观照到神的智慧，并以这种智慧来指导创作。而艺术欣赏就是面对作品凝神观照，最终直观到神的智慧，体验到与神合一的无比欣喜。这种理论被运用到中世纪的圣像艺术创作中，成为象征主义艺术的源头。同时，普罗提诺在美和艺术理论中的重直觉、重体验、重想象和情感，也为后来表现主义美学和浪漫主义诗学开了先河。

所以笔者试图以神秘主义为主线，较为全面、系统地论述普罗提诺关于美论和艺术论的思想，同时深入其文本、在历史中去考察，以此来探究其美学思想的独特意义。

（作者单位：同济大学人文学院）

万物的美是他们赞美上帝的声音

——奥古斯丁的音乐美学思想

柏峻霄

内容摘要 奥古斯丁在宇宙音乐的层面将万物的美定义为赞美上帝的声音，并认为理性的音乐是由可变的感性之数（受造之美）和无限的原因之数（美本身）构成的科学。人类对有限的感性之数（受造之美）的热爱导致无限的原因之数（美本身）的缺失，以及灵魂与上帝、肉体之间关系的失调。原因之数（美本身）主动帮助灵魂正确评估感性之数的价值并重构三者之间的关系，这就是上帝的救赎。因此，人类赞美上帝的声音——理性的音乐显现着精神的和谐之美和形而上之光辉。

关键词 美、音乐、感性之数、原因之数

"万物的美是他们赞美上帝的声音"①是奥古斯丁对美所下的定义。此定义包含的两层意思就是本文要展开的目的，即探讨美与音乐的关系，音乐与基督教神学的关系。

奥古斯丁作为教父时期一位非常重要的代表人物，其美学思想是教父时期神学思想的共识。如果可以将中世纪的美学观念看作教父时期的思想成果，乌波托（Umberto Eco）对中世纪的美学思想所包含的范围的评述有助于澄清本文要讨论的对象。"如果美学意味着一种特别的艺术观念——例如，克罗奇（Croce）的理论认为艺术就是属于感受的一种抒情般的直觉。然而，实际情况是中世纪的哲学不产生这样的'美学'。"②"其实中世纪的美学所包含的是纯粹地需要智力理解的概念，即精神和谐之美与形而上的光辉之美。……中世纪对非感受之美的讨论同时导致了感受之美的理论的产生。……中世纪的美学

---

① Augustine, *The Exposition on the Book of Psalms* [in Philip Schaff (ed), *Nicene and Post Nicene Fathers*, Series I, Vol. VIII], p. 1191.

② Umberto Eco, *Art and Beauty in the Middle Ages* (English translated by Hugh Bredin), Yale University Press, 1986, p. 1.

范围比现在的宽广得多。"①

要澄清的另一个概念是音乐。音乐是听觉艺术也属于表演艺术。这个观念不仅是现代人对音乐的认知,在教父时期,这个观念在世俗生活中同样流行,但是在教父时期的神学思想中,音乐不单是艺术,不单是感性的聆听和表演,而且是理性的表达和聆听。奥古斯丁将音乐定义为调制良好的科学,并且认为音乐作为科学只存在于理性的精神。② "万物的美是他们赞美上帝的声音。"奥古斯丁用此句话阐释《圣经》中第148篇赞美诗所描绘的宇宙间一切受造之物在歌唱赞美上帝的情景。也可以解释为万物之所以美,是因为他们在赞美造物主的时候就展现了上帝创造之美。148篇所描绘的万物包括天上一切有形和无形的事物,地上和海中的一切物质和生命。当然我们不能将"万物赞美上帝的声音"完全等同人类赞美上帝的方式。但是按照西方第一位音乐理论家毕达哥拉斯的观点,整个宇宙是由音乐的秩序构成的,天体的运转所产生的宇宙音乐是人类的耳朵无法聆听的音乐。奥古斯丁以及其他教父都赞成这个观点并深受其影响。"这个人(毕达哥拉斯),创立了关于自然现象的研究,把天文学、几何学和音乐结合在一起。并且,他宣告神性是单一的;他仔细地研究数的本性,他确认这个世界是歌唱的,并且,这个世界的体系与和声相符合,他首先将七个星星的运转纳入到节奏和旋律之中,并惊叹整个结构的布局。"③鲍爱修斯(Boethius)后来继承了毕达哥拉斯的音乐思想,并将音乐分为三类:宇宙音乐、人类音乐和器乐。④ 这一音乐理论成为中世纪音乐教育的主导思想。与鲍爱修斯同时代的神学家卡西奥多鲁斯(Cassiodorus)同样也受到毕达哥拉斯的影响,他这样形容一个安详的或者是具有美德的人,"如果我们活得善良,我们就总是被证明是在它的戒律之下的,但是我们不再公道的时候,我们就远离了音乐。实际

① Umberto Eco, *Art and Beauty in the Middle Ages*, p. 5.

② See Augustine, *On Music* (English Translated by Robert Catesby Taliafarro), Annapolis, The St. John's Bookstore Copyright, 1939, p. 6.

③ Hippolytus, *The Refutation of All Heresies* [in Philip Schaff (ed), *Ante-Nicene Fathers*, Vol. V], p. 17.

④ See Boethius, *The Principles of Music* (English translated by Calvin M. Bower, A Dissertation submitted in partial fulfillment of requirement for the Degree of Doctor of Philosophy in the school of Music George Peabody College for Teachers, August 1966), p. 44.

上,天堂和地球之中的一切是被一个更高的力量统治着,都分享着音乐的节律。因为毕达哥拉斯证明这个宇宙是被音乐统治。"[①]

而人类"赞美上帝的声音"正是存在于理性精神之中的科学即人类音乐。因为"对于理性的音乐来说,正确的和声功能和技术是上帝所赐,为了让人类拥有理性的灵魂,使他们有一个观念可以保守他们在伟大真理的精神里"。[②] "万物的美就是他们赞美上帝的声音。"这个逻辑所包含的内容就是美等于理性的音乐,理性的音乐表现了精神的和谐与形而上的光辉。本文以下部分就是对这个逻辑的推论。

音乐是以声音为物质媒介,以时间为存在方式的。摩西是第一位对时间问题作了深刻思考的先知。他在《圣经》第 90 篇赞美诗中将人的有限与上帝的无限作了鲜明的对比:"在你看来,千年如已过的昨日,又如夜间的一更。我们度尽的年岁好像一声叹息。我们一生的年日是七十岁。若是强壮可到八十岁。但其中所矜夸的,不过是劳苦愁烦。转眼成空,我们便如飞而去。"[③]摩西将人的生命放在上帝的时间尺度中衡量的结果只是"一声叹息"。因此,他祈求上帝"求你指教我们怎样数算自己的日子,好叫我们得着智慧的心"[④]。对时间的探讨也构成早期教父神学思想的重要要素。亚历山大的克莱门特(Clement of Alexandria)认为理性的音乐就是对时间的测量,并且这是智慧的终极,"我们不要被那种让人听见就受损害的艺术所欺骗和迷惑,为了驳斥那些诡辩者的欺骗性的观点,我们必须熟悉理性的艺术。所以,阿那克萨尔科斯(Anaxarchus B. C ca 340)在他的书中将'美好与恰当'尊为'至高的法则'……懂得时间的测量是必需的,因为这是智慧的终极。在门口唱歌的人,即使他们歌唱技能很好,也不能被称为智慧,而是因此获得愚拙的名声"。[⑤]

奥古斯丁在《忏悔录》中对时间问题的讨论,都是借助于音乐的存在特质推导出问题的结论。但是他第一次提出时间观念是在《论音

---

① 杰米·詹姆斯:《天体的音乐》,李晓东译,吉林人民出版社,2003 年,第 69 页。

② Augustine, *Letters of Augustine*, *A Treatise on The Origin of Human Soul*, *Addressed to Jerome* [in Philip Schaff (ed), *Nicene and Post Nicene Fathers*, Series I, Vol. I], p. 876.

③ 《圣经》诗篇 90。

④ 同上。

⑤ *Clement of Alexandria*, *The Stromata* [in Philip Schaff (ed), Anteicene Fathers, Vol. II], pp. 499 – 500.

乐》这本书中。“在那里没有时间，因为那里没有改变，时间是从那里被制造、安排和改变，当天空的运转回到同一个地方，以及天体回到同一个地方，在几天、几月、几年、几个世纪里它们这样做是为了模仿永恒，并且其他星体的运转遵照均衡、联合和秩序的法则。因此，地上的事情服从于天上的事情，为了宇宙的诗歌，它们的时间路线也加入了和谐的延续中。”[1]如果整个宇宙作为存在于时间中的诗歌不是一个比喻，就是人类的耳朵无法聆听的宇宙音乐。奥古斯丁认为在人类的音乐中音符的时值比例不可以长至一天比两天、一年比两年，人类的感官无法判断如此长的时值。“因为每一种生物都是按照它恰当的种类和它与宇宙的比例被赋予恰当的空间和时间，以便于其体积作为宇宙的一部分与宇宙体积的比例是如此和谐，并且其年龄作为宇宙年龄的一部分与宇宙年龄的比例是如此和谐，那么它的感觉服从于它所进行的行动，其行动作为宇宙运动的一部分与宇宙运转的比例和谐吗？”[2]奥古斯丁在这里提到的每一种有生命的物种在时间和空间中与整个宇宙的和谐比例，当然包括人类，要引出问题就是人的灵魂和行为作为宇宙运转的一部分与之相和谐吗？本文接下来要讨论的三个问题是：什么是和谐？不和谐意味着什么？不和谐如何变为和谐？

和谐与和声[3]是同一个词 Harmony。和声是指两个以上不同的音按一定的律学原理构成的音响组合。和谐是和声的音响组合产生的效果。“众人合而为一的联合，导致了神圣和声的产生，并从混杂的声音和混乱的分裂中脱离出来，成为一个交响[4]的乐曲，跟随一位老师，一位乐队指挥，一个道，到达并休息在同一个真理里面，称呼阿爸父。这是上帝的孩子们真正的说话方式，上帝欢喜接受——由他们而

---

① Augustine, *On Music*, p. 177.

② Ibid., p. 167－168.

③ 参阅 Ruth Katz and Carl Dahlhaus (ed), *Contemplation Music: Source Readings in the Aesthetics of Music* Vol. I－Vol. IV. 在拉莫(Jean-Philippe Rameau A. D 1683—1764)创立了现代和声体系和古典转调的程序之前，有众多的音乐家写了关于和声学的论著，如亚里士多德的学生音乐家亚里士多塞诺斯(Aristoxenus B. C. c. 350—?)著《和声学原理》，天文学家托勒密(Claudius Ptolemy A. D. c. 83—c. 161)著《和声学》，天文学家开普勒(Johannes Kepler A. D 1571—1630)著《宇宙的和声》，以及与开普勒同时代的法国神学家梅森(Marin Mersenne A. D 1588—1648)也著《宇宙的和声》。

④ 交响 Symphony 源于希腊语 symphonia 最早含义是“和谐的，不同的乐器同时发声”，参见郝维亚《伊戈尔·斯特拉文斯基〈管乐器的交响〉音乐分析》。本文中所涉及的“交响”一词均指希腊语中的最早含义，与现代的交响乐不同。

来的这初熟的果子。"[①]老师、乐队指挥和道三者都是指耶稣基督。唯有在耶稣基督的指挥下灵魂才能产生神圣的和谐。因为耶稣基督被认为是"新歌",是这首"新歌"的秩序建立的世界,并成就了救赎。这是教父时期普遍的观点和共识。"这首新歌,是上帝之道的显现,是世界的开始,并在创世之前就存在。"[②]"上帝以他的形象所造的人是一个美丽的有气息的乐器。上帝自身当然也是远离尘嚣的智慧,是属天的道,是完全和谐、音调优美而圣洁的乐器。然而,这个乐器——上帝之道,这位主,这首新歌的意愿是什么呢?"[③]奥古斯丁这样阐释上帝的意愿:"因此,基督给了我们一个新的命令——我们应该彼此相爱,就像他爱我们一样。这爱让我们更新,让我们成为新造的人,成为新约的后裔,成为新歌的歌手。"[④]亚历山大的克莱门特和奥古斯丁都将基督教的信仰置在音乐的规则之中,因为上帝的本质就是和谐的。上帝和人都在音乐的规则中具有音乐的特性或承担着音乐家的角色。"领唱人(Precentor)和唱诗班指挥(Succentor)这两个术语在拉丁语里表示,在音乐中领唱第一部分的演唱者和整个音乐的负责人;因此,在受难这首歌中,基督走在前面,有殉道者的唱诗班跟随着,直到最后,在天国里领受冠冕。"[⑤]

奥古斯丁认为耶稣基督的死和复活只是单一地属于肉体,他的精神和灵魂是永不死亡的。因为他是永恒上帝的儿子,以无罪之肉身代替有罪之肉身的死亡与复活。这样,人类灵魂的死亡(远离上帝)和肉体的死亡(罪的惩罚),都得以复活。奥古斯丁将耶稣基督的单一的死和复活与人的双重的死和复活,以音律的方式相对应,即1∶2产生的协和音程,并将这协和音程解释为上帝与一切受造之物的契约。在上帝创造万物时,就将这契约设置在万物之中,包括在人的生命中。

---

① Clement of Alexandria, *Exhortation to Heathen* [in Philip Schaff (ed), Ante-Nicene Fathers, Vol. II], p. 311.

② Ibid., p. 269.

③ Ibid.

④ Augustin, *Lectures or Tractates on the Gospel According to St. John* [in Philip Schaff (ed), *Nicene and Post Nicene Fathers*, Series I, Vol. VII], New York: The Christian Literature Publishing Co., 1886, p. 467.

⑤ Augustine, *Exposition on the Book of Psalms* (English translated by A. Cleveland Coxe, D. D.) [in Philip Schaff(ed), *Nicene and Post Nicene Fathers*, Series I, Vol. VIII], p. 755.

“当他的单一的（死和复活）回应了我们的双重的（死和复活）。因为这个一致性，或者说它是相配，或者是和谐，或者是协和音程，或者以任何更为恰当的词语来对此加以说明，单一与双重联合，是一切契约的极大的重要性，或者更恰当地说是受造物的相互协调的重要性。”①

奥古斯丁以人对于不和谐音与和谐音的本能感受来说明和谐的音程概念在人的生命中是先天的。这种先天的本能在人远离上帝的时候，就会被破坏，这种本能不单是指对于音乐的本能的感受力或者音乐的技能，而且是人的心灵以及行为对于上帝之道的回应。上帝之道是精确的，永恒的，纯净的，是生命的准则，因此，奥古斯丁将上帝之道喻为“精确的单弦琴(monochord)”，单弦琴就是单弦音响测定器，用以测定弦长。毕达哥拉斯曾以单弦琴做物理实验，测定音律。上帝之道作为“精确的单弦琴”测量着宇宙万物的音响，将宇宙间的音响调为和声。

“（它让我联想到）我所指的相互协调正好被希腊人称为ἁρμονία(Harmony)。然而，这还不适合用于阐明特别地在我们的生命中所发现的——以单一对应双重的协和音程的力量，这力量是自然而然地被置于我们的生命（除了创造我们的上帝，谁又能这样做呢？），无论是当我们自己歌唱或者是听别人歌唱，即使是无知的人也不会感受不到它的存在。因为，通过这个力量，最高音与最低音构成了和声，以至于任何人如果他的音调远离了这个力量，就会非常刺耳，这不仅仅是指受训的技能——这大部分人都缺乏，而是指真实的听的感觉。要说明这一点，无疑地需要很长的论述；但是，任何人若懂得这一点，就会完全让耳朵在精确的单弦琴上变得纯净朴素。”②

“这个力量”就是耶稣基督 1∶2 的救赎，同样 1∶2 也是构成纯八

---

① Augustine, *On The Holy Trinity* (Translated by the Rev. Arthur West Haddan, B. D.)［in Philip Schaff (ed), *Nicene and Post Nicene Fathers*, Series I, Vol. III］, p. 94.

② Ibid., p. 95.

度的比例,这个比例既是救赎恩典的比例,也正是完全协和音程的比例。一个八度中的最高音与最低音构成的和声就是音乐中最和谐的完全协和音程——纯八度。奥古斯丁把这个比例称为"这个力量",远离了这个力量,就没有在这个完全协和的比例构架中,所以就是刺耳的。

不和谐意味着什么?不和谐就是走调。"荒谬"——absurd 的拉丁语源 absurdus 的意思是 out of tune(走调),surdus 的意思是耳聋。拉丁语 absurdus(走调)的语义包含了荒谬和耳聋两个词的意思。前者是精神的问题,有可能导致灵魂的不和谐;后者是生理的缺陷,有可能导致歌唱的不和谐。

奥古斯丁在《论音乐》中通过分析可变之数与不变之数之间的关系,解析灵魂不和谐的根本原因以及上帝如何改变人类灵魂的不和谐。奥古斯丁完全认同毕达哥拉斯的观点——这个世界是由数构成的,音乐是建立在数学基础之上的科学。在奥古斯丁看来,人必须掌握音乐背后的原因,否则就无法知道自己身陷何处。因为音乐背后的原因就是永恒不变之数——上帝之道。他为此写了《论音乐》这本书:"这卷书是写给那些投身于世俗学问,陷入极大的错误之中,并在虚无中浪费他们美好本性的人,他们不知道他们的魅力是什么。如果他们注意到这一点,他们会明白如何逃脱那些陷阱,并知道最幸福自由的地方是什么。"①《论音乐》第六卷的小标题是:"精神由对于次等事物中的可变数字的思考,被提升到对于不变真理本身的不变数字的思考。"②在此卷书中,奥古斯丁以感官可以感受的数字推论不变的精神之数,即音乐的原因与价值。

奥古斯丁承认音响的魅力存在于音响运动的本身,而音乐的魅力不仅包括音响本身的魅力,更取决于和谐音响背后的原因与恰当的使用音乐。在奥古斯丁看来,"调制的科学"只是和谐的音响,而不是音乐。作为音乐的"调制良好的科学"应该包括音响背后的原因、用途等等被良好地协调。因此,奥古斯丁的观点应该被称为"音响自律论",与汉斯利克的"音乐自律论"观点是一字之差,其区别却是千里之外。奥古斯丁认为音乐作为科学只存在于理性的精神。因为,人与非理性

---

① Augustine, *On Music*, p. 149.

② Ibid., p. 148.

的动物拥有的共同点是听力、记忆、感觉、模仿。如果音乐存在于这几方面，那么动物也就会拥有科学。因此，科学只能存在于精神。奥古斯丁以夜莺为例，论证了人如果不懂得音乐的原因只单凭感觉演唱和欣赏音乐，与动物凭感觉歌唱和听音乐没有区别。“现在告诉我，那些在某种感觉的指导下歌唱良好的所有歌者，尽管他们如果被问及关于数字或者音程，他们就无法回答，但是，他们的歌和谐而甜美，他们难道跟夜莺不是同一类吗？”①

奥古斯丁进一步指出了音乐作为一门科学对于表演者的要求是什么？

> 如果事实证明了所有的演员设想自己职业的最终目的是为了金钱和荣耀，我就必须承认这些演员或者是不懂音乐，或者就是宁愿追求人的赞美和赚钱的机会，而不愿自己理解音乐。②

奥古斯丁对于演员的要求似乎太苛刻。但是对于奥古斯丁来说，音乐不等于单纯的音响，构成音乐的原因才是音乐真正的价值。如果一个人懂得音乐真正的价值，他就不会用金钱来衡量音乐。

> “一个人希望把一块金子卖一个合理的价钱，并判断这块金子的价值是十块钱，你是否认为这个人真正明白他所拥有的是什么？如果表演者为了这个价钱而出售自己的歌，他们是否懂音乐？……因此，谁若将某种低级的事物当真地认为是高级的，毫无疑问，他一定是缺乏有关此事物的科学。”③

奥古斯丁认为听觉可以判断声音中所包含的音节的数字，触觉可以感受到身体被敲击了几次，这是因为人的感官本身就包含着数字，否则人就不能感知数字。这种数字是上帝在创造人的时候就已经设定在人的生命中了。“简而言之，以身体的数字阻止我们身体每一个方面的运转远离不平衡的动作，并且默然地规定着某种平衡，这种特

---

① Augustine, *On Music*, pp. 7 - 8.

② Ibid., p. 17.

③ Ibid., pp. 16 - 17.

别的东西就是某种判断。动物的设计者——上帝，被正确地确认为是所有恰当与和谐的作者。”[①]

奥古斯丁将人演奏音乐与感受音乐的数字分为五种：第一种存在于人所演奏的声音中，即声音的数字；第二种是对听觉而言，灵魂在身体中从声音里被动地接受数字，即听觉的数字；第三种是产生数字使声音或快或慢，或大或小，即操作的数字；第四种是记忆的数字；第五种数字似乎根据天然的权利对其他前四种数字作出宣判，或接受，或拒绝，这就是判断的数字。[②]

奥古斯丁认为这些数字是属于肉体的。他否定了灵魂依赖肉体感知原因之数，他认为当人的灵魂背离上帝以后，灵魂才会依赖于存在于肉体中的数字来感知声音，而忽视永恒不变的理性之数。奥古斯丁首先论证了灵魂优于肉体，并控制肉体。人的灵魂处于上帝和肉体之间，上帝是灵魂的主人，肉体是灵魂的仆人。

> 因为灵魂一定是被上级统治，并统治着下级。如果你认为灵魂是完整的，唯独上帝是灵魂的上级，唯独身体是它的下级。因此，没有上帝，灵魂就不能成为整体，没有仆人（下级），它就不能成为优秀。但是，它的主人比它更强大，它的仆人比它更弱小。因此，当它专注于主人时，它理解主人的永恒的事情，并且它的仆人也会通过它有一个更好的本质。但是，当主人被忽视时，灵魂就会专注于它的仆人，并被其肉体的情欲引诱，灵魂就将感觉的运转交给了仆人，并且灵魂变得更为弱小。[③]

可以说奥古斯丁的观点否定了感性认识是理性认识的基础。以奥古斯丁将灵魂放置的位置来看，只有灵魂在认识上帝的时候才依靠永恒的理性之数认知。如果灵魂必须依靠肉体的感性数字认知，那么在逻辑上可以判定肉体优于灵魂。“如果我们否认灵魂优于肉体，我们可以让灵魂服从于肉体所操作和强加的数字，而且，我们会相信肉体是技工，灵魂是某种存在于肉体中并可以被肉体加工成和谐的材

---

① Augustine, *On Music*, p. 168.

② Ibid., p. 153.

③ Ibid., p. 162.

料。如果我们如此相信,我们必须相信灵魂在肉体之下。有什么能比这样认为更为悲惨和可憎恶的事情吗?"[①]奥古斯丁完全否定灵魂通过肉体得到和谐,灵魂的和谐必须来自它的主人上帝,否则,灵魂的主人就是肉体。"这些事物如果不是来自至高之处的数字的、相似的、平衡的和秩序的永恒法则,会来自何处呢?如果你抽象地认为这些事物来自泥土,它就会是虚无。因为全能的上帝创造了泥土,泥土是由虚无中创造。"[②]只有上帝掌管理性的灵魂,因为肉体是造物主用泥土造成,而灵魂却是来自造物主"耶和华神用地上的尘土造人,将生气吹在他的鼻孔里,他就成了有灵的活人"。[③] 如果灵魂背离了自己的主人,它对仆人的意愿的尊重就超过了对上帝所赐的秩序和平安的持守,从此它失去了自己的仆人,沦为它仆人的仆人,因为它一旦失去对肉体的掌控,它也无法自如地控制自身。

> 自从灵魂陷入这样的错误,以至于它尊重身体的快感,因为这样的快感可以产生关注,远胜于尊重它的健康,因为健康不需要关注。但是,尽管他如愿地开始了情欲的运转,却不能如愿地结束。因为,罪的结果在他的能力里并不像罪本身那样。事实上,灵魂是一种价值极高的东西,然而,它没有压制自身情欲运转的倾向。因为它的能力陷在罪中,依照神圣的法则,它的能力在犯罪后就变得软弱,无法从它已做过的事情中释放出来。[④]

奥古斯丁认为灵魂背离上帝并受到罪的污染,并不是由于原因之下的数字和它们本质中的美,而是由于对于低级美的热爱。低级美就是受造的感官之数。奥古斯丁认为灵魂对每一项感官之数的迷恋都可能导致灵魂失去自己应有的位置。

> 对于作用于身体激情之流的行为的热爱,使得灵魂背离对永恒事物的沉思,以对感官快感的关心使其注意力感到有趣,这些都是反应数字所做的。但是,对于身体的操作的热爱也诱使灵魂

---

① See Augustine, *On Music*, p. 158.

② Ibid., p. 197.

③ 《圣经》创世记 2:7。

④ Augustine, *On Music*, pp. 162 - 163.

> 背离，并使它变得不安宁，这是操作的数字所做的。幻想和想象也诱使灵魂背离，这是记忆的数字所做的。最后，对于有关这些事物的虚空的知识的热爱也诱使灵魂背离，仿佛很满意它们的模仿，这是由存在于一件艺术法则之中的感性数字所做的。通过烦扰人平安的敌人，从这些热爱中生出了好奇，在它的虚空无能中丢失了真理。①

如果灵魂背离上帝，就偏离了宇宙的法则，不再像星体那样为了宇宙的歌唱而加入到和谐的秩序中。"灵魂因为骄傲堕入某种属于自己能力的行为中，忽视宇宙的法则，陷入到秘密地为自身做某种事情，这就被称为背离上帝。"②灵魂在自己的能力中究竟为自身谋算什么呢？"灵魂为了被尊敬，被赞美的欲望，通过这些数字和运动，互相攻击，背离了纯洁完整的真理的视域。然而只有上帝尊敬灵魂，当它在上帝面前过着公正虔诚的生活时，上帝暗暗地祝福它。"③奥古斯丁一针见血地指出了灵魂背离上帝之后，在自己的能力中秘密地为自己所做的某种事情首先是希望赢得另外一些灵魂的赞美和尊敬。但是在上帝之外的一切赞美和尊重都是短暂而虚无的，因为受造物缺乏美本身的本质就决定其无法给予另一些灵魂公正而永恒的尊重和赞美。"因此，让我们的欢乐既不放在肉体的快感中，也不放在人的赞美和尊敬中，也不要放在由虚无中寻求他物影响身体的感觉之中，在有上帝的地方，我们所爱的一切都是确定的和不变的。"④

这就是为什么奥古斯丁明确澄清了如果歌者的职业目的是为了赢得金钱和赞美，这个歌者就不懂音乐，这个歌者所唱的歌不是真正的音乐，只是和谐的音响，因为其产生于感官的数字运动。音乐作为科学产生于理性的精神，而理性的精神包含永恒的原因之数。奥古斯丁没有否认感官数字运动所产生的和谐之美，但是这种美被认为是低级的。"即使是有罪的和悲惨的灵魂也被数字牵动，并使数字甚至移动至最堕落的肉体。这些数字中的美丽会越来越少，但是，它们不会

---

① Augustine, *On Music*, p. 185.

② Ibid., p. 194.

③ Ibid., p. 187.

④ Ibid., p. 191.

完全缺乏美。"①

奥古斯丁认为低级美本身没有罪恶,只是作为受造之物,不可能有永恒的价值。当灵魂把有限的、短暂的事物当成永恒的事物牢牢地抓住,就会与永恒的上帝隔绝,并与短暂的可朽之物一起消亡。

> 使灵魂降级的肉体并不邪恶,因为肉体也是上帝的一个创造物,并被自身的美装饰,即使是最低的种类,在灵魂高贵的观点中也被轻轻地尊重。因此,产生于我们罪恶可朽之中的无论什么数字,我们都不应该把它们从构成神圣眷顾之中排除,因为它们在自身的本质中是美丽的,但是,让我们不要在它们的享乐中爱它们并将其变成幸福。因为我们应该摆脱它们的束缚,因为它们是短暂的,要善于使用它们,就像在洪水中使用一块板,不要将它们像负担一样扔掉,也不要将它们当作稳定的居所牢牢抓住。②

奥古斯丁认为人不应该热爱肉体,也不应该憎恶肉体。肉体应该被放在恰当的位置。前面已经讲过了,灵魂背离上帝以后,服在肉体的权柄之下,就失去了正确的判断力和自控力。如果灵魂失去了正确地判断的能力,它的仆人(感官)对于它来说就成为一种缺陷,因为灵魂必须受制于它。如拉克坦提乌斯(Lactantius)所说"耳朵的快乐就如我们已经谈过的眼睛的快乐一样,有可能产生缺陷。除了让我们听到滋养灵魂,使我们成为更好的人的音乐,不要让我们的耳朵喜欢听其他任何音响。尤其是不应该让感官被歪曲成为缺陷,因为我们被赋予感官,是为了让我们可以得到上帝的知识。"③

灵魂如何才能正确地判断肉体的价值呢?如何才能回到它作为肉体的主人的地位呢?如何才能认识到真正的美?这需要灵魂的主人主动帮助它,这就是上帝的救赎。因为上帝被确认为美本身。"我们会将描绘真实的绘画与低级粗俗的绘画区别开来,将庄重的音乐与淫乱的音乐区别开来。也会将一个有关真理的哲学与其他哲学完全区分开来,将真正的美与伪造的美区分开来。我们研究的不是所宣称

---

① Augustine, *On Music*, p. 195.

② Ibid., p. 189.

③ Lactantius, *The Divine Institutes* [in Philip Schaff (ed), Ante-Nicene Fathers, Vol. VII], p. 286.

的美的一部分，也不是探索美的名字，而是美本身。”[①]不仅亚历山大的克莱门特这样认为，三位一体的上帝作为美本身是教父神学思想的共识。只有上帝(美本身)将真正的美和认识美的能力赐给人，灵魂才会重新恢复在上帝与肉体之间的秩序与和谐。“因此我们就不会因低于我们的事情而陷入麻烦，只因高于我们的事情而欢欣。因为欢欣是一种在灵魂里面的重量，因此，欢欣掌管着灵魂。”[②]高于我们的事情是什么呢？就是永恒的均衡之数所居住的处所。

前面已经介绍了奥古斯丁分类的五种感官之数，第五种数字就是判断之数，它有天然的权力判断感官所接收的声音让人喜欢还是讨厌。但是，当灵魂被上帝放在恰当的位置时，在感官的判断之数的上面会有另一个判断之数，就是原因之数。通过原因之数评估感官的欢喜和讨厌是否正确。原因之数传递着上帝完全的法则，在其评估中指导灵魂如何认清自己所处的境况。如果沉溺在肉体的欢乐中，这些数字的运转的目的就是荒谬的。“这些荒唐的运转将错误放在灵魂的本质里，应坚决地从每一个荒唐的运转中撤出，在原因之数里有重建的喜悦，我们整个生命转向上帝，将健康的数字交给身体，不在其中寻找快感。”[③]这种重建就是救赎，就是灵魂的运转由荒谬和耳聋(adsurdus)的状态恢复到作为宇宙运转的一部分加入到其和声(和谐)之中。

讨论至此，我们可以将奥古斯丁的音乐美学思想作个小结。音乐作为建立在数学基础之上的，调制良好的理性的科学必须包含两种因素：感性的音响和理性的原因，即可变的数字形式和比例关系(节奏、韵律、音节、旋律等等)和无限的精神之数(不变的真理)。当操作并感受一切可变的数字形式和比例关系的感官之数的运转不再专注于自身的时候，永恒之数就参与其中，这就是理性的音乐。“对这个世界的爱让人非常疲倦，灵魂在这个世界中所要寻找的坚定和永恒，并没有找到，自从最低级的美与短暂的事物断绝了关系，至高的上帝就将效法恒常的东西投掷到灵魂之中。”[④]“效法恒常的东西”就是在时间中流动的数字比例——音乐。前面已经提到了奥古斯丁首次提出时间观

---

① *Clement of Alexandria*, *The Stromata*, p. 864.

② Augustine, *On Music*, p. 177.

③ Ibid., p. 180.

④ Ibid., p. 188.

念的时候,认为宇宙的运转就是为了模仿永恒而产生的诗歌。当上帝把与宇宙诗歌相应的比例投入到灵魂,灵魂和其行为的运转才能与宇宙相和谐。

"万物的美是他们赞美上帝的声音。"这是在宇宙音乐的层面定义一切受造之物的美。奥古斯丁将泥土、水、空气三种物质作了比较,认为空气优于水,水优于泥土,而音乐优于一切形式。"因为仅仅只在时间中变化的形式(或物种)优于在时间和空间中同时变化的形式(或物种)。"①"对于空气的本质我能说些什么呢?它是完全的整体,包罗万象,并且比水和泥土美丽得多,其价值比两者高得多。那么在天国的至高之处——整个宇宙有形的物体在那里终结,在它的性质和居所的完全的卓越中的至高的美会是怎样呢?"②在一切有形之物终结之处,除了永恒之数所构成的音乐,还有什么能够显现至高的美和那形而上之光辉?

(作者单位:香港信义宗神学院)

① Augustine, *On Music*, p. 188.

② Ibid, p. 197.

数是美的依据

——奥古斯丁美学思想新探

刘春阳

内容摘要 作为拉丁教父中最具影响力的教父，奥古斯丁的美学思想历来为学界所重视，但是从汉语美学界的研究成果来看，大多数都集中在对奥古斯丁美学观点的现象描述。本文从一个新的视角出发，即从数与美的关系出发，深入探讨其美学理论得以成立的根据。在奥古斯丁看来，"美"是我们谈论上帝的一种方式，受造的万物也因作为上帝的造物而以美的形式彰显上帝之美，而美得以存在的根据则在于美是由数构成。至于存在着丑的问题，奥古斯丁认为，丑与数无关，它只不过是美的缺乏，并非实体，其根源在于它是一种虚无。

关键词 数 美 丑 创造 虚无

一

对于中世纪，特别是早期的教父们来说，对美的谈论总是与上帝相关，在他们看来，"美是上帝的名字"。早期教父们之所以用"美"来称呼上帝，固然与他们对柏拉图及新柏拉图主义思想传统的吸收有关，[①]但更为重要的是，与教父们对早期基督教建构的思考相关。[②] 那么，在这一时期，作为拉丁教父中最具影响力的奥古斯丁，对"美"有何

---

① 柏拉图认为，美是理念，万事万物之所以美是因为它们分有了美的理念，只有在理念论的层面上，"真"、"善"、"美"也才能说一而三，三而一的关系。而对于早期教父们来说，以托名狄奥尼修斯为例，他认为上帝就是真善美的统一体，而且是一切真善美的本源，所以，美也就是上帝的名字，这也是在本体论的层面谈论三者的统一。

② 有关"美"的问题在早期基督教的建构中所引起的争端及对这一问题的不同解答，可参见徐龙飞，《存在之美与此间世界之美：试析托马斯关于美的论述》，云南大学学报(社会科学版)第八卷，2009 年第 2 期，第 84—93 页。

言述呢？

同早期的一些教父一样，在奥古斯丁看来，上帝是美，而且是一切美之所从出的根源。在《忏悔录》中，奥古斯丁以这样充满热情的笔触来赞美上帝，说他“至高、至美、至能；至仁、至义、至隐，无往而不在；至美、至坚、至定，但又无从执持，不变化而变化一切，无新无故而更新一切”。[①] 从奥古斯丁以上对上帝的讴歌中，我们不难发现，上帝在他那里是最高的美，而且又是没有变化、永恒存在，“无从执持”的美。

这种把“美”作为对无影无形的上帝的谈论，与我们今天对美的谈论之间存在着矛盾，因为众所周知，自美学作为一个学科成立以来，特别是康德以降，当我们在谈论美时，更多强调的是“美的形式因”，而上帝却是“无从执持”的，那我们怎么能把“美”加之于上帝的身上？换句话说，在什么样的意义，我们对上帝之“美”的谈论才具有效性？对于这一问题的回答，可以从两个方面来看，一个方面可以说是因为我们今天有关美的观念发生了很大的变化，由于观念的转变，使得这一本不应成问题的问题成为了一个问题。[②] 另一方面，即使我们的观念没有变化，是在最宽泛的意义上使用“美”这个词，奥古斯丁的这种言说，

---

① 《忏悔录》，第一卷第四节(《忏悔录》1:4，以下所引奥古斯丁的著作，均采用这种注法，不再一一标明)，本文所引《忏悔录》的文字，中译本参考了周士良译本，商务印书馆，1981年；拉丁文本见 PL 本第 32 卷(*Patrologiae Cursus Completes*, *Series Latina*. Ed. J. P. Migne. Paris: 1844 - 1964.)，该文集收录了奥古斯丁绝大部分拉丁文原作，该文本为意大利人所做的网站所收录，具体网址为：http://www.sugustinus.it/latino，所参考英文译本亦来自互联网，网址为：http://www.newadvent.org/fathers/

② 在经过了维特根斯坦的批判以后的哲学话语中，“美”这个词在美学研究者那里变成了一个极度敏感的词。因为，在维特根斯坦看来，“美的”就像“好的”、“可爱的”这些词一样，它们最初只不过是作为感叹词来使用的。继维特根斯坦以后，分析美学在美的定义问题上产生了重大的分歧，当然至今也没有一个肯定的结果。在今天已经完全非美学化的使用中，人们已经渐渐淡忘了“美”的原初含义，在希腊语中，没有与今天英语的 beauty 对应的词，希腊人用 kalon 来指美、完善等意思，在希腊人那里，kalon 不仅指漂亮、可爱等形式因素，而且包括道德、律法等不包含形式因素的概念。即使是中世纪所使用的 pulchrum 也不仅仅是具有“华美”、“娇艳”等审美的内涵，也包括“高尚”、“荣耀”、“正直”等伦理内涵。只是到了 18 世纪，鲍姆伽通创立“感性学”(Aesthetik)，将美降格为认识论的低级阶段后，美的观念狭义化了。参见 Wladyslaw Tatarkiewicz, *The Great Theory of Beauty and Its Decline*. The Journal of Aesthetics and Art Criticism, Vol. 31, No. 2, (Winter. 1972), pp. 165 - 180. 及 Balthasar, Hans Urs von, *The glory of the Lord: a theological aesthetics*. *Vol. IV: the realm of metaphysics in antiquity*. Trans by Erasmo Leiva-Merikakis, San Francisco: Ignatius Press; New York: Crossroad Publications. p. 19.

也是会存在很大争议的，因为在整个基督教传统中，神学家们对“美”的看法也是相当复杂的，相比较于它的两个同胞姐妹（真与善）来说，“美”一直是被当作一个“灰姑娘”来看待的。[①] 之所以出现上述观点，是由于在这些神学家们看来，当我们谈论“美”时，我们通常总是将“美”与快乐、享受等身体的或者更宽泛的说是与世俗的观念联系在一起的，这样一来，如果我们把“美”与上帝联系起来的话，“美”其实就是一个非常危险的概念。[②]

对于奥古斯丁来说，问题还不仅如此，因为他声称，我们所爱的正是上帝的美的属性。在《忏悔录》中，奥古斯丁自己也曾对到底爱的是上帝的什么属性进行了殚精竭虑的叩问，他说：“我爱你（上帝），究竟爱你什么？不是爱形貌的秀丽，暂时的声势，不是爱肉眼所好的光明灿烂，不是爱各种歌曲的优美旋律，不是爱花卉膏沐的芬芳，不是爱甘露乳蜜，不是爱双手所能拥抱的躯体。我爱我的天主，并非爱以上种种。”[③]显然，他对上帝的爱不是在这些物质的特性，更何况上帝本就没有物质性，接下来的文本中，他对自己的疑问给予了回答，他说，他爱上帝，“是爱另一种光明、音乐、芬芳、饮食、拥抱，在我内心的光明、音乐、芬芳、饮食、拥抱：他的光明照耀我心灵而不受空间的限制，他的音乐不随时间而消逝，他的芬芳不随气息而散失，他的饮食不因吞啖而减少，他的拥抱不因久长而松弛。”[④]表面上看起来，似乎奥古斯丁回答了他所爱的到底是上帝的什么属性，但是这种文学化的表述并没有给我们提供一个清晰的认识。但在其他相关著作中，他给出了明确的答

---

① 尽管有很多神学家也屡屡提到上帝的“美”，但大多数情况下是与“善”相联系的。当然，近来也有很多学者致力于把神学与美学勾连起来，最重要的学者当数瑞士天主教神学家巴尔塔萨，他的7卷本的《荣耀上帝：神学美学》对于天主教和新教世界都具有很大影响。Balthasar, Hans Urs von, *The Glory of the Lord: A theological Aesthetics*. Trans by Erasmo Leiva-Merikakis, San Francisco: Ignatius Press; New York: Crossroad Publications, 1983－1991.

② 卡尔·巴特：《教会教义学》第二章有关论述。当然，巴特也承认，“美”是一种神圣的完善，但他认为，这种完善对于荣耀上帝来说只是一种附属物。

③ 《忏悔录》10:6.

④ 同上书。

案,他说:“除非它是美的,否则我们不能爱任何事物。”①“我爱你已经太晚了,万古常新的美。”②从他的这种逻辑上可以看出,奥古斯丁所爱的正是上帝的“美”。在这里,尽管奥古斯丁给出了一个答案,即,我们对上帝的爱是因为他“美”,但问题依然存在:一个“美”的对象为什么必然会使得人们去爱呢?如果这种“美”本身就不具备合法性,对他的爱是否正当呢?

面对这么多的疑问,我们有必要再来清理一下奥古斯丁的逻辑思路:奥古斯丁认为,上帝是美,他说:“我最慈善的父,所有美的事物的美。”③并进而认为,上帝是天地万物的美得源泉:“是你,我的上帝,你创造了它们,因为你是美的,所以它们是美的;因为你是善的,所以它们是善的;你存在,所以它们存在。但它们的美、善、存在并不和创造者一样,相比之下,它们并不美,并不善,并不存在。”④事实上,上帝是这样一种美,“通过对这种美的模仿,其余的事物都是美的。”⑤“他是善和美,在他里面,通过他,经由他,所有善和美的事物拥有这些属性。”⑥从以上的几句引文中,我们可以稍作归纳:首先,在奥古斯丁看来,天地万物是美的(当然,作为一种被造物,较之于他的创造者来说,它又

---

① 《论音乐》6:38. PL 本第 32 卷,“... num possumus amare nisi pulchra? Nam etsi quidam videntur amare deformia, quos vulgo Graeci σαπροφίλοι vocant, interest tamen quanto minus pulchra sint quam illa quae pluribus placent. Nam ea neminem amare manifestum est, quorum foeditate sensus offenditur.”据笔者所见,该著作有两个英文译本,一个是由 R.C. Taliafero 翻译的,收录于 *The Fathers of the Church: A New Translation*, Volume 4(New York, 1947)151 - 379;另一个译本是 W. F. Jackson Knight 翻译,具体见 St. Augustine's *De Musica: A Synopsis* (London 1949).本文所用为第一个译本,下同。

② 《忏悔录》10:27. “... Sero te amavi, pulchritudo tam antiqua et tam nova, sero te amavi!”

③ 《忏悔录》3:6. “... mi pater summe bone, pulchritudo pulchrorum omnium.”

④ 《忏悔录》11:4. “... tu ergo, domine, fecisti ea, qui pulcher es: pulchra sunt enim; qui bonus es: bona sunt enim; qui es: sunt enim. nec ita pulchra sunt nec ita bona sunt nec ita sunt, sicut tu conditor eorum, quo comparato nec pulchra sunt nec bona sunt nec sunt.”

⑤ 《论秩序》2:19, PL 32,“... Nihil amplius dicam, nisi promitti nobis aspectum pulchritudinis, cuius imitatione pulchra, cuius comparatione foeda sunt caetera.”英译本见 St. Augustine, *On Order* [*De Ordine*], Translation and introduction by Silvano Borruso. South Bend, Ind.: St. Augustine's Press, 2007.下同。

⑥ 《独语录》1:3,“... Deus bonum et pulchrum, in quo et a quo et per quem bona et pulchra sunt, quae bona et pulchra sunt omnia.”本文所引该著作中文字主要参考了成官泯译本,略有改动,具体见于,奥古斯丁:《独语录》,成官泯译,上海:上海社会科学院出版社,1997,下同。

是丑的);其次,美的事物之所以美是由于上帝的创造,是对上帝的模仿,而上帝本身是美的。针对这种观点,我们也可以提出反驳:既然天地万物是美的,在日常的经验中,为什么会有丑的存在?而且,正如我们在上文中已经提出的,上帝是不可见的,如何判定他的美?对于这样的疑问,奥古斯丁从“神义论”的角度给予了解答。

二

所谓“神义论”(Theodicy),这是由两个希腊词语合成的:theos(神),和字根 dik-(义)。按照弥尔顿(Milton)的解释,所谓“神义论”,就是“为神对人的作为辩护”,为了证明神是对的,是值得称颂的,虽然有时看来情况好像不是如此。“神义论”的一个核心问题在于:在世界种种邪恶面前,我们怎能相信神是良善又拥有完全权柄的呢?在坏人、恶事、亵渎神、伤害人的、有害的环境、事件、经验和思想的影响下,人间的价值不断被浪费、破坏、摧毁,包括真实的和潜在的价值;简言之,一切引致我们说“那真不应该发生”的事实,无论是自然的或道德的,都是“神义论”尝试解答的问题。①

尽管奥古斯丁一再声称,作为上帝的造物,一切都是美的,但是不容否认,对于奥古斯丁来说,他也会面临丑的问题,即,在我们生活的世界上,并不都是美、善、真,同时也存在着丑,存在着邪恶和虚假。作为上帝所创造的世界,却充斥着这么多的丑恶和虚假,这怎么能解释上帝的至善、至美和至真呢?奥古斯丁对这个问题的回应,其论证过程充满了美学色彩,以至于有人说奥古斯丁的“神义论”证明完全是美学化的,可以称得上是基督教思想史上“神义论”的杰出典范。②

---

① 引自《当代神学辞典》“Theodicy 神义论”条目,英文版主编 S. B. Ferguson, D. F. Wright,中文版主编杨牧谷,台湾校园书房出版,见 http://blog. tianya. cn/blogger/post_show. asp? BlogID=40732&PostID=15342765。

② 当然,早期希腊教父们也都不同形式地从“神义论”的角度论述过这一问题,比如在爱仁纽那里,他也认为世界的和谐有序的原因在于上帝的安排,万物不停运动在于上帝的推动,上帝所创造的万物充满了秩序、艺术和美,而这一点不仅证明了上帝的存在,也表明了他的荣美。可参见阎国忠:《美是上帝的名字》,上海:上海社会科学院出版社,2003 年,第 48 页。

奥古斯丁的论证并不是他的凭空创造，而是有着非常丰富的思想渊源。首先是柏拉图，在其《蒂迈欧篇》里，柏拉图构造了一个影响深远的宇宙论(cosmology)。巨匠造物主(Demiourgos)按照数的比例创造了宇宙，这样一个具有数学关系(比如按照1∶2∶4∶8……，1∶3∶9∶27等，这种数学关系在他看来是最美、最完整的数学关系)的宇宙是一个自足的实体，不依赖外物给予它养分，它的四周光滑，从中心到边缘处处都相等，完全、完善，所以这个宇宙是一切被造物中最美的，[①]那么处于宇宙中的事物在一定程度上也是美的。之所以如此，是因为这个宇宙是造物主模仿了理智的、不可变的、永恒的理念(Idea)或形式(Form)的结果，而美也是这个理念世界的一个部分。[②]

在早期教父那里，这种论证也屡见不鲜。比如，尼撒的格里高利(Gregory of Nyssa)认为，上帝所创造的世界是美的，我们能在圣灵的帮助下通过尘世的美来达到对美本身的凝视(vision)。[③] 卡帕多奇亚的教父圣·巴兹尔(St. Basil)经常把上帝比作艺术家，我们所生活的物质世界就是他的艺术加工厂，这个工厂展示了他完美的艺术作品。[④]而且他还从宇宙论的角度论证了上帝的美，他认为宇宙是按照一个完

---

① Plato, *Timaeus*. Translated by Peter Kalkavage. Newburyport, MA: Focus publishing, c2001. 29a. 34b.

② 在《大希庇阿斯篇》中，柏拉图通过苏格拉底和希庇阿斯的辩论，认为美并不在于个别事物的美，也不在于“恰当”、“有用”或“有益的快感”，并没有得出有关美的定义。(参见朱光潜:《柏拉图文艺对话集》，北京:人民文学出版社，1963，第178—211页)通过《会饮篇》，他告诉我们，美之所以美，是在于“美本身”(或者说美的理念)，正是“美本身”使得个别事物具有美的特性，它是所有美的事物的本质所在，而这种美本身“是永恒的，无始无终，不生不灭，不增不减的。”那么我们如何能够欣赏这种美呢？柏拉图给出的道路是:“先从人世间个别的美的事物开始，逐渐提升到最高境界的美，好像升梯，逐步上进，从一个美的形体到两个美的形体，从两个美的形体到全体美的形体，再从美的形体到美的行为制度，从美的行为制度到美的学问知识，最后再从各种美的学问知识一直到只以美本身为对象的那种学问，彻悟美的本体”(参见朱光潜:《柏拉图文艺对话集》，第273页)。这种“美的阶梯”的理论对于我们的解释来说是至关重要的，因为这种模式也可以用来解释我们对宇宙所模仿的“理念”(或“理型”)推理(reason)。在《蒂迈欧篇》，通过蒂迈欧之口，柏拉图划分了两个世界:可变的世界和不可变的永恒真实世界。由思想通过推理来认识的东西是永恒真实不变的世界，而通过非推理的感觉来把握的意见对象则是常变不真的，我们可以通过被造世界的常变不真的美与和谐来理解造物主所模仿的那个永恒真实不变的理念世界的美与和谐。

③ See Patrick Sherry. *Spirit and Beauty*: *An Introduction to Theological Aesthetics*. Oxford: Clarendon Press. 1992. p. 73.

④ Ibid., p. 8.

美的秩序运行的,他把这种秩序称作“友谊律”:“虽然宇宙整体由不同的部分组成,但它以一个必然的友谊律把这些部分联结为统一、和谐体,即便那些占据着最遥远位置的部分也处于宇宙和谐之中。”[①]而这种和谐的宇宙之所从来,则是上帝的创造,因此上帝也是一个完美的存在。

对于这些思想资源,奥古斯丁是非常熟悉的,比如他对柏拉图的熟稔:有学者统计,柏拉图的《蒂迈欧篇》,奥古斯丁在其著作中就一共征引了 9 次(当然是 Cicero 或 Calcidius 的译本),更遑论其他著作。[②]在其《上帝之城》第八卷及《驳学园派》第三卷中,他说他在很大程度上赞同柏拉图的理论,他说:“没有什么人比他更接近我们了。”[③]当然,我们也看到,奥古斯丁并不仅仅在重复柏拉图及这些早期教父们的思想资源,他有自己的创造性解释。

在奥古斯丁早期的著作《论秩序》(de ordine)中,他阐述了他的基本的主张:上帝所建立的秩序,是宇宙间一切存在和活动的基础和结构。[④] 在后来的《〈诗篇〉阐释》中,奥古斯丁认为,宇宙的等级秩序是被造物的“最有秩序之美”(ordinatissima pulchritude),这些存在物以其存在赞美它们的创造者。[⑤] 在奥古斯丁看来,每一个事物都具有形而上学的结构,都具有某种整一性、美和秩序,因为它是上帝的造物,也

---

① 转引自赵敦华:《基督教哲学 1500 年》,第 130 页。

② Harrison, Carol. *Beauty and Revelation in the Thought of Saint Augustine*, Oxford: Oxford University Press, 1992. p. 98.

③ 《上帝之城》8:5,“... Nulli nobis quam isti propius accesserunt.”本文所用译本为吴飞译本,略有改动,具体版本信息为:奥古斯丁:《上帝之城—驳异教徒》,吴飞译,上海:三联书店,2007—2009,拉丁本见于 PL 41。英译本参考了 Dyson 的译本,具体见于 Augustine, *The city of God against the pagans*, edited and translated by R. W. Dyson. 北京:中国政法大学出版社,2003 年。

④ 《论秩序》1:28. “... Ordo est, inquit, per quem aguntur omnia quae Deus constituit.”

⑤ 《〈诗篇〉阐释》144:13. PL 36, “... Cum autem inquisieris admirans, et perscrutatus fueris, et magnam vim, magnam pulchritudinem, praeclaramque virtutem inveneris, quoniam apud se et a se habere hanc virtutem non posset; continuo tibi venit in mentem, quia non potuit a se esse, nisi ab illo Creatore.”所参考英译本为:St. Augustine, *The literal meaning of Genesis*, translated and annotated by John Hammond Taylor. New York, N. Y.: Paulist Press, 1982. 在《论意志的自由选择》中,奥古斯丁也对这种秩序进行了辩护,他说:“在有形造物的秩序中,从天上的歌队到我们头上毛发的数目,每一等级的善事物都是完满地和谐的……因万物都在其适当的位置被创造。”见成官泯译本,上海社会科学院出版社,1997,第 168 页。

是一种存在，①因此，它们也都有这样三种性质：是一个独特的事物；通过它们自己的恰当的形式而与其他事物区分开；不会伤害自然的秩序。② 即使在某些时候看起来某种事物是对我们有伤害的，比如溽暑、寒冷、野兽等，但是"这些东西就其自己所在的地方和自己的本性(natura)③而言，是欣欣向荣的，它们被赋予了美丽的秩序，它们以自己的美对宇宙的整体做出了应该作的贡献"。④ 对于人体美而言，更是如此，一个人的身体并不是囫囵一片的，而是由各个器官有序组合而成的，因此，如果把一个人的眉毛剔去，其本身对身体不会有什么伤害，但是它影响了人整体的美。⑤

对于奥古斯丁来说，在上帝所创造的万物中，就其作为存在(esse)而言，无物不美。如果我们把奥古斯丁有关存在的秩序用一个图式来表示的话，可以清楚地看到，无物不为美所涵盖：⑥

上帝：永恒、理性、无罪、活泼、美

↑

天使：理性、无罪、活泼、美

↑

人类：理性、活泼、美

↑

动物：活泼、美

↑

光：美

---

① 《论三位一体》6:10，周伟驰译本，略有改动，以下所引《论三位一体》中的文句，均如此，故不再一一注明。

② 《论真正的宗教》7:13. "... Omnis enim res, vel substantia, vel essentia, vel natura, vel si quo alio verbo melius enuntiatur, simul haec tria habet; ut et unum aliquid sit, et specie propria discernatur a ceteris, et rerum ordinem non excedat."所用英文译本见于Augustine: *Early Writings*, selected and translated with introductions by John H. S. Burleigh. London: SCM Press, 1953. 下同。

③ 在《论意志的自由选择》2.13中，奥古斯丁说，"'本性'意志通常也叫做'实体'的东西。(naturam voco quae et substantia dici solet)"当然，实体主要指存在的个体，与"偶性"相对应，它也指一类或一种事物，奥古斯丁也正是在这两种意义上使用这一词。所以他也说，"每一本性就其是一本性而言，都是善的"。见成官泯译本，第184页。

④ 《上帝之城》11:22. "... dum ei non conveniunt, plurima offendunt, sicut ignis aut frigus aut fera bestia aut quid huiusmodi."

⑤ Ibid.

⑥ 可参见沙伦·M·凯等《奥古斯丁》，周伟驰译，北京：中华书局，2002年，第24页。

既然在这种秩序井然的存在大链条中，一切都是美的，那么丑从何而来呢？在奥古斯丁看来，绝对意义上的丑并不存在，因为只要是存在，都具有形式(forma)和形状(species)。他把事物分为两类，有形的(corporeum)和无形的(incorporeum)，“有形的事物被可感的形式所包含，无形的事物被理智的形式所包含，因此，每一种存在物都具有形式”。[①] 从语词的用法上来看，这两个词(forma 和 species)在奥古斯丁那里也是相等的，其形容词(formosus 和 speciosus)在拉丁语中是同义的，都具有“美的”的意思。[②] 因此，事物的形式也就构成了事物的美。正如巴尔塔萨所评价的那样：“存在(Being)不可避免地包括某种确定种类(kind/species)的存在，或者，某种达到相同事物的存在，即形式(form/forma)，这两个词既意味着本质(essence)同时也意味着美(beauty)，并且，这两个词被奥古斯丁在这种双重意义上直接等同了。(speciosus 和 formosus，‘美丽的’，“完美成型的(well formed)。”[③]至于丑的存在，也只是因为形式(forma)的不充分而已，并不是一种实体。所以在《论灵魂的不朽》中，奥古斯丁说：“如果不是质料的堆积，而是它的形式(specie)给予了物体以存在……那么，物体是更完善的。它被赋形得越好，则越美，正如它被赋形得越不好，它就越丑也越不完善一样。”[④]也就是说，从事物的本性中来看，并没有丑的事物存在，因为只要是事物都具有某种程度的形式，而这形式使得事物具有美的属性。所以丑是相比较而言的，那些在程度上具有较少形式(forma)的

---

① 《八十三个不同问题》Q6. PL 40，“... Omne quod est，aut corporeum est aut incorporeum; corporeum sensibili，incorporeum autem intellegibili specie continetur. Omne igitur quod est，sine aliqua specie non est.” 英文本选用 St. Augustine，*Eighty-three different questions*，translated by David L. Mosher. Washington，D. C. ：Catholic University of America Press，1982.

② Harrison，Carol. *Beauty and Revelation in the Thought of Saint Augustine*，Oxford：Oxford University Press，1992. p. 38.

③ Balthasar，Hans Urs von，*The Glory of the Lord：A theological Aesthetics. Vol. II：the realm of metaphysics in antiquity*. Trans by Erasmo Leiva-Merikakis，San Francisco：Ignatius Press；New York：Crossroad Publications. p. 115.

④ 转引自 Harrison，Carol. *Beauty and Revelation in the Thought of Saint Augustine*，Oxford：Oxford University Press，1992. p. 39. 另可见《论善的本性》第 4 章，在该书中，奥古斯丁认为，恶也是虚无，是尺度、美和自然的秩序的毁坏。“... Ac per hoc omnis natura quae corrumpi non potest summum bonum est，sicut Deus est. Omnis autem natura quae corrumpi potest，etiam ipsa aliquod bonum est：non enim posset ei nocere corruptio nisi adimendo et minuendo quod bonum est.”

事物相较于那些获得了较多形式的事物来比是丑的，丑就是事物本该获得的形式的缺乏(absence of the form of beauty)。①

在另一种意义上说，丑又是存在的，因为："在一切事物中，被看做卑微之物在与伟大之物的对照中得到的是相反的称谓。例如，由于人类的形体美高于猿猴的美，因而与之相对，猿猴的美便称为丑。"这样一来，"没有思考的人会想象善在前者中，而恶在后者中。他们看不到猿猴的形体中的恰如其分的和谐、左右器官的对称、各部分的协调、自卫的能力以及不胜枚举的其他品质"。② 在奥古斯丁看来，这种结论的得出其实并不是从事物的本性中而来的，而是人的认知能力发生的偏差所导致的，因为猿猴就其自身的本性来说，它具有"形式"，而且各部分和谐对称，就其本性而言，它是美的，只是由于人认知的原因而把它当做是丑，这实际上是由于人的认知的有限性所导致的。

当然还存在着另一种意义上的丑，也是由于人的原因导致的，那就是人滥用自由意志(free will)而导致的行为的丑恶。在奥古斯丁看来，人的自由意志是上帝赋予人类的非常大恩惠，它充分体现了上帝的仁慈，因为人可以运用其自由意志来追求至善。然而，当意志放弃了追求在其之上的事物，转而追求比其低的事物时，就变成有害的了，但不是因为它转向了较低的事物，而是因为这个转向本身是丑恶的。也就是说不是一个低层次的事物使意志变坏，而是意志自身由于恶劣而无度地欲求一个低层次的事物才变坏了，事物有层次上的高低之分，但无所谓丑恶，因为万物作为上帝的造物，从其本性上来说都是美善的，甚至最邪恶的意志也是本性的善的强有力的证明。因此，

① 所以正如查普曼(Chapman, Emmanuel.)所评价的那样："奥古斯丁在对待丑的问题上与他处理善恶的问题上是类似的。正如恶是存在的缺乏，所以美也是形式或者美的缺乏。没有美、形式以及各部分的和谐，任何自然的存在甚至都不能被构想。"Chapman, Emmanuel. *Saint Augustine's Philosophy of Beauty*, New York; London: Sheed & Ward, 1939. p.105.亦可见《驳摩尼教的基本信经》,43. "... Quod videre non potuit non esse naturam, sed contra naturam: et ipsum malum tanta specie et formis et pace partium in singulis naturis vigente decoravit, quia sine his bonis nullam poterat cogitare naturam, ut ea mala quae ibi reprehendit, innumerabilium bonorum copia sepeliantur."

② Wladyslaw Tatarkiewicz. *History of Aesthetics*. Vol. 2. England: Thoemme Press, 1999. pp. 63-64.转引自章启群:《新编西方美学史》,北京:商务印书馆,2004,第187页。

如果人滥用其自由意志,产生了丑恶的行为,那么这种丑就是人的原因,而不是由造物主而来。因此,奥古斯丁认为,丑恶同美善有本质的区别:美善是客观的,有实体基础,丑恶是主观的,没有实体基础,它们在本质上是败坏了的意志背离了最高的天主而自甘下流的结果。①

总之,从事物的本性上来说,在神所创造的这个世界上,一切都是完美的,并不存在丑的事物,因为事物都有一定的形式和美(forma/speciosus),丑恶只不过是美善的缺乏而已,而且还不是因为上帝,而是人由于认识的偏差、滥用自由意志导致的恶果,与上帝无干。② 从这种逻辑出发,我们只能得出这样一个结论:这样一个秩序井然的世界,作为上帝的创造物,是上帝预示和证明(significandum et demonstrandum)他自身的方式,而另一方面,这个世界又是一个欣欣向荣的美的世界,那么这个创造出美的世界的创造者本身也一定是美的,而且是所有美的美。③

即使如此,问题依然存在,即,上帝是怎样或者说通过什么手段创造了这个世界从而使得它是一个美的世界?究竟怎样看待作为受造者的物质世界与它的创造者,特别是作为这个物质世界中的精灵——人如何在这物质世界中认识创造主?事实上,这一问题在基督教传统中一直都是非常棘手的问题,即使奥古斯丁的解决方案也同样不能完

---

① 潘道正:《奥古斯丁论丑》,重庆工学院学报(社会科学),2009 年第 1 期,第 130—133 页。

② 在很多著作中,奥古斯丁都指出,丑恶之所以不存在,就是因为它们没有形式。在《八十三个不同的问题》中,奥古斯丁指出:"在有形式的地方必定有尺度的存在,而尺度就是某种善的东西。绝对的恶,是没有尺度的,因为它缺乏所有任何善的东西。所以它不存在,因为它不被任何形式所包含,是从形式的缺乏中而来。"(... Ubi autem aliqua species, necessario est aliquis modus; et modus aliquid boni est. Summum ergo malum nullum modum habet; caret enim omni bono. Non est igitur, quia nulla specie continetur; totumque hoc nomen mali de speciei privatione repertum est.)事实上,这种解释也同样能用于对丑的解释。

③ 在《论真正的宗教》第 11 章 21 节中,奥古斯丁把上帝描绘成为非受造的形式(forma infabricata),他把美(species)给予了他的创造物,因为在奥古斯丁看来,上帝是所有美的美(omnium speciosissimus),"... Habet aliquam speciem, sine qua corpus non est corpus. Si ergo quaeritur quis instituerit corpus, ille quaeratur qui est omnium speciosissimus. Omnis enim species ab illo est."

全令人满意。[①] 我们先撇开这些教理不论，来关心这样一些问题：是什么给予了无形式的物质以形式？受造物中的什么因素使得人能够感知这些时间中的有形的、可变的受造物？

三

对于这些问题的回应，必然会涉及到创造的本质的问题。奥古斯丁引用《圣经·智慧书》11:21这句经文："主啊，你依尺寸、数和重量安排万物"，也认为上帝是通过数（numerus）、尺度（mensura）和重量（pondus）来创造这个世界的，[②]通过可见事物里的数、尺度和重量，我们能够理解作为创造者的上帝。因为按照奥古斯丁的理解，在上帝创造世界之前，除了上帝外别无任何东西，而《罗马书》里又说道所有的事物都是在他里面被造的，所以，尺度、数和重量也一定在他里面。在《上帝之城》中，奥古斯丁说："从他而来的是每一种样式（modus），每一种种类（species），每一种秩序（ordo）；从他而来的是尺度（mensura）、数（numerus）和重量（pondus），从他而来的是在自然中拥有存在的每一种事物，无论它是什么样的种类以及具有怎样的价值。"[③]

在奥古斯丁看来，每一种事物都是上帝通过这三种要素从虚无中创造的，没有这些要素，事物不可能具有形式，不可能获得它的存在。奥古斯丁写道："所有或大或小的善的特性都来自我们的上帝，从上帝

---

① 奥古斯丁有关上帝创造的原则的解释（上帝从虚无中创造）同样在造物主和被造者之间产生了"本体论裂隙（ontological gap）：一方面是有形的、时间性的物质从他的创造者那里接受了形式并立刻获得了其存在和美，而另一方面，则是神圣的创造者自身。See Harrison, Carol. *Beauty and Revelation in the Thought of Saint Augustine*, Oxford: Oxford University Press, 1992. p. 100.

② 奥古斯丁有关数、尺度和重量的理论不仅仅是来自《圣经》的思想资源，在第一章我们也分析了他可能受到的毕达哥拉斯学派的影响。可参见卡萝尔的评注，Harrison, Carol. *Beauty and Revelation in the Thought of Saint Augustine*, Oxford: Oxford University Press, 1992. p.101。

③ 《上帝之城》5:11. "... a quo est omnis modus omnis species omnis ordo; a quo est mensura numerus pondus; a quo est quidquid naturaliter est, cuiuscumque generis est, cuiuslibet aestimationis est."

产生了所有大大小小的尺度，所有大大小小的形式，所有大大小小的秩序……上帝超乎所有创造物的尺度、形式、秩序之上，也超乎空间之上，是不可言说的独一的力量，所有的尺度、形式、秩序都由之产生。"[①]又说道："当你把这些要素完全拿走，那么就什么也不会保留了，在哪里发现了尺度、数以及秩序，就会在哪里发现最完美的形式。"[②]在《〈创世纪〉字义解》中，奥古斯丁进一步对这些因素的功能进行了规定，他认为，尺度规定了所有事物的界限，数给了它们以形式，而重量使得事物能够静止或保持稳定，[③]正是这三个因素才使得事物能够以一种稳定的美的形式向我们显现。而且在奥古斯丁看来，尺寸、数和秩序不仅仅有赋形的作用，在事物的生长过程中起着重要作用，甚至可以说是个别事物生长的源泉，因为在他的概念系统中，在某种意义上，尺寸、数和秩序是与生殖的理性(rationes seminales)相等同的，而生殖理性为事物的生长负责。[④] 所以奥古斯丁在《论三位一体》中说："这些在自然的秘密发源地过着隐秘生活的东西，可能会根据它们适当的尺寸、数和重量(这些是它们从上帝那里秘密地接受的，而上帝通过尺寸、

---

① 《论善的本性》3. "... Nos enim catholici Christiani Deum colimus a quo omnia bona sunt, seu magna, seu parva; a quo est omnis modus, seu magnus, seu parvus; a quo omnis species, seu magna, seu parva; a quo omnis ordo, seu magnus, seu parvus. Omnia enim quanto magis moderata, speciosa, ordinata sunt, tanto magis utique bona sunt; quanto autem minus moderata, minus speciosa, minus ordinata sunt, minus bona sunt. Haec itaque tria, modus, species et ordo, ut de innumerabilibus taceam quae ad ista tria pertinere monstrantur, haec ergo tria, modus, species, ordo, tamquam generalia bona sunt in rebus a Deo factis, sive in spiritu, sive in corpore. Deus itaque supra omnem creaturae modum est, supra omnem speciem, supra omnem ordinem. Nec spatiis locorum supra est sed ineffabili et singulari potentia, a quo omnis modus, omnis species, omnis ordo."

② 转引自 Harrson, Carol. *Beauty and Revelation in the Thought of Saint Augustine*, Oxford: Oxford University Press, 1992. p. 102. 在《论〈创世纪〉:驳摩尼教》1:32 中，根据事物的种类和作为美的宇宙的总体，奥古斯丁把尺度、数和重量归于个别的事物。"... Si enim singula opera Dei cum considerantur a prudentibus, inveniuntur habere laudabiles mensuras et numeros et ordines in suo quaeque genere constituta; quanto magis omnia simul, id est ipsa universitas, quae istis singulis in unum collectis impletur."

③ 《〈创世纪〉字义解》4:7. "secundum id vero quod mensura omni rei modum praefigit, et numerus omni rei speciem praebet, et pondus omnem rem ad quietem ac stabilitatem trahit."

④ 可参见卡萝尔对这一观点的评论，Harrson, Carol. *Beauty and Revelation in the Thought of Saint Augustine*, p. 102. 至于创造与"生殖理性"的关系，可参见 Chris Gousmett, *Creation Order and Miracle according to Augustine*. Evangelical Quarterly 60 (1988) 3:217 - 240.

数和重量创造了所有事物),通过生长而生发或外在地被创造出来。”①

另一方面,如果没有尺度、数和重量(或者说样式、种类、秩序),作为万物看管者的人也不可能感觉和了解这些事物,因为这些要素,特别是数,也存在于人的感知、判断之中。在《论音乐》中,奥古斯丁就区分了五种数,包括声音中的数(numberi sonantes),这种数是由声音或者乐器所发出来的;听觉中的数(numeri occursores),它是在我们实际听的过程中产生的;人的发音活动中的数(numeri progresores),这些数产生于人的表演活动中,它们能够使得我们身体去运动,而这种运动的表现形式就是我们去跳舞或者去演奏乐器;另外还存在两种数,即记忆中的数(numeri recordabiles)和判断中的数(numeri iudiciales),这两种数与前三种数是不同的,它们不再属于有形的领域,而是属于精神的领域,其中记忆中的数驻留在人的记忆之中,它能够使人记得某种曲调,而判断中的数是其他的数能够被推论出来的根据,只有通过它,人才能够去判断声音,并区分音乐的好坏,也就是说,判断中的数能够让我们去感受并理解音乐,这是因为音乐也是由数构成,在音乐与人的感觉、理智等器官之间存在着同构的关系。② 在《论三位一体》中他也清晰地表述了这种思想,他认为数以及数目之间的这种和谐的比例关系不仅体现在受造物中,而且“这一比例可在我们里面大量发现,并且是这般天然地植根于我们里面(这除了我们的创造主,还会是谁创造出来的呢?),甚至毫无技艺的人,不管他们是在自己唱歌还是在听别人唱歌的时候,都能够感觉到这和谐的比例。正是由于我们里面有数这一原因,高音和低音才能和谐,若有人唱得不合拍,那么不仅我们之中受过音韵训练的人会受到痛苦的折磨,甚至我们的听觉本身,也会痛苦不堪的。”③

---

① 《论三位一体》3:16. “... Adhibere autem forinsecus accedentes causas quae tametsi non sunt naturales tamen secundum naturam adhibentur ut ea quae secreto naturae sinu abdita continentur erumpant quodam modo et foris creentur explicando mensuras et numeros et pondera sua quae in occulto acceperunt ab illo qui omnia in mensura et numero et pondere disposuit.”

② 《论音乐》6:2—6:3。

③ 《论三位一体》4:4. “... Neque nunc locus est ut ostendam quantum valeat consonantia simpli ad duplum quae maxima in nobis reperitur et sic nobis insita naturaliter (a quo utique nisi ab eo qui nos creavit?) ut nec imperiti possint eam non sentire, sive ipsi cantantes, sive alios audientes. Per hanc quippe voces acutiores gravioresque concordant ita ut quisquis ab ea dissonuerit non scientiam, cuius expertes sunt plurimi, sed ipsum sensum auditus nostri vehementer offendat.”

也正是在以上两个方面的意义上，查普曼才会说："在奥古斯丁的思想中，美学的方法与本体论的方法经常是等同的，因为对于他来说，数不仅仅是审美对象的最基本的构成要素，也是一种进入对象的理智的结构中的本体论的因素。"[①]

那么，尺度、数、重量与上帝又有何关联呢？因为毕竟我们只能在事物中理解它们，而上帝却不具有可见的形式。奥古斯丁还是从本体论的层面阐释了这一问题，他说："上帝不是尺度、数、重量等这些东西，但是他是原初的、真正的和独一无二的尺度、数和重量，他用尺度给事物限定了界限，用数给所有的事物赋形，用重量支配所有事物。"[②]"他是最高的尺度(summus modus)[③]或者说没有尺度的尺度(mensura sine mensura)"[④]，也是人的灵魂的尺度的来源[⑤]。在奥古斯丁这里，尺度是一切事物的准绳。

在《论意志的自由选择》中，奥古斯丁深入地探讨了这一问题，在该部著作中，奥古斯丁分析了智慧(圣子、神圣的真理)与数以及与美的关系。[⑥] 在奥古斯丁看来，数是超越时空的，它的来源就在于上帝的智慧。[⑦] 甚至在某种程度上可以说数就是上帝的智慧，二者是相同的，[⑧]

---

① Chapman, *Emmanuel. Saint Augustine's Philosophy of Beauty*, New York; London: Sheed & Ward, 1939. p. 24.

② 《〈创世纪〉字义解》3:7. "... ille primitus et veraciter et singulariter ista est, qui terminat omnia et format omnia, et ordinat omnia."

③ 《论真正的宗教》12。

④ 《〈创世纪〉字义解》4:8。

⑤ 《论真正的宗教》31—34. 而且在奥古斯丁看来，人的灵魂的尺度能够通过他的伦理行为来展示：德性是灵魂的美，而邪恶则是丑。

⑥ 事实上，在奥古斯丁的思想中，数与美也是同义的。见 Harrson, Carol. *Beauty and Revelation in the Thought of Saint Augustine*, p. 104.

⑦ 《论意志的自由选择》2:38，可参看 Harrson, Carol. 对这一段的分析，Harrson, Carol. *Beauty and Revelation in the Thought of Saint Augustine*, p. 105.

⑧ 《论意志的自由选择》2:30，在该节中，奥古斯丁说："既然智慧和数目二者都包含在最隐秘确实的真理中，且经上又提到二者是连在一起的，我就很诧异为什么绝大多数人以智慧为宝贵而轻视数目。但它们当然是同一个事物。"("... Et propterea multum miror, cum haec duo sint in secretissima certissimaque veritate, accedente etiam testimonio Scripturarum, quo commemoravi coniuncte illa posita; plurimum miror, ut dixi, quare numerus vilis sit multitudini hominum, et cara sapientia. Sed nimirum illud est, quod una quaedam eademque res est.")

特别是在受造的万事万物中，数就是智慧的在场。[①] 上帝通过智慧将数给予万物，又将数的知识和观念赐予人，让人做万物的管理者，“但当我们开始向上升高，我们就发现数超越我们的心智，而不变地居住在真理（上帝自身——笔者注）的本身里”，我们会发现，在一切数之上还有一个“永恒的数”（形式/美），受造的万物都是由这个“数”而来。[②]

而对于处身于这个尘世中的人来说，“无论你朝向哪里，她（智慧——笔者注）都向经上所记的那样对你说话。当你沉沦于外在之物，她便正以这些事物的形状使你向内心返回，她让你能够看到任何使你喜欢并吸引你感官的有形之物都有数目。这样你就会问数从何而来，于是就返回内心，你会理解你既不可能赞许，也不可能非难感官知觉的任何东西，除非你在你内心有美的法则，通过它你能判定所有美的事物。”[③]正是通过数，我们能够认识世间万物，并判断美的事物，从而从万事万物的美中理解上帝的美善。

所以，从奥古斯丁的论证结构上可以看出，所有的被造物、时间中的存在者，就因为它们有数目，所以也才有存在，也就才有美。[④] 换句话说，任何可变之物，如果没有数构成的某种形式，无论我们是通过身体感觉还是心灵的凝思，都不可能把握它，因为“没有数它就沦为了虚无”。[⑤] 上帝正是通过这些造物的数（美）对我们人类说话，但是我们在把握尘世之物时并不能停留于这些表象中，而是要相信，必定有一永恒不变的形式（数）使得这些可变之物不会沦为虚无，反而以一定的运动和各种不同的形态向我们显现。这一永恒的数本身虽然没有限制，也不在空间中延伸，也不在时间中变化，但是通过它，一切可变之物得以形成，且相称于它们的级类，实现时间和空间上的数。[⑥] 这种类似的观点在《论音乐》中还会出现，在那里，他还是多次把数与美在同义的

---

① 这一点对于人工制品也不例外。在《论意志的自由选择》2.16.41 中，奥古斯丁说：“塑造各种形体的工匠也是用技艺中的数来构造作品的。他们用双手根据内在心灵的光外在地构造作品，使其臻于完美。于是感觉将作品交与内心判断，它在其上看到数目，便觉喜悦。”至于艺术，无论是音乐还是舞蹈，都是数给了它以形式。可参见《论意志的自由选择》2.16.41、《论音乐》，6.1—4。

② 阎国忠：《美是上帝的名字》。上海：上海社会科学院出版社，2003 年，第 88 页。

③ 《论意志的自由选择》2:41，成官泯译本，略有改动。

④ 同上。

⑤ 同上。

⑥ 同上。

意义上使用。他认为，人所爱的只能是美的东西，而在美的东西中激起人的爱和愉悦的则是数的显现。[①] 与此相类似，在《论秩序》中，他说："除了美，没有什么使人愉悦，而在美中则是设计(design)，在设计中是尺度(dimension)，在尺度中则是数(number)。"[②]

至于重量(pondus)和秩序(order)，在很多情况下指涉相同的意义。正是由于它们的存在，宇宙中的万事万物才会处于其自然的位置，他说："物体靠本身的重量移向合适的位置。重量不一定向下，而是移向合适的地方。火向上，石头下坠，二者各受本身重量的推动，各从其所。水中注油，油自会上浮，油上注水，水必然下沉；各为本身的重量推动而自得其所。任何事物不得其所，便不得安定，得其所便得安定。"[③]再比如，即使在相似的图形中，比如三角形，等边三角形要比其他种类的三角形更美，这是因为等边三角形的各个角度也是同一的，处于合适的秩序之中。[④] 在他看来，甚至罪和恶也是存在于重量和秩序之中的，因为那是上帝公义的审判和安排。当然，人的灵魂中也是存在着重量的，而"爱就是决定灵魂方向的重量"，[⑤]"爱也是驱动我们行动的重量，爱带我们到哪里，我们便到哪里"。[⑥] 正是这种重量和秩序使得人的灵魂能够认识到有形的物质世界是不完满的，激发他去朝向那永恒的安宁和平静。[⑦]

通过以上对丑的问题以及创造的本质问题的分析，我们可以看

---

① 《论音乐》6:38. "... Haec igitur pulchra numero placent, in quo iam ostendimus aequalitatem appeti. Non enim hoc tantum in ea pulchritudine quae ad aures pertinet, atque in motu corporum est, invenitur, sed in ipsis etiam visibilibus formis, in quibus iam usitatius dicitur pulchritudo. An aliud quam aequalitatem numerosam esse arbitraris, cum paria paribus bina membra respondent: quae autem singula sunt, medium locum tenent, ut ad ea de utraque parte paria intervalla serventur?"

② 《论秩序》2:42. "... Hinc est profecta in oculorum opes et terram coelumque collustrans, sensit nihil aliud quam pulchritudinem sibi placere, et in pulchritudine figuras, in figuris dimensiones, in dimensionibus numeros; quaesivitque ipsa secum utrum ibi talis linea talisque rotunditas vel quaelibet alia forma et figura esset, qualem intellegentia contineret."

③ 《忏悔录》13:9。

④ 《论灵魂的量》8:13。PL 32，英译本见于 *The Fathers of the Church, A New Translation*, Vol. 2. New York: Cima Publishing, 1947.

⑤ 《论音乐》6:29, "... delectatio quippe quasi pondus et animae. Delectatio ergo ordinat animam."

⑥ 《忏悔录》13:9。

⑦ See Harrson, Carol. *Beauty and Revelation in the Thought of Saint Augustine*, p. 108.

到，一方面，在奥古斯丁的思想中，不仅仅是数（形式、美）决定了被造物不致沦为虚无，尺度、重量（或秩序）也构成了事物存在的另外两极。数、尺度、重量这三者实际上构成了一种“三位一体”的结构，它们也分别对应于父、子与灵。① 这个“三位一体”的结构在奥古斯丁的思想中占据着重要地位，可以说“这三者建构了在上帝之下的存在的整体，是奥古斯丁的形而上学和美学得以建立的基础”。② 另一方面，被造物中所有的美都根源于完美的上帝，这些美也最终指向它们的创造者。而这个创造者（上帝）作为父、子、灵的“三位一体”，因此他与世界的关系也是一种“三位一体”的关系。以“尺度、数、重量”这种“三位一体”为手段，“三位一体”的上帝创造了可见的美的物质世界，并通过这些可见的美（它们作为上帝的形象和印迹）启示了（显明了）他自身的美。所以，他说：“神的艺术所创造的万物，在本身里面表现了一种统一、形式和秩序。你所喜欢的它们中的每一个都既是一物……又都是按照一定形式受造的……并且还寻求或保持某种秩序。……我们借着理解所造之物来打量创造者时，就必须将他理解为三位一体，他的迹象以得体的方式在受造物中表现出来。三位一体是万有的源头，最完美的美，全然至乐的喜乐。”③

以上的分析我们已经清楚地呈现了奥古斯丁对上帝之美的论证。在奥古斯丁看来，作为万物的创造者，上帝通过万物的美实际上也启

---

① 《论音乐》6：56. “... Numerus autem et ab uno incipit, et aequalitate ac similitudine pulcher est, et ordine copulatur. Quamobrem quisquis fatetur nullam esse naturam, quae non ut sit quidquid est, appetat unitatem, suique similis in quantum potest esse conetur, atque ordinem proprium vel locis vel temporibus, vel in corpore quodam libramento salutem suam teneat: debet fateri ab uno principio per aequalem illi ac similem speciem divitiis bonitatis eius, qua inter se unum et de uno unum carissima, ut ita dicam, caritate iunguntur, omnia facta esse atque condita quaecumque sunt, in quantumcumque sunt.”

② Harrson, Carol. *Beauty and Revelation in the Thought of Saint Augustine*, p. 109.

③ 《论三位一体》6：12. “... Haec igitur omnia quae arte divina facta sunt et unitatem quamdam in se ostendunt et speciem et ordinem. Quidquid enim horum est et unum aliquid est, sicut sunt naturae corporum ingeniaque animarum, et aliqua specie formatur, sicut sunt figurae vel qualitates corporum ac doctrinae vel artes animarum, et ordinem aliquem petit aut tenet, sicut sunt pondera vel collocationes corporum atque amores aut delectationes animarum. Oportet igitur ut Creatorem per ea quae facta sunt intellecta conspicientes 51 Trinitatem intellegamus, cuius in creatura quomodo dignum est apparet vestigium. In illa enim Trinitate summa origo est rerum omnium et perfectissima pulchritudo et beatissima delectation.”

示(reveal)了或者说显明(manifest)了自己的美。这也就如汉比(Michael Hanby)在总结奥古斯丁有关受造物作为上帝的启示这一论证时所评价的那样,"对于奥古斯丁来说,他之所以要肯定物质的方面,是为了要把我们带到神圣中去。这是因为,只有一种物质的存在能够扮演认识论(或人类学的)功能,从而使我们朝向对上帝的观照(vision)。"①奥古斯丁自己也清楚地表明:"这些可见可感的显现是借着控制受造物实现的,以求体现不可见不可理解的上帝。"②而且他认为,由于人类的罪恶,人不能把握永恒之物,人由于总是沉溺于对尘世之物的迷恋中,所以也摆脱不了尘世之物。但是"既然我们已经与尘世之物打成了一片,被他们捆绑住了,那么,除非我们借着尘世之物,否则我们就不能洁净,从而与永恒之物打成一片"。③

(作者单位:武汉大学文学院)

---

① Michael Hanby, *Augustine and Modernity*. London; New York: Routledge, 2003. p. 28.

② 《论三位一体》2:25. "... Sed per subiectam ut saepe diximus, creaturam exhibentur haec omnia visibilia et sensibilia ad significandum invisibilem atque intellegibilem Deum, non solum Patrem sed et Filium et Spiritum Sanctum, *ex quo omnia, per quem omnia, in quo omnia*; quamvis *invisibilia Dei a creatura mundi per ea quae facta sunt intellecta conspiciantur, sempiterna quoque virtus eius ac divinitas.*"

③ 《论三位一体》4:24. "... Quia igitur ad aeterna capessenda idonei non eramus, sordesque peccatorum nos praegravabant temporalium rerum amore contractae, et de propagine mortalitatis tamquam naturaliter inolitae, purgandi eramus. Purgari autem ut contemperaremur aeternis, non nisi per temporalia possemus qualibus iam contemperati tenebamur."

形而上学传统中的荣耀之光

——巴尔塔萨神学美学视域中的先验美学谱系

张　俊

内容提要　巴尔塔萨神学美学体系建构之理论资源，不仅涵盖了圣经与神学传统，也覆盖了几乎整个西方人类精神文化领域。其《神学美学》第三部分（第四、五卷）对“形而上学传统”中荣耀美学的探讨，不仅进一步拓展了神圣荣耀美学的历史视域，而且无形中形成了巴尔塔萨神学美学之人文学意义的一个重要基础或渊薮——同时也为我们提供了一种从神学美学角度解读西方古典美学源流的独特视野，而这实质上已经为西方古典美学传统的现代分梳奠立了部分基础。

关键词　形而上学　荣耀美学　先验美学　荣耀　美

一、引论

巴尔塔萨（Hans Urs von Balthasar，1905—1988）七卷本神学美学巨著《荣耀：神学美学》（Herrlichkeit：theologische Ästhetik ，1961—1969）是一种旨在包罗万象的神学体系建构，其视野或目标绝不仅限于神学传统自身，所以他将理论检视的论域几乎覆盖了整个西方人类精神文化领域。

《荣耀》德文原版分为三部分，第一部分为“形式的观照”（Schau der Gestalt），第二部分为“风格研究”（Fächer der Stile），第三部分为“形而上学领域”（Im Raum der Metaphysik）和“神学”（Theolgoie）。实际上，第三部分之“形而上学领域”和“神学”是两个不同的部分。所以，著本划作四个部分。“形式的观照”一卷，其他三个部分又各涵两卷，共七卷：《形式的观照》、《神学风格研究：教士风格》、《神学风格研究：平信徒风格》、《古代形而上学领域》、《现代形而上学领域》、《神学：

旧约》、《神学：新约》。

第一卷《形式的观照》详尽地阐述了整部著作的神学背景、研究范围、研究方法、结构和任务(目的)，并从主、客观证据两方面阐述了“耶稣的形式”(荣耀)主题。第二卷和第三卷的神学风格研究从神学美学的视角展现了基督教启示传统的丰富资源，《教士风格》与《平信徒风格》共涉及十二位基督教神学家或诗人的专题研究。第四卷和第五卷检视西方形而上学传统中的“荣耀”(先验美)的本质，《古代形而上学领域》与《现代形而上学领域》梳理了从古希腊至今的哲学、诗学、神话和宗教诸文化大传统领域。第六卷和第七卷则直接回返基督教神学之永恒源泉——《圣经》，从中汲取神学美学的养料，为“荣耀”奠立更加牢靠的信仰根基，故分别从《旧约》与《新约》揭示“荣耀”之源头：kabod 和 doxa。

其中，巴尔塔萨《神学美学》“形而上学领域”部分的探讨，上承“神学风格研究”，将目光从启示神学移转到人类精神领域，不仅进一步拓展了神圣荣耀美学的历史视域，而且无形中形成了巴尔塔萨神学美学之人文学意义的一个重要基础或渊薮。

“形而上学”部分的核心任务是检视形而上学语境中的“荣耀”(超验美)的本质[①]。巴尔塔萨这里所谓的“形而上学”不仅是指哲学领域内的形而上学，而且必须在其最原始和最宽泛的意义上来理解——就像希腊人所理解的，它是“不能与关于世界(mythos)本原的神圣知识分割开来的”的形而上学，“涵盖了真(ληθές)、善(γαθόν)、美(καλόν)诸面向”。[②] 所以在宽泛意义上，巴尔塔萨“形而上学”的内容就涵括西方之神话、宗教、哲学与诗歌等人类精神领域。

如巴尔塔萨所说，“在前面的几卷中，基督教思想之光辉是从圣经启示的太阳中(仍旧是无形的)产生出来的。现在基督教元素必须与人类思想尽可能深地结合在一起了。”[③]依他所见，圣经荣耀是无处不在的，故圣经荣耀的普遍性必然要与人类精神的普遍性相遇。[④] 因此

---

① Hans Urs von Balthasar, *The Glory of the Lord: A Theological Aesthetics* vol. I: *Seeing the Form* (Edinburgh: T. & T. Clark, 1982), "Foreword".

② Hans Urs von Balthasar, *The Glory of the Lord: A Theological Aesthetics* vol. IV: *The Realm of Metaphysics in Antiquity* (Edinburgh: T & T Clark, 1989), p. 12.

③ Hans Urs von Balthasar, *My Work: In Retrospect* (San Francisco: Ignatius Press, 1991), p. 84.

④ Hans Urs von Balthasar, *The Glory of the Lord: A Theological Aesthetics* vol. IV: *The Realm of Metaphysics in Antiquity* (Edinburgh: T & T Clark, 1989), p. 11.

足见形而上学中人类精神的普遍性诉求对神学美学是不可或缺的。而从根本上讲,“圣经启示脱离形而上学的基本法则也是不可能的,因为上帝要在人类历史中行动,采取人的形式,并且通过他的人的形式在教会里将人接纳到他自身中。”①

检视形而上学语境中“荣耀”的本质,也即是检视西方“荣耀”之神秘主义的、哲学的、诗学的经验和表现。② 这意味着神学美学在形而上学领域内的探讨,首先应该考虑关注神学与形而上学的相互关系,即基督教在什么地方是与人类思想一致,并植根于一般宗教形而上学的。③ 另一方面,神学美学著作自与普通古典美学史之理论建构有所区别,在神学美学中一切都必须围绕神圣启示与荣耀的神学主题。在巴尔塔萨看来,他称为“形而上学”之人类精神领域,“与神学的连接点甚多”:

> 之所以如此是因为,一方面,圣经启示植根于人类思想、情感和想象力之具体历史领域,经常使用所有这些形式来表达自己。另一方面,根据同一启示,在上帝与受造世界和人类精神之间一开始就存在一种超自然关系。神圣恩典,早已预定在基督里给予整个世界,在整个历史领域暗暗地做工,因而一切神话、哲学、诗学创造天然就存在对神圣荣耀的模仿。

这是巴尔塔萨将其神学美学扩展到神学传统之外,在更为广阔的人类精神领域中寻求荣耀的光辉的基本理据。

由此可知,巴尔塔萨认为从属人类精神创造的尘世之美,并没有远离上帝神圣荣耀之光辉。只是“这些形而上学之美不是上帝荣耀之美的直接闪耀,而是后者在人类精神之中的反光,或者说是人类心灵在上帝荣耀之光的照耀下所反射出来的美的光辉。”⑤形而上学之美与

---

① Hans Urs von Balthasar, *The Glory of the Lord: A Theological Aesthetics* vol. IV: *The Realm of Metaphysics in Antiquity* (Edinburgh: T & T Clark, 1989), p. 31.

②④ Hans Urs von Balthasar, *The Glory of the Lord: A Theological Aesthetics* vol. VI: *Theology: The Old Covenant* (Edinburgh: T. & T. Clark, 1991), p. 21.

③ Hans Urs von Balthasar, *The Glory of the Lord: A Theological Aesthetics* vol. IV: *The Realm of Metaphysics in Antiquity* (Edinburgh: T & T Clark, 1989), p. 13.

⑤ 宋旭红:《巴尔塔萨神学美学思想研究》,北京:宗教文化出版社,2007 年,第 134 页。

荣耀之美之间通过类比而紧密关联在一起。由之，形而上学领域中形成的先验美学也与圣经启示的荣耀美学之间形成类比的对话关系。所谓先验美学，始于古希腊哲人对存在的惊奇，而这种存在的惊奇是具有超验的美学意义的。柏拉图认为诗人只漂浮在形象的层面，而形象本身离真理隔着三层，所以诗无法企及存在之真。正是通过对美的哲学本体论批判，柏拉图建立起先验美学学说，从而为西方先验美学传统奠立基础。而在巴尔塔萨看来，基督教对这种西方形而上学（先验美学）的神学批判则可以形成"神学先验美学"。①

虽然，这种向人类精神领域的铺展，会使巴尔塔萨神学美学的整个体系表面上看似显得有些枝蔓、臃肿。但这在巴尔塔萨看来却是必须的，"因为如果圣经的基本概念（"荣耀"），在一般理智范围内没有一种类比，不能在人心中激起熟悉的共鸣，它就是绝对不可理解的，因此也就无足轻重。只有当神圣的人类意义与神圣启示之间存在类比时，启示揭示的高度、区别和距离才可能在上帝恩典中估量出来。当人类思想最深邃的体系（在神话和想象的艺术中可能比在哲学中发现的还多）呈现在人面前时，然后他才会被内在地说服，不是他自已发现上帝树立之系统的。"②从而意识到自身之局限，转而在超越中寻求那无限者的力量——上帝的荣耀。巴尔塔萨的思想很明确，形而上学的超越诉求最终会将人导向神圣者。这种超越诉求本质上就是爱(eros)的力量。③

另外，"形而上学领域"荣耀主题之探讨，本质上也如同"神学风格研究"，是在时、空两个维度上对荣耀神学的理论丰富。在此，巴尔塔萨以其开放而宏博之学术视野，将西方从古至今的神话、宗教、哲学与诗歌诸人类精神领域纳入其神学美学之思想谱系，使得其神学美学具有了几可媲美古典美学思想谱系之恢宏图景。如杜普雷（Louis Dupré）所讲，在第四卷和第五卷中，巴尔塔萨不仅展示了他渊博得令人敬畏的整全视野，也展示了他对任何同基督教对话之思潮（包括现代无神论）罕有之开放态度。④ 由之，这两卷著作与前两卷著作一起，

---

① Hans Urs von Balthasar, *The Glory of the Lord: A Theological Aesthetics* vol. IV: *The Realm of Metaphysics in Antiquity* (Edinburgh: T & T Clark, 1989), p. 24.

② Ibid., p. 14.

③ Ibid., pp. 24 - 25.

④ Louis Dupré, "The Glory of the Lord: Hans Urs von Balthasar's Theological Aesthetic", *Communio: International Catholic Review* 16 (Fall 1989): 384 - 412.

可以说从时间和空间两个维度囊括了全部西方精神历史。[①] 所以,巴尔塔萨神学美学向人类精神领域的铺展,也为我们提供了一种从神学美学角度解读西方古典美学源流的独特视野,而这实质上已经为西方古典美学传统的现代分梳奠立了部分基础。

《神学美学》第四卷《古代形而上学领域》与第五卷《现代形而上学领域》大致以 1300 年(圣托马斯)为界,分别探讨古代与近现代之形而上学与神学的交互关系——"形而上学在神学中的重新批判定位,或神学在形而上学中批判性内嵌"[②],其主旨是在人类精神谱系和一般宗教形而上学的根基中追寻基督教神圣荣耀与启示之美的痕迹与闪光,本质上却为我们呈现出一幅荣耀逐渐亏蚀衰微的先验美学历史画卷,巴尔塔萨便曾明确讲到,"相较于(自前苏格拉底哲学家通过柏拉图到普罗提诺的)前基督教哲学总是保留着 doxa(荣耀)的闪光,(荣耀的)衰微成为现代的后基督教哲学的特征。"[③]形而上学领域中荣耀衰微的大趋势,与神学领域中荣耀亏蚀的走势在近现代的思想史处境是相同的,那就是共同承受了自托马斯之后不可逆转的人类精神领域膨胀与世俗化思想浪潮对荣耀的洗刷和遮蔽。

形而上学领域两卷书分三大部分,第一部分"奠立根基",从古希腊与罗马之神话、哲学和诗学三个方面入手,考察存在的荣耀之光的经验以及先验之美的形成和发展;第二部分另分"美的哲学之神学先验性"和"先验理性的美学"两个大方面展开论述,主要从哲学和诗学两方面梳理教父时代以来西方"先验美学"的相关资源,以及现代美学("感性学")脱离形而上学独立的情形;作为结论的第三部分探讨"继承和基督教的任务"的问题。这两卷内容几乎涉及了圣经与神学大传统外的全部西方人文精神传统,书中关涉思想人物数以百计,专章或专节论述者就多达几十人,由之构成神学美学对西方"形而上学领域"的全景式观照。

不过,由"荣耀"的理念给出西方形而上学的全景式观照也存在方法论上的困难。如巴尔塔萨所说,"历史开始于古代前基督教领域,终

---

① 宋旭红:《巴尔塔萨神学美学思想研究》,北京:宗教文化出版社,2007 年,第 134 页。

② Hans Urs von Balthasar, *The Glory of the Lord*: *A Theological Aesthetics* vol. IV: *The Realm of Metaphysics in Antiquity* (Edinburgh: T & T Clark, 1989), p. 24.

③ Hans Urs von Balthasar, *The Glory of the Lord*: *A Theological Aesthetics* vol. V: *The Realm of Metaphysics in the Modern Age* (Edinburgh: T. & T. Clark, 1991), p. 47.

结于可贴上'后基督教的'的现代领域——而在二者之间存在一个基督教时代,它也有其自身之'荣耀'形而上学,其深受古代体系与范畴之影响,不过在某些方面仍保持了独立性。这个基督教时代的研究,必然使我们认识到围绕在'哲学'(纯粹状态的)与神学(因为古代的哲学通常就是神学)上的荣耀概念之类比价值;同时也必然有力地促使我们认识到,像我们这个时代(不可能再'信仰'形而上学荣耀)的基督徒,并不一定想要为世界提供没有任何连贯性或中间环节的圣经荣耀:一定程度上,他们一旦思想迷失而现在又从圣典启示中得到自我更新,肯定会把存在的形而上学深度,连同圣经荣耀一起提供给世界。"[①]这即是说,现代荣耀神学将不可能只依赖于圣经启示了,它必须结合形而上学(人类精神)才能获得生机。其实,这种企图用一种视野来观照整个西方人类精神大传统的作法,本身也存在一种冒险,因为精神文化的多样性和复杂性注定了单向度思想统筹与规驯的难度。巴尔塔萨这里所做的,某种程度上也是一种对形而上学(人类精神)的妥协,这种妥协则不可避免地赋予了他的神学美学某种文化神学的气质。

二、古代神话、哲学、宗教的美学维度

这里所谓古代,在时间跨度上指古希腊与古罗马时期,具体从巴尔塔萨神学美学之形而上学谱系中来讲,就是从荷马(Homer)至普罗提诺(Plotinus)之间这一千年的思想历史。巴尔塔萨将这段思想历史看作是西方形而上学之奠基时期,并将之界划为神话、哲学、宗教三个阶段。

1. 神话时代的荣耀之光

神话阶段从荷马史诗一直延续到悲剧诗人的时代。在这个阶段,典型的荷马史诗的世界里,"宗教与艺术是一个东西。"[②]诗人在神话中塑造艺术世界的时候,同时也就是在言说宗教。"对整个古代的、古典

---

① Hans Urs von Balthasar, *The Glory of the Lord*: *A Theological Aesthetics* vol. IV: *The Realm of Metaphysics in Antiquity* (Edinburgh: T & T lark, 1989), p. 14.

② Ibid., p. 43.

的时期来讲，艺术都是关于诸神的。”[①]如巴尔塔萨所说，“在柏拉图开始他的哲学工作之前，希腊艺术的伟大时期总的来说在其版图内就已经结束了：后来出现在为古典时期而神魂颠倒的希腊、罗马、欧洲的所有事物，都保留了一种对源自神话精神——并因此源自宗教的原初发生行为的怀念。所有伟大的艺术都是宗教性的，是一种对存在者的荣耀的赞美行为。哪里宗教的维度若消亡了，赞美也就堕落到仅只是诱惑的、讨好人的东西中；哪里荣耀消失了，我们就只剩下称为‘美’的东西。”[②]

按照巴尔塔萨的观点，史诗神话里存在一种形式结构，这种结构“对人与神圣者的关系给出一种诠释，并因此给与他其存在及其自我理解。”[③]首先，荷马史诗清楚标示出，神人之间是存在不可撼动的区别的，然后人向上超越进入神的领地从而发现他的救赎、他的伟大和他的荣耀——“在凡世之人向不朽之神上升的过程中，通过原始的崇拜行动而体验到存在(χαρις)的宠爱、恩典与美，这种行动打开了为存在惊奇的眼界。”[④]史诗神话中作为人之模范的英雄与他的守护神之间的关系表明，一方面，神与人可以非常亲近，他赋予人力量，给予人荣耀，甚至分享人的喜怒哀乐与情欲，人亦可以通过祷告进入神的世界甚至让神回心转意；但另一方面，人毕竟不是神，他不可能真正拥有神的自由，神人之间存在一条分开永恒与暂时、自由与不自由的鸿沟，甚至在不可名状的黑暗命运面前，神亦无力改变人的不自由命运。而且更重要的是，人是不可能离开神而存在的——“人本质上是需要神的，真正的罪就是希望过没有神的生活的傲慢。”[⑤]这种神人关系的确立，实际上已为整个西方宗教形而上学奠立了一种核心范型。

在荷马那里，美的核心决非比例与和谐，而是人之康乐的当下经验[⑥]，有时它可以更多地自我彰显为光芒四射的魅力，有时更多的是作为心中英雄式的伟大和爱的力量，或者是作为内在“德性”，总之是不

---

① Ibid., p. 74.

② Ibid., pp. 12f.

③ Ibid., p. 45.

④ Ibid., p. 70.

⑤ Ibid., p. 50.

⑥ 希腊文 καλος(美)与梵语 kalya－h 同源，后者本义指"强壮的"、"健康的"，希腊人对健康体魄的欣赏普遍是一种审美的态度。

会降级为任何具体的形式的。“美作为光从这个中心照射出来，照亮世上所有的事物，使之熠熠生辉，清晰明亮。没有因此提升到诸神等级中，但生活在这种光照中并放射出这种光的人，被称作是‘神圣的’；他们可能出身高贵，有可能出身低微——在这里，形容词显示出一种细致的等级划分：许多英雄被称作 διοτρεφής（充满神圣的力量），διοχενής（属于神圣血统的），并因此‘像神一样’（ἰσοθεος，ἀντίθεος，θεοειδής，θεοείκελος，etc.）；διός（divus）意味着比 θειός（神的，在更强意义上使用）更普遍的属于神圣世界的形式。”[①]可见，在荷马史诗中，美原初地具有神圣属性。

荷马史诗中诸神分立，故当希腊与特洛伊各自向自己的神祷告时，他们矛盾的祷告便将世界一分为二。当然，双方的祷告最后都会得到至上神宙斯的倾听，并因此赋予他们双方力量和荣耀，尽管他自己也不能满足他们所有的愿望。[②] 按荷马的宗教观念，宙斯是众人与诸神之父，绝对意义的父神，至高至大之主。所以，他的意志即神圣宇宙计划，是人和诸神都不可能看透的，他只让他们看到片鳞只爪。但如果世上有一个人可能看到过宙斯手中的牌，那就是诗人。“因此他必定是获得神圣灵感的人；因为通过神的恩赐，他看见了发生的事情的意义，那对他而言存在于神圣理论同样灿烂的光辉中的一切，这就美化了事物和事件，并因此将其提升到美中。”[③]提升凡人之恩典其实总是一种拣选，只有被拣选的英雄可以获得神圣力量，被拣选的诗人可以成为“神圣的歌者”。[④] 拣选的存在，表明了荷马之众神具有神圣自主性，即他愿意显现给谁就显现给谁，愿意荣耀谁就荣耀谁。因为神的恩宠与临在，朴素的人之美即可提升至荣耀的神圣之美中。

如果说在荷马那里，存在的荣耀已从英雄与他的守护神相遇的模式中衍生、剥离出来，那么，从赫西俄德（Hesiod）到品达（Pindar）的这一代诗人便不得不问这种模式是否是普遍合理的，从这种相遇中抽取出来的知识能否拓宽以涵括一种恒久的知识，是否每一个人都可以找到英雄所处的那种关系，是否神本身可以根据其显现中个体之神的人

---

① Hans Urs von Balthasar, *The Glory of the Lord*: *A Theological Aesthetics* vol. IV: *The Realm of Metaphysics in Antiquity* (Ed inburgh: T&T lark, 1989), pp. 52 - 53

② Ibid., p. 62.

③ Ibid., p. 65.

④ Ibid., p. 71.

格模式来理解。这在巴尔塔萨看来，“问题越普遍地提出，哲学也就越清晰地从神话中浮现出来。”[①]当然哲学的时代真正降临之前，尚需神话时代诗人们大量的铺垫工作。

品达之前，赫西俄德关于光的神话美学思考，阿齐罗库斯(Archilochus)之奠立抒情诗传统，萨福(Sappho)对爱欲与美的认识，梭伦(Solon)的美善合一说与美之理念原型思想等等，都为古典神话美学做出了贡献。而品达作为后起之秀，他的诗学思考是带有一定程度的综合色彩的。这位抒情诗人将其艺术完全理解为荣耀的形式，而完整的荣耀是两种荣耀的必然结合，即美化的荣耀与被美化的荣耀。[②]荣耀的光线照彻了品达的世界。在他那里，德性(ἀρετά)之光即是称为美(καλόν)的东西，爱是带来美的愉悦的力量。

如巴尔塔萨所讲，“希腊艺术在悲剧家那里达到顶峰，然后就崩溃了。”[③]希腊三大悲剧诗人——埃斯库罗斯(Aeschylus，525－456B.C.)、索福克勒斯(Sophocles，496－406B.C.)、欧里庇得斯(Euripides，480－406B.C.)的作品影响深远，迄今都是悲剧艺术的典范。甚至基督教一开始也深受这些伟大悲剧的塑造，“伟大悲剧的绝对吸引力，连同它对荣耀的理解进入基督的戏剧、并被其所包含；这在基督之后是不可能重复的。而基督徒首先与之进入对话的不是希腊哲学，而是希腊悲剧，通过纳入所有以前的密码在它自身之中并超越之，形成基督事件伟大的合理的密码。”[④]基督的受难将悲剧提升到了最高境界，所以在巴尔塔萨看来，基督之后便没有最高意义上的悲剧了。但在这出伟大悲剧上演之前，古希腊悲剧诗人们的事业仍旧意义非凡。

正如巴尔塔萨所见，悲剧诞生于宗教仪轨，其最初乃是一种崇拜活动。对悲剧来说，荷马的两个教条依然有效，那就是“人神之间不可跨越的距离和人对神的完全忠诚”。[⑤] 正是人与神之间永恒的距离的存在，人才可能在命运面前变成无助而软弱的牺牲品，形成悲剧——“悲剧的基本情形是人的无力，而被迫交到他的命运手中，命运既可能是以(不确定的或敌意的)人的力量的形式出现，亦可能是以不堪承受

---

① Ibid., p.78.

② Ibid., pp.90－91.

③ Ibid., p.101.

④ Ibid.

⑤ Ibid., p.102.

的神的力量的形式出现。”[①]但悲剧的美的力量却来自人对命运的抗争精神。如巴尔塔萨所说，神话的世界根本上是对话性的：荣耀从位格化的神流向敢于在这种光照中诠释其暂时存在的人类。而所有的艺术创造都与神话这种背景相关，希腊悲剧亦然。故希腊悲剧的精神实质可以理解为，“每一次心灵都不得不使出超人的努力去理解神圣之光是如何笼罩其最极端的情形的——即使当这光揭示它自身为神圣之夜——直到最后人心的力量超过诸神的力量，其爱真正进入里尔克(Rilke)(根据人真的将其自身提升到‘天使’之上)想要的那种状态：结果爱作为心灵的光线，在没有任何相应的合作者的情况下，照进无限者，并因此创造‘在最后听见我们’的神。”[②]

2. **哲学时代的荣耀之光**

哲学抛弃了神话时代以艺术的、形象的、感性的方式去呈现存在荣耀的方式，而直接使用理性这样一种超越自身的行动或能力来切入超越的“神圣世界”，企图直接把握存在。盘询存在的理性作为整体而言是一种“独语”行为。“独语”的理性时代的来临，即意味着“对话”的神话时代的终结。这就在人类精神历史中标出一条分界线来，这条分界线将神话时代古典艺术中见证的“荣耀”，与哲学时代被称为“美”的东西泾渭分明地分开。[③] 这也就是说，“荣耀”在哲学时代的来临开始随着诸神隐退而淡出人类精神视野，于是“美”在哲学终极价值视野中代替“荣耀”的位置——但巴尔塔萨却认为它不可能真正具备“崇高”的属性。的确，人类精神从神话到哲学的转变存在质的跃迁，尽管如此，如巴尔塔萨所说，“神话本质上是宗教性的，哲学不可能也不会去否认它神话的过去，尤其是当它关涉美(kalon)的方面的时候。”[④]

在巴尔塔萨看来，希腊哲学替代神话而兴起集中体现在三个新主题上，这也是“先验美学”必须回应的。第一是由知识提出的整体性(神圣世界与人类世界的合一)的宣称；第二是从后天的事实或知识超越到对事物的先天理解中，这在柏拉图哲学中体现为欲爱的上升的主题；第三个主题是关于比例、和谐或包罗万象的(质与量之)“整体数学”的，这对美的哲学观念的发展是关键，这个主题也与统一整体和欲

① Ibid., pp. 112 - 113.
② Ibid., p. 155.
③ Ibid., p. 156.
④ Ibid., p. 12.

爱的迷狂两大主题交织在一起。①

在哲学形上美学的开端，柏拉图就为美学下了一句谶语：美是难的（χαλεπά τά καλα）。这一谶语至今困扰人们，不过历史上每一代哲学家都会尝试给出自己的诠释，柏拉图也不例外。在柏拉图眼中，真理是第一位的，而对诗人来说美的东西却无法触及真理的层面，所以他把他们排斥在他的理想国（Politeia）之外。实际上，柏拉图本人就是诗人，且最后也深深地爱着诗人，他之所以与他们决裂，乃是因为对他而言，悲剧已从舞台上搬到了现实之中——他的老师苏格拉底作为真理的见证人而死，成为前所未有的悲剧②。在巴尔塔萨看来，苏格拉底的死不是偶然的，“真理见证人之死，只是作为哲学发展结果的长期生成的、不可避免的悲剧的最后一幕：因为哲学家想要没有任何条件的真理——希腊文 ἀλήθεια（真理）字面上就是现实的意思——因此他将人分为两类：服侍真理并向真理宣誓的人，与让真理服侍他们且并不向真理宣誓的人。”③这种非此即彼的立场，锻炼了哲人毫不妥协的刚性，于是导致了哲学（智慧）与诗（灵感）之间你死我活的战争。

在诗人与智者那里，真的知识取决于其客观对象，而在柏拉图这里，真的知识却是对应于客观对象的心中的理念（eidos，idea，ousia）的。理念是可以通过哲学直观来把握的。④ 这一直观，一方面是从物中导出来的（因为“人必然根据形式来理解真理，形式是利用理性将诸多感官知觉统摄入一个整体而获得的”）；而另一方面，这一“综合”或“综观”预设了灵魂已具备某种对平等本身的领会，且相应地具备对美、善、正义、虔诚等依次相应于对象结构之物的领会。只要是对象，它就存在于真、善、美、一的绝对者之中。那即是说，在每一转瞬即逝的之物中，都存在某种永恒的、不变的且因此是“美的”东西，已将它自身向参与敞开。这种东西被形象地描绘成“光”，但实际上，它是美到无法言说的“善自身”或最高善，万物都沐浴在其光辉之中。哲学家则借助这种光照，向理念乃至建立一切的善本身之光上升，以求真正把握存在。⑤

---

① Ibid., pp. 164 - 165.

② Ibid., pp. 167 - 168.

③ Ibid., p. 169.

④ 希腊文 Eidos（理念），其同源之动词 idein 即是“看”的意思，已包含“直观”之意。

⑤ Hans Urs von Balthasar, *The Glory of the Lord: A Theological Aesthetics* vol. IV: *The Realm of Metaphysics in Antiquity* (Edinburgh: T & T Clark, 1989), pp. 179 - 181.

在此，这种上升被归结为爱这一重要主题，从对美少年的迷恋一直到对最高美的陶醉这种最高哲学行为，都可以称得上是爱。爱是一种源自本能的向上攀升的向往欲望或精神动力。

正如巴尔塔萨所讲，“Kalon 这个词一开始就包含了远比‘优美’(beautiful)这个词对我们来说意谓的东西要丰富的涵义：它是恰当的、相称的、善的，即与存在相配的，因为这个它也具有其完善、健康、平安的涵义；只有当它包含了所有这些涵义，kalon 也才是美。”[①]在美(kalon)与存在的关系上，柏拉图会认同这样的观点，那就是美是与存在同延的，它是存在的一种先验属性。这从《会饮篇》(Symposium)从美的身体到美的灵魂再到美自身的上升中即可看出来。[②] 柏拉图的美的观念的那种明显的先验特征，成为他探讨美的本质的思想基调，故而他并不认同将美单纯限定在感官愉悦层次的定义。在他看来，无论什么样的美，都是指向ἀγαθόν(善)的，最后这两个概念便结合在了一起：kalokagathia(美善)。[③] 美与善，本质上都集于理念一身。可见，在柏拉图这里美学与伦理学是可以和谐一致的。其实，柏拉图哲学中美与善、真都是存在一体圆融的先验属性，三者之间相互缠绕，是不可能像现代这样分割开来的。另外，柏拉图美学在善理念与世界之间成功运用和谐比例与类比的观念，都对后世影响深远。而受毕达哥拉斯学派的影响，理念、和谐、类比诸如此类的思想，在柏拉图哲学中说到底还是数的关系。这就是他所谓的“整体数学”(即后来如笛卡尔诸人称为普遍数学[mathesis universalis]的学问)，他将这种学问称为智慧(sophia)，是真正的哲学或发现真理(包括善和美)的方法。

3. 宗教时代的荣耀之光

如尼科斯所讲，如果说基督教启示是诗性与哲思的联姻，那么在巴尔塔萨看来，柏拉图是无从发现这一点的，而稍后的古代宗教的历史使命便是在哲学与神话之间寻求一种综合。[④] 这种历史综合本质是两种人类精神在希腊化时期宗教中的妥协与调和。其实正如巴尔塔

---

① Ibid., p. 201.

② Ibid.

③ Ibid., p. 202.

④ Aidan Nichols, *The Word Has Been Abroad: A Guide Though Balthasar's Aesthetics* (Edinburgh: T. & T. Clark, 1998), p. 137.

萨所说,"不仅是希腊化时代的宗教,任何宗教的本质都是调和主义的。"[①]没有纯粹的哲学式的宗教,宗教必须从神话中获取信仰资源;但如果宗教中只有神话没有哲学,那神话就很容易失去合理性支撑而沦为幻想。所以,综合对宗教也是必须的。而从历史的角度来看,这种在神话与哲学之间的宗教调和,实际已在为基督教启示的降临进行思想的铺垫。

不过,由于希腊化时期以来这种调和之中不可避免地存在哲学的抽象化过程,使得西方艺术精神从此衰微:"艺术中公认的美是来自神秘启示的领域和时代的:这只被荣耀环绕。希腊化—罗马时期的艺术,即使是作为一种官方宗教的表现,也只能是对失落的希腊世界的原型进行或精确或(大多数时候)不精确的复制;但这些被抽象精神影响的复制品,不再拥有原型的光辉和神秘的荣耀。"[②]巴尔塔萨《神学美学》此后绝少关注人文艺术,根本原因在此。

巴尔塔萨将哲学和神话喻为希腊化—罗马宗教的两座桥墩,而只有将这两个桥墩连接在一起,才能形成一座桥,从将荣耀重新引回大地。巴尔塔萨这里对希腊化时期以来的古代宗教的梳理就是要论证这一过程。在哲学与神话的交汇问题上,巴尔塔萨认为有两个人物的思想已表现出罕见的超出其时代的圆融性:"维吉尔,罗马的伟大诗人,他对原始的整体性和末世论的整体性视野有稳健的把握;普罗提诺,这个生活在罗马却极可能是埃及血统的人,他对目的和视域的整体性进行哲学宣称,这样一个对圣经信仰如此不利的宣称却达到了一个完满的终极境界。"[③]

巴尔塔萨讲,"所有以前流行的范畴(神话、哲学、宗教)都在维吉尔这里神秘地分解:他与它们都有些共同之处,但却超越于它们。"[④]维吉尔是罗马人,而非希腊人,所以他关注的不是哲学也不是神话,而是现实。他是诗人,而诗人的天职就是去赞美和启发,通过在有限的、拒不顺服的、没有启明的当下之现实中始终如一的坚持不懈,直到它将其隐匿的面目昭示给耐心等候的人。《牧歌》(Bucolis, c. 37 B. C.),

---

① Hans Urs von Balthasar, *The Glory of the Lord*: *A Theological Aesthetics* vol. IV: *The Realm of Metaphysics in Antiquity* (Edinburgh: T & T Clark, 1989), p. 216.

② Ibid., p. 218.

③ Ibid., p. 219.

④ Ibid., p. 249.

《农事诗》(Georgics，29 B. C.)，《伊尼特》(Aeneid，19 B. C.)三部诗歌，可以看作是诗人找到终极源泉同时也就是获得真正自由道路上的三个驿站。“凝视失落的起源和期盼的圆满无极，也在对奥林匹亚天堂和神化之期待的凝望中，以及在暂时性的尘世里发现的期待中，正如它实际上是一个超空间位置的世外桃源(Arcadia)，一个乌托邦，一个‘乌有之地’，《牧歌》已经发现在美的永恒王国内世界的完全转变。在此世，在同时代的意大利的山山水水中，在人类命运的习惯的道路中，在它困苦里的尊贵中，在它不懈的辛劳里自然慷慨的恩赐之经验中，《农事诗》毅然安居……即使在这里，仍然存在一种对失落的原始时代、对和平世界最后的建立以及明显地对征服死亡、对变形和复活的怀乡痕迹。”①如果说前两部著作是从外部来看历史的世界、现实的罗马世界，那么，在《伊尼特》中，诗人便进入了其内部，故而经验到真正世界的本质和核心。从某种程度上说，诗人把诗歌从新引回了荷马的世界。启示为诗的形式在伦理—美学的领域中创造了一种与圣经之间的类比。史诗中罗马英雄为民请命、荣耀罗马的使命印证了这一切。因之，他的诗歌在中世纪被赋予一个仅次于圣经的地位。

第二个总结古代世界的成就并将其提供给罗马新世界(基督教世界)的伟大人物是普罗提诺。如尼科斯所讲，“普罗提诺万物源自太一又回返太一的哲学系统为基督教思想提供了一种形式结构，主要体现在其内在性学说——存在驿站中的美和超越性学说——超越一切之美。”②通过他，古典思想给基督教造成了极其深远的影响，无论是尼撒的格里高利、奥古斯丁、迪奥尼修斯、马克西姆这些古代教父，还是波埃修、爱纽根纳、阿尔贝特、波纳文图拉、托马斯、艾克哈特、但丁、库撒的尼古拉斯这些中世纪思想家，都得到他的哲学滋养——他的实际影响力远不止限于基督教神学，古代阿拉伯思想、人文主义、启蒙运动、德国唯心主义等精神领域中都存在他的思想踪迹。

他试图超越神话与哲学二元论精神格局，将所有古代的哲学意识、宗教(神话)意识都整合到一块，“因为对普罗提诺来说，存在自身

---

① Ibid.，pp. 261－262.

② Aidan Nichols，*The Word Has Been Abroad：A Guide Though Balthasar′s Aesthetics* (Edinburgh：T. & T. Clark，1998)，p. 139.

是神圣者，并且它的整个启示对他而言是如此势不可当的荣耀，以至于它远超过所有具体神话的光辉。”[①]所以，普罗提诺著作虽然也涉及许多神话，但其目的旨趣却都在于，解释存在独异而完整的神学启示是如何在其中呈现出来的。普罗提诺畏惧、惊讶于宇宙的荣耀，把它视为一个巨大的灵魂机体，所有的个体灵魂，理性的，非理性的，都有分有它的荣耀。宇宙的中心乃是一个不可言说、无法企及的奥秘，所有的理性活动都围绕它而运转，一切的渴望的爱都朝向它而向上奋斗，所有的尘世的美都只是来自于它且指向它的痕迹。这个终极源泉的超越奥秘，其实是既超越(above all)又内在的(in all)，故而在存在自身即可找到向此独一无二之奥秘的深度开放的道路。这个奥秘，普罗提诺称之为太一。“作为太一，它是如此高贵独尊的，以至于它没有任何与其纯粹的独一性相反的东西；它是如此‘完全的他者’，以至于它可以被叫作‘无他者’。但是正是因为这个原因，太一与任何事物都分不开：因为神是绝对超越的，因此他可以绝对地内在于万物之中。”[②]一切皆来自太一之光照流溢，光辉亦从一切回返太一。

对普罗提诺来说，存在(οὐσία)与形式(ειδος)的概念是同延的，“存在是一种理想形式——因为源自至高者的除了是形式就不是别的东西——它不是一种具体形式而是一切形式之形式，除此之外别无其他形式；那么太一定然是没有形式的，而如果没有形式，就没有存在；存在必然具有某种定义，且因此是有限的；但太一不能被设想为是有定义的和有限的，因为如此它就不可能是源泉，而是对应于它的定义所指的具体东西。”[③]在巴尔塔萨看来，普罗提诺的美学便建基于这一学说之上：“一切存在是美的，因为在它与理智相遇的时候它是形式。”“太一作为共同的源泉，超越于存在、理智、形式和美。另一方面，存在的‘形式’绝不可能是具体事物的个别形式，在这个意义上它可以称为‘无形式的’，‘尽管从其他观点来看它是有形式的’，也即是说，作为理智的对象。”[④]所以，

---

① Hans Urs von Balthasar, *The Glory of the Lord*: *A Theological Aesthetics* vol. IV: *The Realm of Metaphysics in Antiquity* (Edinburgh: T & T Clark, 1989), p. 280.

② Ibid., p. 290.

③ Plotinus, *The Enneads*, V. 5. 6., see Stephen MacKenna trans., *The Enneads* (London: Penguin Books, 1991), p. 397.

④ Hans Urs von Balthasar, *The Glory of the Lord*: *A Theological Aesthetics* vol. IV: *The Realm of Metaphysics in Antiquity* (Edinburgh: T & T Clark, 1989), pp. 294f.

"严格讲,对普罗提诺来说,美存在于理智(nous)的层面,在太一之下……美从太一下的一点照射出去,可是也是因为来自太一的光照。"[①]太一无形式,故太一无所谓美与不美,它是超越于一切美之上的"荣耀";美是太一照进理智与存在领域的"荣耀",于是可以通过隐藏在它自身一切美的形式中的理智、通过尘世美抵达太一。因此之故,巴尔塔萨将普罗提诺的美学也视为一种荣耀美学,一种非圣经但却是神学的美学。

三、基督教形而上学的美学维度

1. 基督教形而上学

古代关于神的所有神话的、哲学的、宗教的知识固然其本身也是神学的,"对古代人而言,神总是真实地在宇宙中启示出来,并且人类生存的根本出路在于在神中发现其超越,他们以此作为人类生存的根基、形式和目标。"[②]但古代"神学哲学"(die theologische Philosophie)与基督教神学相比,毕竟存在巨大差异,或者讲是质的区别。这个区别源自基督事件这一重大救赎史转捩点。如巴尔塔萨所说,"作为圣经故事的入海口和目的地,基督事件开创了一种完全崭新的神圣荣耀经验。"[③]然而区别并不意味着此二者就是完全水火不相容的事物,实际上,正如巴尔塔萨所讲,基督徒既是世界上所有上帝启示的合法继承者又是形而上学的守护者,所以,"基督教神学用古代神学哲学环绕它的新奥秘"。[④] 这意味着,为了在思想上接近其信仰的奥秘,基督教使用了古代的概念资源。这里更确切地说,为了表现荣耀的基督事件,基督教借用了古代的荣耀概念,特别是希腊化时期使用的荣耀概念。这种对古代形而上学资源的利用或整合,自然衍生出基督教形而上学。

---

① Aidan Nichols, *The Word Has Been Abroad: A Guide Though Balthasar´s Aesthetics* (Edinburgh: T. & T. Clark, 1998), p. 140.

② Hans Urs von Balthasar, *The Glory of the Lord: A Theological Aesthetics* vol. IV: *The Realm of Metaphysics in Antiquity* (Edinburgh: T & T Clark, 1989), p. 317.

③ Ibid.

④ Ibid., p. 318.

巴尔塔萨认为，基督教至少在三大主题上继承了古代形而上学：(一)造物来自上帝又回归于上帝的主题；(二)爱的主题，即有限造物对作为原初的统一和美之上帝的超越的基本向往；(三)精神灵魂之美的主题。[①] 基督教形而上学不可避免地带上了古代"神学哲学"的特征，因而在巴尔塔萨看来，其与基督教神学仍旧存在区别，这个区别仍旧是对基督事件的这个中心奥秘的态度问题——基督教形而上学对此奥秘的轻忽与缄默，使其与基督教神学产生了分野。"伪狄奥尼修斯便是一个好例子，因为他事实上从没有讲过十字架和复活，而是把整个宇宙看作是一种礼仪崇拜；这种宇宙的神秘的虔敬常常导致对基督的遗忘，美的世界于是遮蔽圣经荣耀的奥秘，只有到了路德，这种危机的严重性才被意识到——路德的影响在天主教领域只是缓慢地开始被感觉到的。"[②]所以，在巴尔塔萨眼里，基督教形而上学不可能比神学纯粹，它里面存在基督教神学必须要克服的危险。

2. 托马斯先验美学的荣耀之光

尽管如此，从希腊教父一直到中世纪经院哲学巅峰时期形成的基督教形而上学——"中世纪尤其是托马斯主义的存在先验哲学形成了古典哲学与现代哲学的(高级的)中心和中间环节，在此语境中它是西方思想最正当的代表。"[③]——为我们展现了古代神学美学是如何通过基督教的媒介作用转化成现代的纯粹哲学美学的中间过程。托马斯之前这段基督教超验美学历史(如波埃修、卡西奥多鲁斯、大格里高利、爱纽根纳、雨果、阿尔贝特等)，此处将暂略不论，而单就托马斯的形上美学作一概述。因为，尽管托马斯在巴尔塔萨神学美学谱系中地位不是很高，但巴尔塔萨也无法否认其存在神学形而上学集大成之综合成就："托马斯的存在经验在其自身中汇聚、涵括了全部古代的遗产，已经变形的亚里士多德的遗产，并充满柏拉图、伪狄奥尼修斯和奥古斯丁的宗教之光。"[④]可以这样说，此前的基督教超验美学思想绝大部分也都随着存在形而上学传统遗产，被托马斯吸收到其形而上学中。所以，从托马斯美学中我们即可管窥基督教形而上学之美学

---

① Ibid., pp. 321 - 322.

② Ibid., p. 320.

③ Ibid., p. 375.

④ Hans Urs von Balthasar, *The Glory of the Lord: A Theological Aesthetics* vol. V: *The Realm of Metaphysics in the Modern Age* (Edinburgh: T. & T. Clark, 1991), pp. 9 - 10.

面向。

托马斯作为中世纪神学之集大成者，历来被视为中世纪神学的巅峰，其美学思想也被一般美学史看作中世纪基督教美学最重要的成就。但巴尔塔萨却把他排除在其神学美学谱系之外，而将之安排在形而上学领域中。这里面最重要的“判教”依据，就是因为在托马斯神哲学体系中，“也许已经有一种深刻而清晰的哲学美学发展起来了，但它却没有完成神学的转换，那即是说，被看作是基于圣经启示的一种神学的展开：这就是托马斯·阿奎那从我们的（神学美学）序列中落选的原因。”[①]所以在巴尔塔萨看来，托马斯的美学本质上并非神学美学，而是一种没有完成神学转化的哲学美学，或曰先验美学。

美并不是托马斯神哲学的中心问题，大多数时候他涉及美学问题只是因为神学研究不得不处理那些传统中的美学材料。[②] 如巴尔塔萨所说：

> 他冷静地评述这类继承来的材料，并试图将这些从奥古斯丁、伪狄奥尼修斯、亚里士多德、波埃修和他的老师阿尔贝特那里流向他的元素和谐地安排在一起，但是严格意义上，他好像并没有对美学做出什么原创性的贡献。尽管如此，在另一个层面，由于先验学说在托马斯主要创造性贡献——他对存在（esse）的定义及其与本质的关系——的视域下被诠释这个事实，所有一切都被置于一种新的光照中。正如所有一切所昭示的，承传下来的材料在双重意义上是“神学的”：希腊形而上学指向 theion（神性），而基督教的实在论为了在启示的基础上完成并超越它，也占有了这种“自然”美学。[③]

所以，托马斯先验美学虽不是巴尔塔萨严格判教体系下的“神学美

---

① Hans Urs von Balthasar, *The Glory of the Lord*: *A Theological Aesthetics* vol. II: *Studies in Theological Style*: *Clerical Style* (Edinburgh: T. & T. Clark, 1984), p. 21.

② 如其《神学大全》(Summa Theologica)这部享有中世纪神学或经院哲学百科全书之誉的数百万字的煌煌巨著，全书设五百一十二个大论题，托马斯居然没有一个留给美学问题，而他的同时代人波纳文图拉等，却早已在各自的神学体系中将美视为与一、真、善同等重要之存在的“第四先验属性”，并给予高度的关注。

③ Hans Urs von Balthasar, *The Glory of the Lord*: *A Theological Aesthetics* vol. IV: *The Realm of Metaphysics in Antiquity* (Edinburgh: T & T Clark, 1989), p. 393.

学”,但也具有神学的意义,只不过他的这种神学的先验美学少了一些基督教启示色彩而接近希腊异教形而上学罢了。正因为如此,巴尔塔萨视其美学为中世纪基督教形上美学的顶峰。

托马斯关于 esse(存在)与 essentia(本质)的实在区别的学说是一个哲学命题,巴尔塔萨认为,这个学说也让我们再次清晰地区分开上帝的“荣耀”和尘世之美,也就是让我们重新找回了荣耀的真实涵义。在他之后,其他的“上帝形象”便开始出现并主宰思想,譬如有在通往自我的道路上发现的上帝,有绝对主体性的上帝(艾克哈特)和绝对自由意志的上帝(奥卡姆),只是在这些角色里上帝都不是真正荣耀的上帝。而在另一方面,也存在作为所有宇宙线索交汇点的上帝(库撒的尼古拉斯),那个不久就转向文艺复兴宇宙之神的上帝。“因此,我们的荣耀主题所关注的地方,托马斯是一个关键时刻,而这更多的是通过他的一般存有论,而不是更多地通过他的美学。”[①]这也就是说,巴尔塔萨这里对具有历史转折意义的托马斯先验荣耀美学的探讨,将侧重于从其神学形而上学入手,而不是一味着力于其普通美学思想材料的分析。

当然,这里还是有必要先就托马斯对传统美学的继承与综合做一番检视。首先,关于美的定义,他综合吸收了来自柏拉图传统、亚里士多德传统和基督教传统的不同思想。如伪狄奥尼修斯讲上帝是一切美的事物的原因并给予一切事物和谐与光辉(consonantia et claritas),托马斯也相应地讲比例与和谐(proportio, harmonia, commensuratio, conformitas, convenientia, etc.),至于光辉,他还将其与普罗提诺式柏拉图主义美学中“色彩的愉悦”(coloris suavitate)观念结合起来。其实,关于“色彩的愉悦”,托马斯的先驱们早已强调其作为光辉之物质表象的美的定义,如在阿尔贝特关于形式与光辉的形而上学中,这一观念就已相当清晰,托马斯只不过是继承而已。他甚至也像他的老师那样将形式与美直接关联在一起。[②] 从奥古斯丁那里,他吸收了美源自三位一体之第二位格的思想,以及对美的客观性的强调:某物是美的不是因为它被喜爱,而是它被喜爱是因为它是美

① Ibid., p. 395.

② Hans Urs von Balthasar, *The Glory of the Lord*: *A Theological Aesthetics* vol. IV: *The Realm of Metaphysics in Antiquity* (Edinburgh: T & T Clark, 1989), p. 398.

的。他也在伪狄奥尼修斯和奥古斯丁的美学思想中穿插亚里士多德的美学定义，如作为对和谐的补充，他即援入亚里士多德“适宜的大小”的美学标准。从波埃修那里，他又继承了上帝是绝对美且在其心中孕育尘世之美的观念。总之，托马斯的美学定义是一个大综合。这点从他对圣子神圣位格的美学界定上即可窥一斑而知全豹。他认为圣子之所以是“美的”，乃是因为他是形式（圣依拉略[St. Hilary]），完美形象（奥古斯丁），上帝完美本质（perfecta natura Dei）的拥有者（亚里士多德），而作为天父完美之言他有光辉（狄奥尼修斯）照耀万物且万物又反射这光辉（阿尔贝特），他又称圣子为天父形像的表现（imago expressa Patris）——这实际上也就采用了波纳文图拉最钟爱的学说。[①]

其实，托马斯对美的形上思考，并不是平面化地或静止地呈现出来的。正如巴尔塔萨所见，他的美的理论的发展是一个蛇形曲折前进的过程。一开始他是从奥古斯丁和阿尔贝特的视角出发的，讲形式与光辉，没有任何先验性的考虑；接着因受亚里士多德的影响而蜷缩到只讲比例与秩序，光辉的主题莫名其妙地消失不见；尔后在评论伪狄奥尼修斯的时候，却又出人意料地回到柏拉图主义的立场，为美的先验性辩护。这个结论对那些相信托马斯最终是一个亚里士多德主义者的人来讲，肯定会大吃一惊。

在托马斯看来，存在是一切本质内在统一性的根基，它深刻地临在于万有之中。但存在不只是一个赤条条地摆在那里的存在（存在既是充盈又是虚无），存在本身是一个实在化（act - uality）的过程，托马斯反复讲它是从上帝那里流溢而出的。他坚持认为，终极实体（the real）的自我实现不可以理解为一种潜能的实现，相反，相对存在的实现行动，本质才是潜在的。事物的本质不可以只是在消极意义上简单地呈现为实体的碎片，而必须积极地看作是由上帝全能的自由所定立的，因此它根基于上帝独一无二之爱。总之，“托马斯形而上学因而是圣经永生上帝自由的荣耀的哲学反映，并且是古代（因此是人类）哲学的内在完成。它是对终极实体的赞颂，对超越人类思想力量的包罗一切的存在奥秘的礼赞，这是个孕育在上帝奥秘之中的奥秘，一个造物借以参与到上帝实在之中的奥秘，一个在其虚无中被创造原则的自由

---

① Ibid., p.399.

之光和深不可测的爱之光穿透的奥秘。"①

托马斯使用美来界定存在，这只能根据"实在区别"来加以理性的理解。"关乎'大小、数量和重量'，以及和谐和光辉的本质主义美学，其合理性完全取决于实体只有在其本质中实现自身的事实。而且，既然全部人类知识都是从具体感官经验开始的，美学的起点必然是感性经验层面经历的物质美"②在托马斯看来，本质的整个领域只有在超本质层面上才能生成，且因此只有在超本质层面上才能最终在思想中领悟。"主动理性(intellectus agens)之光就是作为实体的存在之光：沿此方向，理性得到本质，在此元逻辑之光中，它们在逻辑上变得可理解了。但是，这就意味着美学的本质范畴只有在'椭圆曲面'空间中才能成立，也就是说，他们必须表达的比他们可能表达的要多：他们不仅要表达他们自己，还要表达存在与本质之间的'比例'的奥秘。由于按照这个难以名状的比例，所有的本质间的比例关系都已经在它们的美中建立、证明、确定，它就可以被看作一切尘世美的基础。而且，这个比例立刻显明给作为尘世美的隐匿源头的上帝之自由创造力。"③比例，在托马斯美学中远要比形式这个概念重要，它被看作是"一切秩序因此也是一切形式的根基"④，甚至"造物自身本质上便是存在和本质之间的一个比例"⑤。而上帝在托马斯看来之所是一切美的终极原则，是因为他是比例与光辉的动因，一切造物之美都是对上帝神圣美的模仿。可见，托马斯袭用了伪狄奥尼修斯的整个审美神学形而上学，辅以自己的诠释，便形成了他的形而上学美学。这一美学形态本质上是一种神学形而上学。

四、现代形而上学的先验理性美学

托马斯被巴尔塔萨看作一个界碑，他不仅是神学风格的分界线，也是形而上学的分界线。此前，巴尔塔萨已对历时近两千年的上帝荣

---

① Ibid., pp. 406 - 407.

② Ibid., p. 407.

③ Ibid., pp. 407 - 408.

④ Ibid., p. 408.

⑤ Ibid., p. 409.

耀的形而上学古典经验进行了检审。当然,对于这种哲学考察中基督教荣耀的元素是暂时存而不论的,因为那是留给神学美学结论部分的圣经神学(第六、七卷)来探讨的。在检视了中世纪基督教形而上学后,巴尔塔萨讲,“我们已经看到,中世纪早期和鼎盛时期是如何尽职尽责地接收、发展那些揭示上帝的世界的古典经验的,以及他们是如何将历史救赎事件完全置于一种综合的宇宙论处境中理解的,在这种情况下我们发现古代的美的普遍范畴,很大程度上被当作表达上帝完整启示——以耶稣基督为其中心——的概念语言。”[1]但是在十三世纪中期,阿维罗伊学派(Averroism)的亚里士多德形而上学(主要)通过托马斯大肆侵入基督教神学之中后,人类理性开始扩张:“当它排斥、罢黜了所有(伊斯兰教或基督教的)启示的知识,便试图探知人类理性在追问存在的终极根基上能够走多远。”[2]哲学作为包罗万象的科学,在这些亚里士多德哲学信徒的思想体系中,已大有凌驾神学之意。尽管人们可以讲,托马斯形而上学是如何“成功地将启示与哲学结合到了一块”,[3]但无可否认的事实是,自托马斯开始,基督教与哲学的界限就越来越明显,哲学开始与神学分道扬镳,并最终独立拓展出现代哲学的版图。

如前所述,托马斯形而上学是一个综合的体系,巴尔塔萨认为,在他的本体论中,(由伪狄奥尼修斯总结出来传给基督教神学的)古典时代的先验美学达到了一种平衡状态:“他所关注的以及一、真、善、美诸属性特征所归属的存在,是超越一切理解的实体的丰富无限,它从上帝中显露出来,在有限实体中获得其存在和复苏。”[4]但是这种存有论的平衡不会长久保持,托马斯之后,很快就失衡分化出两个不同的形而上学发展路向。这两个形而上学路径即是司各脱(Johnannes Duns Scotus, c. 1265 - 1308)和艾克哈特(Meister Johannes Eckhart, c. 1260 - 1327)分别代表的中世纪晚期基督教形而上学,这两种路径都

---

① Hans Urs von Balthasar, *The Glory of the Lord: A Theological Aesthetics* vol. V: *The Realm of Metaphysics in the Modern Age* (Edinburgh: T. & T. Clark, 1991), p. 9.

② Ibid., p. 10.

③ Aidan Nichols, *The Word Has Been Abroad: A Guide Though Balthasar's Aesthetics* (Edinburgh: T. & T. Clark, 1998), p. 146.

④ Hans Urs von Balthasar, *The Glory of the Lord: A Theological Aesthetics* vol. V: *The Realm of Metaphysics in the Modern Age* (Edinburgh: T. & T. Clark, 1991), p. 12.

直接影响了现代形而上学的形成。前者将存在形式化为一种高度抽象空洞的理性概念，“我们立即看到，形式化到如此程度的存在，仍然拥有一、真、善诸内在属性，但却不再拥有先验美这一内在属性。”[①]因为这种高度抽象的存在概念弃绝了具体的形式，那神圣之美怎么可能从空洞中显现出来？所以，虽然司各脱形式主义为现代科学提供了思想范型，但却疏离了先验的荣耀。继承司各脱的有奥卡姆(Guillelmus de Ockham，c. 1285 – 1349)、苏阿雷斯(Franciscus Suarez，1548 – 1617)等人，后来在康德与黑格尔之间的德国唯心主义，走的也是这条道路。后者则将简单地将存在等同于上帝。其实，普罗提诺便早已规避过这种同一化思想，故他将太一置于存在之上，伪狄奥尼修斯也持同样观点；但自爱纽根纳以降，上帝与世界同一化的思想便越来越清晰，直到艾克哈特明确地提出这个命题。按照艾克哈特的逻辑，上帝之外存在一个世界是不可理解的——“如果上帝是存在，那么非上帝的就是不存在的”[②]——“甚至在追随艾克哈特的中世纪神秘主义传统中，绝对者的荣耀也受到质疑，因为它没有保留可在其中显露自己的空间。”[③]陶勒(John Tauler，c. 1300 – 1361)、库撒的尼古拉斯(Nicolas of Cusa，1401 – 1464)、依纳爵(Ignatius of Loyola，1491 – 1556)等人皆属于此传统。其实这两种形而上学路向，在巴尔塔萨看来是可以相互转化的，它们是泛神论的两种形式：理性的和精神的；并且，在它们的辩证的相互作用中，形成了中世纪与现代之间的哲学结构。

巴尔塔萨认为，中世纪晚期以降出现了三大历史性思想运动：第一阶段是司各脱和艾克哈特两派，为欧洲的科学与宗教的自我理解奠基；第二阶段是路德的宗教改革运动(在宽泛意义上伊拉斯谟和莎士比亚也属于这个思潮)；第三阶段是(站在德国神秘主义肩膀上的)启蒙运动所孕育的从康德到黑格尔、马克思的这个思潮。[④] 不可否认，这个时代的哲学都受到基督教的深刻影响。所以，尽管荣耀已愈来愈远离人类精神历史，但仍旧可以在现代形而上学领域的思想线索中依稀看到一丝微光。巴尔塔萨认为这种荣耀的微光主要从三条隐约可辨的形而上学精神线索中显露出来：(一)从艾克哈

---

① Ibid., p. 13.
② Ibid., p. 42.
③ Ibid., p. 13.
④ Ibid., p. 14.

特经由女性神秘主义者到依纳爵和伟大世纪(Grand Siécle)[①]的神秘主义神学;(二)从库撒的尼古拉斯,经由文艺复兴、巴洛克时期、启蒙运动到歌德、海德格尔的古典主义神学;(三)同样是从艾克哈特、库撒的尼古拉斯出发到笛卡尔、莱布尼茨、斯宾诺莎和唯心主义者的精神哲学。[②]

1. *神秘主义神学形而上学传统中的荣耀之光*

艾克哈特处于一个中间的时代,那就是一方面托马斯死后,阿维罗伊学派受到谴责,亚里士多德的声誉开始下滑,而另一方面早期文艺复兴的新柏拉图主义还没有复苏的特殊时期。艾克哈特已经明确地放弃了古代那种以宇宙为媒介的与上帝的关系的观念,转而诉诸于那种直接与上帝沟通的欲望。在他的形而上学思想中,人类(理智)自由被赋予了一种内在的超越性,这种超越性是默观荣耀的上帝存在之关键。所以在巴尔塔萨看来,"这种基督教形而上学越过柏拉图回返到希腊悲剧,进入了与真实的人的存在处境的对话中。"[③]艾克哈特的门徒陶勒将基督教精神与自律的理性对比,他发现后者会使人陷入极端的傲慢,前者作为一种谦卑、虚己的精神才是真正相应于耶稣基督神性放弃的救赎使命的。"真正的放下断念(Gelassenheit)意味着不断地将上帝赐给我们的一切还给上帝,'把它全部还给它生发的根基与源泉'。'满怀感激将一切所有还给上帝的人是可靠的、真心的见证者'。基督便总是做这样的偿还,因为他'找到了天父的荣耀'。"[④]对陶勒而言,那些放下自己并听从于上帝的人就是教会和世界的柱石,因为他和基督做的是同一件事。艾克哈特的另一门徒苏索(Henry Suso,1295—1366)认为,神圣智慧可以以感性的形式显现给人,作为"大美"的"纯净之光",他那"灿烂的光辉"从他挚爱的心中照耀出来。[⑤]所以他觉得最崇高的思想就是赞颂、荣耀神圣智慧,崇拜神圣智慧。

---

① 法国人常称太阳王路易十四的十七世纪为 Le Grand Siécle(伟大世纪)。

② Hans Urs von Balthasar, *My Work: In Retrospect* (San Francisco: Ignatius Press, 1991), pp. 84 - 85.

③ Hans Urs von Balthasar, *The Glory of the Lord: A Theological Aesthetics* vol. V: *The Realm of Metaphysics in the Modern Age* (Edinburgh: T. & T. Clark, 1991), p. 52.

④ Ibid., p. 54. 德文 Gelassenheit 颇难翻译,此词在海德格尔哲学中也是一个重要概念,汉语哲学界一般译为"泰然任之",即任自然(顺其自然)而无动于衷之意,其实中世纪 Gelassenheit 更接近佛语"放下"、"无执",故这里权且译作"放下断念"。

⑤ Ibid., p. 59.

"因为上帝的受难是他的荣耀的显现,那些受难的人拥有'如此之多的上帝意志中的荣耀,上帝为他们颁定的一切以如此之多的他们不曾想要和奢望的喜乐充满他们'。他们献出他们自己,以至于这个世界深不可测、晦涩、无望的痛苦,可以通过献祭,转化成对上帝荣耀的赞颂圣歌。"①

罗斯勃洛克(Jan Van Ruysbroeck,1293—1381)虽然也受艾克哈特影响,但他的思想却有相当的原创性,并对许多近代基督徒和神学家产生重要影响(如 Gert Groote, the Brethren and Sisters of Common Life, Tauler, Blosius, Francis de Sales 等等)。他强烈反对艾克哈特对"精神自由"的滥用,要求杜绝任何想要神化造物(人)的妄念。罗斯勃洛克的原创性在于他所经验的"一种寻找其自身根基的我与揭示他自身的上帝之间的关系",是一种相遇,一种"婚姻式的相遇"。② 人与上帝的关系被诠释为一种精神性的婚姻,这意味着神秘主义在罗斯勃洛克这里拓展出一种新的模式。如巴尔塔萨所讲,"因为婚姻式的相遇首先是作为神圣荣耀的光照来经历的,所以灵魂通过虚己的舍弃来为之预备,在万有之中寻找并看见上帝的荣耀。罗斯勃洛克的学说是《神操》基本学说的直接预演。"③

从哥特时代到巴洛克时代,女人在灵性上都居于优位。弗兰西斯之后,几乎所有显露圣痕的人都是女人。如巴尔塔萨所说,对理解、经历这种耶稣受难的爱而言,这种特征标志的不是自我超越的心灵,而是不设防的、开放的心。首先是女人建立起对救赎者刺痛的心的忠诚和对悲伤的圣母的忠诚。这种忠诚本质上是教会的,它让人在上帝目前保持普遍习惯的谦卑态度。④ 巴尔塔萨这里重点论述了安吉拉(Angela of Foligno)、茱莉娅(Julian of Norwich)、锡耶纳的凯瑟琳(Catherine of Siena)、热内亚的凯瑟琳(Catherine of Genoa)等几位具有代表性的女性神秘主义者,从她们阴柔的、谦卑的荣耀经验中,展现出基督教"圣徒形而上学"之先验理性美学的独特魅力。

依纳爵像所有的修会创始人一样,思想深深扎根于福音书中。同时在他身上,也可以看到对前人思想的综合吸收,如同本笃一样他将

---

① Ibid., p. 60.

② Ibid., p. 71.

③ Ibid., p. 72.

④ Ibid., pp. 80 - 81.

基督的爱视为尊严和谦卑，又像弗兰西斯那样视为赤贫。而像《神操》"原则与基础"中的核心概念——无分别心(indifferentia)，则表明他是属于晚期中世纪传统的——"它直接继承了教父基督教无欲心境(apatheia)和莱茵神秘主义者的放下断念思想，而且到了伟大世纪它将以其最终形式呈现为抛弃。"①不过，"在中世纪中晚期虔敬中，'放下断念'已被理解为一种带有消极性的态度，它在依纳爵这里转化成一种'积极的无分别心'，它保持在一种积极开放的聆听姿态里并同时随时准备行动。"②这种无分别心原则，"意味着为了与上帝的当下相即而超脱一切造物"，这即是说把人置于一种"既不在上帝亦不在尘世"的超越处境中。③ 所以依纳爵不否认人自己的存在和意志(主动性)，在他看来基督教启示的真正奥秘是："上帝之国的完美可以作为在人的积极合作——放下、放弃、礼拜——中的上帝的普遍作用。这个作用不可能只是停留在顺其自然地让事物发生的无分别的层面；不，主动地被把握和运作的上帝的具体意志，也必须被主动地追求。"④也就是说，从上帝与人的自由的类比来看，人至少享有上帝给予我们选择的权力和自由。只有主动的自我放下，回应上帝的恩典和自由，为那上帝无边无际的荣耀而纯洁地生存，基督徒才可以沐浴在那从通过恩典照射出来的荣耀之光中。

在巴尔塔萨看来，依纳爵宣扬那种可以转化为具体行动的默观，为巴洛克时期采取"表现"的形式做了逻辑铺垫。如他所讲，"巴洛克文化就建基在表现的理念上面。"⑤而且，"这个表现的理念带来了一种关于尘世中神圣荣耀显现的新意识。因为现在这种荣耀找到了一个容身之所，它可以在其中并通过它显现它自身……这是一个它可以在

---

① Ibid., p. 102.

② Werner Löser, 'The Ignatian Exercises in the Work of Hans Urs von Balthasar', in *Hans Urs von Balthasar: His Life and Work* (San Francisco: Ignatius Press, 1991), p. 109.

③ Hans Urs von Balthasar, *The Glory of the Lord: A Theological Aesthetics* vol. V: *The Realm of Metaphysics in the Modern Age* (Edinburgh: T. & T. Clark, 1991), p. 103. 西方神秘主义传统所讲的无欲心境(apatheia)、放下断念(Gelassenheit)、无分别心(indifferentia)，其实可以同东方哲学(儒、释、道)的圆融大智慧(佛家亦称"无分别")沟通。

④ Ibid., p. 105.

⑤ Ibid., p. 106.

其中清晰地作为上帝的真正荣耀，绝对权威的显现而突出的容身之所。”[①]这个容身之所可以看作就是巴洛克神学与艺术在文艺复兴时期所继承的从古代复兴的尘世之美的形式，这种复兴的形式本质上是神圣荣耀的形式表现。

德国的灵性传统通过多种渠道在欧洲传播，最后在伟大世纪的法国达至顶峰。这个传统是如此非常庞杂，以至于其共同特征很难发现，尽管如此，这里还是看到一些共同之处。首先，就其积极的特征而言，在所有系统中，心灵都彻底被净化和照耀，为确定而超越的开放性和上帝而准备，这通过上帝自由的、爱意拳拳的自我启示，导向与他爱意绵绵的结合。在此，被作为受难而准备的谦卑之爱来理解和实践的放下断念和无分别心，是人与上帝相连的终极行动。另一方面，就其消极特征而言，这个时代的普遍宗教热情都是在一种始终如一的推论趋势中表达自身，这很容易使其重心从纯粹的上帝坐标偏移向对超越的反映上面去。[②]

作为这个神学神秘主义传统后期最具代表性的思想家沙雷的弗兰西斯（Francis de Sales，1567—1622）认为，我们的目标应该是为了上帝的美而爱上帝，而不是为了享受爱他之美，正如在祷告时，如果你注意到你在祷告，那你肯定没有全心全意投入祷告。巴尔塔萨认为，美才是他爱的学说中居于主导性的概念，而并非是上帝的荣耀。关于美，沙雷的弗兰西斯认为将统一性引入多样性，创造秩序；秩序产生和谐与比例；和谐产生美。[③]

至于神秘神学传统在法国伟大世纪的结晶，巴尔塔萨还涉及“修辞形而上学”及其代表性思想家贝吕勒（Pierre de Berulle，1575—1629）、康德伦（Charles de Condren）和科萨德（Caussade）等。在他看来，“在修辞中神学的一切又都植根于存在的类比之基本关系中，这对人而言是通过宗教来表达的：凌驾于造物的本质的虚无之上的上帝无限庄严的实现。”[④]上帝创造万物都是为了他自已的荣耀，而耶稣基督可以看作是连接有限与无限、绝对的荣耀与绝对的崇拜之间的桥梁，宗教行为的中保者。这里所讲的从艾克哈特到伟大世纪的形而上学，

---

① Ibid., p. 107.

② Ibid., p. 115.

③ Ibid., p. 118.

④ Ibid., p. 119.

巴尔塔萨又称为"圣徒形而上学",其最后的综合是在依纳爵的追随者科萨德手中完成的。在他这里,这个传统最主要的观念——无分别心或放下断念被理解为爱,是在上帝面前无条件的自我放弃和顺从。基督的荣耀和奇迹被喻为是从其人性的黑云中划过的闪电,从那不可见之美中偶尔射出来的光线,突然便揭示了那隐匿的荣耀。

巴尔塔萨讲,"古代古典艺术从诸神那里为人物形象选取其美的标准;我们的研究便开始于这个从荣耀而来的美的起源。当被有意或无意地描绘的'圣徒形而上学'获得合法性时,什么样的人的形象应该成为基督教或后基督教艺术的标准呢?"[①]很长一段时间里,在无数的拉丁语和方言传奇中,圣徒是人的标准形象,但那对上帝开放意志的圣洁之心、超越中的放下断念却不能放到史诗或戏剧的形式中;只有间接的、非本质的印象——奇迹、英雄功勋、怪行——提供读者可以理解的叙事素材。但是,把圣徒当作英雄之类绝对是一个错误的诠释。那些冒险故事实际上是娱乐性的,本身无法回答人的本质的问题。尽管如此,从什么是与我们有直接亲和力的,什么是关系我们、触及我们、感动我们的方面来说,当通盘检视从中世纪到现在的文学时,一个形象便凸现出来了。这个形象,"在骑士时代是帕西发尔(Parzival),在人文主义时代是《愚人颂》,在巴洛克时期是堂吉诃德和痴儿西木(Simplicissimus)。"[②]在巴尔塔萨看来,正是文学中持久不衰的愚痴形象为我们提供解答人的本质问题的答案。古典的英雄没有了他的守护神一样可以漂亮,但却不再荣光,且不久就变得乏味。但真正的愚痴身上却发出无意识的圣洁光芒。愚痴是没有保护的人,本质上向他上面的一切开放。所以,他站得离圣人最近,而且经常比任何完美的人、道德上成功的人都要近。圣人们跟随耶稣的脚步,常常也被人视为疯癫而加以鄙视和虐待,他们也常常被看作愚痴。不过,因为愚痴甘于放弃自我、倒空自我,以谦卑之心来顺从上帝的旨意,所以他们是基督恩典眷顾的对象,上帝之爱的荣耀恰恰照耀在他们脸上。

2. 古典主义神学形而上学传统中的荣耀之光

检视完艾克哈特以降的现代神秘主义形而上学("神圣理性形而

---

① Ibid., p.141.

② Ibid., p.142.帕西发尔(Parzival)乃中世纪德语亚瑟王圣杯传奇故事《帕西发尔》中的主人公;痴儿西木(Simplicissimus)为十七世纪德国历险小说《痴儿西木传》中的主人公。

上学”)传统和及其反映在文学领域内的“愚痴理性的形而上学”,巴尔塔萨继续巡视库撒的尼古拉斯开启的现代古典主义的神学形而上学传统。

如巴尔塔萨所讲,这个伟大运动发端于中世纪晚期,古典形而上学(包括从神话中经哲学到宗教的总和)的重新复苏,不仅是一种内在的哲学必然,对基督教文化的生存更是必然。“因此,中世纪那些伟大的普世原则也不得不在现代语境中获得一种‘自由的’且最终是‘启蒙的’色彩,这属于教会分裂不可避免的结果。”①这一运动贯通了包括人文主义(15世纪)、文艺复兴(16世纪)、巴洛克文化(17世纪)、启蒙运动和从温克尔曼到席勒、歌德再到谢林、黑格尔的德国唯心主义(18—19世纪)在内的现代人类精神变迁的重要历程。

古典形而上学传统的现代复兴揭开蒙在人类的眼睛上的黑纱,人类自希腊之后第一次从新在宇宙之美中看见神圣荣耀。但正如巴尔塔萨所说,历史的车轮不会倒转,文艺复兴之后绝不可能再回返到古典时代那种与神的天真素朴关系之中。古典的与圣经的主题必然要合流。库撒的尼古拉斯便是这两个传统最初也是最重要的交汇点之一,正是他“以强有力的手把伟大的西方传统——希腊人文主义和基督教、过去和现在——扭结到一块的”。② 同时,他身上还体现了西方传统与东方传统的综合。对普罗提诺、普罗克洛斯、爱纽根纳诸人来讲,世界乃是隐匿上帝的显现,是形式-光(精神的和谐理念)的基本美学原则的最高应用。在基督教里,上帝隐匿的根基是绝对的自由。上帝的显现和自我荣耀也建基于他的自由,因此也建基于他不可言喻之爱。所以,“尼古拉斯美学的中心一方面是三位一体——圣父与圣子之间作为荣耀的灵性之爱,另一方面在圣灵与教会之奥秘中的基督里的上帝与世界的婚礼。”③阿尔贝特关于美是“超越质料合乎比例的部分之形式的光辉”的定义,给予尼古拉斯一个适宜的起点:这个双重维度——“和谐”的质料或水平的维度,“光辉”的形式或垂直的维度——以先验的方式被运用于上帝与世界的关系上。对他而言更重要的是先验的美善对于人心的关系:“即使高级感官通过对美的事物的初步

① Ibid., p. 206.

② Ibid., p. 209.

③ Ibid., p. 214.

判断，也只有对一切敞开的心灵可以拥有它并——从心灵所有美的先验理念——判断具体美的程度。"①可见，尼古拉斯认为（普罗提诺的）心灵要比（柏拉图的）欲爱重要，后者是因为没有拥有美才追寻美的事物。不过心灵在尼古拉斯这里也只是神圣原初之美的创造摹本。其实在他看来，整个世界都是为了那内在之神圣荣耀而创造，万有本质上都闪耀着荣耀光辉，都是"上帝之美或荣耀"的启示。

关于现代形而上学与荣耀的关系，巴尔塔萨认为没有必要做事无巨细的全面描述，因为那些都是明摆着的。如尼科斯所讲，"巴尔塔萨不是要写西方哲学史，而是提取出重要的关节点来描绘一种美的先验学说。"②故而他只选取现代美学思想史上的关键人物来分析，如菲奇诺（Marsilio Ficino，1433—1499）、莱布尼茨、斯宾诺莎、康德、歌德、黑格尔等。当然，这里首先清理的是在希腊古典思想中寻求重建资源的现代古典主义神学形而上学（"古典的沉思"），其后再梳理现代欧陆哲学为主轴的"精神形而上学"——这在巴尔塔萨是两条不同的先验美学思想史脉络。

"菲奇诺以基督徒的眼光来阅读柏拉图，又以柏拉图的眼睛来阅读圣经"，③将希腊古典思想与基督教融为一炉，一切分别都化解为终极预设的同一性，所以对真诚的基督徒和柏拉图（普罗提诺）分子来说，他都是可以接受的。在他这里，欲爱（Eros）与圣爱（Agape）的同一化达至完美，当然并不是以欲爱压倒、罢黜圣爱的方式。柏拉图、普罗提诺早已表明，在其最高形式上，欲爱被看作是忘我的，因为它为了善的目的而爱善，以至于它可以成为至善的一种反映，像太阳一样自由地、无私地放出光芒。"这一识见征服了基督徒菲奇诺，使他将一切存在都诠释为美，因为在它之中，他看到了在基督徒的感觉里深化为永恒之爱的善散发出美丽的光华。"④在菲奇诺看来：

> 作为万有之中心，上帝就是善；围绕这个中心辐射出四个

---

① Ibid., p. 217.

② Aidan Nichols, *The Word Has Been Abroad: A Guide Though Balthasar's Aesthetics* (Edinburgh: T. & T. Clark, 1998), pp. 166 - 167.

③ Hans Urs von Balthasar, *The Glory of the Lord: A Theological Aesthetics* vol. V: *The Realm of Metaphysics in the Modern Age* (Edinburgh: T. & T. Clark, 1991), p. 252.

④ Ibid., p. 253.

> 圈——心灵(mens,nous)、灵魂(anima)、自然(natura)、物质(material)——都是美的。这里光辉(splendor,claritas,fulgor)也可以代替美(pulchrum)。在柏拉图哲学的圣经位格提升中,世界存在因此可以直接被看作圣容之光(splendor divini vultus),其作为恩赐(gratia)从世界的结构作用中反映、折射出来:魅力与恩典融为一体。要注意的是,在这种观点中荣耀与美是直接相等的:美的事物是善的光辉显现,那么世界就是上帝的显现和流出。理性的生物被造,就是为了在美的惊奇中察觉永恒之善的惊奇和恩典的。因此,真正理智的行为就是在一之中的沉思和爱。①

在他眼里,一切真爱都是通过美来传达的,是一种相互的赐予、回报。

在神学与哲学的综合道路上,后起之里昂(Leone Ebreo,1460—1530)可以说比菲奇诺还要做得好。他为文艺复兴创造了为古典哲学和圣经荣耀双重滋养下的美学形而上学。在他看来,上帝就是最高艺术家,美是从普罗提诺意义上的显现出来的理念形式来理解的,这本身是可以激醒对无限者的欲爱的。光在他而言,"是原始精神之光的第一形式——作为素朴之美,是色彩与形式五彩斑斓之美的唯一形式之母。"②

如巴尔塔萨所讲,"从中世纪到现在这个世纪(二十世纪),有意识或无意识地是被圣爱的光辉提升、转变、神圣化的欲爱形象有着巨大影响力。"③欲爱被赋予浓郁的基督教的色彩。所以,像菲奇诺那样将二者直接相等,其实就是给欲爱赋予新色彩、新属性。首先,圣经荣耀落在它上面:它的爱接受了基督教恩典的特征,它的魅力闪烁着上帝的新约恩惠,它转变的力量变成了宽恕罪恶、改变世界的力量。其次,它的存在、陶醉、迷狂和愚勇都在新约精神里得到积极估量。最后,作为一种完全假设的后基督教爱欲,可能只是愁思(melancholy)。最后一点是决定性的,其隐匿的基督教结构使其成为有限与无限、被爱的人与上帝的直接统一;柏拉图渊源的物力论象征主义当然软化了这种直接性,但它不能取消它。如对后基督教时代的克尔凯郭尔来讲,对基督徒生存的愁思和焦虑,便成

---

① Ibid.

② Ibid., p. 258.

③ Ibid., pp. 264 - 265.

为其神学之美学性的重要源泉。

夏夫茨伯里(Anthony Ashley-Cooper, Earl of Shaftesbury, 1671—1713)是任何美学史无法绕过的界碑。如巴尔塔萨所见,他“创造了一种启蒙(以其人类学化约)和古代(以其审美的、宇宙论的维度)的古怪综合,这成为歌德时代古典化的人文主义宇宙宗教的起点之一。”[①]但他对现代美学的影响而言,莫过于美的非功利性命题的提出。而在巴尔塔萨看来,他的另一个非常重要的贡献,就是清晰地勾勒西方荣耀形而上学(从荷马、赫拉克利特、柏拉图、斯多亚学派到爱上帝的基督徒以及里昂、斯宾诺莎及其追随者)的主要脉络。在夏夫茨伯里观念中,固有价值之善的荣耀,是对个体的任何永生盼望而言唯一合法的起点。他相信,只要我们有眼有心,在宇宙的任何地方都可以看见那显现它自身给我们的上帝的荣耀——它首先在我们自身爱的荣耀里照耀我们。而在他的思想中,基督教的荣耀与古典的美的范畴差不多是没有区别的。

巴尔塔萨称,“在现代,没有人像荷尔德林(Friedrich Hölderlin, 1770—1843)那样急切而悲惨地维护‘荣耀’的事业的了。”[②]荷尔德林身上,结合着基督教、古代世界和德国唯心主义三种思想元素。在他看来,如果古代世界及其诸神的光辉享有至高地位,那么所有属于基督教启示荣耀的要点和主题就不得不转换成古代荣耀,看作一个神显的自然宇宙。他以基督徒的眼睛和心灵来沉思宇宙的荣耀,毫无疑问自然会将其视为爱的荣耀。他认为,只有作为自然(διαφέρον),神圣的一即一切才是美的;只有作为精神(eEv)它是神圣的;且只有作为在美中显现的神圣者,它才是荣耀的。所以,“对荷尔德林而言,荣耀就是神圣与美的统一。”[③]正如巴尔塔萨讲,在基督教信仰中,上升的救主在世界历史中从上帝派遣来的圣灵那里接受荣耀;尘世形式的消失是一件好事,否则圣灵不会来临。所以,尽管荷尔德林的自然一神论哲学有前苏格拉底背景,但他总体上在思想、情感方面是先知-末世论的,他相信圣灵的国度必定会来到,爱的神圣荣耀也会来到。他的既是古典的又是唯心主义的美的形而上学,“证明了一种回到这种终末的末

① Ibid., p. 291.

② Ibid., p. 298.

③ Ibid., p. 302.

世论景观的梦游者的道路。”①

在巴尔塔萨看来，歌德“毫无疑问代表着流传到我们这里的西方形而上学历史的‘荣耀’传统之最后的世俗形式。”②歌德认为，自然存在于她所有的形式中，但只有唯一的一个上帝显现，这个上帝，不是那个未知的X，而是一切有序之美不可接近的源泉。诗歌的艺术来自于爱，爱是生命的精华。在歌德看来，爱不只是愉悦，但在“在每一次爱情挫折之后，爱对经验存在的美和善而言仍旧是同样必不可少的媒介。”③在关于上帝与世界（自然）的关系上，歌德也像许多古人那样，并没有将上帝的内在性与他的超越性分隔开来看，上帝的荣耀就是通过自然的形式显现出来的。他相信，世界的最高真理就是揭示出来的美。如巴尔塔萨所言，如果在他的自然哲学中，自然的形式已经自由地与宗教的奥秘关联在一起，那么我们将发现，歌德艺术理论的人文主义进路倾向于将所有这些要素限定在确定的空间里。古典艺术的鼎盛时期就是如此。在形式结构里面，这种艺术理论完全保持在一种文艺复兴以来便熟知的语境中，但却有一种显而易见的强调人的独立性的趋势。歌德认为，艺术的最高目的就是要在它所能及的一切感官的华丽和美中展现人类形式。艺术天才需具备像自然一样宽广的创造力视域，这种创造力是一种可以通过一个点来把握整体的能力，通过这种创造力选择一个对象即可反映最高美的光辉。艺术创造力也就是美的形式模仿能力。这样，歌德古典先验美学的一个重要命题便浮现出来：自然的结构就其整体而言是我们的最高美，好的艺术品就其整体而言则是对在自然之整体性中那种最高美的缩写模仿。④ 荣耀，在歌德而言，仅只是美自身的一个方面，即它的照耀的力量，故而歌德的荣耀没有古代思想中的荣耀的那种独立性，更不要说基督教的了。

这个现代古典主义先验美学传统，在歌德之后，又经过尼采、里尔克诸人的深化与发展，最后在海德格尔哲学中获得其终极形式。“海德格尔终结了‘古典传统’的时代。像所有这个精神家族的诗人和思想家一样，他通过回返古代的古典传统来寻求救赎——从既是基督教又是现代科技产物的世界命运——只是他的追求比德国古典运动甚

---

① Ibid., p. 336.

② Ibid., p. 340.

③ Ibid., p. 361.

④ Ibid., pp. 379 - 380.

至荷尔德林和尼采都还要更彻底。"[①]海德格尔存在主义哲学,在巴尔塔萨看来,充斥着变形的基督教神学主题,并且如尼科斯所言,他还"恢复了许多正统神学(尤其是圣经)美学主题"。[②]

众所周知,由于海德格尔竭尽全力要抛弃(从柏拉图到黑格尔的)整个西方形而上学传统,必然导致他须要直面前苏格拉底神话,而前苏格拉底神话已是历史地纳入了基督教启示中去了的。海德格尔对希腊的回归,不是追求一种"前苏格拉底思想的文艺复兴",而是作为一种"我们的历史精神存在起源的复兴"。因此,海德格尔《存在与时间》(Sein und Zeit)解构西方形而上学传统,目的也是为了揭示存在的本真面目。如巴尔塔萨所言,"在存在事物的形式、秩序和光芒四射的美目前,实在的奥秘的基本经验是用一个希腊词 θαυμάξειν(惊奇)来表达的。"[③]现象存在被海德格尔理解为存在的涌现,惊奇本质上是对存在的惊奇。所以,他反对托马斯经院哲学的本质与存在的本体论区别。在他看来,希腊人的 Φύσις(自然)是不能从本质的领域中剥离出去的,"Φύσις对他来讲意味着从其原初根源(Urgrund)或深渊(Abgrund)中涌现在现象存在中的存在,并且是先于一切主体性的存在。"[④]这种存在的涌现赋予了现象存在其本体之神圣光辉。诗性创造与思想在揭示真理即存在自身的荣耀上面,有其共同的渊源。为了深入到"存在自身的怀念",海德格尔规避了传统意义上的形而上学和本体论,尤其是其后期思想中,将其诗性创造与诗性直观给予了崇高的哲学地位。所以,巴尔塔萨认为,海德格尔哲学乃是现代最深厚的"潜在荣耀哲学"。[⑤]

3. 精神哲学传统中的荣耀之光

现代精神形而上学是现代先验美学的第三条发展线索,这也是巴尔塔萨形而上学荣耀美学最后需要检审的思想脉络。这条思想脉络主要体现在现代欧陆精神哲学中,但其渊源依然可以回溯至艾克哈特和库撒

---

① Ibid., pp. 429 - 430.

② Aidan Nichols, *The Word Has Been Abroad: A Guide Though Balthasar's Aesthetics* (Edinburgh: T. & T. Clark, 1998), p. 173.

③ Hans Urs von Balthasar, *The Glory of the Lord: A Theological Aesthetics* vol. V: *The Realm of Metaphysics in the Modern Age* (Edinburgh: T. & T. Clark, 1991), p. 432.

④ Ibid., p. 433.

⑤ Ibid., p. 449.

的尼古拉斯。艾克哈特首先开启这一思想路向，他认为一切都放置在无限精神与有限精神的个体关系上，尼古拉斯则更进一步在上帝的创造自发性与人的次级创造性之间建立起一种类比。

笛卡尔(Rene Descartes，1596—1650)是现代精神形而上学的真正开端。他将外部世界只是作为物质留给精确的科学，故而将内部世界作为上帝与灵魂之间的存在类比的位置留给哲学和宗教，也即是说，他使现代(欧陆)形而上学专注于“我思”，由之提取出有限精神和无限精神的存在。“我思故我在”对自主意识主体的强调，实际上是把真理的把握理解为一种直接的精神直观的。笛卡尔对思的强调，使得光落在周围世界的一切黑暗上；“从上帝那里也流出它的存在之光，因此也即是真理之光，因为在上帝那里真理和真实必然是同一个东西……思并不揭示一个诺斯替主义的造物主，而是在自由良善的造物主的基督教招牌之下直接揭示(柏拉图和普罗提诺的)善的存在的最高光芒，这个造物主也把与人和周围世界的实际的、生物学的内在关系建基在他自己的终极真理和存在的真实之中。”[①]在《沉思录》末尾笛卡尔以哲学的崇拜方式崇拜这个上帝——尽管如此，这个上帝并不是帕斯卡的哲学的上帝——“看起来我应该在对这个至上完满的上帝的沉思中稍作停留，用点时间去思考他那些奇妙的特性，去深思、惊奇、崇爱这种无量光辉举世无双之美，至少是在我的精神力量力所能及的情况下，因为在它面前会炫目失明。”[②]尽管笛卡尔处处谨慎严守哲学与神学之分界，不敢越雷池半步，但他自己也承认其哲学沉思乃是为了上帝的荣耀。

笛卡尔对外部世界与内部世界在人类精神领域中的严格界划，导致外部世界收缩为外延(其可以处理的仅只是“外部直觉的形式”)，真理则挤压到灵魂与其理念的内在关系中(处理的是概念和直观)。在这些前提下，两位巴洛克哲学家斯宾诺莎和莱布尼茨重新思考了古典与传统的基督教形而上学，相较而言，其中莱布尼茨在思想的深度与广度上都要走得更远些。如巴尔塔萨所言，“莱布尼茨是上帝和他的世界的辩护者，他可以为上帝的缘故拼命到底”，“他的理性穿透力和雄辩的光辉闪耀的是上帝的荣耀”。“对他而言，真理存在于鸠尾榫接

---

① Ibid.，p. 460.

② Ibid. 另参[法]笛卡尔：《沉思录》，庞景仁译，北京：商务印书馆，1998年，第54页。

之事物的安排中；它存在于世界的和谐之中，这也是其善与其凯旋之美所在之处：beauté（美）是时间，并且作为解蔽之真理身份的最终证明，是除了荣耀之外另一个关键词。”[①]可以说，不是斯宾诺莎，而正是莱布尼茨赋予德国唯心主义以美学气质，只是可惜启蒙时代没人意识到他的伟大之处。

康德是精神形而上学在启蒙时期的集大成者，“因此他根本上分享了——尽管受到休谟的攻击——启蒙的荣耀视野：对绝对神圣自我的崇拜（笛卡尔），从物质到精神的进程之中作为上帝之爱的光辉的世界秩序之美（莱布尼茨），以及那种相信他自己就是上帝在此世绝对性之代表的精神独裁者的骄傲（莱布尼茨和斯宾诺莎），物质作为同时是对象性的、‘现象的’‘能量’，一种永恒进程的宇宙目的，在与上帝不断进步的关系中的世界的显现（莱布尼茨和莱辛）。”[②]他也吸收了鲍姆嘉登的作为一种科学的“美学”思想，将美学限定在人类之美（καλὸν）领域。其批判唯心主义不再为作为上帝荣耀的显圣的世界存在经验中保留任何空间，“荣耀”被道德的崇高（Erhabenheit）替代。如巴尔塔萨所讲，对康德而言，如果人的核心，亦即是那构成人之为人的东西，是以自律道德进入神人关系之奥秘，那么对其第三批判中发展出来的美学而言就是在（审美）崇高这个概念上获得其平衡的。而这个“崇高”只有在与“美”的关联和对比中才是可理解的。美在康德是无功利性的，“因此美的经验不同于‘快适’，那种以给人快感的好处激起偏好的东西；它也不同于作为对象存在中的利害关系的‘真’，以及在对象或行为中的此在（Dasein）中的利害关系的‘善’。”[③]由之，美第一次彻底地完成了与真、善的价值分离，形成一种独立价值本体。但康德并未完全忽略美与真、善的盘根错节的关系，所以他区分了依附美（pulchritudo adhaerens）和自由美（pulchritudo vaga），简单地说，前者指那种被附设或捆绑在真或善价值的美，后者指不与真、善发生价值勾连的单纯的形式美。关于美与崇高，康德认为的根本分歧在于美体现了想象力与理性两种认知能力的和谐，后者是感性与理性理念之间的不和谐。而崇高这种不和谐给人带来的不快，作为一种压倒性的力

---

① Hans Urs von Balthasar, *The Glory of the Lord*: *A Theological Aesthetics* vol. V: *The Realm of Metaphysics in the Modern Age* (Edinburgh: T. & T. Clark, 1991), p. 468.

② Ibid., p. 482.

③ Ibid., p. 505.

量征服我们的想象力和情感,反而激起人向上的欲望,也即是说崇高同时也是一种提升精神的力量。与美相比,崇高离道德非常之近,正如康德所讲,"实际上,对自然界的崇高的情感没有一种内心的与道德情感类似的情绪与之相结合,是不能想象的"①;"……智性的、本身自在地合目的的(道德的)善,从感性上审美上来评判,必须不是被表现为美,而是宁可被表现为崇高,以至于它更多地唤起敬重的情感(它蔑视魅力)而不是爱和亲密的眷恋的情感;因为人的本性不是那么自愿地、而只有通过理性施加于感性之上的强制力,才和那种善达到协调一致。"②

康德之后,随着主体性哲学(人类学)统治地位的完全确立,人类精神的自我荣耀一路飙升。这里面不可避免地潜伏着一种危险:"如果人类精神概念化地掌握了全部存在,那么存在之光将不复存在,而被思想家(康德、席勒)的'崇高'替代。"③从席勒到费希特、谢林、黑格尔再到马克思,存在的荣耀全部变成了精神的自我荣耀。由之,返回基督教的道路被完全阻塞。所以,康德之后的精神形而上学土壤中已不可能再繁衍出"荣耀"的美学,而只能产生"美"的美学。因此之故,借助德国唯心主义蔓延之势,作为科学的美学在十九世纪因此盛极一时。

主体性哲学的现代兴起导致了形而上学领域中的荣耀的消逝,"存在不再拥有任何光辉,而从先验维度中驱逐出来的美则被囿限于纯粹的尘世现实之中"。④ 美学因此只能作为严格的科学(审美学)存在。这意味着它不再是巴尔塔萨神学美学(或先验美学)探讨的对象了,因为巴尔塔萨关注的是"荣耀",而并非尘世之美。所以,巴尔塔萨在《神学美学》中谈论"审美科学"(现代美学),首先主要是将其视为神学美学批判和扬弃的反面教材来使用的。他甚至嘲讽说,当德国审美科学深切地关注良好品味的标准时,德国的实际上也是全欧洲的艺术(法国绘画除外)都已沉沦到令人难以想象的品味贫乏之中。审美学作为一种"精密的科学"(exakten Wissenschaft)——"精密的美学"

---

① [德]康德:《判断力批判》,邓晓芒译,北京:人民出版社,2002年,第108页。

② 同上,第111-112页。

③ Hans Urs von Balthasar, *My Work: In Retrospect* (San Fráncisco: Ignatius Press, 1991), p.84.

④ Hans Urs von Balthasar, *The Glory of the Lord: A Theological Aesthetics* vol. V: *The Realm of Metaphysics in the Modern Age* (Edinburgh: T. & T. Clark, 1991), p.597.

(exakten Ästhetik),必然排斥那种与一、真、善圆融一体、互渗相寓的美,但这种"精密的"尘世美,只是整体对象的一个方面或碎片,所以这种美学是只见树木不见森林,从而无法企及作为整体对象的美。尽管如此,巴尔塔萨并没有简单地摒弃现代审美学。他认为,即使是这样的碎片化的美学只能提供一种偏狭的视野,但也可能达到对整体之美的惊鸿一瞥。在他看来,"审美法则可以逐渐地提升到形而上学、神话以及最终启示的层面,因为换个视角来看,形而上学、神话和终极启示为了在尘世层面变得一目了然,实际也就是为了实现自我表现,它们可以在它们的下降中利用这些尘世的东西和碎片化的东西。"[①]所以在巴尔塔萨看来,"精密的美学"实际上是可以吸收、整合到荣耀美学的框架下的。也唯有如此,把现代审美学霸踞的美学领地开放给视野宏阔的荣耀(先验)美学,才能真正解决现代美学的难题。[②]

五、结语:基督徒与形而上学中的荣耀

面对西方近三千年的形而上学历程反射出来的荣耀之光,作为一个重要任务,基督教应该如何继承这笔丰厚的遗产,成为巴尔塔萨《神学美学》之形而上学部分最后需要探讨的问题。

在西方形而上学传统中,存在的惊奇,主要在于每一事物都在存在的必然性中如此奇妙、如此美妙有序地出现。在这种语境中,存在的荣耀通常被理解为美的总和,"它对具体美的'优越性'只是源于这个事实,就是明显地缺乏和谐的畸形的东西之韵律、极性和和谐化这些范畴,只能通过推测的方式应用于总体性之中"。[③] 对存在的惊奇,在巴尔塔萨看来,不仅是形而上学的开始,也是形而上学在其中运行之常驻不变的要素。而这不仅意味着存在者可能在它与存在的区别中对存在产生惊奇,还意味着存在本身表现为某种可以被惊奇且值得惊奇的东西,通过它自身最后导致惊奇。对存在的惊奇本质上是因为

---

① Ibid., p. 599.

② Aidan Nicholas OP, *The Word Has Been Abroad*: *A Guide Though Balthasar's Aesthetics* (Edinburgh: T. & T. Clark, 1998), p. 181.

③ Hans Urs von Balthasar, *The Glory of the Lord*: *A Theological Aesthetics* vol. V: *The Realm of Metaphysics in the Modern Age* (Edinburgh: T. & T. Clark, 1991), p. 614.

看到了荣耀反射出来的光辉，所以荣耀的反映必定是形而上学的基本目标。巴尔塔萨认为通过西方形而上学传统资源可从四个层面或阶段达到了这一目标，并真正揭示形而上学领域内的荣耀。①

而巴尔塔萨所谓的四个方面所展示的，本质上与呈现在醒来的孩子之第一意识行为中的东西是一码事，或者说是同一件事的放大、延伸。“这个朝向超越前行的第一行为，当下即可触及最终目的：这只能是爱，唤醒我、庇护我的爱，在母亲微笑的脸上映入我眼帘的爱。”②爱是存在荣耀的守护者，因为爱，“一切事物连同它全部的恐怖（丑）和美，皆沐浴在比此世之本质更大的、更加荣耀的开放之光芒中。”③存在就像一种光芒一样自由地照进存在之物中，而爱揭示了存在的光辉。

巴尔塔萨认为，基督徒由于他的信仰而不得不进行哲学的质询，“他相信上帝为世界的绝对之爱，便不得不在其本体论区别中将存在理解为指向爱的，并依照这个指引生活。”④依靠爱的力量，基督徒仍然是形而上学惊奇的守护者。在巴尔塔萨看来，惊奇始终都是对作为整体的存在之美的惊奇，对宇宙秩序的惊奇。作为整体的存在之美或宇宙秩序之美，本质上是高于尘世之美的形而上学之荣耀。所以，基督徒理所当然应是形而上学荣耀的守护者，并负有将此原始之光带到整个世界的神圣使命。

（作者单位：陕西师范大学文学院、复旦大学博士后）

① Ibid., pp. 614 - 627.

② Ibid., p. 635.

③ Ibid.

④ Ibid. p. 646.

基督面容上天主的荣耀

萧　潇

内容提要　爱与美是一对连体名词,承载了基督宗教的根本信息。天主爱,所以天主是美的。爱使天主走出自己,从而产生了美丽的宇宙和人类历史,产生了道成肉身。宇宙之美闪耀天主的荣耀,人作为天主的肖像是荣耀的冠冕,而道成肉身的基督则是天主荣耀之本体。本文以荣耀为核心与您共赏基督宗教神学之美。

关键词　基督　荣耀　美　爱　肖

有人说既然有奥兹威辛就不会存在天主。难道天主随着焚尸炉也一起消失了吗?经历了两次世界大战的人类如何思考美呢?在21世纪,美对人类意味着什么呢?事实上在奥兹威辛之前就有过许许多多残酷的历史事实,即使在今天仍然处处充塞着悲剧,它告诉我们世界上不只是温馨融洽大团圆的祥和美。当代艺术更加注意表现分裂、痛苦、焦虑,陈述人与人之间的悲剧、人自己内在的悲剧。我们所习惯的文艺复兴典雅美已经不足以陶醉人们的心灵,它已经不能再承载人们在历史现实中痛楚的经验。希腊古典均衡美已经没有能力表现当代人心灵的渴求,没有能力表现当代人心灵经受的悲剧,没有能力触及当代人索求的意义。痛苦、丑恶、扭曲都可以进入艺术,美本身天主被拳打脚踢,被鞭打,被荆棘刺头,进入死亡,被埋葬,"上帝死了!"尼采已经说了。今年的诺贝尔文学奖得主获得的评论是:描写了一批被剥夺的人的生活。这些人是社会边缘的人、缺衣少食没有工作无家可归的人,被剥夺了基本人权的人。美与数字上的黄金率再没有关系,而是成为人心灵经验的表述。

不论对于艺术、哲学还是神学,对美的敏感和惊讶都是它们的第一源泉,而引起惊讶的曾经首先是大自然。美,对于古人来说,首先是大自然的美,宇宙的美。柏拉图说:"尺寸和比例在一切情况下实现美与善。”[①]奥古斯丁给一般美所下的定义是“整一”或“和谐”，给物体美所下的定义是“各部分之间的比例得当，加上色彩的赏心悦目”。[②] 在一切艺术形式中奥古斯丁最偏爱的是音乐，他把音乐看作体现数与完美比例关系的最高形式。托马斯也承认比例和色彩在美中的意义。他说道，美由某种光辉与比例构成。而恶，根据第欧尼吉的解释：恶是缺乏道路，缺乏目标，缺乏本性，缺乏美，缺乏清晰，缺乏原因、原则、终点、限度、意志和帮助。恶，是缺乏，是缺点，是混乱，是污浊，是没有规矩，缺乏生命、美丽、理智、行动、秩序，缺乏实质，任何方式、任何位置都不是。[③] 恶不是存在，不是实体，也不是来于存在，也不属于存在的范畴，因为它将一切导向死亡。

但是不论是奥古斯丁还是托马斯都提出精神美在物质美之上。奥古斯丁说人类的歌声比夜莺的歌唱更加完美，因为人类的歌声除了音调外，还表达了精神内容。基督与使徒之所以美，也首先在于他们的精神。他将美分为三个等级，最高的、绝对的美是天主，其次是道德美，形体美是低级的、相对的美。至高无上的天主是“美本身”，最高的美也就是最高的爱，是神圣的三位一体，是爱的秩序，“在真理中看到三位一体，看到爱”。[④] 托马斯也同样强调虽然有各种不同形式的美，但是所有的美都根源于天主。天主是最高的美。“事物之所以美，是由于天主住在他们内”，“天主是美的，是一切事物协调和鲜明的原因”。

和谐、平衡，明澈、光亮，是古代和整个中世纪谈论美的基本要素。巴尔塔萨神学中将这几个要素概括为“荣耀”。这些要素不只是指物质美恶，而且更重要的是精神，美源于神性照耀在物质上或者闪耀在人的心灵中的光辉，而恶是神性光辉的缺失。魔鬼是恶，diavolo 是分裂的意思，与天主的分离，与光辉、荣耀的无缘。基督教义将美的典范推及圣子，托马斯说，美首先谈论的是基督。[⑤] 在耶稣基督身上，天主的“光辉”、天主的“荣耀”得到完美展示，他是“天主荣耀的照射，本体

---

① Filebo 64e。

② 奥古斯丁：《上帝之城》卷二十二，第十九章，转引自《美学译文》(1)第 181 页，中国社会科学出版社 1980 年版。

③ 参见 Dionigi L'Areopagita，Nomi divini，IV.

④ Agostino，*De Trinitate*，VIII，8，12.

⑤ 参见 B. Forte，*La Porta della Bellezza*，Brescia，1998，pp. 21 - 36；U. Eco，*Il problema estetico in Tommaso d'Aquino*，*Milano*，Bompiani，1982.

的印记”(系1,3)。他是美的原型,是逻格斯,是他为宇宙赋予规矩;他是光明,他照亮人的理智;他是智慧,因为他带来圣神。他是救世主,因为他带来天主的爱。梵蒂冈二次会议进一步指出:他启示人真正的奥秘,举起人至高的尊严,因为他是人的完美和完美的人[①]。基督是天主之子,也是人子,在他身上思想家们和艺术家们倾泻自己的理想、剖析现实,同时期望未来。

一、天主是美

1. 如果你看到了爱,你就看到了天主三位一体

爱、美、善、真是天人关系的核心,是基督宗教教义的基础。天主美,因为天主爱。

爱,在远古的宗教礼仪中就被看作是宇宙合一的力量,男女性的结合与季节的更替和土地的丰沃联系在一起,它不属于个体的感觉,而是对于宇宙运行的分享。希腊人恩培多克勒(Empedocle)认为在水、火、气和土四种物质元素外,或者称为“四根”,还存在“爱”与“恨”两种宇宙自然力量,是这两种力量维持元素的结合或者分离。爱产生合一与秩序,恨形成分离和混乱。爱的力量比恨强,是爱撮合四素而形成有生命的万物。阿佛洛狄忒(Aphrodite)是爱的主宰,她决定了四素的混合比例,她是万物之母,是生命之神。

在柏拉图《会饮篇》(189d—193d)阿里斯多芬(Aristofane)讲述的神话中,促动男女结合的爱是原本合一的人因神的忌妒而被一分为二后,渴望重归合一的动力。因此,人的爱产生于匮乏和不足(200a,203a - d),是由于需要,这种动力被称为爱(eros),类似于弗洛伊德说的力比多[②],是一种本能力量。柏拉图认为它是灵魂最原始、最基本的

---

① 梵蒂冈二次会议文献《教会在当代世界的使命》,n 22.

② 参见弗洛伊德全集 *Opere di Sigmund Freud*, a cura di C. Musatti, Boringhieri, Torino 1967 - 1979, 12 voll; S. Freud, *Psicologia della masse e analisi dell'Io*, OSF, vol. 9, p. 281. S. Freud, *L'interpretazione dei sogni*, OSF, vol. 3, pp. 71, 524(aggiunti nel 1914); S. Freud, *Introduzione alla psicoanalisi*, OSF, vol. 8, p. 318; S. Freud, *Psicologia delle masse e analisi dell'Io*, OSF, vol. 9, p. 281; S. Freud, *Autobiografia*, OSF, vol. 10, p. 92; S. Freud, *Premio Goethe*, OSF, vol. 11, p. 10. 关于柏拉图的 Simposium 参考 P. W. Radestock, (转下页)

力量，是一种创造性地将万物联系起来的力量，关乎两性之爱，又大大地超越于两性之爱。爱，是被美所感动而产生的吸引，是在力量和意义上处于低级的存在渴望与高级存在发生关系的动力，是渴望由神圣美而获得丰沃的愿望，渴望的不只是满足，而是力量，是创造力，是转化死亡和短暂为不死、为永恒的持久的新鲜力量(《会饮篇》，206a - b，e，509b)。这是人的爱。事实上淫祀就属于这一类。[①] 不过柏拉图还认为人的灵魂是从理性世界堕落到肉体中的，在灵魂流落尘世的时期，爱是灵魂对于失去的天堂的乡思。爱是一种倾向，是一种激情状态，产生于我们被美所唤起的对于天乡的记忆。爱是一种能动力，是朝向一个目标的运动，这个目标就是不朽，是永恒的生命。

亚里士多德认为，人的自然本性是社会性的，需要团体，需要友谊，不只是为了语言沟通，不只是为了讨论什么是正义或者什么是不正义，而是为了关系、合作，这是爱的另一种形式。友谊是地位平等的存在渴望互相合一、发生关系的动力(《政治论》I，1253 a 2)，或者是同等级的人与人之间的爱，是有条件的，施爱的对象通常是设定在一定范围之内。另外一种爱是神爱(Agape)，它是高级存在向低级存在渴望合一的动力，动机是赠予，是赐予恩宠；根源是满盈。神爱有能力进入前三种动力，恨、爱、力比多并且升华它们，指导它们，完善它们，而不是摧毁它们，或者毒死它们[②]。这种爱就是基督信仰中的天人之爱。这种爱与合一的天人关系有着两个方向，一个是天主对于人的爱及其表达，一个是人对于天主的爱，及其回应与表达。

神爱(agape)首先表现在天主对于人和世界的创造中，第二个决定性时刻是道成肉身，另外一个事件是圣神的被派遣。爱，渴望给予，

(接上页)*Schlaf und Traum. Eine physiologisch-psychologische Untersuchung*, Breitkopf, Leipzig 1879，弗洛伊德从 *L'interpretazione dei sogni* 就应用很多。J. K. Davies，G. Fichtner (a cura di)，*Freud's Library. A Comprehensive Catalogue-Freuds Bibliothek*. The Freud Museum，London，edition diskord，Tübingen，2006，p. 33 - p. 108；S. Goldmann，*Via Regia zum Unbewussten. Freud und die Traumforschung im 19. Jahrhundert*，Psychosozial Verlag，2003，pp. 15 - 17，91 - 99，145 - 160，228 - 230；Y. Oudai Celso，*Freud e la filosofia antica*，Boringhieri，Torino 2006，soprattutto pp. 41，75. E. Jones，*Vita e opere di Freud*，*Il Saggiatore*，Milano 1995 (ed. orig. 1953)，vol. I，p. 86 sg.

① *Deus caritas est*，n. 4. 本笃十六世指出 eros 所以低等，是因为它不尊重人的尊严，没有涉及人道。是一种伪的“神化”。

② *Deus caritas est*，n. 5.

渴望分享;爱使天主走出自我。所以世界来源于神强烈的渴望给予、渴望分享的爱,极度丰沛的爱。神爱不是源于匮乏,而是由于丰盈。由于神的爱,世界和人类获得了存在。天主的挚爱不同于希腊众神,没有伦理原则的疯狂,不是破坏,而是成就。天主的爱不只是要求创造,而且渴望合一,希望与自己的创造物合一,这就是道成肉身的原因。道成肉身是世界被创造之前的计划,其目的是为了使人分享天主的生命,这就是真正的救赎。天主的爱要求的合一,不只是结构上的,或者说身体上的,而是要深入内心,深入到灵魂深处,深入到生命深处,这就是圣神的陪伴,如此而使人从生命深处分享天主的存在。在天主爱人,寻找与人合一的全部三个过程中,基督宗教所非常强调的是天主的主动性,然后是人的回应。

耶稣受难前在临别赠言中留给弟子们的唯一法律就是:爱(若望13,34)。若望在书信中则直接宣布:天主是爱(若望一,4,8)。事实上,爱的原型在于三位一体的天主。圣奥古斯丁说:"如果你看到了爱,你就看到了天主三位一体。"[①]三位一体天主的本质就是爱,三位一体天主的奥秘是爱的奥秘,是 Trinità agapica。[②] 这个天主付出爱,所以也要求人以爱回应。天人关系史就是人类救赎史,是关于爱的问题,"天主的爱对于我们来说是关乎生命的基本问题,是一切关于天主是谁和我们是谁这些决定性问题的基础"[③]。整个基督宗教神学反省的核心基础事实上就是三位一体论,基督信仰首要的和本质的奥秘就是三位一体[④]。卡尔·拉纳说:"救恩史原始的和超验的基础都是三位一体。"[⑤]布鲁诺·福特认为创世论、救恩论、人论、基督论、末世论、教会论、启示论、圣事论等等,所有这一切的基础都是三位一体。[⑥]

2. 爱是真的表现,美是爱的实现

天主爱,所以天主是美的,天主的美自然彰显。俄罗斯哲学家佛罗伦斯基说:"爱是真的表现,美是爱的实现。"[⑦]意大利哲学家和神学

---

① *De Trinitate*, VIII, 8,12: *CCL* 50,287.

② Cf. B. Mondin, *La Trinità mistero d'amore*, ESD, Bologna, p. 269.

③ Benedetto XVI, *Deus Caritas Est*, n. 2.

④ Cf. B. Mondin, *La Trinità mistero d'amore*, ESD, Bologna, p. 11.

⑤ K. Rahner, *Mysterium salutis III*, Queriniana, Brescia, 1969, p. 404.

⑥ Cf. B. Forte, *Trinità come storia*, Paoline, Milano, 1985, p. 14.

⑦ p. A. Florenskij, *Il cuore cherubico*, Paoline, Milano, 1978, p. 206.

家若望·孟丁说:爱与美是一对连体名词,是基督宗教信息的根基,一方面表现在人学方面,另一方面在神学本身。

《圣经》告诉我们,雅威创造的世界是美善的。他们不相信宇宙是来于次等神或者恶神的拙劣作品,而是雅威天主的精心创造;人也不是被放逐的灵魂寄居在监狱般的肉体中,而是天主用自己的双手和气息按照自己的形象所塑造,被委派为美丽宇宙的管理者。西伯来语中美与善是同一个词汇,创世纪中天主在每一天的创造结束后,都是用这个词来为自己这一天的创造祝福。天主最后祝福的是人——天主自己的肖像,是家庭——建基在男人女人在婚姻内的合一上。整个宇宙是天主雅威的圣殿[①],而人是其司祭,奉献全宇宙的美光荣天主。《圣经》创世纪叙述美是属于天主的,一切的美都是对于天主美的分享,因天主的创造而存在。

圣经中除了谈到宇宙美还包括许多人物,而且也常常谈到天主的荣耀、天主的美,形象上表现得非常像云彩,或者用现代说法像一个能量场。圣经中的"美"、雅威,不是等待人去追寻,艰难地一步步攀登台阶,而是自己主动来找人,来召叫、邀请他喜欢的人,显现给他喜欢的人,帮助他们,陪伴他们,甚至与他们订立盟约。他是自己的子民通过在生活中的亲身经验而认识和爱慕的对象,与他的子民有着生命关系。天主的选民对这个主动前来的天主的荣耀有很丰富的经验。希伯来文荣耀 Kābōd 可以指身体的重量,健壮重大、力量强大,或者身份的重要,使人能够感受到的一种压力、一种份量、一种气势。七十二贤士译本翻译成希腊文 dòxa,指一个人内在的重量,内在价值、重要性。这种重量可能来自财富,比如亚伯拉罕"非常荣耀"因为有许多"牲畜,金银"(创 13,2);也可能来自重要的社会身份,或者权威,比如约瑟在埃及(创 45,13);或者特殊的美丽,比如阿诺乃的衣服(出 28,2);或者圣殿的光荣(阿 2,3);或者理想之城耶路撒冷(依 62,2),等等。他们对天主也有这种经验。当谈到天主的"光荣"时,指人甚至可以感觉到的天主的"能量"、"力量"、"重量",天主的"我",尤其是指他神圣的权威、力量通过自己伟大的行为和显现,可见地、自由地展示于人。雅威显现给人是因为爱人,为了帮助人。

Kābōd 或者 dòxa,也出现在若望福音序中:"圣言成了血肉,居住

---

① 默 21,22.

在我们中间;我们看到他的光荣,父独生子的光荣,充满恩宠和真理”(若1:14)。雅威不只是显现,而是成为人中一员。基督宗教认为,在耶稣基督身上,天主的“光荣”得到完美展示,他是“天主光荣的照射,本体的印记”(系1:3)。他自己就是天主的荣耀。他以人的形象展示了天主的完美。Y. Congar说:“更加伟大的不是天主成了耶稣基督,而是耶稣基督是天主。”事实上,在大博尔山,耶稣已经向三位使徒展示过自己的荣耀,同时在这种荣耀中,三使徒被照亮,“容光焕发”,使他们得以分享天主的荣耀。

3. 我是善牧

在《蒂迈欧》篇中柏拉图说:“凡善的事物都是美的。”善是存在的源泉,是美的源泉。亚里士多德认为,善是所有一切的第一原动力。奥古斯丁说,至高的善就是至高的存在。Dionigi将善与造物中弥漫的本质力量同等[①]。柏拉图在《国家》篇中说:“每一个灵魂都追求善,都把它作为自己全部行动的目标。”善,在希腊哲学中,是每一个人生命的目的,是幸福之源泉。灵魂所追求的就是善,这就是灵魂的幸福。但是希腊哲学认为只有智者才能够达到善,而基督宗教宣告任何人都可以达到善。人,作为天主的肖像,目标就是与至善完美的存在合一,获得没有任何腐败、没有任何缺乏的生命,这就是天主创造世界的规划,是每一个人的使命,只不过人靠自己的力量是达不到这个目的的。

为了实现这个规划,天主圣子和天主圣神来到了人间,成为人中一员,与人共同生活,进入人的灵魂深处。基督“作为携带着未来洪恩的大司祭而来,通过一顶更大的、更完美的,不是由人手所造的,也就是不属于受造世界的帐幕,不是带着公羊和牛犊的血,而是以他自己的血,一次而永久地进入了圣殿,因此而为我们带来永恒的救赎。”(罗9:11—12)基督自己同时作为司祭和祭品,以天地宇宙为祭台,道成肉身的天主圣言作为人子和天主子,奉献自己实现天人和好,天人合一。在新约中强调基督是善牧:“我是善(kalos)牧,善牧为羊舍生。”(若10,11)

希腊悲剧表现人面对命运的缺失和众神之胡作非为无可奈何的挣扎,而基督宗教信仰相信天主为了人的幸福道成肉身,为了人的永生自己进入死亡,并且由自己的复活和圣神的临在携带人进入天主的生命。因天主的善,人可能达到善。

---

① *I nomi divini*, IV, 693b-700c, 705c-708b。

4. 天主的阿门

希腊语讲“真”有两个词汇：*alétheia* 和 *apokálypsis*，分别来于两个神话，一个是 Letè 女神，另一个是 Calipso 仙女。前一个是遗忘女神，也就是冥河女神，死人喝了这条河里的水会忘掉过去，以备转生。后一个是荷马史诗奥德赛将尤利西斯抓为囚徒，七年囚禁在一个小岛上，让她生了三个儿子，但是尤利西斯在这七年内都是被蒙着眼睛、裹着脑袋的，所以她的名字总是象征“被遮蔽，被隐藏”的意思。所以这两个词汇 *alétheia* 和 *apokálypsis* 加了表示相反的 a 前置词，前一个是不能遗忘的，或者没有遗忘的；后一个是启示，或者揭开——从模糊的理性中的，或者潜藏在思想中的。这是希腊语中的“真”。

罗马人讲“真”用 *veritas*，这个词的词根来于印度日耳曼语 *ver*，指揭开或者盖上的障碍，所以与希腊语的“真”相反，同“伪”，这个词在希腊语是 *pseudos*，也就是似乎是，但事实上不是。*Vero*“真”在拉丁语有法律特点，表示“可以被证实的”，“可以被一个真实的宣告来证实的”。

作为“二希”文化撞击、融合的产物，七十二贤士译本将希腊词意和希伯来词意相结合，为这个希腊词汇赋予了可信、忠诚的意思’emûnâh，还有正义 dikaiosynè，尤其是’emet 坚固、持久，也就是基督宗教礼仪中的“阿门”，指一个人在过去证实了自己的可信，值得人们将现在和未来也托付给他。“上主，你手的一切工程都是坚固的”，圣咏 111 歌颂；圣咏 25 和 54 中唱：“上主，你的一切道路都是可靠的、稳定的。”

《圣经》旧约中“真理”这个词出现了 132 次，一多半指向天主。天主的真理是天主对于他所承诺的一切和计划的一切之忠诚，以及实现这一切的能力和力量；是他对以色列的忠诚，兑现他向列祖的承诺，拯救整个以色列。一件事物的真理在圣经传统中是天主召叫它应该成为的事实，指天主恩宠的计划，天主对于某个客体的意志。而《若望福音序》中宣告至高美善主“满溢恩宠和真理”的圣言来到世界上，指的不再是认识或者工程，而是一个具体的人。天主的忠诚表现在一个具体的事件“道成肉身”上，使这个词汇的内涵达到高峰。不论是人类的罪恶，还是撒旦的阴谋，任何事情都不能阻挡天主创造世界目的的实现，他以自己来到人间而决定性地保证创世规划的最后完成。

二、基督美的两种形象

1. 荣耀的基督和作为替罪羊的基督

教会礼仪年中在圣诞节到复活节之间，为迎接复活节有两个重要经文：封斋期诵读圣咏 44，而在圣周五诵读依 53，将这些经文看作是对于基督的预言，都是表现基督的荣耀。圣咏 45(44)《默西亚君王祝婚歌》描述君王的婚礼，歌颂他的英俊、美德和使命。美和恩宠被联系在一起。“你是人中最美者，在你的唇齿间飘逸着恩宠，天主永恒地祝福了你。”而在依撒意亚第 53 章中出现的是另外一种描绘非常具体的默西亚形象：

“他既没有吸引人的美丽外貌，也没有让人敬畏的华美；也没有荣耀的仪容可让我们恋慕。他受尽了侮辱，被人遗弃；他是个深深理解苦难的受苦人。人们对他掩面不顾。他被欺凌被践踏，因而我们都以他不算什么。然而他所背负的，是我们的疾苦；他所承担的，是我们的疼痛。我们还以为他受了惩罚，为天主所击伤，以为他是受贬抑的人。可是他被刺透，是因了我们的悖逆；他被打伤，是因了我们的罪恶。因他受了惩罚，我们便得了安全；因他受了创伤，我们便得了痊愈。我们都像羊一样迷了路，各走各自的路；但上主却把我们众人的罪过归到他身上。他受虐待，仍然谦逊忍受，总不开口，如同被牵去待宰的羔羊；又像母羊在剪毛的人前不出声，他也同样不开口。他受了不义的审判而被除掉，有谁怀念他的命运？其实他从活人的地上被剪除，受难至死，是为了我人民的罪过。虽然他从未行过强暴，他口中也从未出过谎言，人们仍把他与歹徒同埋，使他同作恶的人同葬。上主的旨意是要用苦难折磨他。当他牺牲了自己的性命，作了赎过祭时，他要看见他的后辈延年益寿，上主的旨意也借他的手得以实现。在他受尽了痛苦之后，他要看见光明，并因自己的经历而满足。我正义的仆人要使多人成义，因为他承担了他们的罪过。为此，我把大众赐与他作报酬，他获得了无数的人作为猎物；因为他为了承担大众的罪过，作罪犯的中保，牺牲了自己的性命，至于死亡，被列于罪犯之中。”①

---

① 依 53,2—12。当我们读这一段话时，是不是会很容易地联想到老子的一段话呢：“受国之垢，是谓社稷主；受国不祥，是为天下王。”(78)

基督宗教将这样明显对立的描述用在基督身上，认为二者都是描述基督的美。一方面是君王、智者的华美荣耀，是将三使徒击倒在地的像太阳一样的灿烂光芒，是“天主光荣的照射，本体的印记”；另一方面是被践踏的、扭曲的、苦难的面容，被钉在十字架上的死者。在基督教会初期确实很难将二者放在一起来理解，一个至美的天主、完善的天主、绝对的天主，怎么可能受苦呢？伟大的君王、美丽温良的善牧怎么可能成为血污满身满脸、被践踏的卑微者呢？还有，怎么可以理解，道成肉身的天主在复活后的光荣中仍然带着自己被钉十字架、被刺破胸膛代表耻辱的伤痕呢？

耶稣是不可见的天主的有形表现，是天主一系列启示的高峰和终极，是天主荣耀的光芒（系 1,3），是绝对美最杰出的展示。而天主的自我启示是在十字架上的基督达到高峰——爱“直到终结”（若望 13,1）。基督的十字架和苦难所以美，是因为表达了他的爱[①]，不是通过什么，而是用他自己的生命。十字架成为美的象征，是因为它记录了天主的爱。美本人的面容被击伤、被唾弃，被按上荆棘、被撕毁，而正是这个被摧残的容貌展示了天主的爱、美的原型：美是爱直到终结。美是天主的下降，是道成肉身，是天主的自我赠与。美是天主朝向人的出谷，是爱的自我启示。正是天主爱的行动和事实启示了他是真理，他是救恩计划的担保者。夏娃曾经因为苹果看上去的美丽而吃了它，因而失去了生命和智慧，那是一种煽动占有欲的力量，是谎言，是假智慧假生命；十字架的美丽是开放我们，引导我们与他人相遇，与天主相遇，是天主在自我给予中赋予我们的力量，所以才是真理。

基督在十字架上高悬的身体成为人们质问人生、质问社会的象征，天主圣子的痛苦成为一代代人悲剧的代表，同时也是悲剧冲突的汇聚点。天主“屈尊降卑自己，取得仆人的形象，卑微自己直到死亡，死在十字架上”[②]。他为担负人类的罪恶而被压碎。血肉模糊、遍身伤痕、抗着十字架的基督孤零零被高悬于十字架上，在死亡的黑暗中，被弟子、被人类，甚至也被天主所抛弃，绝望地高喊“我的天主，我的天主，你为什么舍弃我”的基督；僵硬的、死亡的、没有生命的、尸身开始

---

① Messaggio del cardinale Joseph Ratzinger per il Meeting di Rimini 2002 。“*IL SENTIMENTO DELLE COSE, LA CONTEMPLAZIONE DELLA BELLEZZA*”.

② 斐 2,7—8.

腐烂的基督[1]，通过面对这个基督，人透过悲剧隐约看到人类生命的意义，认识生命深处的爱，获得真理。透过基督的苦难，人看到希望；正在死去的基督，却在预示着生命。

这个痛苦的人，在丑陋的十字架上将自己交给死亡的卑微的人，就是神圣美，就是人类和天地万物的创造者，就是将自己作为礼品、作为牺牲奉献给人类的大美。被钉十字架的这位就是拯救人类的美。“道，包容天地一切真理的道，自己陷落在黑暗中、焦虑中……而正是在他的隐藏自己中揭示了真理……质问成为发问的唯一方式。……不再讲话的成为最强的声音。天主圣言在世界上成为哑巴。黑夜不再有星斗，而是绝望的黑夜，撕裂人的、扭曲人心灵的黑夜。不再是面对爱人而产生的充满无数爱的奥秘的沉默，而是失去爱的绝望的沉默，分离的沉默，被抛弃的沉默。”[2]神学美由被钉十字架的、被抛弃的、自我屈尊的天主圣言所展示，回应一代代人的索问。但是，基督信仰一直提醒我们：死亡不是最后的话语！基督在世界上最后的事件是复活。复活才是基督的核心事件。

2. **神学上的两个流派**

在人类解放史中道成肉身的基督形象有着最丰富的精神内涵。[3]这一点是神学界的共识，但是对于道成肉身——天主圣子、永恒的美、绝对真理为什么降生成为人却一直存在着两种思想：为了爱，因为罪恶。

相信天主赐给人救恩是基督宗教信仰的核心。基督宗教相信救恩是天主通过耶稣基督真天主真人而带给人和世界的。他因自己的道成肉身、死亡与复活，战胜罪恶与死亡，排除天人关系的障碍将人带入与天主的和谐。不同的神学流派在同一的基础上演绎了不同的解读。救恩，首先谈到的是天主愿意人得救的圣意，以及具体实际地为惠益于人，帮助人得救所做付出的行动；同时也不能忽略面对天主的主动作为，人的自由在救恩历史中的角色。基督和他的救赎工程对于拜占庭和拉丁传统都是启示的完美和天主对人类爱的表示的终极。

---

① 菲弗：《基督形象的艺术神学》，萧潇译，北京：中国社会科学出版社，2005年，第54页.

② 4 H. U. von Balthasar, *Il tutto nel frammento*, Milano 1972, 223. 226.

③ 参见巴尔塔萨《荣耀》；菲弗《基督形象的艺术神学》。

拉丁传统受亚里士多德影响大，而拜占庭神学传统受柏拉图影响大。对于拜占庭神学来说，人的存在是分享天主的存在，是类似存在的分享，所以强调人是天主的肖像及道成肉身。对于道成肉身的天主圣子也突出其荣耀。在与天主内在的合一上，拜占庭传统讲“神化—相似”，是人作为天主肖像的天生预定本性的实现，道成肉身使其决定性地成为可能。而不可沟通的天主性本质与可以沟通的能量、圣神，使灵魂神化，使宇宙焕发。道成肉身使人成为新人，也实现“新天新地新耶路撒冷”的转换。对于拜占庭神学，天主的肖像是构成人之存在的基本原则，强调人性是携带着恩宠的人性，实现天主的肖像就是完美分享天主的生命本身，完美实现天主的恩宠，所以他们也特别强调基督的肖像。默观基督的肖像，分享他的圣神我们会慢慢地肖似于他。哲学，或者神学，不是独立自主的理性成果，而是圣人来于圣神的智慧。14 世纪的拜占庭神学家 Nicolas Kabasilas 说：“人是如此强烈地渴望超越自己的本性，人是被他的神圣新郎①所震动了的。神圣新郎将他自己英美的炽热光芒投向人的眼睛。受伤的幅度启示箭是什么，愿望的热切足以使我们直觉到是谁、是什么样的人震动了我们。”爱来于美，美启发认识，认识促生爱。美是一种高级认识，因为她以真理的伟大击伤人。神圣美将人从日常的适应中扯出，使人痛苦。真正的认识是被那具有伤害力的美所震动，被事实所触动。而被基督的美所震动是最真实、最深刻的认知，因为他是爱。美震痛我们，正是因此她向我们揭示人的最后命运。

天主圣子与人的合一是能量的合一，精神的合一，也是体的合一，但是不也是神性与人性的合一。天主圣神和天主的光荣闪耀在基督的人性上和容貌上。但是人的神化是敷油式的变化，而不是人性的变化。② 基督的意思恰恰是“受敷者”。人性被敷油通过道成肉身，而使人性有可能充分地获得天主三位一体的圣神。天主给予人类的一切恩惠，尤其是人类在基督内神化的奥秘都是建基于三位一体。基督内的天人合一是泉源，是根蒂。他充满圣神，是恩宠不尽的泉源。根据真福马西莫的话：“圣人应该是基督活的肖像”；基督活的肖像、最好的肖像是人，默观基督的圣像是为了使我们自己成为小基督，使我们自

---

① 指基督。

② S. Giovanni Damascino, *Omeglia* 16.

己的容貌也闪耀神圣的光辉，成为展现基督的地方，如同大博尔山的使徒被基督的面容所照耀而焕发。神化，就是天主圣言在人的灵魂中的诞生、成长。神化首先是合一，是分享，生活在天主圣子的道成肉身和天主圣神的恩宠内。与天主的合一是真实的，不是伦理上的。认识天主是关乎人整个存在的问题，是存在本身，要求共同生活。真正的认识是来于爱，来于共同的生活，生活要求面对面在一起，与天主生活在一起，看着天主，在天主内焕发自己，让自己在精神、心灵、容貌上都像天主。只有爱能够带来认识，认识要求是婚姻式的认识，共同生活的经验。爱内的认识，要求默观。爱带来认识，本身包含着善、正义和智慧。罪，正是拒绝与天主一起生活。

所有这一切也都表现在教会的形象上。教会是神化的人民，是焕发着天主肖像荣光的人们的团体，目标是更加完美地实现人的神化，尤其是通过礼仪。所以他们很重视隐修，重视礼仪和默观，强调日常生活中的圣德。拜占庭的礼仪中有那么多的圣像，那么多成圣的人，充满荣耀的人——基督荣耀的肖像，圣人神圣的肖像。教宗若望保禄二世在致艺术家的信中曾经讲："在某种意义上讲，圣像是一种圣事：以比喻的方式来讲，将道成肉身的奥秘现实地展示出来。正是因此，圣像的美丽应该是在圣殿内被欣赏，由蜡烛陪伴，在光与影的恍惚中将我们带向对于光的无限冥想中。"神学家和圣像艺术家佛罗伦斯基(Pavel Florenskij)谈到圣像和礼仪的关系时说："那些白日里粗糙的、沉重的、空洞的黄金，在蜡烛朦胧的光辉中却绽放出无数灿烂的火花，而将天上的光辉带入人间充满神圣的空间。"

而拉丁传统首先强调每一个存在都有其独立存在的理由，更加注重人的自由与天主的救恩恩宠之间的关系，尤其是滥用自由的罪所造成的后果，首先考虑的是人的自由和责任以及如何从罪恶中救出人。这种神学在新教中得到特殊发展。拉丁传统中，世界是天主送给人的礼品，也是天主显现的地方。天主创造世界是为了让人使用它、管理它，如此完成自己分享创造主行动的使命。在认识论上，认识力是被恩宠圣化提高的灵魂所特有的理性能力。认识力来于理性，与信仰不同，二者是合作的关系，但是各自独立。认识天主意味着认识天主的慈悲和全能。他们强调的是理性与信仰的对比。所以，恩宠对于他们来说是加在人性上的外来力量，帮助人有能力以超越本性的新方式、新能力来行动。恩宠是超性行为的根本原则，帮助人像天主那样行动。恩宠的目的是“真福”,人通过恩宠影响下的行为而有资格和能力看到天主。不过拉丁传统也不敢认为人可以看到天主的本质,人即使在真福中看到的仍然是圣子,通过圣子和圣神而认识天主圣父。拉丁传统强调人在恩宠的作用下可以如同天主那样行动,讲“真福-行动”,基督的十字架和苦难正是楷模,为了将陷于罪恶和困难中的人类拯救出来而奉献自己。他们更加重视伦理行为和机构设置,为了帮助人更加自由地回应恩宠、赚取天国、赢得真福,所以圣统制、教会训导、修会、慈善行动组织特别突出。

三、艺术与神学

“看,这个人!”基督宗教艺术让人们看着基督——完美的人和人的完美。

文学艺术作品往往也是神学园地。“美学”,来于希腊语“感知”,也就是从各种感觉中提炼精神意义,将依附在每一个姿态、事件和现实中的精神彰显出来。一位西班牙卡塔拉画家米罗(Joan Miró)曾经说,艺术的任务不是描述可见的事物,而是通过可见的表现不可见的。画家乔治·布拉克(Georges Braque)在他的散文集《日夜》中激情澎湃地说:“艺术是为了造成震荡不安,而科学是为了安稳。”赫尔曼·黑塞(Hermann Hesse)说:“艺术意味着:从每一件事物中展示天主。”路奇·方塔纳(Lucio Fontana)解释自己发明帆布干燥切割法说,自己的目的是“通过一个孔眼透露绝对存在者”。“艺术家的使命是将精神世界,将无形的、不可见的、不可言传的天主,以感人的、可以理解、容易接受的方式传达给人们。……攫取精神世界的财宝而将它们穿戴上言语、色彩、形式和容易被接受的方式。”[①]保禄六世同样如此肯定。艺术的努力是表现终极存在的意义,以人们可以理解的方式使神圣奥秘得以展示,赢得无限和永恒,揭开面纱而看到终极真实的奥秘。

艺术与神学的相遇造就了西方历史上无数世代绚丽辉煌的艺术财富。但是犹太教禁止为雅威造像。我们知道圣经出谷纪的警告:

---

① 1964年5月7号,保禄六世教宗对艺术家讲话。

“你们不许制造任何偶像”[①]，那是为了使以色列人从物化的金牛偶像下脱离。这种从被祝圣的物质主义和现实主义下的脱离是有必要的，甚至现在仍然是必要的，不过今天的偶像可能不是金牛，而是房子、巨型建筑，或者简单纯粹的吃喝玩乐。基督教会初期拒绝为从事造型艺术的人赋予洗礼，但是基督宗教艺术却同时发展起来，从罗马的地下墓窟，到拜占庭的画像和硬币等，经过反圣像运动后，第七次大公会议重新要求尊敬圣像，宣布：尊敬圣像，并非尊敬图像本身，而系尊敬图像所代表的人。1983年意大利主教会议关于艺术的文告中讲：“自从天主圣言化身成人，天主选择了讲说人类的语言，人类每一种真实的语言都被包容在了道成肉身的奥秘中，没有任何人类语言被排除在外面。”隐修士和神学家——8世纪的特欧得罗·斯多塔（Teodoro Studita）沿着道成肉身的路线，甚至宣告：“如果艺术不能表现基督，那就是说圣言没有降生成人。”艺术中的基督表达的是基督这个人，如同文字中的基督。

拜占庭传统的圣像中，基督的容貌从来不表现痛苦。在十字架的造型中不是表现被摧残的、可朽坏的肉体，即使进入死亡的基督仍然是美丽的，仍然笼罩着神圣的光辉。十字架上睁着眼的基督是神性不朽生命的表现。[②] 西欧的文艺复兴世界在重新发现古典美后，希望将黄金神话时代希腊—罗马美与基督信仰合一，尤其是意大利人文主义中的基督形象提炼了形式美和理想美的合一。基督的身体不是被痛苦所摧残，没有伤痕，身体造型符合完美的黄金比例，拥有古典模型的尊严，在古典的形体美中竭力表现不会受伤害的神体。十字架上基督的肉体已经表现荣耀的未来基督，生命对于死亡的战胜已经实现。人的生命不可以在失望的阴影中关闭，而是应该与光相遇，意大利文艺复兴中最后使用着黄金底色。荣耀基督是文艺复兴艺术的中心。

拉丁艺术传统中有无数的十字架，但是基督宗教的早期标记中是不用十字架的，那是个忌讳。最早的是“鱼”，Ιησοῦς Χριστὸς Θεοῦ Υἱὸς Σωτήρ. 希腊语：耶稣基督天主救世主，这几个字首字母的缩写正好是希腊语“鱼”。第二种是X、P是基督的头两个字母，或者A、Ω，也是希

---

① 出20，4。申4：12，16

② 相关参考书非常丰富。比如 André Grabar，a H. Belting，*La vera immagine di Cristo*，Venaria Reale，Bollati Boringhieri，2007.

腊字母,代表起始和终结。3世纪有一个反基督宗教的十字架,是一头驴子被钉在十字架上。教会和基督徒接受十字架开始于325年君士坦丁的母亲海伦找到耶稣的十字架。但是直到11世纪一直与死亡和苦难没有关系。拜占庭传统中一直是用耶稣真容像。第一个独立表现苦难十字架的是米开朗基罗。① 十字架得到重视的原因,一是拉丁传统的神学理论,另一个是西罗马帝国被入侵者掠夺、被疾病折磨的历史。梵蒂冈二次会议以后,复活的基督和与人生活在一起的基督重新成为主旋律。

教宗本笃十六世在2009年11月21日对艺术家的讲话中,以米开朗基罗的壁画《最后的审判》为例解释艺术与神学的关系说:"它告诉我们,人类的历史是一种运动,一个上升到过程,是朝向完美生命、圆满幸福的无限努力,朝向一个通过今天但总是超越今天的远景。但是在其悲剧情调中,也告诉我们人也有可能永远陷入黑暗,有永远失落的危险,警告我们黑暗的势力一直压逼着人类。……是对抗邪恶的先知式呼声,是对抗一切不正义的呼声。但是对于信仰基督的人来说,基督就是生命,是道路和真理。对于忠诚地追随他的人,他就是将人带向与完满的幸福之泉源天主面对面的门。米开朗基罗展示给我们的是起始和终结,历史的原则和目的,邀请我们走出一个喜乐、勇气和希望的生命。"艺术中的神学美学核心仍然是人类的救恩,人今生和未来的荣福。

(作者单位:四川天主教神哲学院)

---

① 菲弗:《基督形象的艺术神学》,第53页。

超美之美

——论美学与神学的关系

[德]汉克杰(Heinrich Geiger)文　宗晓兰 译

艺术、美学与教会

哲学史告诉我们,一种以理性论证的哲学,对精神或宗教现象不能视而不见。同样,如果精神或宗教不以理性诠释为基础,其地位也难以确立。在此关系中,知性(Verstand)与理性(Vernunft)的区别十分重要。从康德到黑格尔,理性被视为一种综合能力,它用某种独一无二的理论框架,将暂时与永恒、有限与无限、相对与绝对统一起来。由于理性的这种特殊作用,宗教与理性、虔诚与合理(Rationalität)并不相互排斥。

在现代,信仰并隶属于某一宗教团体,不一定是宗教艺术或美学的前提条件。艺术与教会不再像欧洲中世纪那样,彼此和谐相处,它们只是相互并存。在整个20世纪,虽然艺术与教会的分歧日益加深,但两者仍然相互促进。正如20世纪的艺术史所显示的那样,在制度化的教会范围内,宗教、精神与艺术的关系是最富成效的。很多现代著名的艺术家,虽然与教会并没有什么联系,却以其作品抬高了教会的声望。犹太人夏加尔(Marc Chagall, 1887—1985),为教堂和主教座堂创作了玻璃窗画。柯布西耶(Le Corbusier, 1887—1965)曾是加尔文宗基督徒,他为荣卡普(Ronchamp)的玛利亚圣地教堂设计了建筑造型。马蒂斯(Henri Matisse, 1869—1954)是一位坚决的不可知论者,他完成了威尼斯的多米尼加教堂的设计,并专注于天主教圣礼研究。莱格(Fernand Leger, 1881—1955)和曼祖(Giacomo Manzu, 1908—1991)创作设计了罗马圣彼得大教堂宗座法庭的玻璃窗画以及铜门,他们俩原本是共产党员。

整个20世纪,教会内所呈现的上乘艺术作品,是在艺术、美学与教会之间的关系改变的精神氛围下创作的。因为在纪元后第二个千年里，在中世纪与现时代之间，发生了一场剧烈的冲蚀过程，使得传统的教会联系中断了。当时情形是这样的：最晚在20世纪，启蒙运动与宗教信仰相遇，依照公民教育的价值等级，艺术的自由被提升为言论自由的最高形式。艺术和美学继承了宗教传统。如果谁追随艺术自由的思想，就不再准备接受教会的“罗马准则”(römische Prinzip)和信仰的组织化。在这种精神下，宗教在一种原始新教的意义上，更容易被理解为对所有存在物的意义与根源的寻求。但是，受教会委托而创作的夏加尔、柯布西耶、马蒂斯、莱格、曼祖等人的作品也证明，教会组织仍然能够深深激励艺术家们。

下面几点重新评价了教会、艺术与美学的关系：

第一，曾在教会占支配地位的中世纪的艺术概念，本质上是形而上学的，即艺术是真理的表现。在现代，人们抛弃了这种联系，按照黑格尔的观点，艺术理论和美学(“后理想主义美学”[nachidealistische Ästhetik])的主要特色是涉及经验科学，如心理学、光学或社会学。

第二，美学不再作为哲学或神学“大”(gross)体系中的一个分支学科而起作用，而是以具体的艺术经验为出发点。1953年，海德格尔在题为《技术问题》的报告中提醒人们，应保留“艺术的本质”(Wesende der Kunst)。①

第三，在中世纪，艺术与宗教的结合是很自然的。同样，在现代，它们的分离也是显而易见的。

或许下面两个事例能清楚阐明艺术与宗教关系的不同立场。首先是艺术与宗教统一的事例，罗茨(Johannes Baptist Lotz, 1903—1992)在其著作《源于本体论差别的美学》(Ästhetik aus der ontologischen Differenz)中，提出了下列艺术与宗教统一的依据：

> 艺术与宗教相互渗透，因为在艺术内存在着宗教的绝对性，

---

① Martin Heidegger，《技术问题》(“Die Frage nach der Technik”)，见《技术时代之艺术》(*Die Künste im technischen Zeitalt*, Bayerische Akademie der schoenen Künste, München, 1956)，p.72。

在宗教内存在着艺术的形象性。如果艺术完全脱离了宗教，那么它自身的绝对性就受到威胁；反之，如果宗教完全脱离艺术，它将变得过于抽象而脱离现实。一种完全世俗化的艺术脱离了其存在，就会毁灭自己；一种完全没有图画的宗教也会失去在人们中的根基，并因此而消失。基督教有理由保持同艺术的有机统一，最初起源可追溯到基督教早期在罗马周围的地下墓穴。同时，人的完整性也同样反对排除所有图像的严肃论，以及陷于图像中的艺术至上主义。[①]

罗茨作为一名耶稣会士，还师从于海德格尔学习哲学，他尽力将当代哲学与康德的超验方法囊括于教会思想之中。为重新诠释阿奎那(Thomas von Aquin, 1224—1274)传统，他尝试引入海德格尔的观点。通过联接本体论的存在问题和存在哲学的人之本质问题，他希望借此给人们指出认识上帝以及认识自身的途径。另外，他还专门研究灵修与默祷。他将艺术与宗教的关系界定为绝对性与形象性的关系，并希望无论如何使之保存下来，正如基督教传统所传承的那样。

其次是宗教与艺术相脱离的事例。在文章《现代艺术理论的诠释视野》(“Interpretationsperspektiven moderner Kunsttheorie”)中，伊赛尔(Wolfgang Iser)提出了相反于罗茨主张的基督教与艺术“有机统一”(organische Einheit)的观点：艺术应从哲学的禁锢中释放出来，并应与宗教保持距离。随着“自主”(Autonomie)概念的出现，教会的所有法规应确认艺术品的独立性。“自主艺术”(autonome Kunst)的概念表明，传统美学的庞大体系对艺术作品的诠释似乎不再有意义。单个艺术品及其产生和联系应作为其关注的焦点：

因此，艺术理论根本不再谈论艺术，而是谈论结构、图解化、讯息、美学对象、诗韵新闻、美学的绘画联结等，并且，艺术理论把经形而上学而统一的现象艺术支解为可查明的不同部分组成的专业领域。[②]

---

① Johannes Baptist Lotz,《源于本题论差别的美学》(*Ästhetik aus der ontologischen Differenz*, München, 1984), p. 116.

② Wolfgang Iser, Dieter Henrich /Wolfgang,《现代艺术理论的诠释视野》(“Interpretationsperspektiven moderner Kunsttheorien”), 见《艺术理论》(*Theorien der Kunst*, Frankfurt/Main, 1984), p. 34.

结果,艺术的"意义"(Sinn)只能在事物本身即单个作品中,而非罗茨所谓具决定性的神学或哲学的统一性中去寻找和发现,如博伊斯(Josef Beuys,1921—1986)所强调的那样,"自主的艺术品必须出于本意设计出一种意境,给疑惑者指明方向"。[①]

可以确定的是,尽管罗茨的忠告还萦绕于耳际,但为了艺术自由之便,传统的艺术与宗教之间的联系消解了。艺术成为现代人反思的空间。但同样可以确定的是,天主教和新教按照他们的方式追随着艺术,并承认这种反思空间是他们作用的领域。

按照德国教会的理解,艺术与文化属于教会的核心职能。教会不仅管理着单个的纪念物如教堂、主教座堂,而且保护着一批可能受到威胁的文物遗产。因为,教会在一个具体的社会与历史环境中从事工作,他们也希望运用艺术为当代服务。另外,最晚在2001年9月11日(911)以来,其重要性程度在教会对文化事业的极大关注中显示出来:根据德国文化委员会(Deutschen Kulturrat)的报告,两大教会的文化支出每年达44亿欧元。相比各城市的35亿欧元、各州的34亿欧元和联邦的10亿欧元年度文化支出,两大教会是一股经济上重要,但很大程度上"无人知晓的文化政治力量"(unbekannte kulturpolitische Macht)。[②] 两大教会的目的在于加强人们关于自身文化根基的知识。神学美学应有助于强化感受力。因为,正如教会所认为的那样,对于重新译读上帝论、基督论和人类学的神学内容,艺术与文学十分重要。

超然于艺术之艺术

在基督教内,一切都表现为图画式行为(Bildakt):创世时上帝创造了自己的肖像,据此,整个基督教人类学就以这一个人的形象为中心。《新约》中,上帝自我启示的全部行为表现为一种图画式的创造行

① 见 Fanz Joseph van der Grinten / Friedelm Mennekes 编,《人的肖像与基督肖像:与一个当代艺术主题的论争》(Menschenbild-Christusbild. *Auseinandersetzung mit einem Thema der Gegenwartkunst*, Stuttgart, 1985),p. 112.

② 《天主教新闻》(*Katholische Nachrichten-Agentur*),2006年8月25日。

为。上帝通过降生成人表达了对人类的爱，从而使人们对现实有了新的理解。因此，上帝道成肉身绝不是一种语言或文字上的变化，而恰恰是化而为身和化为形像。"道成肉身"(Inkarnation)按字面翻译就是变成肉身，即基督教所认为的：上帝的话在基督内成为了血肉。此概念属于早期简明的表达方式，它以耶稣作为上帝对人类无限的恩典与无私的奉献为主题。[①]《约翰福音》准确表达了这种上帝的形象化："谁看见了我，就是看见了父"(14:9)。[②] 依据《新约》，上帝在耶稣基督内显示了自己临在于世界并掌控历史的形象。在《约翰福音》中，"信"优先于"看见"，即"看不见而信我的才是有福的"(20:29)，但在《保罗书信》中，末世之时这种优先性将必然被完全超越。在末世，将不再在书中读到(erlesen)上帝，而是面对面地看得到(erschaut)上帝。因此，基督教的开始与终结都是图画式的，是可以目睹的。历史地看，基督教几乎遗忘了这种特性，即从一个图画式的宗教转变成了文字性的宗教。

《旧约·出埃及记》(20:2—5)中提到：

> 上帝说……我是雅威，你的上帝，把你从埃及为奴之地引领出来的上帝。除了我你不可有别的神。不可为你创造仿佛天上、或地上、或地下水中之物的雕像。不可叩拜这些像，也不可敬奉。因为，我，上帝，是嫉邪的上帝……。

从这段话中可以获知，《圣经》中禁止图像首先是神学上对偶像的批评。拒绝偶像的目的只在于确定神性唯一，正如十诫开始所传授的那样。[③] 因此，应当禁止混淆"雅威"(Jahwes)与其他多神教的陌生神灵的名号。《圣经》禁止图像，不是普遍的禁止。正好相反，为了能够发现并认真严肃地对待禁止图像的原初意图，必须被带入图画之中。正如以色列所得到的启示，努力维护雅威名号的场所，恰恰处在有像与无像的分界线上。

我们从基督教的传统得知，没有直观是不行的。信仰必须进入血

---

① 其他可参阅：《约翰福音》(14:9)，《斐利伯书》(2:6—11)，《格林多前书》(1:15—20)。

② 《圣经》引文采用"思高本"，下同。

③ 比较：《申命记》(5:8)；《出埃及记》(20:4)。

肉、进入经验、进入感官世界。如果没有与感官的联结，那么信仰对于人而言只是外在的。拉纳(Karl Rahner，1904—1984)在《论艺术的神学》中谈道：

> 如果人们不在一开始就把神学同圣言神学(Worttheologie)等而同之，而是理解为人全部的自我表白……，那么在艺术中，宗教现象本身将是一个合适的神学要素。①

根据拉纳的观点，人的感知能力应具备两种要素：感官经验和精神上的抽象认识。两种形式在人身上构成一个统一体。每一种思想上的认识首先建立在直观的基础之上。因此，只有当基督徒的信仰“通过各种感官”(durch alle Tore seiner Sinnlichkeit)进入心中时，他才会真正醒悟过来。

“我们能看见什么?”“我们能在图画中完成什么?”之类的问题，并不逊色于康德的问题“我们从哪里来?”“我们能期望什么?”。图画被人类学当作一个决定性问题，它不仅触动了人类存在的根基，而且将在文化冲突时期具有现实意义。1919年，哈特罗布(G. F. Hartlaub)表述了艺术与宗教的新型关系。对他而言，这种关系不仅仅是艺术史上的一种现象，而且是整个精神世界中作为宗教史的一个新纪元的标志：“尼采与罗马相互和解了(Nietzsche und Romantik versöhnt)！如今，这种综合的最大可能性在欧洲精神界逐渐明朗化。”②

哈特罗布认为：19世纪的这种综合，即在席勒晚期思想之后，是一种基督异象(Christusvision)：

> 他对我们不仅是一位受难的基督，而且是一位荣耀的基督，狂热的基督，迪奥尼索斯—基督(Dionysoschristus)，他被撕碎之后，又再次复活起来……把基督当作佛教的禁欲者是没有意义的，这样的基督弃绝了世界，其本质却有影响的，是一个范例；把

---

① Karl Rahner,《论艺术的神学》(“Zur Theologie der Kunst”)，见《决断》(*Entschluss*, 1981)，p. 4—7.

② G. F. Hartlaub,《一次宗教艺术可能性的新尝试》(“Ein Versuch über die Moeglichkeit neuer religioeser Kunst”)，见《艺术与宗教》(*Kunst und Religion*, Leipzig, 1919)，p. 14.

> 他作为人们熟悉的扎拉图斯特拉(Zarathustra[译按:公元前6世纪古代波斯预言家及宗教家]),一个乐天派,也是毫无意义的。如果谁还没有理解,还存在第三种情况,不是在这两个极端之间,而是超越于此,就还没有经历耶稣基督激励人的本质。如果谁领悟了,就会很快认识到,基督站在我们前面,而非后面!①

哈特罗布不是神学家,而是一位具有基督教神学哲学倾向的艺术科学家。新教神学家和宗教哲学家(教义学家)蒂利希(Paul Tilch, 1886—1965)研究了他的著作,极大地推动了对艺术与宗教关系的思考。

一战后,哈特罗布进行了一年的艺术与宗教的研究,未曾预料,人类又将很快重新陷入暴行之中。与他自身的愿望相反,人类并没有通过艺术而找到一种新的通向世界性宗教的途径。以哈特罗布对基督的想象,他认为理解为"自主"(autonom)的艺术与被认为是生活全部的艺术之间有区别。穿过存在于两者之间的空隙,基督的想象必然引致世界的未来秩序问题。在此意义上,哈特罗布反驳了当时的唯物主义和唯理主义的文明观。他放弃了个别科学学科之间的区别,反而将艺术与宗教汇集到一点,对于人的存在而言具有决定性的全部内容,就集中在这一点上。

在此背景下将不难理解,库默(Otto Kümmel, 1874—1952)为何要以普遍主义精神,把东亚艺术描述为"精神上对欧洲的最新占领"(die jüngste geistige Eroberung Europas),并且抛开艺术科学问题,从狭义方面推介东亚艺术。库默是德国20世纪初东亚艺术的伟大的中介人,谈到了东亚作品的"内在价值"(inneren Wert)。这些作品的目标是"直观表达伟大的精神力量"(anschauliche Darstellung der grossen geistigen Mächte)。他在此强调,"没有一个东亚人"(kein Ostasiate)会梦想:

> 自由艺术的奇特理想,这种理想在欧洲似乎预示着,艺术为

① G. F. Hartlaub,《一次宗教艺术可能性的新尝试》("Ein Versuch über die Moeglichkeit neuer religioeser Kunst"),见《艺术与宗教》(*Kunst und Religion*, Leipzig, 1919),p. 17.

艺术的缘故,从科学的链条上获得解放。

对于艺术的不甚健全的高估,这种确切的迹象,对于我们本来并不意味着什么,但对于东亚人而言,却是完全陌生的:使所有西方语言显得逊色的语汇丰富的东方语言,竟没有一个词适合于认识这个概念,即使现代日本对英美美术作品的仿制达到了惟妙惟肖的地步。正如其所应得的那样,艺术在此一直是自觉的奴婢,是伟大的精神力量即宗教的婢女。艺术作为 *ancilla theologiae*(婢女)的真诚侍奉,远比科学的拘谨更为有益。①

只有在作为接受者的文化中具备合适的条件时,陌生文化传统才能发挥影响作用。从库默的引言中可以看出,这种接受性表现在两个方面:

第一,艺术的概念超然于在西方意义上“美的艺术”(Schönen Künste)的艺术;

第二,“艺术是神学的一个 *ancilla theologiae*(婢女)”,这种艺术与宗教的关系意味着艺术不是自主的。

按照上述观点,艺术基于一种立场,这种立场具有精神上的自然特性与接受性。艺术家其实并不是真正的“艺术家”(Künstler),而是一位圣者,他在与其所处秩序的和谐中创作自己的作品。据此,库默认为,东亚艺术的伟大基于这样的事实:它们的内容总是和谐的,而非仅仅是“自由的”。它们不是建立在一种个人经验基础上,而显然是广泛的和谐秩序的一个部分。由此得出,艺术是一个人人都能达到的、潜在的经验场所,就像在其他宗教场合的情况一样。

在学者与艺术收藏家哥罗瑟(Ernst Grosse, 1862—1927)的著作《东亚的水墨画》(*Die ostasiatische Tuschenmalerrei*)中,可找到其他解释。他在世时与库默交往密切。他从水墨画出发,承认艺术中的一种“超个人、超个性”(überpersönliche, überindividuelle)的视角,他把这种视角与神秘主义个人相联系。一种新的艺术概念以此方式诞生了,它不仅与宗教紧密联系,且出自“纯粹精神”(rein Geistigen),并代表一种非模仿的表现方式。在这种相互关系中,所强调的是艺术家的个性,即一个圣者显而易见的特性。

① Otto Kümmel,《东亚艺术》(*Die Kunst Ostasiens*, 2. Auflage, Berlin, 1922), p. 22.

哈特罗布、库默和哥罗瑟等名家深为关注的是，以负责任的方式，在“时间标志”(Zeichen der Zeit)前，从内部澄清和分辩图画的奥秘。他们虽然并非神学家，而是博物馆专业人员和艺术鉴赏家，但他们打开了艺术的神学视野，在20世纪，这种视野对艺术是重要的。正是鉴于现代艺术的创造性财富，即哈特罗布、库默和哥罗瑟在世界艺术中所看到的内容，拉纳所谓“运用所有感官”(Anwendung aller Sinne)非常重要。它使人们获得了一种专注的、精神与灵性上的丰富经验，这种经验表明，在涉及到已成问题的艺术、美学和宗教的关系时，艺术上的看见与神学上的思考具有一种明确的关联，这种关联超越了与教会的确定联系，却“深刻而又内在地理解”(tief innerlich zu erfassen)并“充分地享有”(auszukosten)(拉纳语)与教会的关系。

神学美学：巴尔塔萨的观点和神学美学的历史及新柏拉图主义神学

美学包括两个方面：一方面指感觉与经验的理论，另一方面是艺术的理论。康德早已强调了美学的这种双重特性。

第一，他认为美学首先是“关于所有先验感性原理的科学”(Wissenschaft von allen Prinzipien der Sinnlichkeit a priori)，即感性论(Wahrnehmungslehre)(《纯粹理性批判》A21/B35)；

第二，艺术是主观的审美观，即作为美的艺术理论(Kunstheorie des Schönen)：“鉴赏判断不是知识判断，因而也就不是逻辑判断，而是审美判断。所以，我们说审美的规定根据只能是主观的，而不可能是别的。”(《判断力批判》,115)

对于艺术与哲学以及艺术与神学的关系而言，重要的是，艺术对于哲学或神学的意义永远保持开放。哲学和神学应该解释蕴涵在艺术作品中的谜团。根据哲学家、社会学家、音乐理论家、作曲家阿多尔诺(Theodo W. Adorno, 1903—1969)的解释，艺术是曾“继承了魔法与祭拜的一种现象”(Phänomen im Erbe von Magie und Kult)，现在却与之断绝了关系。它是失去了往日的魔力和崇拜功能之后的存留现象。

> 它的目的(吊诡地说,它原初的合理性)有损于它本身,并将其自身变为一种要素,因此,她变得神秘难解……这种神秘性激发艺术,表达内在特性,通过塑造无意义的事物而获得意义。就此而言,艺术作品的神秘特性并不是其终点,相反,每一件真实的艺术品都为难解的谜底提供了答案。①

哲学和神学的反思适合于解答与诠释艺术作品的这种(严格来说不可解的)谜底,仅此即可证明美学的合法性。②

巴尔塔萨的主要观点

在此背景下,艺术作品之谜对神学美学提出了一个特殊的挑战,因为神学美学以信仰一位隐匿的上帝为基础。巴尔塔萨(Hans von Balthasar, 1905—1988)的天主教神学接受了这个挑战。巴尔塔萨依靠新柏拉图主义传统,在天主教领域提出了唯一严肃的神学美学的总体方案。

巴尔塔萨的神学美学纲领包括:

第一,上帝在爱中为人类启示了关于上帝形象的感性学说(基础神学的观照论[fundamentaltheologische Erblickungslehre]);

第二,关于上帝的神性道成肉身和人超升并参与其中学说(教义学的神秘论[dogmatische Entrückungslehre])。

以其内容和方法上严格的超验倾向,神学美学应当表明,福音中的上帝是生活和认识的绝对焦点。存在者的超验确定性,即真、善、美,为诠释提供了框架。上帝自我宣示的恩典显示了这种超验确定性,并在完全自由中超越了这种确定性。在此,美以不容拒绝的特性显露出来,并表现为形象(integritas, proportio)与光辉(claritas, splendor)。据此,世界之美只是上帝之美的一种影射。为此,在巴特(Karl Barth, 1886—1968)之后,巴尔塔萨运用源自《圣经》的神圣性概念,以爱的事件描述了神性存在的光辉。因为,福音在耶稣基督内不仅展现了完美的、并未在死亡中消失、反而走向上帝的复活的爱之

---

① Theodeor W. Adono,《艺术理论》(*Ästhetik Theorie*, G. Adorno/R. Tiedemann, Frankfurt/Main, 7. Auflage, 1985), p. 192.

② 同上, p. 193.

形象，而且也开启了所有人和解的希望。在巴尔塔萨看来，基督教终究将成为“完全审美的宗教”(zur schlechthin ästhetischen Religion überhaupt)。作为一种“运用真正的神学方法，源于启示信息本身的美的学说”，神学美学使人们有可能按照上帝的神性来认识上帝，虔诚地向上帝祈祷，并以基督教的喜乐，抵制启蒙运动的怀疑精神。

由巴尔塔萨所推进的关于神圣性的神学，引发了现代艺术和美学处境中对神学美学的一种重新定位。神学美学的重新定位，也使探讨新柏拉图主义传统成为必要，巴尔塔萨的思想就根源于此。下面简要回顾神学美学以及新柏拉图主义的历史。

神学美学的历史回顾

在基督教神学史上，关于美的追问相对较晚。基督教思想家的首要研究对象，并不是美的理论、艺术理论以及其与基督信仰的关系。直到当代，他们的兴趣之大要在于探讨上帝的存在、言论与行为的理论，探讨救赎历史的人物、事件和手段，探讨借助美的范畴在体验和成就上帝恩典时“人的”主观回应过程。上帝道成肉身的福音，即神性的放弃(Kenosis)是神学美学最初的本质性重点。

基督徒对上帝的经验源自认识上帝临在于耶稣基督和耶稣基督的历史。根据《圣经》中《保罗书信》的《菲力伯书》(2:5—11)对基督的赞颂，这种认识被理解为上帝因拯救背弃上帝的人类之故而放弃神性。这段赞美诗的第一部分所描述的基督的历史，始于天上的上帝之子的“上帝形象”(göttliche Gestalt)，终于各各他十字架上的“奴仆形象”(Knechtsgestalt)。基督降生成人是对上帝形象的“自我放弃”(Selbstentäusserung)，从而“自我降卑”(Selbsterniedrigung)。上帝之子成为人，成为有死的，使世界与上帝重归于和谐。许多基督教神学家，基于上帝亲自参与到有限的、脆弱的造物之中的事实，重新定义美。作为上帝奥秘空间的不信神的世界，激发基督教思想家，在耶稣被钉十字架与其荣耀升天的张力中，重新权衡基本概念。因此，希腊的美的概念被批判地吸收，美被认为是只有福音中的上帝才具备的特征，并且有意疏远艺术与符号世界以及源自于异教传统的美。面对宗教行为，始终可以感受到美的矛盾性。同样，在整个基督教思想传统中，沿着美学之路来亲近上帝的可能性也遭到严厉评判。

但是也应该提及，与基督教神正论(Theodizee)具有内在关联的美学观点由来已久。神正论也叫“为上帝辩护”(Rechtfertigung Gottes),其主旨是:上帝不仅是美的,而且上帝的思想和行为均遵循美的原则,美的原则为世界上所有的消极事物,甚至为地狱辩护。神正论概念出自哲学家莱布尼兹(Gottfried Wilhelm Leibnitz, 1646—1716),1710年,他在其《神正论》(Essais de Theódicée sur la bonté de Dieu, la liberté de l'homme et l'origine du mal)中试图证明,这个世界应该是所有可能出现的世界中最美好的。因此,他认为世界上存在丑恶并不与上帝之良善相矛盾。

同样,在神学美学的历史上,经院哲学的贡献也是不能抹杀的。经院哲学是中世纪的基督教哲学。它产生于修院学校教士们的传授与教育。此后,神学美学不再是无前提条件的研究。确切而言,经验哲学的任务在于从理性上论证信仰的真理,并因此使之能够理解。经院哲学曾是“婢女”(ancilla theologiae),即一位“神学的婢女”(Magd der Theologie),我们已经从库默谈论的东亚艺术中听到过此说法。经院哲学可分为三个阶段:

第一,11—12世纪早期经院哲学,以安瑟尔谟(Anselm von Canterbury, 1033—1109)和阿伯拉尔(Abealaed, 1079—1142)为代表;

第二,13世纪鼎盛经院哲学,以大阿尔伯特(Albertus Magnus,约1200—1280)和阿奎那(Thomas von Aquin, 1224—1274)为代表;

第三,14—15世纪晚期的经院哲学,以方济会修士为代表。

在经院哲学鼎盛时期,综合性大学的出现替代了修道院学校和神学院。大学成为哲学和其他学科研究的主要场所。通过反思美的作用特征和感觉特征,更好地从概念上理解美学,经院哲学对此作出了很大贡献。

在神学美学的历史上,库萨的尼古拉(Nicolaus von Kues, 1401—1464)作为一名中世纪末期最著名的哲学家和神学家,具有特殊的地位。枢机主教、教会改革者以及学者的思想,都受到这位德国神秘主义者的影响。艾克哈特大师(Meister Eckart, 1260—1328)对他而言尤为重要,艾克哈特的影响因教宗的一次谴责而局限于神学内部。在他的三卷《论有学识的无知》(De Docta ignorantia)中,库萨的尼古拉展开了一系列思辩性的论述。在此著作中,他尝试按照对立面的统一(coincidentia oppositorum),即以有学识的无知来理解绝对至大(das absolut Größte)。库萨的尼古拉视宇宙为上帝三位一体的肖像，并因此得出关于世界无限的广泛深远之结论。他期望在更高层面上使对立面和解：他在 complicatio（叠合）中，即在所有对立面无止境的综合中，看见了上帝的本质，并将世界视为 explicatio（表现），即上帝的展开。

在数学思考中，库萨的尼古拉试图反复通过几何图形和美学模拟使无限的思想直观化。眼睛的看见等同于精神的看见时，一种镜中美学（Spiegel-Ästhetik）之基础得以形成，按照镜中美学，通过美学象征意义的想象力，看不见的神性应该能够被感受到。

中世纪末以来，神学美学的发展可大致分为以下三个阶段：

一、经院神学对于美学问题的兴趣减弱了，美学问题主要由艺术家及作家来研究；

二、18 世纪出现了作为科学学科的美学，挑战带有形而上学与宗教要求的艺术行为，并尖锐地提出美学与神学的关系问题。在哲学美学领域，鲍姆伽通（A. G. Baumgarten，1714—1762）主编的《美学》（*Ästhetica*）高度评价了感性的地位，在《美学》第 14 章，鲍姆伽通谈到“感性认识本身的完美性”（Vollkommenheit der sinnlichen Erkenntnis als solcher）。

三、正如前面已经确定的，巴尔塔萨的著作复苏了新柏拉图主义美学的重要意义。

新柏拉图主义美学和上帝的普遍神圣性

普罗提诺（Plotin，205—270）对整个西方哲学和美学的普遍影响，以及对神学美学的特殊影响强大而持久。巴尔塔萨通过再次总结梳理希腊文化遗产，肯定了普罗提诺对基督教思想的至深影响：存在即是美，因为存在彰显了神性。以下几点表明普罗提诺在美学方面的思想：

第一，普罗提诺创立了不同于柏拉图的艺术哲学。他认为真正的艺术并不在于模仿自然界的事物，其实艺术家比自然更为重要，他能够直观本质，即事物的理念。因此，美在艺术家精神上的体验高于在艺术作品中。艺术家在其创作中仿效神性精神，即自我体验并创造了自然的神性精神。正如绝对精神中的理念，艺术作品中的理念仅仅可以在直观上经验得到。

第二，普罗提诺认为，美要求精神上的看见，因为所有的美都连于理念，美应该首先从精神上领会。即使对感官可感觉的事物，美并不是作为外在于认知者的东西被关注。相反，在精神上深入看见时，观察者与事物的和谐得以恢复。美的根源将在与观察者类似的事物中被辨认出来。美不是产生于固定数字关系的比例，而是事物的形式、本质、理念的反映。对理念的追忆是爱美的基础，这种追忆突出了高级感官，眼睛与耳朵及其在精神上可感知的基础。

第三，美与灵魂有密切的联系，灵魂对于观看者而言构成了美的魅力。在精神体验中，认识的理想形式是一种主体与客体的合一。美的基础在属于灵魂的事物中得以领会。美的经验总是引导人们注意到自身的灵魂。

第四，普罗提诺一切思想的出发点和目标，在于与神性或一的统一，即 *Henosis*（合一）。在努力追求上升，且与一达到神秘合一（unio mystica）过程中，意味着尽可能同一的对立面，即同物质相分离。存在物的物质性程度越深，就越少有光穿透物质并使之有生气。未成型的东西与丑陋的东西具有同样重要的意义。普罗提诺虽然认为所有东西都是美的，但美必须分等级，因为美是依据"统一性"（Einheitlichkeit）来衡量的。灵魂相比活着的器官，具有更大程度的统一性，因此灵魂的美也更大。作为纯粹存在的永恒统一理念适合于更高的美，这种存在如果没有美是难以想象的。

第五，绝对、一，突出了美之超越性，"超美之美"（Schönheit über Schönheit hinaus）①。

第六，按照新柏拉图主义的观点，美总是处于表现与自我显示之中。因此，正如后来巴尔塔萨所谈到的，普罗提诺论及构成美的魅力的"荣光"（Glanz）。这种魅力不仅基于一种外表可感事物的感性魅力，更重要的是，在"荣光"（Glanz）中，美彰显了其光源，即"一"（Einen）。光续传于理性（nous），因此，普罗提诺在另一处说，荣光应在理性（nous）之中，而理性（nous）则应充满荣光。②

普罗提诺对于后世精神界的伟大意义，还可在新柏拉图主义者费奇诺（Marsilio Ficino，1433—1499）对柏拉图的《会饮》（Gastmahl）的

---

① 《九章集》（*Enneaden*）VI，7，33，20。

② 同上，VI，7，21，6。

注疏中看到。**费奇诺**认为,美是从实体中反射出来的上帝容貌之光谱。美不是实体性的,而是 spirituale Simulacrum(精神的肖像)。美最终来源于上帝,且把能够注视它的人重新引向上帝。在此,对为美所摄取的美的实体之爱转变了,美的实体超越了现世的利益,且死于自身,目的是在被爱者的观赏中经历其复苏。在文艺复兴与人文主义时期,**费奇诺**生活于佛罗仑萨。**费奇诺**对柏拉图的认识,在近代早期有很大影响,这些认识是在与普罗提诺辩论中所提出。

根据巴尔塔萨的观点,普罗提诺的哲学为基督教神学制订了框架,基督教神学可以在此框架之内填充自己的特殊内容。在普罗提诺的精神哲学中,古典希腊哲学应该说已经成为基督教思想及基督教自身美学的重要开路先锋。因为,如果没有古典时期对作为神性启示之存在美的领悟,早期的基督教神学既不能判断出《旧约》中上帝的神圣性及上帝受造物的荣光,也不能明辨《新约》中的基督(Kyrios)(上帝的标志,除了确切的《保罗书信》外,该称号也涉及耶稣对俗世的影响)之美。因此,巴尔塔萨认为,当今生活于整个世界世俗化时代(Entsakralisierung des Universums)的基督徒,通过学习和研究古典的、基督教以前的、基督教之外的智慧,能够而且应当"使自己成为受造物中上帝普遍神圣性的维护者"①。

结论:艺术与宗教、美学与神学

关于学院派神学对艺术与美学问题的研究,基督教神学家**施托克**(Axel Stock,1937—)的论断令人印象深刻。施托克在其著作中写道:

> 形象艺术问题,特别是现代主义的形象艺术问题,在学术上,是个别礼仪科学和实践神学趋向的神学家感兴趣的专业,出于对

---

① 引自《马可福音》结尾:"对于古代人而言所有世俗美是上帝神圣性的彰显。"巴尔塔萨关于基督教以前的异教对美感的早期论述,可以参考 Walter Kardinal Kaspar.《爱的逻辑与上帝的王权》("Logik der Liebe und Herrlichkeit Gottes"),见《巴尔塔萨言论集》(*Hans Urs von Balthasar im Gespräch*, Ostfildern, 2006),p. 44.

> 教会建设或对宗教教育的兴趣,他们热衷于研究这些问题……。这是一个典型的边缘领域,材料分散。相关文献非常宽泛,大部分文章散见于文化方面的杂志和展览目录中,全面的描述则很少。①

如果人们同意施托克的估测,实际情况对此也提供了所有机会,那么,研究艺术与神学的关系则被认为是一种艰难大胆的行为,史实的见证很难系统化。但是,正如前述引言所呈现的那样,神学美学的丰富遗产也同样存在。现在已到了重新发现并在当今关于下列问题的讨论中提出这些遗产的时候了,这些讨论不仅涉及关于当代教会组织中艺术的可能角色,而且也包括我们现代世俗化的社会中关于宗教艺术意义讨论。

直至当代,在艺术与宗教、美学与神学之间存在着很多共同点。它们并未彼此分开,因为人在艺术以及在宗教中,致力于研究自己、研究世界,并且同时经验到生活的深处蕴涵于一种奥秘之中。此外,所有事物的共性在于一方面趋于传统,另一方面又生活于觉醒的意愿之中。艺术与宗教以及美学与神学,一方同样乐于对另一方开放,并通过直观或沉思,作出合乎理性的解释。

一种最强烈、最具活力的内心经历,常伴随着艺术以及宗教经验。对于神学美学的每一种形式而言,在艺术和宗教经验中,保留经验与表达方式之间的张力十分重要。在此两者之间,世俗的表达方式如何正确评价超越于世俗的精神,最为根本。艺术家、预言家必须走出个体及私密的领域,并且善于表达自己的内心经验。如若真能如此,他们两者就可与其他人对话。因此,艺术家以及神职人员总是与其所处时代、所面对的文化相连接。对他们而言,时代与文化是思考、表达、形塑其经验的一种平台。

所有这一切的共性在于其根本的自然特性。基于此特性,艺术与宗教、神学与美学总是同样以一种自然的方式相联合。但值得思考的是,基督教的静观是关注耶稣基督。这种静观是基督教的神秘主义,

---

① Axel Stock,《神学艺术批评的历史—现代主义的地位》("Geschichte der theologischen Kunstwerk-Positionen der Moderne"),见《教堂与博物馆之间》(*Zwischen Tempel und Museum*, Paderborn, 1991),p. 13.

且最终与耶稣基督相联合，并因此使受难的神秘主义和荣耀的神秘主义合而为一。耶稣会士、“艺术家神父”（Kunstpfarrer）迈内克（Friedhelm Mennenkes，1940— ）提出，基督教的静观虽然可以带有“一些本质上世界性（世俗性）的特征”（als solche auch wesentlich welthafte Züge），但是他强调指出：

> 这种静观必须不断回到内心并具体化。对于基督教精神而言，基督最终是决定性的上帝之化身。相对于其他所有的神秘主义，保留该要素历来至关重要。①

我的结论是：艺术性的东西从未能完全界定宗教性的事物，因为二者运行的方向完全不同。图像从未等同于信仰信念：艺术与信仰只是拥有部分共同的领域，美学与神学亦是如此。但是二者却能在怀疑与信仰中达成。因此，一种启示宗教，如基督教，所能遇到的，无非是在令人厌倦的时代，爱欲（Eros）和艺术的力量揭示给我们的东西。

（作者单位：波恩大学）

① Friedhelm Mennekes，《艺术上对世界理解的静观形式》（“Kontemplative Formen künstlichen Weltverstehens”）见《艺术上的看见与精神》（*Künstlerisches Sehen und Spiritualitaet*，Zürich，1995），p. 77.

古典美学

美学思想的形成和早期希腊人的美[①]

高建平

内容提要 本文分三个部分，第一部分讲美与美感的起源。文章认为，美和美感的起源曾经历了三个阶段，即前人类的动物阶段，早期人类阶段（包括最早的打制石器，壁画和制陶，以及早期文明社会），以及美学思想萌芽阶段。第二部分讨论希腊神话和宗教中关于美的观念的演讲，重点评述从狄俄尼索斯崇拜到俄耳甫斯教对艺术和美的观念的深远影响。第三部分以毕达哥拉斯为中心，论述前苏格拉底时期希腊美学思想的形成。

关键词 动物美感 狄俄尼索斯崇拜 俄耳甫斯教 毕达哥拉斯

在讲述西方美学的历史时，人们早就形成了一个惯例。无论是西方人，还是中国人，都是从希腊人讲起。对此，我认为是有道理的。但是，我还是想回应这样的挑战：说说这么做的道理吧！的确，我们有很多问题还没有深入讨论，并且，没有讨论并非不可讨论。说一说美学史从希腊人讲起的理由，对此后的美学史的处理，也是有益的。

历史的叙述从来都是双向的：一方面，人们可以按照编年史的顺序，记录历史事实；但另一方面，所有被记录的事实又都是被选择出来的。面对浩如烟海的资料，讲史的人会作出不同的选择，而这些选择也各自有着自己的理由。也许，人们会说，作选择不等于有理论。人们可以是根据直觉作出选择，不一定有理论的自觉；但是，选择的标准

① 本文原系为一部通俗性的西方美学史所写的第一章。写完后才发现太专门了，未能领会出版社的要求。此稿在电脑里存了几年，最近调出来重读，发现毕竟当时写作时还是费了一些精力，其中也有不少我一直想说的观点。这些观点虽未能详细论证，但也有清晰的表达，故先发表出来以就教于读者。希望能在不久的将来，专门抽出时间，将其中的几个观点展开，分别作一些较为详细的论证。

背后，如果没有理论的话，也总是有某种准理论形态的思想存在，这可以是尚未成型的理论胚胎，也可以是既有理论留下的痕迹。个人的随意选择，如果没有某种道理支撑的话，不可能被广泛接受，只会被当作一家之见而被搁置。于是，人们一方面从古到今，按照时间的顺序来讲述历史，另一方面，这种讲述之中又不断渗透进后人对前代材料的理解。立于新的现实基础之上的新的思想观念，渗透到对过去历史的理解和叙述之中，与之合为一体。我将这种现象命名为历史叙述中的双向互动关系。文学史写作是如此，艺术史写作是如此，同样，美学史写作也是如此。审美与艺术实践的发展推动着理论的发展，而发展了的理论又反过来决定着历史叙述的风貌。

根据这个道理来对美和美学的历史作一个总体考察，我们可以说，这种双向互动在历史上是一个始终持续不断的过程。但是，这种过程又可以划分出一定的阶段性。从大的方面看，我想将这种发展划分为六个阶段：

第一、 美和对美的欣赏从无到有；

第二、 欣赏的精神性因素不断加强和人的有意识的艺术活动的出现；

第三、 人开始对美和艺术进行的反思，这种反思在今天被人们看成是“美学思想”，或美学的萌芽；

第四、 18 世纪中期，在欧洲出现了一门名称为“美学”的学科，这个学科从 19 世纪起被欧洲的几个大国接受并进一步发展，并逐渐扩展到更多的国家和地区；

第五、 20 世纪，大学美学学科的设立走向规范化，出现了国际性的美学组织，美学离开形而上学体系而成为相对独立的研究学科；

第六、 近几十年，美学开始面对一些后现代文化理论的挑战，从而在世纪之交出现美学转变的要求。

上面所说的这六条，或者说六个阶段，都可以被看成是与美和美学有关的历史的一些阶段性特征。

一、有关美和美学思想发展的前三个阶段

对于从 18 世纪起的现代美学问题，我将另外撰文进行探讨和描

述。在这里,我将对与美和美学思想起源有关的三个早期阶段作一简短的交待:

第一阶段是美和美感的出现。我们知道,有花木鱼虫、飞禽走兽之美,有山川云雾、电闪雷鸣、海阔天高、日月星辰之美。这些美过去被人们笼统地都划归一个大类,并将它们称为自然美,这是不对的。其实,这里至少可以区分为两类,即有生命世界的美和无生命世界的美。对于后者,即无生命的世界是如何成为美的,涉及到关于自然美的许多理论美学,被人们长久地讨论着,特别是当代环境美学,又将这个问题提到了一个新的层次。我们在以后将多次涉及到,这里只能说,无生命的世界的美,由于它们自身不能成为欣赏者,主要依赖于人而存在。关于前者,我想说,至少在生物界,部分植物界的美,特别是动物的美,可以从动物,而不只是从人这一方来找原因。它们的美可能并不依赖于人的欣赏而存在,更与人的创造无关。在这方面,达尔文做了很多的研究,近年来,这种研究更受到了一些当代美学家的重视。动物是否有美感?这是一个有趣的话题。比方说,花的美是如何形成的?孔雀为什么会长出美丽的尾巴?这些美本来就有它们自身的"欣赏者",而不能从人的角度看待这一切。正如达尔文所指出的,当我们从人的角度来解释动植物的美的时候,我们实际上就将上帝创造世界的思想带进了我们的思维模式之中。我们重视达尔文的"适者生存"的进化论,其实,达尔文还有一种"美者生殖"的思想,两种思想构成互补的关系。后面这一点长期被人们忽视。其实,随着当代美学思想的发展,启蒙所带来的人类中心主义逐渐显露出其局限性的时候,这种思想的重要性会越来越显露出来。近年来,一些关注人类学和在美学界持后现代立场的美学家们,开始重提动物美学问题。因此,这既是一个古老的话题,也是一个最新的研究课题。① 我们过去的各种相关的学科,都强调动物与人的截然不同的区别。尽管这一份傲

① 这种动物美感的思想需要进行专门的研究和论述,在当前这一对美的起源进行概述的语境中,无法给这方面的研究留出足够的篇幅。有关这方面的思想,请参见达尔文:《物种起源》,周建人、叶笃庄、方宗熙译,北京:商务印书馆 2002 年版,[英]达尔文:《人类的由来》,潘光旦、胡寿文译,北京:商务印书馆 1997 年版,[美]埃伦·迪萨纳亚克:《审美的人》,户晓辉译,北京:商务印书馆 2004 年版。[德]沃尔夫冈·韦尔施(Wolfgang Welsch)2004 年在巴西里约热内卢第 16 届国际美学大会上的演讲,题目就是《动物美学》(*Animal Aesthetics*)。文章载于美国长岛大学阿诺德·贝林特编的网上杂志《当代美学》,见 http://www.contempaesthetics.org/newvolume/pages/article.php?articleID=243

慢在科学界已经受到了以达尔文为代表的生物学家的致命的打击，在人文学界，人类中心主义仍根深蒂固。寻找人与动物的区别，从而说明人的本质，这是五百年来，甚至两千多年来哲学所关注的核心问题。这方面的研究当然是重要的。但是，这一倾向掩盖了另一个倾向，即对人与动物的相似性在哲学和美学上的研究。注意动物与人之间的连续性，关注动物所具有的，我们过去所没有发现的独具的智能和审美能力，将会给美学研究带来新的启发。

第二阶段，是对美的事物的创造。如果说，动物只是通过美的感受和选择，在一个漫长的物种进化过程中发展了自身的形态和活动的美的话，那么，人则通过自己的活动，更加自觉地创造出了美的事物。这又是一段漫长的历史。我们可以将最早的人的审美观念的历史，区分出这样三大阶梯：

第一个阶梯，可以从原始的猿人开始打制石器起。人类在打制最初的石斧的同时，培养了最初的形体感。石器当然是为着实用的目的而打制出来的。但是，随着石器打制技术的进化，原始人开始将石器打成一些整齐的形式，使它们符合某些几何图形，如方形、菱形、圆形，等等。在实用的基础上，有一些美的意味。当然，从旧石器时代的早期，直到旧石器时代中期，猿人的石器上所显示的美还是非常有限的，我们还没有找到这些猿人通过别的途径来展示美感能力的证据。从某种意义上说，一些动物的审美能力和水平要远远大于早期的猿人。其中的原因，很可能在于，在一些动物那里，例如鸟类，主要是依靠美的欣赏来进行性的选择。雄鸟向雌鸟展示美丽的羽毛和美妙的歌喉，从而获得交配的机会。而在另一些动物那里，特别从类人猿到猿人这些人类的始祖那里，主要依赖强力而不是美来进行性的选择。只是由于我们现在姑且接受生物学家们所假设的猿人处在生物进化的更高阶梯之上的观点，这些石器的审美可能性才值得我们在此一提。

第二个阶梯是在旧石器时代晚期和新石器时代。人们在欧洲法国南部和西班牙的北部发现了洞穴壁画。在中国北京房山周口店的山顶洞，人们发现一些装饰品。这些都是当时的人们为着美的目的来制作物品的确凿证据。当代，许多研究者也指出，当时的艺术品是为着一些原始信仰的目的而制作出来的。但是，既然原始人为着他们的崇拜对象制作精美的作品，就说明他们的审美能力已经得到了高度发展。一些研究者提出，这些藏在洞穴深处的壁画不是画给人看的，而是供神灵看的，以此证明他们不是为着美的目的而创作这些绘画。这种说法有一些道理，说明一种纯粹的审美目的在当时并不存在。但是，我们不应该忘记，将美丽的图像画给神灵看，正说明他们自己也喜欢看这些图像。这与人将自己喜欢吃的东西供奉给神灵是一个道理。在新石器时代，人们开始了陶器制作和对玉石的加工。陶器上的一些纹饰，说明当时的人有着高度发达的几何形体的感受力。从这些器皿的加工中，对形体、光泽、色彩的感受也得到发展和肯定。

从第一阶梯到第二个阶梯的发展，有着许多重大的区别。人类学家们研究发现，这些旧石器时代晚期的人类，与在此之前的猿人，有着根本的区别。这种区别之大，以至于人们有这样一种看法，即我们所看到的旧石器时代早期和中期的一些猿人，不是现代人的直系祖先。那些猿人早就灭绝了，不是真正意义上的人。只有旧石器时代晚期的那些能创造艺术品，具有审美能力的人，才是现代人的直系祖先。也许，我们被当作人所特有的标志，对人的生活起着巨大作用的复杂的语言系统，也是从这些从旧石器时代晚期出现的那些人那里起源的。然而，我对此仍然持怀疑的态度。很有可能，我们是通过对文明人的观察所形成的关于人的定义来为人猿划界，从而过度强调人猿的区分，而忽视人猿之间的连续性。

第三个阶梯，出现了早期文明社会。最早的文明可能是在美索不达米亚出现的。美索不达米亚(Mesopotamia)是希腊文，意思是两河之间，两河指幼发拉底河和底格里斯河，在这两河之间有一片肥沃土地，适宜于农业的发展。因此，中文根据这个词的意思，又将之直接称为两河流域。正是在这里，出现了最早文明的创建者——苏美尔人。两河流域是众多民族争霸的地区。在这个地区的南面，有闪米特人，北面有印欧人，而苏美尔人既不属于前者，也不属于后者。根据现存的苏美尔人史诗的分析，这一民族的语言可能与东方的语言有某种亲缘关系，因此他们可能是来自东方的移民。① 那么，在苏美尔人之前，是否有更早的文明？那些只能留给人们去想象和猜测了。也许将来的考古发现会证明更多的东西。但不管怎么说，是苏美尔人建立了最早的城市文明，他们先是建立了 12 个相互独立的城邦，后来，在阿卡

① ［美］斯塔夫里阿诺斯：《全球通史：1500 年以前的世界》，吴象婴、梁赤民译，上海：上海社会科学院出版社 1999 年版，第 119 页。

德帝国崩溃以后，又建立了统一的苏美尔人帝国和著名的乌尔城。苏美尔文明后，在两河流域，在埃及、克里特、印度河流域和中国的黄河流域，逐渐形成了众多的文明中心。人类学家、考古学家和历史学家们，对于文明一词有着众多的定义。从历史上看，城市的出现，法律制度和国家的政治权力，文字的使用，社会区分为阶级或等级，出现具有政治和宗教功能的巨大的建筑，以及出现专门的人从事各门艺术和工艺的工作，等等，是文明出现的特征。在这些古代文明之中，都有众多的文字记载的材料存世，都曾出现了从建筑到各种造型艺术作品。在这些艺术品中，显示出当时人的审美趣味和艺术的观念。

第三个阶段，美学思想的出现。有了文明，并不等于就有了美学思想。在一些早期文明中，有了建筑、雕塑，也有了音乐歌舞，但美学史并不一定要从这时开始写起。美学的思考，是指对美和艺术现象的反思，而这种反思的出现，与对自然和社会的各种现象的反思的出现一样，是历史发展到一定阶段，人类反思能力挣脱单纯信仰的结果。我们一般在习惯上从希腊文明开始讲述美学史，也许，这是一个可以讨论和质疑的做法。我想先说这么做的理由，再说这么做所面临的问题。

门罗·比厄斯利说到埃及人"将建筑师职业提高到一个很高的水平，但是，在成千上万的这些大师称赞自己和别人称赞这些大师的铭文中，所称赞的不是他们的作品之美，而是所使用的金属的力量与耐久性，或者丰富与奢华。"[①]既然埃及人创造了美的建筑，美的雕塑，以及其他各种我们今天能看到的和更多的我们今天不能看到的艺术品，也在以文字的形式对他们自己的作品进行评述，但是，这些评述之中，却很少使用具有美学意义的语言，这说明，美的自觉的形成要等待一个漫长的历史过程才能出现。

当然，埃及文化与希腊文化风貌的差别是巨大的。这种巨大，从我们看埃及雕塑与希腊雕塑的差别就可以看出来。但是，是否这种差别大到足以使我们断言：美学从希腊人开始！这还是一个有待讨论的问题。应该说，除了希腊人之外，美学思想在世界别的地方也或早或晚出现了萌芽。许多西方美学史类的著作只从希腊人谈起的做法，也会随着当代美学研究的发展，受到越来越多的质疑。埃及人的观点是

---

① 门罗·比厄斯利：《西方美学简史》，高建平译，北京大学出版社 2007 年版，第 2 页。

否有美学因素的问题，并不像一些美学史著作说的那样，已经一劳永逸地有了定论。美学史著作也很少提及两河流域的古代美学思想，只是在提到中世纪美学时，溯源到《圣经》一些词句中的美学涵义。然而，恰恰就从西方美学史著作中引述的《圣经》词句，可以看出，在《圣经·旧约》产生的时代，即一个丝毫也不晚于希腊文明的时代，在两河流域已经产生了一些重要的美学思想的萌芽。其他一些文明古国，如印度和中国这两个似乎更有沉思传统的民族，美学思想似乎要更发达一些。正如后来的欧洲文明是希腊传统和希伯莱传统汇合形成的一样，一部世界美学的历史应该是更多的各有着其自身源头的美学观念的汇合。

二、二元的希腊宗教和哲学

在目前通行的几本有影响的西方哲学史著作中，除了罗素的《西方哲学史》以外，都没有涉及到了一个问题，即希腊神话、宗教与哲学间的关系。理解希腊神话的性质，希腊宗教的状况，对于理解希腊哲学来说，实际上非常重要。对于理解希腊的美学来说，就更是如此。尼采曾联系希腊神话和宗教来谈希腊美学，提出酒神精神与日神精神的对立。长期以来，他的讲法被看成是另类，人们一般将他看成是在讲自己的美学而非讲希腊，采用的是一种中国人所说的"六经注我"的讲法。其实，如果我们能够对尼采的说法的主观性保持足够的警惕的话，是能够从中获得一些有益的启示的。

古代的希腊，并没有一个统一的国家。希腊人组成了众多的城邦，这些城邦互不隶属，各自独立地生存并决定自己的内部和外部的事务。这些城邦依据地理条件和生活方式大致分成三块，即北方从德尔斐直到马其顿的山区，西部的伯罗奔尼撒半岛上一片肥沃的平原，以及和爱琴海上的诸岛、东方的小亚细亚和西方今天意大利南部的一些地区。北方山里的希腊人靠狩猎为生。伯罗奔尼撒是一片农业区，但不是像中国、印度等大河文明那样形成农耕文化，而是以尚武的斯巴达人为中心，依赖奴隶劳动从事农业生产而建立的城邦。海上的希腊是一种商业文明，这些人依靠海上贸易，也包括海上的战争和掠夺为生。由于对希腊诸神的共同信仰，这些人结合在一起。从这个意义上讲,希腊人没有建立一个国家,而是建立了一种文化。希腊众神信仰的边界,也就是这种文化的边界。

早期希腊文明的这种多中心性质,也反过来造成了希腊信仰体系的多教派特点。不同地方的希腊人,信仰着大致相同的一些神。但是,他们对这些神的理解,信仰的方式和程度,都有着很大的不同。

赫西俄德的《神谱》讲了三世神王世系,即乌兰诺斯、克洛诺斯和宙斯。乌兰诺斯是天神,他与地神该亚结合,生出克洛诺斯和被称为提坦的一些大力士。克洛诺斯在该亚的帮助下,打败了乌兰诺斯,或者更具体的说,是使他去势,从而赢得了权力。最后,他自己的儿子宙斯取代了克洛诺斯,又赢得了与众提坦的战争,这就有了以宙斯为首的奥林帕斯山上的众神的统治。奥林帕斯山上众神主要由宙斯的子女们组成。其中影响力最大的三位神应是宙斯,他的女儿、智慧女神和女战神雅典娜,以及他的儿子、太阳神阿波罗。赫西俄德讲到过一个极其重要却带有相当多的负面因素的神,这就是夜神纽克斯。这位似乎是一个辈份很高的旁支神族的祖先。赫西俄德写到:"夜神纽克斯生了可恨的厄运之神、黑色的横死之神和死神,他还生下了睡神和梦呓神族。尽管没有和谁结婚,黑暗的夜神还生了诽谤之神、痛苦的悲哀之神和看管金苹果的赫斯佩里得斯姊妹。……黑夜还生有司掌命运和无情惩罚的三女神——克洛索、拉赫西斯和阿特洛泊斯。……可怕的夜神还生有折磨凡人的报应女神涅墨西斯,继之,生了欺骗女神、友爱女神、可恨的年龄女神和不饶人的不和女神。"①对于夜神纽克斯以及这位神的子女们,宙斯畏惧三分,无可奈何,但这些神的故事从来没有占据着中心位置。奥林帕斯山应是一个充满阳光的地方。黑暗仍存在,仍在发力,但却已经躲到了角落里了。当然,夜神也生有一些对人类有益的神,例如,赫西俄德就说过,有两位不和女神,一位是好的不和女神,另一位是给人类带来灾难的潘多拉。② 夜神所生的是好的不和女神,她促进人们相互竞争,从而勤劳致富;潘多拉反而是宙斯造出来的。

在别的神话线索中,故事的讲法完全不同。"在俄耳甫斯神谱叙事传统里,尤其流传最广的'二十四叙事圣辞'版本里,继时间之神与原初

---

① [古希腊]赫西俄德:《神谱》,引自《工作与时日·神谱》,张竹明、蒋平译,北京:商务印书馆2006年版,第33页。

② [古希腊]赫西俄德:《工作与时日》,引自《工作与时日·神谱》,第1—4页。

的卵之后，有着六代神王：法那斯—纽克斯—乌兰诺斯—克洛诺斯—宙斯—狄俄尼索斯。"[①]法那斯的意思是光。法那斯可被视为男性，或者雌雄同体，而纽克斯是女性，她与法那斯密不可分，最终接替法那斯成为一代神王。在《俄耳甫斯教祷歌》中，我们可读到对纽克斯这样的赞词："听我说吧，真福神女哦，你闪动夜芒，星光璨然，/ 你深沉的睡眠，宁静又温柔。/ 你爱守长夜，好心又可贵，梦呓之母哦！/ 你多么温和，舒解忧虑，缓减苦楚，/ 你散发睡眠，爱所有人，闪亮夜里的御者！/ 未完成的神，你属天，属地，/ 完满如环，你是追逐流浪空气的舞者，/ 你驱赶光明于地下，又重新逃到 / 哈德斯，因可畏的必然主宰万物！好心的女神哦，丰裕又迷人呀，请倾听我祈求的声音，并驱散那在夜中闪光的恐惧吧！"[②]与赫西俄德的《神谱》不同，夜神得到了高度的赞美。在这一神谱叙事系统中，三王的系列不变，前面加上了光明神法那斯和黑夜神纽克斯。值得注意的是，在三王之后，出现了狄俄尼索斯。宙斯的统治被预言要终结，而取代他的竟然是狄俄尼索斯。

图 1

读了荷马的两大史诗《伊利亚特》和《奥德赛》以后，我们对狄俄尼索斯的印象，不会很深。在那里，他没有多少故事。赫西俄德的《神谱》中，只有两处很简短地提到他。一处说，"卡德摩斯之女塞墨勒与宙斯恋受结合，生下一个出色的儿子，快乐的狄俄尼索斯。母亲是凡间妇女，儿子是神。现在两人同为神灵。"[③]另一处说，"金发的狄俄尼索斯娶弥诺斯之女、棕色头发的阿里阿德涅作他的妙龄妻子。克洛诺斯之子使她永生不老。"[④]（图 1：赫尔墨斯抱着小酒神的像，现藏于奥林匹亚考古博物馆）狄俄尼索斯是宙斯的小儿子，

① 吴雅凌编译《俄耳甫斯教辑语》，北京：华夏出版社 2006 年版，第 50 页。

② 吴雅凌编译《俄耳甫斯教辑语》，第 12 页。

③ 赫西俄德《神谱》，引自《工作与时日·神谱》，第 54 页。

④ 赫西俄德《神谱》，引自《工作与时日·神谱》，第 54 页。

在宙斯的其他一些子女做了那么多惊天动地事之时，他还是一个婴儿。不过，这是一个幸运的婴儿。照奥林帕斯教的信仰，凡间妇女与神结合所生的子女只能成为英雄而不能成为神。英雄只是杰出的人，或者是半神半人而已，他还会死亡。只有成了神才不会死亡。为了成为永生的神，另一个宙斯与凡人所生的英雄，大力士赫拉克勒斯历尽千辛万苦，完成了十二件武功，最终成了神。对狄俄尼索斯，宙斯竟如此偏爱，让他的母亲和妻子一下子就成了神灵。但是，这里没有任何迹象表明，这位神会取代宙斯。从破格提拔成为神到成为接班人，还有很长的路要走。在雅典人的信仰中，他似乎直到最终也没有获得这个地位。那本在中国流传甚广，19世纪德国人斯威布编的《希腊的神话和传说》中，狄俄尼索斯只是在与忒拜国王彭透斯的较量中显示了一下神力，与其他众多的神、英雄和人相比，他的地位并不高，占据份量也不重。①

狄俄尼索斯能不能取代宙斯？讲到这里，我们可以回顾一下28岁时的尼采所写的那本充满着年轻人幻想的著作《悲剧从音乐精神中诞生》。尼采将希腊神话中的种种复杂性，种种人格化的故事全部抽象掉，转化为两种精神，即阿波罗或日神与狄俄尼索斯或酒神的对立。日神代表着光明、外观、幻觉、梦境、造型艺术，以及对这一切的静观，而酒神代表着沉醉和内在生命的冲动。两种精神相互作用，特别是酒神精神受到日常精神的改造，出现了希腊悲剧。在尼采看来，酒神精神等同于一种生命力勃发的狂欢精神。这种精神在他所谓的“野蛮人”那里随处可见。这就是希腊以外的众多民族的狂欢习俗和传统。这种习俗和传统是由着一种强大的生命力所驱动。这种生命力在与日神，或以日神为代表的奥林帕林教相遇时，就被改造，进入了文明的希腊人生活之中，成为希腊精神的一部分，也成为希腊艺术精神的一部分。

狄俄尼索斯的故事，并不只是赫西俄德讲过。讲他的故事的人很多，版本也各不相同。据说，他经历了无数次的生和死。根据各种残存的、相互矛盾的文献，他至少出生过以下几次：他的第一次出生，是宙斯与他的女儿珀耳塞福涅乱伦而生的；第二次出身是宙斯与塞福勒生；第三次是宙斯从死去的塞福勒肚子里取出六个月胎儿狄俄尼索

---

① ［德］斯威布：《希腊的神话和传说》，楚图南译，北京：人民文学出版社1996年版。

斯，缝到自己的大腿内而生长出来；第四次是众提坦将狄俄尼索斯烧死，雅典娜将他的心脏抢救出来，宙斯根据心脏而使他复活；如此等等。甚至还有他是宙斯与瑞亚（宙斯的母亲）或德墨特尔（宙斯的姐姐）所生的说法。一个多次出生的神，必有他必然出生的理由。这个理由就是，他是一种独特精神的代表。狄俄尼索斯不一定还是那个狄俄尼索斯，但他仍是一个狄俄尼索斯。关于这种再生，有一种合理化或科学化的解释："宙斯（天空和雨水）使德墨特尔（大地）繁殖孕生了狄俄尼索斯（葡萄）。提坦们将他撕成碎片，如同农夫们采摘葡萄，撕碎压榨果实，经过蒸馏等工序等到美酒。大地则收拾葡萄残枝，使其每年都重新发芽结果，如狄俄尼索斯的再生。"[①]且姑妄听之吧。越是多次出生，就越表明，他代表的是一种现象，而不是一个像人被抛入世界一样被偶然出生的神。是不是由于他的多次再生，他就可以被看成是"众神中最后的王"呢？说到这里，阐释者常常就警觉起来，意识到自己该到此为止了。再说下去，就有将其他思想因素带进来之嫌。对于被基督教化的西方社会，复活意味着什么，是很清楚的。从狄俄尼索斯身上，无论如何也不应生长出那种复活的含义。

狄俄尼索斯代表着一种精神，阿波罗则代表着另一种精神。尼采将阿波罗说成是奥林帕斯山上的神主，是将他与宙斯、雅典娜，以及其他众神合一了。奥林帕斯山上的众神，俯瞰着大地，对人间万象持静观的态度。这种静观，是美的欣赏的一种形式。狄俄尼索斯的精神，后来也在发展。我想从尼采的抽象性所达到的高度往后退一步，部分地还原原初的记载。

罗素的《西方哲学史》一书中转引康福德《从宗教到哲学》一书中的观点，提出了狄俄尼索斯、俄耳甫斯、毕达哥拉斯的思想发展线索。认为俄耳甫斯教是狄俄尼索斯教的改良形式，而毕达哥拉斯教又是俄耳甫斯教的改良形式。[②] 英国学者简·艾伦·赫丽生则指出，狄俄尼索斯崇拜"如果不是受到另一种宗教——我们称之为俄耳甫斯教——的推动"，"也许就会停留在其原始的野蛮状态，因此也就不会对任何

---

① 吴雅凌编译《俄耳甫斯教辑语》，第 61 页。

② [英] 罗素：《西方哲学史》（上册），何光武、李约瑟译，北京：商务印书馆 2001 年版，第 43、58 页。

影响。”[①]这个线索说明了从宗教向哲学发展的观点，而这三者，恰恰能说明美学形成中关键的三大步。

我们上面已经谈了很多关于俄耳甫斯的神谱叙事，以及其中突出的对狄俄尼索斯的崇拜了。那么，俄耳甫斯是谁呢？据说他是众缪斯之一的歌手卡利俄佩和色雷斯河神俄阿格洛斯之子。这个名字的字源 orph－ 在古希腊文里也许与 orphnos（夜）、orphné（暗），或者 orphos（藏在石下的海鱼）有关。（图 2：希腊瓶画中的俄耳甫斯像）俄耳甫斯是一个竖琴手和歌手。他最著名的故事，是在他的妻子被蛇咬死后，入地狱找回他的妻子。凭借着琴声和歌声，他使地狱门口长着五十个头的看门狗昏昏入睡，又是凭借着哀婉的歌声，感动或征服了冥王，做了一件不可能做的事：答应放他的妻子。但是，冥王有一个条件，在回到地面之前，俄耳甫斯不可回头。就在回到地面，看到光亮的那一刻，他由于兴奋而忘记了诺言，回一下头。于是，跟在他身后，离地面还有一步之遥的妻子立刻重新死去，影子飘回了地狱。

图 2

他还和伊阿宋以及那位力大无比的赫拉克勒斯，后来成为特洛伊战争中最伟大的英雄阿喀琉斯的父亲珀琉斯，后来成为雅典国王的忒修斯等当时希腊最著名的英雄们一道，追随伊阿宋参加了为取得金羊毛而进行的著名的阿耳戈海上远征，这也许是后来为开拓东方而进行特洛伊战争的前奏。这些英雄们据说一路都在俄耳甫斯的歌声的激励下前进。特别具有象征意味的是，这一次他们经过可以致人死命的

① ［英］简·艾伦·赫丽生：《希腊宗教研究导论》，谢志坚译，桂林：广西师范大学出版社 2006 年版，第 7 页。

塞壬女妖的岛屿时，是依靠俄耳甫斯的神圣高昂的生的音乐，盖过了女妖们银子般甜美销魂的死亡音乐，众英雄才得以顺利返航。我们记得，特洛伊战争结束后返航的俄底修斯，靠的是用密蜡封住众水手的耳朵，而用绳子捆住他自己，才涉险过塞壬岛。只有俄耳甫斯才有本领正面挑战塞壬的歌声，用音乐战胜音乐。

希腊的神与英雄不同。神全知多能，而英雄的作为人的个性常常是模糊的，被突出的是才能和业绩。用今天的例子打个比喻，神相当于领袖，而英雄相当于专家或劳动模范。领袖的人格受到重视，而专家或劳动模范受到重视是因为他们会做什么或做了什么。英雄俄耳甫斯的特长就是音乐。从上面讲的这些故事，我们也许可以看出，俄耳甫斯是唱着夜曲的神或人，或者更恰切地说，是英雄，即半人半神。但是，他的夜曲不是今天的小夜曲，而是人生的大喜大悲。在这些夜曲中，赞颂着夜神纽克斯，讲述与奥林帕斯神话不同的故事。这些故事中有两条：一是记忆，二是走向生命。上面的两段故事，讲的都是音乐给人以生命，而第一段故事，则说到要记住诺言。于是，我们可以得出一个主题：活着，但是要记住。这并不说要依据理性而生活，而是说，在生命活动中，要信守承诺，压抑情感的冲动。

在初民社会中，音乐总是与宗教联系在一起的。以俄耳甫斯的名义，后来就在希腊广大的地区出现了一个影响巨大的俄耳甫斯教。俄耳甫斯教的教义，现在已经不很清楚了。我们只能知道，他们主张素食，不以带血的动物祭神，还相信灵魂的轮回。这些都与奥林帕斯教明显地区别了开来。在荷马史诗中，人们不仅用动物，甚至杀人以祭神。灵魂的轮回可以被理解成迷信，但也可以被看成是对生命的另一种理解，这在毕达哥拉斯那里得到了继承。俄耳甫斯教还有一个特点，这就是它不像奥林帕斯教那样强调神与人的界限，而是强调神与人的合一。如果说狄俄尼索斯说出与民同醉的思想的话，那么俄耳甫斯所强调的是与民同乐，神人共享最美的音乐。

理解了这个背景，我们对奥林帕斯神在当时的地位就有了更深的理解了。在希波战争以前，各种希腊的信仰并存，正像希腊众城邦各自独立，互不隶属，相互竞争一样。希波战争改变了这一切。在战争中，雅典起到了最重要的作用。战后的雅典，就取得了政治上的霸权和宗教与文化上的绝对优势。我们看雅典卫城上的帕台农神庙，可以这样理解：这座神庙在艺术上，代表着当时希腊艺术的顶峰，同时，它也是雅典文化地位和宗教地位的象征。奥林帕斯山上的众神，实际上不是住在奥林帕斯山上，而是住在帕台农神庙里的。雅典的神庙和神像，深刻地改变了希腊人的宗教观念。从这时起，多元的希腊宗教变成了二元：一元是奥林帕斯众神为代表，特别是以宙斯、雅典娜和阿波罗为代表，或者像尼采所说的，是日神精神；另一元是变成了民间宗教的狄俄尼索斯教和俄耳甫斯教。这后一个线索由于前者的胜利而无法得到完整的表述，只能变得支离破碎。但是，不能得到完整表述的信仰决不等于消失，尽管它们并不处在显赫的位置，却具有强大的力量。

三、希腊美学思想的形成

重新回到这个问题上来：为什么从希腊人开始叙述美学的历史？我想划一个标准：美学思想是对美和艺术的现象进行的反思。在希腊，这种反思出现了。这样，我们就不是无标准地硬说，只有希腊人才有美学思想。正如前面说过，在其他的民族和文化、文明之中是否有美学的问题，也可以提出来进行讨论。在那里，同样的标准也适用。

罗素在《西方哲学史》中说过这样一句话："每本哲学史教科书所提到的第一件事都是哲学始于泰勒斯，泰勒斯说成物是由水做成的。"[①]我们不必对这句话感到泄气，正是这句简单的话，指明了一个思路：要寻找万物背后的本源和本质。万物归于一，一生万物。这个"一"就是万物的"始基"。始基可以是水，也可以是气、火、土，或者不是这些有形的事物，而是某种看不见摸不着的东西。哲学家们可以围绕着始基是什么，开展认真的讨论。这些讨论可能是虚妄的，无意义的，也可能是真实的，具有现实指向性的。不管这种争论的结果是什么，或者什么都不是，重要的是，如果我们站到一个后来的人所可能有的更高的角度，就可以看出，这些争论代表了一个共同的思路：寻找我们所直接见到的事物背后的本质，从而寻找事物间的联系。这样，希腊哲学的基本思路就被泰勒斯确定了下来。关于泰勒斯，有很多的故事。这里讲两个：一个故事是柏拉图讲的："当他抬头观察星空时不小

---

① 罗素：《西方哲学史》(上册)，第49页。

心掉进了一个井里。一个聪明机智的色雷斯女仆路过。她说，他渴望知道天上的事情，以至于不能看到他身边脚下的东西。”柏拉图加上了一句，“这个嘲笑适用于所有的哲学家”。另一个故事是亚里士多德讲的。他说，据说泰勒斯根据自己的天文学知识预测到来年的夏天橄榄会有大丰收，就租下了当地所有的榨油机，到了收获季节，再抬高租金转租出去，赚了一大笔钱。[①] 我认为前一个故事更有深意。哲学正是从只顾望天而不注意脚下的人开始的。无用的哲学是否像庄子说的那样有大用，这很难说，最起码，我们需要一些人，他们不考虑实用而仰望星空。这是几千年哲学辉煌的原因，也许这也正是几千年的欧洲哲学中潜藏着的根本弊端。今天的人要改造哲学，很好，很重要，但这么做有一个前提，这就是先有需要被改造的哲学存在。一些人仰望星空，仰望得太久了，并且固执地认为，这才是哲学，于是需要重回大地，创立新的哲学。

如果说哲学从泰勒斯开始的话，美学则出现得还要晚一些。我们可以仿照罗素的句式来造一个句子：美学是从毕达哥拉斯开始的，他说万物统一于数。（图 3：毕达哥拉斯）

毕达哥拉斯（约公元前 570—公元前 497 年）是爱琴海中的一个叫萨摩斯的小岛上的人，年轻时游历过许多地方，去过埃及和克里特，后来到了今天意大利的代罗顿，在那里创立了一个教派或学派，据说学生有三百多人。正如前面所说，这个教派或学派与俄耳甫斯教派有着密切的关系。赫丽生将这个派别看成是俄耳甫斯教派内的一个小宗派。[②] 在他的学派中，有很多奇怪的规定，如不要用刀子拨火，不要使天平倾斜，不要坐在斗上，不要吃心等等。他说，“朋友之间一切都是共有的”，于是就要求门徒将所有财产都放在一起。他相信灵魂的轮回。这里有一篇色诺芬残篇（DK21B7）对毕达哥

图 3

① ［美］撒穆尔·伊诺克·斯通普夫、詹姆斯·菲泽：《西方哲学史》（第七版），邓晓芒等译，北京：中华书局 2005 年版，第 7 页。

② 赫丽生：《希腊宗教研究导论》，第 590—591 页。

拉斯的讽刺诗：

据说那天他过路，有条狗正在挨打，
他动了怜悯心，便开口这样说：
"住手吧，别打了，因为老实说吧，
这是我朋友的灵魂，听得出是他的声音。"[①]

在毕达哥拉斯之前，轮回思想在俄耳甫斯教那里就有，这可能最早来源于原始人类对可以离开身体的灵魂的信仰。由于人可以梦见自己去了很远的地方，可以与已经死去的人在梦里相会，因此，灵魂不死的观念，在民间信仰里常常见到。人会转世投胎，下一辈子你是当牛做马还是投身富贵人家，取决于你这一辈子的表现，这是古代中国人也有的民间信仰。可离的灵魂，轮回观念，进而就会产生灵魂不灭的信念。这些思想可能是从俄耳甫斯那里，以及他在游历时所接受的一些神秘教派那里继承而来。对于他来说，有价值的是他开始了对所接受一切的分析。毕达哥拉斯开始思考这样一个问题：灵魂是由什么组成的。这是希腊人才有的做法：

他把人的灵魂分为三个部分：表象、心灵和生气。动物有表象与生气，只有人有心灵。灵魂的位置是从心到脑。它在心里的部分是生气，心灵和表象是在脑子里面。各种感觉就是这两个部分的点滴。灵魂的理性部分是不死的，其余的部分则会死亡。……[②]

从这里可以看到，即使在讲灵魂这样一个具有高度神秘主义的问题时，毕达哥拉斯学派也力图将它理性化：既然说人有灵魂，那么，他在人的身体的哪个部位呢？这么问问题的人，他们的信仰中理性成分已经很浓了。

这种理性精神，引导他进入到哲学的思考之中。柏奈特《希腊早期哲学》一书中在总结毕达哥拉斯的伦理学时，曾这样说：

在现世生活里有三种人，正像到奥林匹克运动会上来的也有三种人一样。那些来作买卖的人都属于最低的一等，比他们高一等的是那些来竞赛的人。然而，最高的一种乃是那些只是来观看的人们。因此，一切中最伟大的净化便是无所为而为的科学，唯有献身于这种事

---

① 《古希腊抒情诗选》，北京：人民文学出版社 1998 年版，第 15 页。

② 第欧根尼·拉尔修，第八卷，第一章。转引自北京大学哲学系外国哲学史教研室编译《古希腊罗马哲学》，北京：商务印书馆 1961 年版，第 35—36 页。

业的人，亦即真正的哲学家，才真能使自己摆脱“生之巨轮”。[①]

对于我们来说，参与者总是要比观看者离奥林匹克理想更近一点。参与者是在以自己的活动，给我们树立榜样。一般希腊人也会这么看，在奥林匹克运动会上获奖的人，总是受到特别的尊敬。橄榄枝不会戴到观众头上，而只能戴在获奖的运动员头上。在现世生活中也是如此。在现实政治和经济生活中有巨大贡献的人，在科学技术方面获得巨大成就的人，当然应该享有崇高的社会地位，受到人们的赞赏。但是，希腊哲学家们却另有一种看法，这就是“观看”者更伟大。演戏的不如看戏的，做事的不如旁观的，这看来有点怪诞，不太公平，但希腊人有他们自己的道理。在希腊文中，“观看”与“理论”是同一个词，科学、哲学和美学都是从这里产生的。“观看”、“沉思”，从而形成“理论”才是更高一等的行为。这是一种对常识形成的秩序的倒转。倒转得也许没有道理，照这么说，干活的不是不如站在一旁说闲话的吗？但是，从另外一个角度看，正是对旁观者的肯定，使希腊人对一切都努力进行更深一个层次的思考。旁观者不计较得失，旁观者对一切都保持着距离，旁观者也就能想得更客观中立，更深邃奇特。在那个高古的时代，在毕达哥拉斯那儿就有了“生之巨轮”，要净化自己摆脱这种轮回的思想萌芽，这真是使人吃惊，看来不只是佛教和叔本华才有这种思想。退而旁观，成了以退为进。通过退，进入了一个新的境界。这是科学的境界，这也是哲学的境界，而所有这一切都无所为而为的。当然，美学就更是如此了。美学家不仅追求理论活动本身的无所为而为，而且他们中许多人想要论证，美学的研究对象即审美活动，也与无所为而为有关。

联系到前面所讲到的从狄俄尼索斯到俄耳甫斯再到毕达哥拉斯线索，我们会对尼采所讲的希腊人的酒神与野蛮人的酒神的区别有进一步的体会，日神精神改造酒神精神，从而使作为宙斯之子的狄俄尼索斯诞生，日神精神进一步发展，使俄耳甫斯教关于狄俄尼索斯成为新一代神王的预言破产，日神精神再进一步发展，使得毕达哥拉斯要退出“生之巨轮”而当一个沉思着的旁观者。尼采反美学，说美学只是旁观而不行动，如此看来，倒是被他说准了。毕达哥拉斯变成旁观者，于是美学诞生了。

---

① 柏奈特：《希腊早期哲学》，转引自罗素《西方哲学史》（上册），第59－60页。

毕达哥拉斯教派，与我们一般所理解的只关心伦理、行动，以达到人世拯救的宗教教派不同，他们竟然是一群潜心于数学研究的人。他们的文章，很少保存下来，我们只能依赖一些二手的材料了。让我们来摘引一段亚里士多德的话：

素以数学领先的所谓毕达哥拉斯学派不但促进了数学研究，而且是沉浸在数学之中的，他们认为“数”乃万物之原。在自然诸原理中第一是“数”理，他们见到许多事物的生成与存在，与其归之于火，或土或水，毋宁归之于数。数值之变可以成“道义”，可以成“魂魄”，可以成“理性”，可以成“机会”——相似的，万物皆可以数来说明。①

我们还知道，他们发明了“直角三角形斜边的平方等于其他二边的平方和”的定理，据说为此举行了一次百牢大祭。② 这个发明的确值得这样去庆祝。不过，能这样庆祝一项发明，也颇能说明，在这个学派内，如亚里士多德所说，有“沉浸在数学之中”的风气。毕达哥拉斯叙述过从数到几何再到物质世界的线索：

从完满的“一元”与不定的“二元”中产生出各种数目；从数目产生出点；从点产生出线；从线产生出平面；从平面产生出立体；从立体产生出感觉所及的一切物体，产生出四种元素：水、火、土、空气。这四种元素以各种不同的方式互相转化，于是创造出有生命的、精神的、球形的世界，以地为中心，地也是球形的，在地面上都住着人。③

本来，点线面只是对物体形状的抽象，从毕达哥拉斯开始，这些被抽象出的几何概念反过来成了万物的起源。将数看成是万物之源，从万物中寻求数的解释，这的确能够导致一种科学的世界观。直到今天，科学家们仍然将能实现对自然和宇宙，物理和心理，甚至经济和社会的规律的数学解释看成科学的最高境界。我们这里所关心的是，恰恰是：一种关于世界的美的数学观点是如何可能的？

毕达哥拉斯学派认为，世界是美的，美的原因，也在于数。毕达哥拉斯通过对绷紧的弦的长度与它们的振动所产生的音高间关系进行研究，发现了一些规律，例如 1∶2 是八度，2∶3 是五度，3∶4 是四度等等。这些原本来自经验的事实，被当作公理进行推广。例如，根据

---

① 亚里士多德：《形而上学》，985b，中译本引自吴寿彭译本，北京：商务印书馆 1983 年版，第 12 页。

② 第欧根尼·拉尔修，第八卷，第一章。转引自《古希腊罗马哲学》，第 33 页。

③ 同上，第 34 页。

当时所具有的地心说观点，所有的天体，包括日月星辰，都围绕着地球转。于是，他们作出推论，这些天体依照它们与地球的距离而发出一定的音调，就像弦的长度决定音调一样。这是一种我们平常听不到的星球的音调。于是，天籁不是风声、雨声等大自然发出的可听到的声音，而是我们听不到的，天体运行发出的，充盈着整个宇宙的和谐的声音。

这种关于声音和音乐的观念再推广到视觉领域，他们就得出结论，“一切立体图形中最美的是球形，一切平面图形中最美的是圆形”。[①] 这段话的重要意义，并不只是在于告诉我们哪种图形最美。我们应该这样去解读，美的图形要从几何图形中去找，就像美的声音符合数学的规律一样。这是西方形式主义美学之源。

那么，善、幸福、生活中美的好的，一切难道都与形式有关吗？这些与美的关系如何，与艺术如何结合？美在于数。形式似乎要与社会生活内容分离。对于毕达哥拉斯学派，这不构成反驳。他的理由很简单，万物统一于数。“美德乃是一种和谐，正如健康、全善和神一样。所以一切都是和谐的。友谊就是一种和谐的平等。”[②]他所谓的和谐，是由数所构成的和谐。美与善由于数而获得了统一。

除了毕达哥拉斯以外，其他一些人，也对希腊美学思想的起源作出过重要贡献。这方面重要的有赫拉克利特。赫拉克利特批评说，赫西俄德不知道白天和黑夜是一回事，这表明他试图说出诗人看不到的道理，某种事物表面上的不同背后的内在的同一性。赫拉克利特的更重要的意义在于，提出了一种不同于毕达哥拉斯的和谐观。毕达哥拉斯强调万物统一于数，相应地，他的和谐只是事物不同量之间的和谐。这后来构成了欧洲美学的大传统，即认为，事物间的不同，只是于量的不同而已。赫拉克利特也强调和谐。他说：“互相排斥的东西结合在一起，不同的音调造成最美的和谐；一切都是斗争所产生的。”[③]赫拉克利特所强调的是不同质的事物间的和谐。他的思想后来并没有成为欧洲美学的主流。欧洲美学的形式主义传统后来与理性主义和科学主义结合，选择了数的和谐的传统。赫拉克利特的思想虽然地位不那

① 第欧根尼·拉尔修，第八卷，第一章。转引自《古希腊罗马哲学》，第 36 页。

② 同上，第 36 页。

③ 同上，第 19 页。

么显赫,却始终作了一个隐性的传统存在着,在默默地生长。但是,他的思想所包括的深刻启示,被人们记住了。这种思想资料总会被人们利用,在后世作为开拓哲学和美学的新面貌的支点。

苏格拉底和柏拉图以前的希腊美学思想,并非只限于几个哲学家。在文学上,色诺芬尼就开始对荷马和赫西俄德作了道德主义的批评,指责他描绘了神的偷盗、通奸和欺骗行为。索福克勒斯写过《论合唱队》一书。一个被称为雅典的达芒的人,认为音乐的旋律和节奏能够模仿某种类型的性格和生活方式。这种思想注定要成为后世的音乐美学讨论的焦点问题。波利克里托斯写过《法则》一书,讨论雕塑中的比例,而帕拉修斯讨论过绘画。德谟克利特似乎写过很多的著作,讨论过从节奏到韵文,直到绘画等一切的对象,可惜他的著作都遗失了。

多中心的希腊文化,最后在雅典那里发展到了顶峰。多线索的希腊美学思想,最后也归结到几条最主要的线索。一部美学史就是这样开始的。

(作者单位:中国社会科学院文学研究所)

表象与实质

——荷马史诗里人物认知观的哲学暨美学解读(下)

陈中梅

内容提要 史诗人物以貌取人。评价人的优劣,外表是重要的参考。然而,他们也意识到外表并非必然是实质的真实写照。男人的美德首当其冲的是刚勇(alkē),是雄健、豪迈的英雄气质以及与之相关的作战效果。史诗人物的审美观注重表象,却也不受长相的局限,涉及评判的深层。除了外表和战力,英雄们可以引为自豪的还有心灵的活力,众多的"心"词中有 phrēn, noos 和 noēma 的思考能量。史诗人物对"心"和"思"的重视,为后世希腊哲学的产生和拓展奠定了坚实的基础。文学作品中蕴含着容易被后世哲学家们忽略的深邃哲智。人死后,精魂(psuchē)飘离躯体,鲜活的生命于是陨灭,不再通过轮回复生。荷马的心魂观在一些重要的方面与后世的奥耳甫斯以及柏拉图的灵魂学说迥然不同。在荷马和史诗人物看来,"本人"(autos)才是实体,而"影像"(edōlon)晦暗、虚缈,既不具备活人的健美,也因为失去了心智而不再拥有思力,通常无法进行体现睿智(而这也是一种美)的思考。战争不仅消灭人的肉体,而且夺杀年轻勇士的生命,终止他们的社会实践和价值追求,摧毁他们的本真。

关键词 美 外表 实质 心灵 心智 实体 虚影 "本人"

五、外表与心智

在史诗里,人的外表可在与实质形成对比(或可比)的层面上,接受两种搭配。首先，它可与勇气、战力(亦即人的实际能力、本领)配对，构成一种形式的表里关系。英雄要有俊美的外表，也要有与之相般配的豪勇和刚健。帕里斯长相俊美，但勇气不足，战力亦有所欠缺，因此内外失衡，表里不一，不是那种可以流芳后世的人中豪杰。[①] 雅典娜赞扬忒勒马科斯身材高大、俊美，希望他能勇敢些，有所作为，以便让后人传颂他的业绩。[②] 奈斯托耳未闻雅典娜的说词，却在普洛斯以同样的话鼓励到访的忒勒马科斯，[③]可见神和人在这一点上观点一致，所见略同。英雄是人中的俊杰，岂能无有俊美的外表？然而，仅有外在的英俊潇洒是不够的，有时甚至是不太重要的。人不能凭借好看的脸蛋克敌制胜，也不能仅凭身材的佳好而青史留名。建功立业要通过实际行动，要求史诗人物在战场和会场上展现杰卓，敢作敢为，敢于在关键的时候挺身而出，承担责任，不辱自己(有时也是"历史"赋与的)使命。

人的外表还可与心智配对，由此"面对"实质，构成另一种形式的表里搭配，成为其中的一个方面。在上文提及的第一种搭配里，我们突出了外表与勇气(或刚勇)的对比，在"实质"的内涵里强调了力(即勇力)的作用。现在，我们有意把外表与心智进行对比研究。在这里，外表的所指不变，但实质的所指却有所不同。所谓"心智"，望文生义，当指心的智能和思力，因此与人的思绪、思考、谋略和判断相关，突出了与勇力(或力量)相对应的智力。这样一来，心智不仅与外表组成了一个搭配，而且又可与勇力相比较，构组另一个可比的对子，在实质的内部(刚勇和心智都是人的有别于外表的实质)形成一个内在的搭配。我们不打算针对这一内在搭配进行讨论。有必要指出的是，根据上述划分，在外表与实质这个比较层面上，或者说得更准确一些，在外表与实质这两个比项里，外表的所指依旧，而实质的内涵却发生了改变。这与我们通常对事物的理解很不相同。人们习惯于以为外表易变，而实质则相对稳定。其实，只要把话说明白了，我们的划分不会引起误解。"实质"可以是一个应比的范畴，其中包含两项内容，分别与作为另一个应比范畴的表象形成对比。使我们感兴趣的，是上述提法可能

---

① 海伦对帕里斯的评价不高(《伊》6.349—356)。参考她的预测(6.357—358)。

② 《奥》1.301—302。参考忒勒马科斯对奥德修斯的坚定表示(16.309—310)。注意他提到了 emon thumon(我的豪情，16.309)。比较 24.511—512。他(们)的豪迈气概使老英雄莱耳忒斯欣喜不已(24.514—515)。

③ 《奥》3.199—200。

带给人们的某些启示。实质没有必要总是比外表更为“单一”。研究的需要(当然,这是实际需要的反映),有时可能会要求我们注重策略,把人们习以为常的理解颠倒过来,使外表不再显得繁复,而实质却反而要有所变动(或增项),以适应并检验理论的释力。

俊美的外表不能保证拥有者必有聪达、高尚或瑰美的心智,①而高贵的出身也不能保证使他说话办事不出差错,②总能受到人们的赞誉。牧猪人欧迈俄斯带着老乞丐(实为奥德修斯)抵达宫居,先后进入大厅。安提努斯责斥牧猪人不该把老头带入求婚人饕餮美食的厅堂,败坏他们的兴情。③ 欧迈俄斯据理反驳,认为安提努斯虽然出身高贵(esthlos),却说话不甚得体(ou men kala)。④ 他还批评安提努斯对仆人最为苛刻,⑤言下之意或许也在于影射对方的不体面做法不配称他的高贵身份。忒勒马科斯亦反感安提努斯驱赶生客的做法,催他济食老者,并针对他替主家节省食物的虚假好意,指出他的真实用心是只想“热衷于自个啖耗,不愿给予他人”。⑥

---

① 史诗里丑人罕见,客观上帮助诗人回避了诸如丑人是否可有佳好心智的问题(柏拉图曾为丑陋的事物是否应有“形”〈eidos〉的难题颇费了一番心思)。然而,对于英雄世界里的貌丑之人,诗人的描述似乎较少同情(比如,参阅《伊》2.211—277),从中我们或许能读出某种启示。不知荷马会如何评价貌丑却极具睿智的苏格拉底。苏格拉底的智慧不仅带动了西方世界的认知革命,而且也促使西方人更加看重人格的魅力。“苏格拉底现象”本身就标志着西方人认知观的进步——很难设想荷马会把丑八怪塞耳西忒斯刻画成史诗里的一个知识精英(或具备佳杰心智的英雄)。当然,荷马是知道不能把长相的俊美与心智的佳美混为一谈的。人不可能个个俊美。有的人长相平平,但能言善辩(《奥》8.169—170),足见他们的心智佳好(参考8.168),不失为受人敬重的人中豪杰(8.172—173)。诗人的这一观点应该引起我们的重视,尽管他在说这段话时,心中想到的不太可能是一般的平头百姓(但是,这种“不设想”本身也可以是意味深长的,它似乎告诉我们高贵者〈或英雄豪杰们〉也可以长相一般或稍显逊色〈akidnoteros〉,并不一定非得个个相貌堂堂,气宇轩昂)。

② 英雄社会所推崇的价值观不鼓励人们泯灭个性,办事缩手缩脚。这为英雄们展示自己的战力和才智创造了条件,但也会产生消极影响,培养人们追逐个人英雄主义的热情。英雄会犯错误,这似乎是“势在必行”和难以避免的事情。由于他们的高贵和桀骜不驯,加之神的令他们防不胜防的挑唆和捉弄,英雄(至少是他们中的绝大多数人)几乎是生来就不完美或不可能完美的,他们的英雄气概经常也是他们致错的原因。连足智多谋、办事相对谨慎的奥德修斯也会智者千虑,必有一失(《奥》9.491以下,另见9.224—228),遑论他人?

③ 《奥》17.375—377。

④ 《奥》17.381。安提努斯长相俊美,但说话却粗鄙无礼,正应了奥德修斯对欧鲁阿洛斯的批评(8.174—177)。欧鲁阿洛斯出言远不及安提努斯恶毒(比较8.159—164和17.375—379),且事后还作了诚恳的道歉(8.406—411),而安提努斯却变本加厉,在作恶的路上越走越远。

⑤ 《奥》17.388—389。

⑥ 《奥》17.400—404。

很明显，作为求婚人的首领，安提努斯不是真的为主家着想，否则他就不该长期赖在别人家里，白吃白喝。奥德修斯有意进一步试探，其时走上前去乞讨，称其为“朋友”(philon)，是阿开亚人中最高贵(或最棒、最出色)的(ōristos)一个，“像似国王”(basilēi eoikos)。[①] 安提努斯长相俊美，当不在话下。[②] 然而，俊美的外表没有使他拥有佳好的心智，不能善待生客。听过奥德修斯的话后，此人不仅不思收敛，反而变得更加猖狂。他对奥德修斯恶语相加，扬言要把他卖到“悲苦的埃及或塞浦路斯”[③]——换言之，不只是要把他赶离奥德修斯的房宫。一席话加深了奥德修斯对他的认识。此人不只是吝啬东西。他还吝啬已被据为己有的别人的东西，连一些求婚人已经施予的顺水人情都不肯给，可见他的心地的确狠酷至极。“哦，悲哀(popoi)，”奥德修斯叹道，“你的心智(phrenes)丁点不配你的美貌。”[④]错待生客，有违宙斯定导的习俗常规。安提努斯不会不知道宙斯的关切，但他却选择了不予理会。更有甚者，此君甚至还拿神开起了玩笑，谑称老者的到来可能体现神意：“是哪位神灵(tis daimōn)致送痛苦，糟践我们的宴餐？”[⑤]既然设想老者可能由某位神灵送来，那就应该热情招待，但安提努斯却反其道而行之，不仅不予招待，反而讥刺辱骂，压根儿没把宙斯监护的客谊(xeniē)当回事情。当然，安提努斯在此提及 tis daimōn 也许只是顺便开个玩笑，他还没有不虔诚到敢于故意亵渎神明的地步。但是，他的言行事实上严重背离了史诗社会推崇的行为规范，因此即便不是有意中伤神灵，他的神学观也已出现了严重的问题。奥德修斯称他的心智(phrenas)不配他的美貌，不算为过，尽管他的评价并不专门指对安提努斯在 17.446 里对 tis daimōn 的提及。

安提努斯出身高贵，长相英俊，奥德修斯称他像王者，其实他不是

---

① 《奥》17.416—417。奥德修斯发箭射杀“王者安提努斯”(24.179)。

② 《奥》24.107—108。

③ 《奥》17.448。参考并比较安提努斯对伊罗斯的威胁(18.84—87)。比较忒勒马科斯等人对墨朗西俄斯的残忍处置(22.474—477)。

④ 《奥》17.454。参考 8.175—177。

⑤ 《奥》17.446。比较牧猪人欧迈俄斯的说词：既然神灵(daimōn)把你送来(给我)，你就不要用谎话取悦(14.386—387)。欧迈俄斯盛情招待“老人”，不仅因为心地善良，而且还因为敬畏宙斯——客谊的监护之神(14.389)。相比之下，安提努斯缺少这样的神学境界(不是不知，而是明知故犯)。

像，而就是一位王者(basileus)。[①] 然而，他外表亮丽，却没有内秀，心智不美。心智不决定人的外表，却能定位人的品质，使其具备与心智相适应的人品。法伊阿基亚人的国王阿尔基努斯决定举办竞赛，带有进一步试探奥德修斯之意，其子劳达马斯认为，客人(即奥德修斯)的身材不像是个卑劣之人，全身上下有的是力气，意欲请他一试身手。[②] 欧鲁阿洛斯随声附和，劳达马斯于是敦请客人上场，后者表示身心疲惫，只想能早日回家。[③] 其时，欧鲁阿洛斯误以为对方胆怯，讥称他只是个捣鼓货物的商贩，不是擅长竞技体育的男子汉。[④] 一席话激恼了奥德修斯。对于史诗英雄，话锋犀利的激挑经常比和颜悦色的好言规劝更能达到预期的目的。奥德修斯恶狠狠地盯着他，[⑤]予以严厉的抨击：

你出言不逊，陌生人(xeine)，像个愚蠢的人丁。
所以，此事不假，神(theoi)不会把所有的佳好
统赐生民，无论是体型身材(phuēn)，心智(phrenas)，还是辩力(agorētun)。
有人，是的，长得相貌平平，
但神把佳句输入他的辞令，使那些
看视他的人见后欣喜，此人话对(agoreuei)他们，滔滔
不绝，和逊、甜美，在人群中烁闪光辉，
人们望着他行走城区，有如看视神明(theon hōs eisoroōsin)。[⑥]

---

① 除了奥德修斯以外，伊萨卡还有“别的阿开亚王者”(baisilēes Achaiōn eisi kai alloi，《奥》1.394)。没有迹象表明，这些 basilēes 都是奥德修斯家族的亲戚。

② 《奥》8.132—139。参考 18.217—219。

③ 《奥》8.140—157。关于奥德修斯亟盼回家的心情，另见 13.28—35。诗人用了一个多行次明喻(13.31—34)，以烘托他的归心似箭。

④ 《奥》8.158—164。比较劳达马斯的判断(8.134—136)。欧鲁阿洛斯的看法显然失之偏颇(但参考劳达马斯在 8.137—139 里所作的评价)。

⑤ 《奥》8.165。此乃程式化诗行(参考《伊》1.148)。比较阿伽门农凶狠的目光(1.104，同《奥》4.662)。

⑥ 《奥》8.166—173。参考并比较墨奈劳斯和奥德修斯的讲演风格(《伊》3.212—214、221—222；比较《奥》13.291—295)。参考奈斯托耳的讲演特色(《伊》1.249)。赫西俄德说到过缪斯(或“宙斯的女儿们”〈Dios kourai〉)对王者们的关爱，使他们在集会上说话得体，雄辩而不失优雅(比较《奥》8.175)，匡正人们的误解，赢得全体国民(laoi pantes)的尊敬(详阅《神谱》81 以下)。参阅 A. Hoekstra，“Hēsiod et la tradition orale”，*Mnemosyne* X (1957)，第 193—225 页。王后阿瑞忒心智聪颖，办事通情达理，善于调解纠纷，化解争端，得到国民的敬重，人们看她“如同仰视神明”(《奥》7.68—74)。能够得到国人如同敬神一般的看待，是为王之人所能得到的最高荣誉(参考《伊》9.154—156)。

对于史诗人物,奥德修斯表述的神不会让任何人完美无缺的观点,不是什么深奥的道理,而是一则受到普遍接受的老生常谈。阿开亚骁将狄俄墨得斯知晓这一点,①特洛伊智者普鲁达马斯也曾当着赫克托耳的面,发表过相似的见解。② 不过,说这番话时,不知奥德修斯是否把自己也计算在内,因为若就身材、心智和辩力(或雄辩)三个方面考量,此人全都堪属上乘。裴奈罗佩说过,他的夫君是人中的佼杰,在一切方面出类拔萃。③ 也许,奥德修斯说的是"极致",即凡人很难(或不可能)在上述三个方面达到极致的佳杰,实现三个"最好"。倘若如是解析,则奥德修斯的确也有稍稍不如人意之处,那就是虽说他的心智(和口才)最佳,无人可以企及,④但他的身材却不是那么高挑,至少不如阿伽门农伟岸。⑤ 此外,如果不受上述三个方面限制,他的杰卓也并非极致地无处不在。比如,他会当众承认,他的箭术不及战友菲洛克忒忒斯。⑥ 应该看到的是,奥德修斯远比《伊利亚特》里的普鲁达马斯更多地强调了神的作用。我们说凡人不太可能在上述三个方面好到登峰造极,这是一种"转义"理解;奥德修斯是把"神"(theoi)作为主语的,而在史诗人物看来,各种佳杰均是神给予凡人的美好赠礼。⑦

在和平时期,集会和赛场是人们争获光荣(kleos)的主要场所。从奥德修斯的遣词用句中可以看出,史诗人物非常重视人的口才,能在集会上雄辩滔滔的讲演者是人中的佼杰,受到国民极度的尊敬。优秀的讲演者即便相貌平平,算不上出众,但人们仰慕他的口才(当然,口才与心智的聪达相关),眼见他行走城区时,就像看视神明。会场不仅仅是议事的地方,出色的讲演给人美的享受,使人的精神和心情得到

---

① 参考《伊》9.37—39。比较奥德修斯的见解(19.216—219)。在奈斯托耳看来,狄俄墨得斯本人(尽管已很出色)亦需更多的历练(9.56)。

② 《伊》13.730—733。赫克托耳承认,普鲁达马斯明智的话语(muthos)使他欢欣(13.748)。但赫克托耳是个颇为自负的人。他对自己的战力和攻防能力甚是自信(7.237—241),至于口才,亦即用词遣句(epeessi)的本领则更是了得,"我甚至可与长生者们(athanatoisi)一比"(machoimēn〈直译作"战斗"〉,20.367)。公元前五世纪,muthos(即mythos)已含带某种贬义,指(虚构的)"故事"或"神话",所以人们在赫克托耳以该词指称对方所说话语的场合(13.748),会用 logos 取而代之。

③ 《奥》18.204—205。

④ 《奥》1.65—66。参考雅典娜的评价(13.291—299)。

⑤ 《伊》3.193。参考 3.166—170。

⑥ 《奥》8.219。

⑦ 《伊》3.64—66。

陶冶。我们刚刚摘引过的奥德修斯的讲话本身,便是一篇上乘的讲演,其间所列神赐的三种礼物中,phuē(体格)可作“外观”解,与可以笼统归为“内秀”的心智(phrenes)和辩才(agorētus)形成搭配。所以,三种礼物实际上可以大致归为两类,还是外表与实质的对比。生活中应该不乏相貌平平的一流讲演者,但奥德修斯没有举例说明。这是一种明智的省略,因为他有意着重强调的不是这一类讲演者,而是长相好看但实际上却“不中用”的另一类人。有了上述铺垫,作好了语义上的准备,奥德修斯顺理成章地调转话锋,由热情的赞扬转入严厉的批评:

> 另有人虽然长相(eidos)酷似神明(athanatoisin),
> 然而谈吐却无有典雅(charis)升提,
> 比如你,相貌(eidos)堂堂,出众,
> 连神明也无法修理,但你心智(noon)愚笨,不行。
> 现在,你已在我胸中激发怒气,
> 用你颠三倒四的言语(eipōn ou kata kosmon)。我并非新手,
> ……
> 你的话(muthos)刺痛我的心灵(thumodakēs),你的言论已把我挑激。①

在这里,奥德修斯用 eidos 取代了上文中的 phuē,表义上更趋明确。心智(noos)愚笨或钝拙的人不能理智而又合乎情理地思考,因此势必会导致思绪紊乱,说话粗俗,不顾分寸,让听者产生反感。欧鲁阿洛斯相貌堂堂,别人无法比及(oude ken allōs),连神(theos)也难以为之修缮增美。② 然而,他的心智(noos)愚钝,致使话语(muthos)尽失典雅

---

① 《奥》8.174—185。epōn ou kata kosmon 含“胡言乱语”、“讲话不合规矩”之意。讲话要 kata kosmon,是史诗人物认可,大概也为诗人生活年代的人们所熟知的一项基本的修辞(亦即说话)技巧。奥德修斯赞扬歌手德摩道科斯的唱诵逼真有序(kata kosmon, 8.489),仿佛他曾身临其境,或亲耳听过当事人的说讲(8.491)。集会上,塞耳西忒斯对王者和首领们常有不敬之词,诗人称他的心里(phresi)充斥着杂乱无章的词语(epea ... akosma,《伊》2.213),热衷于与王者们(basileusin)进行徒劳无益的争辩(2.214)。参考:ou men kala(“〈言词〉不美”,《奥》17.381)。

② 《奥》8.176—177。当然,这是一种略带夸张的说法。忒勒马科斯看来“像似神明”(2.5),但雅典娜还是给他锦上添花,抹上迷人的丰采(2.12)。细读 8.14 和 18—20。

(charis),杂乱无章(ou kata kosmon),与他的外表之美相去甚远。此人徒有神一样俊美的外表,却无有佳好的心智,导致说话水平低下,破坏了主客间友善相处的和谐氛围。很明显,奥德修斯在此突出了心智的作用,把它当作评判欧鲁阿洛斯人品价值的主要依据。此外,奥德修斯还悄然更换了上一节里突出强调的“神赐”主题,从而把欧鲁阿洛斯推到前台,无形中加重了他所应负的责任。法伊阿基亚人会不会像仰视神灵一样地看视欧鲁阿洛斯,从奥德修斯的抨击来看,答案是不言自明的。不仅如此,倘若奥德修斯的评价属实,我们甚至可以推断国人会以鄙视的目光看他,因为他在公众场合暴露了心智的拙劣,说话不合体统而蔑视他的人品。欧鲁阿洛斯是不是真的像奥德修斯所说的那样心智愚笨,是个可以商榷的问题。[①] 我们在此关心的,是奥德修斯对待 eidos 和 noos 的态度以及他的叙事方式。奥德修斯似乎有意告诉在场的法伊阿基亚人,评判一个人的杰出与否,不应凭借他的外表(eidos),而应通过透察他的心智。欧鲁阿洛斯的肤浅在于以貌取人,仅凭外表便断定客人“你不像是个竞技的人丁”。[②] 大概是针对他的错误评估,奥德修斯在回话时除了高谈阔论外,还体现了他一贯坚持的务实精神,适时点到了自己的竞技才能和拥有的力气。[③] 毕竟,进行体育比赛,参赛者所需要的主要是力气,而非心智的佳杰。

欧鲁阿洛斯不擅长由表及里,因此在看人时出现了偏差,受到奥德修斯切实有效的“教育”。相比之下,裴奈罗佩却像奥德修斯一样,不以貌取人,知道相貌是可变的,并且经常不以人的意志为转移。奥德修斯出征后,她思夫心切,经常嘤嘤哭泣,以泪水洗面,女管家欧鲁诺墨觉得此举有损她的容貌,而她自己则认为是“拥掌奥

① 欧鲁阿洛斯的话(《奥》8.159—169)有失精准,但思路并不紊乱。劳达马斯也提到奥德修斯其时欠佳的状态(8.137—139)。有趣的是,雅典娜刚刚给本来就“体型像似神明”(8.14)的奥德修斯作过美饰(8.18—20),但赛前的他居然还显露出疲惫之色(参考8.182—183),给人的感觉是女神的神功并非十分管用。这当然不是诗人愿意使人们产生的印象。难道是诗人忽略了叙事的前后兼顾?有可能。

② 《奥》8.164。但同样的外表却使劳达马斯作出了别样的判断(8.134)。所以,问题还是出在欧鲁阿洛斯的“立场”上。不过,外表可以使不同的人产生不同的感觉,作出不同或不尽相同的判断(柏拉图会赞同这样的观点),这一点颇值得我们重视。诗人没有就此进行哲学提炼,这固然是因为他尚不十分具备这样做的意识,但也可能与受诗歌叙事的文体囿限有关。参阅《伊》23.456—481。

③ 《奥》8.180—181。

林波斯的神明损毁了我的容颜”。[①] 以史诗人物的眼光看问题，二位的表述都有道理。裴奈罗佩的说法同样是“认真”的，因为在史诗社会里，神确实可以改变人的相貌，而无论人是否愿意。仅仅在几个行次之后，雅典娜便着手增美她的长相，以便让求婚人惊慕她的丰韵。[②] 人的长相可变，心智同理。大概是有感于“陌生人”在厅堂里受到求婚人的虐待，[③]裴奈罗佩责怪儿子忒勒马科斯没有尽到主人的义务维护客谊的尊严，[④]心生不满，出言呵斥，予以教训。由于不甚了解情况，加之对客人的同情深切，她的指责虽有一定的道理，但也多少有失公允。忒勒马科斯也一样关心“陌生人”，[⑤]而且早已知道此人就是自己的亲爹奥德修斯，只是心有余而力不足，不能予以过多的关照。此外，奥德修斯对他早已有过交待，叮嘱他在见到求婚人对自己非礼时，要暂且忍耐。[⑥] 不过，裴奈罗佩到底在多大程度上错怪了儿子，不是我们有意在此讨论的问题。我们感兴趣的，是她对忒勒马科斯的长相和心智的评论，是她就二者的不平衡发展所提出的观点。当求婚人因眼见她的闪亮出现而腿脚酥软，心魂迷荡时，[⑦]她却对忒勒马科斯提出了批评：

> 忒勒马科斯，你的心智(phrenes)和思绪(noēma)均已不再沉稳，
> 儿提时代的你呀(pais et' eōn)，心绪(eni phresi)比现在捷能。
> 如今你已长大，即将成人，
> 倘若有个外邦人见你，仅凭你的个头(megethos)和健美(kallos，κάλλos)，
> 会说你是富人的儿子，但

---

① 《奥》18.174、180—181。但裴奈罗佩从不说神伤损了他的心智(phrenes)。

② 《奥》18.190—196。

③ 《奥》17.499—504。

④ 《奥》18.220—225。参考18.166—167。

⑤ 《奥》20.128—130。裴奈罗佩与忒勒马科斯之间互有埋怨。忒勒马科斯对娘亲亦不无微词(20.131—133，1.346—347、356—359)。

⑥ 《奥》16.274—277。

⑦ 《奥》18.212。

你的心智(phrenes)和思绪(noēma)却不再如同以前一样平稳。[①]

求婚人性欲萌动,春情荡漾,问题出在 thumos(复数 thumoi)里。如果说 thumos 主情(或各种形式的激情),phrenes 和 noēma 却偏向于主思,意指人的心性与思绪。在裴奈罗佩看来,忒勒马科斯的问题出在心智和思绪里,不沉稳的思想(或思考)妨碍了他正当实践宙斯定导的客谊。在这段话里,我们不能忽略的要点有两个。首先,也是非常令人瞩目的,是裴奈罗佩对心智的强调。她在短短的六个诗行里多次提及心智,两次将 phrenes 和 noēma 连用,而 noēma 的所指虽说可以比 noos 具体,其展开却同样与心智的活力和活动有关,在一些上下文里甚至可以直接译作"心智"。"心"词如此高密度的出现,说明裴奈罗佩对心智及其思力的高度重视。不过,正如我们已经指出过的那样,[②]史诗人物对"思"的思考,经常通连实际,与实践的关系密切。一个慎思或善于思考(亦即心智佳好)的人会知道如何得体地行事,处理问题通情达理。裴奈罗佩两次责怪儿子的心智和思绪不如以前平稳,是出于他对客人保护不力的考虑。在荷马史诗里,"思"还没有脱离应用和道德评判的务实,即便是它的最精湛表述,也还没有达到高度抽象和为思而思(即所谓的 noēsis noēseōs)的境界。

细读这段话时,我们还应关注另一个要点,那就是裴奈罗佩关于相貌与心智关系的独到见解。她认为忒勒马科斯已经成人,有了儿提时代所不具备的高大(megethos)和年轻汉子的健美(kallos)。这一切,连同他的高贵气质,使得素不相识的外邦人会在初次见面后便看出他是一个不同于平头百姓的富家子弟。忒勒马科斯的外貌比以前更显俊美。然而,在裴奈罗佩看来,与之形成逆向比较的是,他的心智却不如儿提时代沉稳,思考问题的效能出现了倒退。[③] 随着年龄的增

---

① 《奥》18.215—220。细读忒勒马科斯的辩解。裴奈罗佩称他的心智不如儿提时代(pais〈孩子〉)平稳(18.215—216),但忒勒马科斯却自以为已能分辨善恶,而在此之前,"我只是一个小孩"(nēpios,18.229),言外之意似乎是,现时的他比从前有更多的"心知"(thumōi noeō,18.228)。年轻人或许是有意识地以此话来回驳母亲。在 17.46—47 里,他要求娘亲不要纷扰他"胸中的心灵"(ētor en stēthessin)。

② 参考本文第四节所引《奥》19.325—328 和对此所作的简要评析。

③ 短短的六个诗行里(《奥》18.215—220)裴奈罗佩两次提及儿子的 phrenes 和 noēma 不如从前,显然是有意强调。参考忒勒马科斯的坦陈(《奥》18.230)。在谋略和勇力二者中,年轻人更具自信的似乎还是后者(参考 23.123—128)。

长,人本该变得更加聪明和慎思起来,但裴奈罗佩心目中的忒勒马科斯却不是这样的,他的心智(phrenes)和思绪(或理解、见解)却反倒不如从前稳健。他的情况与墨奈劳斯的相关理解并不完全一致。墨奈劳斯认为,盟誓之事应由年长的普里阿摩斯,而不是他的儿子们亲临主持,因为"年轻人的心绪(phrenes)向来(aiei)漂浮",[①]办事难以信靠。忒勒马科斯的个例是,他在更年轻一些的时候心智和思绪是稳笃的,但随着年龄的增长反而变得不稳当起来。心智的发展不仅没有与身体(或外表)形成正向的同步,反而破坏了既有的和谐。不过,在"漂浮"(或浮躁)这一点上,忒勒马科斯的情况还是符合墨奈劳斯所说的"总是(aiei)定律"的,因为由相对的稳重变成相对的不稳重也是浮躁的一种体现,而忒勒马科斯毕竟还是个年轻人,正处于情绪和心智容易变动的成长期。

外表可以给人留下印象,但经常并不可靠,在有分辨必要的情况下不一定是识人(或识事)的主要依据。外表不必然旨在误导,却可以包含误导的可能。裴奈罗佩称外邦人会仅凭忒勒马科斯的长相而判断他是一个富人的儿子。从表面上来看,外邦人若真的作出这一判断,他算是"猜"对了,因为忒勒马科斯的确是一位富家子弟。然而,裴奈罗佩的意指(或她的原话的应释潜力)或许不仅限于此。外邦人只知忒勒马科斯的外表,却不识他的心智,因此他们其实并非真的了解忒勒马科斯其人,不知道他是一个徒有其表,但心智和思绪却有欠稳当的年轻人。外邦人不了解忒勒马科斯的实质。更有甚者,外邦人还可能被他俊美的外表所迷惑,误以为他也有与外表相配称的佳美心智,从而有失全面,过高估计他的人品。假如有谁真要认真评估忒勒马科斯其人,仅凭外表判断,他会出错。他必须与之交谈,观察他的言行举止,体察他的心智,把握他的思绪,然后作出准确和负责任的评估。所以,说到底,认识一个人要了解他的本质,剖析他的心智,探知他的沉稳程度。裴奈罗佩或许会在原则上赞同我们对她在《奥德赛》18.215—225里所说的这十一个诗行的解读。最早的哲学就在文学之中。只要稍加留意,我们便不难从这段话中读出这位古代女智者的哲学和美学造诣。看来,柏拉图只是赞慕荷马的诗才并认定这会加重诗对人的毒害,却不情愿,也不打算发掘文学的哲智,从中汲取构建科学

① 《伊》3.105—108。

认识论的宝贵启迪。然而，话要说回来。裴奈罗佩不缺哲智，但颇具讽刺意义的是，她对忒勒马科斯的评估，尽管涉及了心智，体现了她初始的思辨能力，却是情绪化和有失公允的。我们已在上文中提到这么说的理由，这里再补充一点，那就是我们找不到充分的证据，表明忒勒马科斯儿提时代的心智——正的如裴奈罗佩所说的那样①——比现时沉稳。

六、实人与虚影

到目前为止，在分析长相与心智的关系问题时，我们突出了心智的重要。我们认为，这是诗人所持的一个大致已趋于定型的成熟观点，就诗对“理论”表述的有限接受度而言，他的表达在某些上下文里，已经显得足够明晰。然而，理解和精当释读荷马史诗，我们经常需要提醒自己避免陷于“单一”。单一取向的思路容易引向绝对，导致立论出现偏颇，抓住一点，忽略其余。上述研析表明，当相貌与心或心智形成对比时，诗人通常会偏重后者，依据心智的佳好与否评价相关人士的人品。然而，我们发现，诗人和史诗人物对“心”的重视，不是一以贯之的。诗人重视心（和心智）在活人中（即人活着时）的作用，却无意系统宣扬它是人之存在的精神或本质体现。人死后，“心”不复存在，取而代之，或被“激活”的是魂魄，由它与人的实体形成虚与实的对比。随着人由活而转入死的状态，魂魄脱离躯体，进入冥府，以失却肉体实质的“虚影”形式飘忽不定。灵魂（psuchē，ψυχη）不是人的根本。有时，当诗人把它与身体（或人本身）形成对比时，它的重要性甚至不如后者，不是可以代表人的实体。考虑到叙事的对口，我们的下述分析拟围绕 thumos，主要是 psuchē 进行。

thumos 蕴含人的感觉，既是情感的承载，又是它的“气态”表现。当进入与死亡相关联的叙事语境时，它是“生命”、“精魂”，亦即人所赖以生存的“命息”（或“魂气”）。在史诗人物（和诗人）看来，此物一旦飘离，躯体便会失去知觉，通常也就意味着死亡的来临。帕里斯发箭波鲁伊多斯之子欧开诺耳，击中耳朵和颚骨底下，致使他的“命息”

① 《奥》18.216、220。

(thumos)当即飘离肢体(apo meleōn),可恨的黑暗将他蒙起。[①] 海面上,西风突起,扑袭航船,断裂桅杆,砸向舵手的脑袋,将其捣个稀烂。舵手跌落舱板,“高傲的命息(thumos agēnor)脱骨,离开”。[②] 不仅人有命息,动物也有。奥德修斯路遇一头公鹿,投枪击之,透穿中背,公鹿尖叫着躺倒泥尘,“魂息(thumos)离它而去”。[③] 诗人把呼吸的停止看作是 thumos 的离去,因此通常意味着生命的终结(所谓黑暗或黑雾蒙罩人的双眼)。然而,呼吸的停止也可能表示人只是暂时陷入昏迷,所以一旦苏醒过来,便是复活,诗人称之为命息(thumos)回返人的心间(es phrena)。[④] 莱耳忒斯确证儿子归来后心情过于激动,陷入昏迷,但不久后便缓过劲来,活力(thumos)复又回聚心灵(es phrena)。[⑤]

再看 psuchē。该词可与 thumos 在指对生命、活力和精魂等方面大致等义。人死后,精魂(psuchē)离开躯体,后者不再带有生气(或生命之气),进入死亡状态。[⑥] 在一些上下文里诗人会连用 thumos 和

---

① 《伊》13.671—672。另见 16.606—607 等处。参考《外国美学》第 19 辑 56 页注②、57 页注⑤。有学者认为,thumos 指活人体内的热气,死后冷却呼出,即成 psuchē(希腊语里,psuchos〈名词〉和 psuchros〈形容词〉均作“冷”解),但此论似仍有漏洞,不为一些荷马学者所接受。柏拉图用过 psuchtēs(“冷”,《法律篇》4.437E)一词。参考并比较亚里士多德《论心魂》1.405b26—29。

② 《奥》12.414,详见 12.407—414。thumos 位于胸腔,但作为命息,似可贯通全身。厄开诺耳死时,thumos 迅速飘离他的肢腿(apo meleōn,《伊》13.671—672)。比较 22.68(其中的 rhetheōn 作“躯体”解)。

③ 《奥》10.163。荷马也提到动物的 psuchē(14.426)。

④ 《奥》5.458,《伊》22.475。

⑤ 《奥》24.349。

⑥ “心之精爽,是为魂魄,魂魄去之,何以能久”(《左传·昭公二十五年》)。psuchē 飘离(人体)之处不仅限于口腔(《伊》9.409)。荷马提到的飘离之处还有肢腿(16.856)、胸腔(16.505)和伤口(14.518)。灵魂何许物也?“灵魂之观念,本已发达于初民之头脑:彼等抚生物之身,感有温度,按生物之胸,感有跳博,迨其死后,气息无存,足见生机体之中,必有一种精灵之气。故灵魂一字之字源,如希腊语之 Psyche,拉丁语之 Anima(比较 animus〈精神〉和希腊词 anemos〈风〉——引者),英语之 Spirit,德语之 Geist,法语之 Espirit,皆含有‘气’、‘空气’、‘蒸气’之意义”(谢扶雅《宗教哲学》,山东人民出版社,1998 年,第 196 页)。看来,灵魂乃精气(或气息),是许多古老民族的共识。“泰勒还特别指出,从语源学上看,关于灵魂及呼吸的观念可能溯源于闪米特人和雅利安人。希伯莱人把‘涅菲什’(呼吸气息)用来表示‘生命、灵魂、智慧、动物’……阿拉伯人的‘涅弗斯’和‘鲁赫’等词与上述说法相当。梵语中的‘阿特曼’和‘普拉那’同样如此。斯拉夫语中的‘杜赫’把呼吸的概念转化为‘灵魂’或‘精灵’的概念,在吉普赛人的语言中,‘杜克’一词的意义即为‘呼吸、灵魂、生命’”(吕大吉《宗教学通论新编》,中国社会科学出版社,1998 年,第 113 页)。参考并比较列维-布留尔的研究(《原始思维》,丁由译,商务印书馆,1997 年,第 95—98 页)。在阿拉伯语中,“风”是 rih, (转下页)

psuchē，意思上无有太大的区别。[①]萨耳裴冬投枪击杀特勒波勒摩斯，却也被后者出枪击伤，裴拉工拔出他腿上的枪矛，精魂(psuchē)离他而去，迷雾封住他的眼睛。[②] 然而，稍后他又开始呼吸，强劲的北风吹回他呼喘出去的命息(thumon)。[③] 不过，细分起来，二词的近似含义中仍有一些细微的差别。thumos 侧重于强调生命与气息(或呼喘)的关系，而 psuchē 则多指生命与活力在人体中的寄存。此外，psuchē 可指下文即将谈到的人的虚影(或魂影)，这一层意思不见于 thumos 的指对。还有一点需要说明的是，thumos 离开人体后不知去向，[④]而 psuchē 的去处是明确的，那就是哀地斯主掌的冥府。最后，至少在阿基琉斯看来，离去的 psuchē 一般不回复人的躯体，人无法通过强力迫

(接上页)而 rūh 则意指"灵魂"、"精魂"(详阅 C. 荣格《心理学与文学》，冯川、苏克译，三联书店，1987 年，第 37—38 页)。非洲民族普遍相信人体中存在灵性。"灵魂与呼吸息息相关，因为这是生命力的明显伴随物。人们可能认为灵魂寓居在嘴里或鼻孔里，人一死亡，灵魂便离开肉体……此外还有影子，与呼吸一样，人一死亡影子也随之消失。通常认为尸体没有影子，据此可以识别出鬼魂"(E. G. 帕林德《非洲传统宗教》，张治强译，商务印书馆，1992 年，第 137—138 页)。"各民族的灵魂一语几乎全是借用气息、阴影这一类字，例如塔斯马尼亚的阴影一语便兼指灵魂，印第安的阿尔衮琴人(Algoquins)称人的灵魂为'otahchup'，意思就是'他的影'。阿维波内人(Abipone)以'loakal'一语兼指阴影、灵魂、回声、映像四者；加利福尼亚的涅特拉(Netela)语'piuts'一词也兼有'生命、灵魂、气息'三意。由此可知灵魂便是'无实质的他我'，换言之，便是无形无质而凭附于身体的一种东西"(杜惠祥《文化人类学》，商务印书馆，1996 年，第 243 页)。J. G. Frazer 谈到过中国古人对影子与人之关系的认识(*The Golden Bough: A Study in Magic and Religion*, Part II, *Taboo and the Perils of the Soul*, Third edition, London: Macmillan, Reprinted 1955，第 70 页)。在荷马史诗里，psuchē 在阳世间的唯一作为，是飘离人的躯体(以表示人已死去或已陷入昏迷状态)。公元前六世纪，psuchē 可指"the living self"，具体地说即为"the appetative self"(食欲自我)，从而"取代荷马的 thumos"，但还"不是他所说的 noos"(E. R. Dodds, *The Greeks and the Irrational*, Berkeley: University of California Press, 1951，第 138 页)。参考第 135 页注②。

① 《奥》21.154、171，《伊》11.334。参考并比较《奥》9.523，《伊》16.453，5.296。

② 《伊》5.694—696。

③ 《伊》5.697—698。

④ 诗人有时连用 thumos 和 psuchē(参考第 122 页注⑥)，意思无本质的区别——thumos 偏重于"魂息"，而 psuchē 则更为贴近于"生命"。但是，如果说在并立语境中去掉二词中的任何一个均不会实质性地影响意思的表达，二者却不是在任何上下文里都可以互换使用的同义词。离开人体(或骨骼)后，作为气化之物的 thumos 回归"自然"。人死后(或人死时)，诗人经常会说 thumos 离开躯体，有时也会说 psuchē 离人而去，但在需要分辨的上下文里他会有意表明二者之间的区别(亦即并非同一种东西)。遭受墨里俄奈斯的投枪重击，劳格诺斯的魂息(thumos)飘离肢腿(《伊》16.606—607)。墨里俄奈斯随即又与埃内阿斯交手，扬言若能枪击对方，便能争得光荣，把他的灵魂(psuchēn)送交驾驭名驹的哀地斯(16.625)。(转下页)

使其复归。[①] 人死后，魂魄(psuchē)飘离躯体，去往哀地斯的冥府。但是，去往(或魂归)地府不是无条件的。在需要配合故事情节的展开予以说明的上下文里，诗人会告诉我们这些"条件"是什么。帕特罗克洛斯战死疆场，使好友阿基琉斯悲痛万分，出战击杀赫克托耳，回营后感到全身疲惫，昏昏欲睡。他息躺惊涛拍岩的滩头，朦胧中觉得帕特罗克洛斯的灵魂(psuchē)显现，一如生前的体型容貌，一身旧时的打扮，悬站在他的头顶，对他说诉(muthon eeipen)：[②]

> 你在睡觉呀，阿基琉斯，已经把我忘除。
> 在我活着时，你可未有疏忽，现在我死了，对不。
> 葬我，越快越好，让我通过哀地斯的门户。
> 那些个幽魂(psuchai)，死人的虚影(eidōla)，将我拒挡远处，
> 不让我渡过阴河，汇入他们之中，
> 我只能游荡在宽大的门外，那是哀地斯的家府(Aidos dō)。
> 伸出手来吧，我带着悲痛对你唤呼，
> 我不会再从冥府归返，一旦你们给我火焚的礼数。[③]

通过帕特罗克洛斯的敦请，诗人从一个侧面讲述了史诗人物如何对待死人的习俗。人死后，遗体应得到火焚礼葬，如此死者的灵魂才能渡过哀

(接上页)刚刚说过 thumos(16.606)，此刻怎么又转而启用了 psuchē(而不是 thumos)？诗人的用词有时可以随意，有时则不行。凡是与哀地斯连用时，恰当的"心魂"之词必是 psuchē。参考 7.330，22.363，《奥》10.560。事实上，在《伊》1.3 里诗人便开宗明义地"指明"了这一点。有时，诗人不提 psuchē(或 psuchai)，但它(们)的去处不言自明(《伊》11.263)。

① 参见《伊》9.408—409。参考帕特罗克洛斯的坦言(23.76)。诗人没有确切说明 psuchē 在人体内的位置。按照 R. B. Onians 教授的建议，psuchē 的首选居处当在人的头颅(*The Origins of European Thought*, Cambridge University Press, 1988〈First Published 1951〉，第 95 页)。参阅该书第 93—101 页。另参考 D. J. Furley, "The History of the Concept of the Soul," *Bulletin of the Institute of Classical Studies* 3(1965)，第 1—18 页。另有学者相信，psuchē 以人的微缩形态(homunculus)存在于眼睛之中，但论据不够充分。不过，在希腊语里，korē 既作"姑娘"解，亦可指眼睛的瞳孔，这一歧义现象或许可在一定程度上为上述推断提供证据。参阅 E. Monseur, "L'ame pupilline", *Revue de l'histoire des religions* 51 (1905)；K. F. Smith, "Pupla duplex", in *Studies in Honour of B. L. Gildersleeve* (Baltimore, 1902，第 287—300 页)。

② 《伊》23.62—68。比较《奥》6.20—21。

③ 《伊》23.69—76。帕特罗克洛斯的遗体尚未火化入葬，所以他的灵魂不能进入哀地斯的冥府。参考并比较厄尔裴诺耳的 psuchē 的处境(《奥》11.51—54)。

地斯门前的阴河，进入冥府。冥府（或哀地斯的家居）是死者的阴魂（psuchai）汇聚之处，它们没有实体，虚无缥缈，因此只是一些影像，或人的虚形（eidōla）。帕特罗克洛斯的 psuchē（或 eidōlon）尚能讲话，或许是因为刚死不久，尚未进入幽暗的冥府。此外，他要求阿基琉斯伸出手来，大概是有意求他拥抱，却不知虚影没有实体，对方根本无法做到。显然，帕特罗克洛斯刚刚变成阴魂，尚不确知活人与虚影的区别。活人应敬待亡灵，阿基琉斯自然不敢怠慢，以“亲爱的头颅”（ētheiē kephalē）代替对好友名字的称呼，[①]表示会妥善操办相关事宜，“按照你的叮嘱”。[②] 他请求对方再靠近一点，以便互相拥抱，尽情恸哭。[③] 言罢，他伸展双臂，却不能把对方抱住，灵魂（puschē）怪叫一声，钻入泥地，“像一缕气雾”（kapnos）。[④] 阿基琉斯惊醒，注视，[⑤]讲诵悲伤的言词，说诉：

哦，奇妙！即使在哀地斯的府居，仍有某种形物，

---

① 《伊》23.94。参考 16.76—77，比较 10.521。死者无力的头颅（amenēna karēna，《奥》10.521，11.29，比较 10.518）。然而，死者的头颅无力，却受到活人的敬重（11.29）。头颅（kaphalē）有时可与 psuchē 等义。奈斯托耳称海盗们“以心魂（psuchai）冒险”（3.74），而门托耳则称求婚人“以他们的头颅（kephalas）冒险”（2.237）。作为人体中的一个部分，“头”可以代表（人之）整体，亦即所谓的 *pars pro toto*。

② 所谓“人死为大”。厄尔裴诺耳的灵魂警告奥德修斯，倘若他的遗体不得礼葬，他便“会变成神的诅咒，对你惩罚”（《奥》11.72—73），足见火焚和其后掩埋遗骨（并让死者接受哭祭）的重要。未经礼葬的魂魄会干扰乃至危害活着的亲友们的生活，而生活在阴间的神灵（如复仇女神们）会把死者的诅咒变成现实，对相关人员实施惩报。这使我们很自然地联想起阿伽门农之妻克鲁泰奈斯特拉的灵魂对复仇女神的催促，要求她们惩罚儿子奥瑞斯忒斯弑母的罪过（埃斯库罗斯《善好者》94 以下）。此外，荷马一定也会知道（既然他熟悉墨勒阿格罗斯的故事），活人亦可替死去的亲属诅咒，祈请神明惩罚行凶的另一位亲属（包括儿子，《伊》9.565—572）。古代中国人相信，“游魂为鬼”。孤魂野鬼会作祟活人，给亲友招灾致难。因此，要让野鬼有个归处，使其不致变“厉”加害。“鬼有所归，乃不为厉，吾为之归也”（《左传》昭公七年）。参考《论语·为政》：“死，葬之以礼。”比较《周易·系辞上》：“古之葬者，厚衣之以薪，葬之中野，不封不树，丧期无数。”波斯先王大流士的亡灵（psuchē）是埃斯库罗斯所作《波斯人》里的一个有台词的人物。细读波斯人对他的惧怕和敬畏（《波斯人》681 以下）。

③ 《伊》23.97—98。《奥》的作者或许熟悉古代的巴比伦神话。在苏美尔史诗《吉尔伽美什》里，已经死去的恩基杜出现在好友吉尔伽美什的面前，无有实体，像一缕轻风（参阅 *Ancient Near Eastern Texts relating to the Old Testament*, Edited by J. B. Pritchard, Princeton, 1955，第 98 页以下；参考美国东方学者 S. N. Kramer 所著 *History Begins at Sumer*, 1959, New York，第 195—199 页）。

④ 《伊》23.99—101。诗人强调了灵魂的轻飘和不可“把握”。参考《奥》10.495。

⑤ 《伊》23.101。阿基琉斯看到了好友的影像（eidōlon），说明 psuchē 的“质料”和可感度虽然远不如 autos（本人），却要大于来去无踪的 thumos，后者是没有影像的“魂气”。

人的灵魂(psuchē)和虚像(eidōlon),只是无有心智(phrenes)依附。

整整一个夜晚,不幸的帕特罗克洛斯站临我的头顶,
他的阴魂(psuchē),悲哀哭泣,一一交待
每一件要做之事,形貌极像真人(eikto de theskelon autōi)。①

阿基琉斯似乎对地府里会有某种存物以及未能抱住好友的psuchē感到惊异,应该引起我们的注意。这一点,我们会在下文中结合奥德修斯的"外行"予以解析。不过,他知道灵魂和虚像,并指出二者无有心智(phrenes)的依附,尽管他没有就无有心智人物何以能够说话提出质疑,甚至没有意识到其中有什么问题。帕特罗克洛斯说话很有条理,似乎一点也不比生前缺少常识,尤其令人关注的是他还提到阿基琉斯的命限(moira),②这一点为他生前所不知。死人拥有活着时所不具备的预卜"知识",③但诗人显然无意,大概也不擅长系统叙事,不在乎有必要在此考虑心智与思考和预卜的关系。也许,他会觉得预卜与超智性的通灵悟觉有关,所以全然没有心智(phrenes ouk eni

---

① 《伊》23.103—107。影像与本人酷似,达到了"令人吃惊的"(theskelon, 23.107)程度。列维-布留尔的研究与阿基琉斯的感叹不谋而合。原始部落的族民们"首先把梦看成是一种实在的感觉,这种感觉是如此实在可靠,竟与清醒时的知觉一样"(见第122页注⑥所引列维-布留尔的著作,第48页)。尽管psuchē或(eidōlon)极像帕特罗克洛斯,却不是他"本人"或"自身"(autos)。帕特罗克洛斯的psuchē是他的autos的eidōlon。阿基琉斯的"惊诧"反映了史诗人物来世学知识的薄弱。然而,即便如此,他的所知还是代表了在世的史诗英雄们认知灵魂的最高水平(比较奥德修斯的"外行",《奥》11.210—214)。阿基琉斯在这方面的所知甚于奥德修斯,或许会让许多人吃惊,也多少可以改变他在人们心目中有偏颇地形成的莽夫形象。雅典娜会"制作一个形象"(poiēsē eidōlon, 4.796),让熟睡中的裴奈罗佩"看见"(4.808以下)。史诗里,神制作人的影像,却从不制作人"自身"(尽管神可以变成某某人)。阿波罗制作的埃内阿斯只是像他"本人"(autōi ikelon,《伊》5.449—450)。不过,既然雅典娜无中生有地(ex nihilo)制作了伊芙西梅的影像(4.796),那么eidōlon也就可以是神造的。从这个意义上来说,此物非同一般——至少,人造不出这样的eidōlon。eidōlon在《伊》里出现四次,在《奥》里的用例为九次。

② 《伊》23.80—81。

③ 此外,死人也有资格充当活人的心魂学"教师"(《奥》11.215—222)。但是,如果说死人拥有更多的"巫智",他们的所知却比活人远为狭窄。他们与阳世隔绝,一般不知死后发生的事情。安提克蕾娅能对奥德修斯大谈心魂,却不知他是否已回过家里(11.161—162)。此外,死人(或psuchai)没有心智,无有智力,不擅思考并进而作出选择。尽管出于需要,诗人会放宽对他们的智性限制,却从不用诸如"思考"一类的词语表明他们有思的行为。死人(或灵魂)不对自己的心灵(他们没有thumos或phrenes)说讲(我们说过,这么做体现思考),也从不考量"问题"并在深思熟虑的基础上作出抉择。语言与思考密不可分,但对死人却要另作评估。

pampan)[①]的 psuchē 或 eidōlon 甚至可以对活人进行事关命运或前程的告诫。[②] psuchē 里当无有 thumos,[③]也没有 phrenes,但它毕竟与“心(魂)”有所关联,是众多“心”族成员中人死后硕果仅存的一个,因此即便到了地府,总还会带点“心”的灵气,具备有限的智性潜质。此外 psuchē 虽然轻缈,却有移动的能力,而且经常也不缺少方向感。厄尔裴诺耳摔死后,他的 psuchē 先于奥德修斯一行抵达冥府的边沿,奥德修斯称他“你比我的黑船快捷”。[④]

在荷马史诗里,像 phrēn 一样,psuchē 是个多义词。这表明诗人并不总是明晓 psuchē 的确指,所以有时难免流于含糊其辞。但是,指出这一点并不等于否认诗人对 psuchē 的智能属性没有一个基本的认识,缺少倾向性。当从正面进行表述时,他的观点是明晰的,亦即阴魂不具备智性,没有思考的能力。奥德修斯及其伙伴们在女仙基耳刻的居地滞留一年。伙伴们催他赶紧上路,后者找到基耳刻后表达了回家的意愿:“我的心魂(thumos)急欲起程,伙伴们的(心魂)亦然,他们碎糜我的心灵(philon kēr),当你不在之时,哭嚎在我的身边。”[⑤]基耳刻随即答话,表示无意强留,但要他们先行完成一次远航,

> 抵达哀地斯和可怕的裴耳塞丰奈的居处,
> 求询忒拜人泰瑞西亚的灵魂(psuchēi ... Teiresiao),
> 一位双目失明的卜者,他的心智(phrenes)依然稳固,
> 裴耳塞丰奈只给他一人智力(noon),即便死后
> 仍能知晓(pepnusthai),其他人只能变作虚影(skiai),飘忽。[⑥]

---

① 《伊》23.104。

② 《奥》11.66 以下。

③ 参考《奥》11.220—222。

④ 《奥》11.57—58。

⑤ 《奥》10.484—486。

⑥ 《奥》10.491—495。有了心智(phrenes),便可容纳思绪或思力(noos)。比较:eni phresin hōde noēma(14.273),echēi noon ... en stēthessi (2.124—125)。人生如同树叶(《伊》6.146—147)。不知是否有感于荷马关于 thumos 和 psuchē 的描述,索福克勒斯为世人留下了一句名言:人只是一口气喘,一个影子(pneuma kai skia,片段 13)。在当今希腊,仍然有人相信影子是人的灵魂。“原始人既把灵魂想象为神秘的、可以随意出入身体、到处游荡的东西,又用气、云、光亮、影子、薄膜等具有一定形质的东西具体来描述。这按‘理’来说是不相容的、自相矛盾的。然原始人要用‘象’来把握灵魂,却不能不如此。”(刘文英《漫长的历史源头——原始思维与原始文化新探》,中国社会科学出版社,1996 年,第 702 页)

基耳刻的意思很明确。泰瑞西亚虽然死了,却仍像活着时一样拥有心智,具备智力,仍能识事知晓(亦即可以动用他的 noos 和 phrenes 进行思考)。尽管如此,泰瑞西亚的亡灵也只是一个"影子"(skia),同样无力,[①]无有人的实体,只是这个影形与众不同,没有在人死以后失去心智(phrenes),保留着(或死后又复得了)原有的智力(noos)。泰瑞西亚只是一个例外,从女仙基耳刻的话反推,我们不难得知其他死者的状况,知道他们仅以 skiai(亦即 eidōla)的虚缈形式存在,既无 phrenes,亦无 noos,没有 pepnusthai(知晓)的能力。

基耳刻没有明说泰瑞西亚的亡灵要先饮羊血,然后方能为奥德修斯指明归程。[②] 但是,女仙是应该知道这一点的,虽然对一个不了解冥地规矩的门外汉,她本来可以把说话得更加明确一些。不过,奥德修斯的外行或许并不重要,重要的是基耳刻间接提及的这条规矩,亦即死人的阴魂要喝过羊血后方能对造访者说话。即便对拥有心智和智力(phrenes,noos)的泰瑞西亚,这个程序也是必要的,否则即便没有丧失心智,有运思的能力,恐怕也难以对奥德修斯有所训诫,为他指明"方向"。然而,有趣的是,泰瑞西亚的亡灵其实未饮羊血便已对奥德修斯开口,坦言要先饮牲血,然后方能讲说真话。[③] 这位著名卜师的"特殊"大概也体现在这种地方。或许,不喝牲血他也能讲上几句,但不能长篇大论,准确预言奥德修斯的前程。所以,即便对于他,饮血也与基于思考的言说有关,是获取言论,亦即通常属于活人(或卜师)的那种能力的方式。不过,上述分析指对的应该是已在地府里的阴魂。至于未进入地府的亡灵,无需啜饮牲血也能进行长篇大论的言谈,包括对相关人员的命运作出预卜。[④]

如果说基耳刻对奥德修斯所作的交待不甚直白,泰瑞西亚的指点则堪称明确,使奥德修斯一听就懂。[⑤] 但是,虽然泰瑞西亚的亡灵告诉

---

① 参考《奥》10.521。参阅第 125 页注①。

② 参考《奥》10.535—540。

③ 《奥》11.95—96。

④ 帕特罗克洛斯(的亡灵)的作为,便是一个例子(参阅《伊》23.65 以下)。此外,诗人的表述经常是即兴的。在《奥》第二十四卷里,地府里的亡灵们未喝牲血便能侃侃而谈(24.20以下),基耳刻和泰瑞西亚所说的"规则"显然对它们不起作用。不过,这场谈话(20.24 以下)发生在亡灵之间;换言之,是灵魂与灵魂,而非灵魂与活人之间的交谈,与《奥》第十一卷所介绍的情况有所不同。

⑤ 《奥》11.140—149。

奥德修斯死人的灵魂饮过牲血后便能“准确回答”他的问话，[①]却没有针对对方的提问，[②]释疑未饮牲血前亡灵为何认不出他来。也许，泰瑞西亚会以为亡灵既然能回答奥德修斯的提问，当然也就说明已经解决了认识的问题，故而不必专门进行讲解。尽管如此，奥德修斯的疑问仍然是有意义的，它告诉我们饮血与亡灵得以认知的关系，也就是说，不饮牲血，灵魂不仅不能说话，而且连对方是谁都无法辨识。[③] 对奥德修斯作过指令后，泰瑞西亚的亡灵(psuchē)返回哀地斯的居所(即地府)。[④] 其时，奥德修斯的娘亲安提克蕾娅的魂魄飘浮过来，喝过羊血后认出儿子，母子俩进行了一次长谈。[⑤] 安提克蕾娅告诉儿子，她的死因是过度的悲哀，“是对你的思盼，思念你的和善、聪灵，夺走了我甜美的生命”(meliēdea thumon)。[⑥] 听过这番话后，奥德修斯在心里思忖(phresi mermērixas)，意欲抱住娘亲的灵魂(psuchēn)：

> 一连三次我迎上前去抢抱，内心(thumos)催我抱紧，
> 但一连三次她飘离我的手臂，像一个影子(skiēi eikelon)，或是
> 梦景(oneirōi)，悲痛加剧，折磨我的心灵(kērothi)，[⑦]

---

① 《奥》11.147—148。

② 《奥》11.144。喝过血浆后，安提克蕾娅的亡灵认出了奥德修斯(11.153)。诗人的设想似乎是，牲血会给亡灵带来某种活力，使它们暂时和有限地“恢复”思智，得以与活人进行交谈。但诗人的认识不必总是教条式的，满足即兴的需要同样是受到他关注和尊重的创作原则。

③ 不过，阴魂亦可不喝牲血便达成相认(比如，参考《奥》24.15、102—103)。

④ 《奥》11.150—151。比较11.563—564。

⑤ 《奥》11.152以下。注意安提克蕾娅提到的几种死因(11.197—203)。过度的思念亦可置人于死地(11.202—203)，这在荷马史诗里是绝无仅有的提及。

⑥ 《奥》11.202—203。

⑦ 由此可见，影子(skiē)或影像(eidōlon)是带有欺骗性的，它可以使人信以为“真”，给人以可以“抱住”的虚假感觉。奥德修斯上当了，阿基琉斯也一样(《伊》23.99—101)。诗人没有明说eidōlon可以使人上当受骗，但他的叙事显然带有可作如是解析的弦外之音。熟悉荷马的影像观，对我们深入理解柏拉图的相关论述或许会有所帮助。谈论eidōla时柏拉图没有摘引荷马的观点，但这不应该影响我们从中体悟希腊思想的承继，探寻观念发展和演变的历史轨迹。在《国家篇》里，柏拉图讲过“洞穴的故事”，并用“线条”的方式解说了认知的不同层次，把世间的万物称作是“形”(eidos)的仿像(eikones)或虚像(eidōla)。像eikones一样，eidōla可以具备物性，但它的常规所指却是“非物”的虚缈的形象。不应忽略的是，柏拉图也谈到skia，并称他所说的eikones指的首先是skias(《国家篇》6.509E—510A)。《国家篇》第十卷将画家绘制和诗人制作的形象归为一类，统称作eidōla。智者、诗人和画家都是制作eidōla的摹仿者(mimētai)。他们掌握的肯定不是真理，而是制作虚像的艺术(eidōlopoiikēn technēn，《智者篇》235B，比较《国家篇》10.596C—E)。广义上的eidōla可以涵盖mimēmata(拟像)、eikones(仿像)、phantasmata(表象、假象、幻象)和phainometa(表象)。

我对她说话，用长了翅膀的语言说及：
“为何避我，母亲，当我试图抱你，
以便，即使在哀地斯的府居，我们的双臂亦能
紧抱，在凄楚的悲哭中舒慰一起？
抑或，你只是个虚影(eidōlon)，高傲的裴耳塞丰奈
把它送来与我，增剧我的悲痛，加深愁戚？”[①]

psuchē是一种虚空、轻飘的影形，有人的形状，却无有可以触及(遑论拥抱)的实体。奥德修斯用了三个词来等义表述它的虚缈，表明它和影子(skiē)、梦景(oneiros)和虚形(eidōlon)一样，不具备有质感的体积和可触知的“物”性。不知柏拉图是否细品过诗人在这段话里的用词。奥德修斯不能抱住母亲，似有受骗的感觉，仿佛受了裴耳塞丰奈的戏弄，悲痛加剧。看来，见多识广的他远非无所不知，尤其是对来世学很不在行。比较阿基琉斯的所知，[②]我们不难看出他在这个领域内不具备“所知更多”的优势。[③] 阿基琉斯知道psuchē无有心智依附，表述观点时的用词，或许还有说话时所用的语气，也比奥德修斯更显确切。[④] 此外，阿基琉斯只是试图抢抱一次，[⑤]不获成功后便发表了一通颇有见地的议论，而奥德修斯却徒劳无益地一连试抱三次，可见他比前者更不明白虚影是抱不住的道理。我们似乎有必要全面认识阿基

---

① 《奥》11.206—214。奥德修斯在这方面的所知明显不如阿基琉斯。他甚至不能确定对方是不是一个虚影(eidōlon,11.213)。阿基琉斯的表述要比他自信得多(《伊》23.104)，不知是否与他有曾经师从马人开戎的“学历”(《伊》11.831—832)有关。关于灵魂，史诗人物普遍所知不多。对于如何与灵魂相会，他们缺少经验，远没有达到习以为常的程度。对他们来说，地府里的状况如何，仿佛是平时很少听闻的新鲜轶事。安提克蕾娅要奥德修斯回家后把所见所闻告诉家人(《奥》11.223—224)，使其增长见识。人物的“外道”当然反映诗人认知上的模糊。

② 《伊》23.103—107。阿基琉斯的具体做法也远比奥德修斯细致和“正规”(详见23.140以下，比较《奥》12.8—15)。不应忽略的是，阿基琉斯无需“高人”的指点，而帕特罗克洛斯的亡灵除了要求将来与阿基琉斯合葬外(《伊》23.83—84)，也未告诫好友具体应该怎么葬他。可以比较厄尔裴诺耳对奥德修斯的叮嘱(《奥》11.74—78)。

③ 《伊》19.218—219。一位人间的第一智者会在心魂学领域表现得如此无知，或许会让许多人感到惊讶。诗人似乎无意中把知识分成了两类，一类事关人间，另一类涉及地府。奥德修斯对人间之事所知甚多，堪称一流(乃至超一流的)专家，但对灵魂和地府的所知却少得可怜，不见得高于一般的水平。

④ 比较并细察《伊》23.103—104和《奥》11.213—214。

⑤ 《伊》23.99—100。

琉斯（这一点当然也适用于对奥德修斯），至少不应坚持认为此君只是一介武夫，思想幼稚、单纯，没有深刻的见地。奥德修斯对人死后（psuchē）的状况所知不多，而“女王般的”（potnia）安提克蕾娅亦不予责怪，二位似乎已在这一点上达成了共识，即对上述问题的无知，不会损害奥德修斯作为人间智者的形象。一个切实重视并认真研究心魂（psuchē）的时代，显然还没有到来。针对儿子的误解，安提克蕾娅谆谆教导，予以告诫：

> 哦，我的孩子，比所有的凡人苦命，
> 并非裴耳塞丰奈，宙斯的女儿蒙你，
> 人死以后都得这样，此乃定规（dikē）。
> 其时，筋腱不再和肉体骨头连在一起，
> 当命息（thumos）飘离白骨，整个身子
> 交付柴火的凶莽暴烈，摧袭，
> 灵魂（psuchē）飘飞，游荡，像一个梦影（oneiros）。①

诗人有时会等义或近义连用 thumos 和 psuchē，但二者在这段话里却显然不是同一个东西。根据安提克蕾娅的理解，人死后 thumos 先行飘离，而 psuchē 则迟至遗体接受火化时方才离去。但是，《奥德赛》的表述也可以不是这样的。比如，当厄尔裴诺耳踏空楼梯跌死后，他的精魂（psuchē）便随即飘离躯体，“向哀地斯落沉”。② 我们说过，奥德修斯对人死后的状况知之甚少。安提克蕾娅有意教诲，但所做的表述却

---

① 《奥》11.216—222。安提克蕾娅娓娓道来，对“足智多谋”的儿子讲授起古代心魂学的入门。比较裴奈罗佩“看见”的梦景（《奥》4.841），亦即雅典娜制作的（poiēse）酷似伊芙西梅身形（demas，4.796）的影像（eidōlon，4.824）。梦景（oneiropolon）来自宙斯的致送（ex Dios，《伊》1.63）。神制的 eidōlon 同样飘忽（《奥》4.838）。参考第 126 页①。柏拉图区分了美的事物（kala men pragmata）和美本身（auto de kallos），指出美的事物就像梦境，而不追求美本身的人实际上生活在梦境之中（oneirōttein，《国家篇》5.476C）。柏拉图认为，神制作两类形物，一类具备实体，如自然景观，另一类则是对自然的摹仿，如梦景、影子（skia）和幻象等（《智者篇》266B—C）。注意 266C 里用以指对上述第二类形物的 eidos，其含义大致等同于 266D 里意指人制作的形象的 eidōlon。然而，在柏拉图哲学里，eidos 既可以“下”，也可以“上”，既可以是最不可靠的，也可以是最可靠的认知对象。《国家篇》为我们提供了另一种表述。神制作事物（比如说“床”）的 eidos（10.596A）或 idea（10.596B），而人间的工匠则摹仿神制的（真）形（eidos，idea），制作器物（同上）。

② 《奥》10.559—600，11.65。

颇有自己的特色。这一切或许表明诗人认知上的模糊,[①]也是他崇尚粗犷,无意死抠细节的叙事风格的体现。尽管如此,荷马史诗对待灵魂(psuchē)的基本立场是坚定的,态度也是明确的。史诗人物不怀疑灵魂的非实体性质,相信与人的实体(亦即活人)相比,灵魂虚无、飘渺,是活人的因为缺少骨骼血肉而失去实质,因为缺少心智而丧失思考(乃至话语)能力的虚影。[②]

七、影像与"本人"

荷马有意指出人与心的区分,却并不十分确知"本人"与心的关系。战场上,阿格诺耳眼见阿基琉斯后,心灵(kradiē)变得很不平静,烦愤之中他话对"自己豪莽的心魂"(megalētora thumon),[③]思考斟酌是否应该与阿基琉斯对阵。然而,明明是他自己在对心魂说话,在《伊利亚特》21.562 里他却责备"我的心灵(thumos),为何如此与我争辩?"[④]到底是本人在对心魂说话,还是相反?有趣的是,诗人把这看作是一种"交谈"(dielexato)。[⑤] 不过,诗人知道心是属于人的,是人体中的一部分。出于这样的考虑,他经常会让人物对心魂说话,而不是让

① 安提克蕾娅刚刚说过人死时魂息(thumos)脱离人的肢体(meleōn,《奥》11.201),稍后却改口为"当命息(thumos)飘离白骨"(leuk' ostea,11.221)。类似的不一致在史诗里绝非仅此而已。诗人对迈锡尼时代通行的心魂观所知不甚完整。当然,同样可行的见解是,迈锡尼时代的希腊人对这一问题的认识本来就莫衷一是,荷马只是沿循了他们对概念的模糊理解和表义上的多变。M. Frede 指出了荷马(亦即史诗人物)的认知局限,但他同时也提到,即便在柏拉图和亚里士多德生活的年代,希腊学界术语纷繁和不统一的现象依然存在("Introduction", in M. Frede and G. Striker〈eds.〉, *Rationality in Greek Thought*, Oxford: Clarendon Press, 1996,第 3 页)。

② 比如,参考《奥》24.1—10。然而,这些发出含混不清的杂乱叫声的阴魂们,却不一定是不会说话或不喝牲血便不能与他者交谈的。稍后,应阿伽门农的要求,安菲墨冬的灵魂(psuchē)详细讲述了求婚人的"遭遇"(24.120—190),包括准确复述了裴奈罗佩的"设谋"(24.129—146,比较 2.93—110,19.139—156)。帕特罗克洛斯的魂魄会说话(《伊》23.69 以下),也会怪叫(23.100,比较《奥》11.43)。有必要提及的是,安菲墨冬的灵魂能够记忆,"记得(memnēmai)所有这些事情"(tade panta,24.122)。比较柏拉图在《美诺篇》里所精彩表述的"回忆说"。灵魂也会哭泣(《伊》23.106),但似从不欢笑。

③ 《伊》21.550—552。

④ 《伊》21.562 同 11.407,17.697,22.122。参考 21.572。

⑤ 《伊》21.562。

心灵与人物，亦即“我”(moi)进行谈论。波塞冬从埃塞俄比亚人的居地回归，看见奥德修斯正在海上航行，心中(kērothi)顿生怒气，摇着头对自己的心灵(thumon)说话(muthēsato)。[①] 他摇动手中的三叉戟，招聚各路狂飙，掀起惊涛骇浪，吓得奥德修斯双膝酥软，心灵(ētor)溃散。[②] 带着极大的愤烦，他也像波塞冬一样“对自己豪莽的心灵(thumon)说话”。[③] 稍后，当他怀疑女神琉科塞娅的帮助有诈时，再次揣着不安的心情，“话对自己豪莽的心灵”。[④] 有时，诗人不仅不说心灵与“我”的谈论，还会重复说话者的主体意识，突出他的主导地位。目睹女仆们放肆的行为，奥德修斯义愤填膺，责备自己的心灵(kradiēn)，要求它“忍着点，我的心灵”(kradiē)，相信“智算”(mētis)会一如既往地发挥作用，使他们化险为夷。[⑤] 奥德修斯说完以后，诗人称他“如此讲述”，肯定他在“对胸中亲爱的心灵(philon ētor)说话”，[⑥]并指出后者服从他的规劝，强忍冲动。[⑦] 然而，心灵似乎趋于平静(或被说服)了，但奥德修斯本人(autos)却翻来覆去，[⑧]显然还是受制于烦躁的困扰。应该说，autos 在此比心灵更能代表奥德修斯。如果把它与上下文结合起来释读，我们可以看出 autos 指的不仅就是奥德修斯，[⑨]而且

---

① 《奥》5.284—285。详阅 5.282 以下。

② 《奥》5.291—297。

③ 《奥》5.298。奥德修斯已被吓得“心力(ētor)消散”(5.297)，却能紧接着话对自己“豪莽的心灵”(thumon)。看来，“心”词众多的确为诗人的表述提供了便利。当然，ētor 和 thumos 是各有侧重的，英译者们多用 heart 和 spirit 来加以区别。

④ 《奥》5.355。但参考 5.365。

⑤ 《奥》20.17—21。比较裴奈罗佩的 mētis(19.326)。人们熟知奥德修斯的聪明和足智多谋(polumētis)却不太知道他的妻子也拥有过人的智慧。在对梦景的释解方面，她的见地甚至比奥德修斯更显深邃(参阅《奥》19.554—569)。

⑥ 《奥》20.22。

⑦ 《奥》20.23—24。心可以促使并指导人的行动(4.712—713)。思考在“心里魂里”进行(《伊》11.411)。

⑧ 《奥》20.24。诗人的心—人观在此趋于复杂(或者说紊乱)。到底是“我”在指挥心灵，还是心灵实际上无法使“我”服从它的意愿(消除烦躁?)，诗人的思路不很明晰。考虑到他所生活的年代，这是很正常的事情。不过，有一点是清楚的：他在此谈论的不是灵与肉的问题，不是基督教意义上的心灵与肉体的二分。“事实上，荷马史诗里的人物不具备我们所说的‘灵魂’(soul)”(H. Fränkel, *Early Greek Poetry and Philosophy*, Translated from the German by M. Hadas and J. Willis, Basil Blackwell, 1975, P.76)。

⑨ 《奥》20.28。真正的奥德修斯，亦即他的 autos 只有一个。

还是心灵(kradiē)的主体,亦即“我”。① autos 或许可作“躯体”解,但更为妥帖的释译似应为奥德修斯本人,或奥德修斯自已。

关于荷马史诗里人与心魂的关系,我们已在本文第三节里作过探讨,尽管切入点有所不同。这里再作提及,主要是想把问题再次放入 autos 的背景,引出下文针对“本人“与虚影之关系的讨论。荷马不认为灵魂是可灭的。灵魂(psuchē)与心和心智(kēr, kradiē, thumos, noos, noēma 等)不同,人死后不随肉体(或生命)的消亡而覆灭。但是,在荷马看来,灵魂的这种不灭,不具有实在或很重要的意义,他从来不说灵魂是生命的根本,是人的不灭的精髓。生命的最高境界或至上的升华是成仙。成仙意味着不死,但这种意义上的永生不是灵魂独享的,而是肉体与灵魂共享的美满。在论及此类事情发生的上下文里,诗人从不强调灵魂的永生,而总是倾向于表明相关人员整体的成仙。由于伽努墨得斯的相貌极其俊美,诸神将他带到天上,当了宙斯的司斟,使其与长生者们生活在一起(athanatoisi meteiē)。② 伊诺本为凡女,以后成仙,仙名琉科塞娅,生活在大海深处,享受神赐的荣誉(theōn ... timēs)。③ 说及这些事例时,诗人根本没有提到灵魂。成仙是人(和神之间)的事,基本上与 psuchē 无关。当然,成仙不是每一个凡人的至上企求,奥德修斯就曾拒绝卡鲁普索的恩赐,选择了回家与妻儿团圆。④ 人是一个实体,没有实体(或生命)的存在不使人自豪。阿基琉斯知道,地府是无有心智(或无知觉的〈aphradeses〉)死人(nekroi)居住的地方,而死者只是活人被消耗殆尽后的影飘(eidōla)。⑤ 所以,当奥德修斯称他虽然死了却仍能统领死者以示(对他的)宽慰时,他慨然表示宁肯在人世间做个无有份地的帮工,也不愿

---

① 《奥》20.18。在这里,心附属于奥德修斯。参考 autou thumos(“他自已的心灵”,4.712—713)。有时,史诗人物不提“心灵”,但在特定的上下文里,它的从属地位是明确的(《伊》11.407,21.256)。尽管如此,“心灵”具备相对(乃至很强的)独立性,我们在强调它的从属地位时,不应忽略这一点。

② 《伊》20.232—235。

③ 《奥》5.333—335。

④ 《奥》4.206 以下。奥德修斯的思路和做法经常与众不同(比如,参阅 9.491 以下)。

⑤ 《奥》11.475—476。

在地府里充当王者，对所有的死人发号施令。① 没有灵魂，人固然不能存活，但没有了可知觉的肉体和可思考的心魂，人的存在即使不是荡然无存，也已形同虚设。荷马显然不像后世基督教神父们那样，认为灵魂是人的本质，是人身中最崇高、最具智性和最神圣的部分。荷马从来不说灵魂神圣，从不赞美它的永存不朽。② 人之需要 psuchē，只是为了活

---

① 《奥》11.489—491。史诗人物不知道（自然也不崇尚）"肉体是灵魂的监狱"这样的观点。阿基琉斯或许会对柏拉图主义者克雷芒的下述提法感到惊讶："克雷芒坚持这种必要性，对完美的基督徒来讲，使灵魂——或更确切地讲，灵魂的理性部分——摆脱肉体的羁绊，肉体被认为是一座牢狱"（塞尔瓦托·利拉《亚历山大的克雷芒》，范明生等译，华夏出版社，2004 年，第 166 页）。柏拉图的心魂学说与荷马的明显不同（*Plato: Phaedo*, Edited by C. J. Rowe, Cambridge University Press, 1993，第 137 页），对后世学者和基督教思想家的影响至深（参阅赵敦华《基督教哲学 1500 年》，人民出版社，1997 年，第 205 页；H. P. 里克曼《理性的探险》，姚休等译，商务印书馆，1996 年，第 41 页）。新柏拉图主义者们"专从柏拉图学说中神秘的与禁欲的方面"寻找思想薮源，"所以普罗太奴（即普罗提诺——引者），新柏拉图主义者的代表，以有此身体为大辱，他说灵魂正在为身体之罪恶而哭泣"（钱穆《灵魂与心》，广西师范大学出版社，2004 年，第 2 页）。然而，柏拉图受荷马的影响是全方位的，从他的某些提法中我们似乎可以觉察到荷马心魂观的"蛛丝马迹"（比如，参阅《克拉底鲁篇》403B）。荷马的神学观在柏拉图《斐多篇》的篇尾故事里有所体现（P. Kinsley, *Ancient Philosophy, Mystery, and Magic*, Oxford: Clarendon Press, 1995, 第 192 页），《斐多篇》112A3 甚至引用了《伊》8.14。

② "神圣的"（hieros）在荷马史诗里的受饰面广阔。然而，诗人会说"神圣的夜晚"（《伊》11.194），"神圣的麦场"（5.499），"神圣的头颅"（15.39），"神圣的祭坛"（《奥》3.273）和"（特洛伊）神圣的城堡"（1.2），等等，却从不称心魂为"神圣的"。史诗人物的内心活动和主体身份（identity）并不取决于 psuchē（M. Clarke, *Flesh and Spirit in the Song of Homer*, Clarendon: Oxford University Press, 1999 年，第 60 页）。大约在公元前 7 世纪末（或稍后），宣扬灵魂不灭和生命轮回转世的奥耳甫斯教逐渐渗入希腊本土及其在意大利的移民点。在现存的古文献中，psuchē 作"永恒之物"和人之根本或精华解的用例，最早见于赫拉克利特（公元前 6 世纪下半叶）和品达（公元前 5 世纪）的作品。参考第 122 页注⑥。毕达戈拉斯深受奥耳甫斯教的影响，柏拉图亦然（R. M. Hare, *Founders of Thought* 〈*Plato*〉, Oxford University Press, 1991，第 17 页）。柏拉图认为，心魂（psuchē）是为人（或使人成为人）的根本，是规划实现人的功用（ergon）的主体，而肉体（sōma）只是心魂的仆从，是构成生活或现实景观的"表面"。心魂的存在使肉体的存在成为可能。在重要的《法律篇》里，柏拉图写道：心魂具有"原力"的特征，是一种"自主引发的运动"；它是"运动的力源，万物中最早生成的捷出者，是绝对完整（或自足）的存在"（详见该篇 10.896B—C）。所以，心魂优于肉体，后者只是接受驱动的对象，而前者是驱使或驱动的力源。心魂和肉体是"源"和"流"的关系，但肉体之流可以枯竭，心魂之源常在。心魂不灭，具有灵性。"在人所拥有的一切事物中，"柏拉图说道，"除了神以外，心魂是神圣的、真正属于他的东西。"像神一样，心魂永生不灭；世上所有的黄金，堆在一起，也不足以换得心魂的精萃，人的美德（aretē, 5.726A, 728B）。心魂是善与恶的渊源，美和丑的动力，正确和错误的导因（10.896D）。《斐多篇》79D—C 甚至把人的一切感知统统归为心灵的活动，称心灵通过肉体（器官）获得感觉（aisthēsis），凭靠自 （转下页）

着，以便使身体和心智正常发挥功能，体现人在英雄世界里的价值。

灵魂是人的虚影（eidōla），①不是人“本身”（autos）。灵魂是本身（或本真）的影子，亦即影像，貌似原形，却无有人的实体，无有英雄在世时的实实在在的健美，是实体殒灭消蚀以后无足轻重的虚存。② 在荷马史诗里，“本人”和心灵是可分的，心灵可以是与“我”形成对比的“你”③或另一个存体。受埃阿斯举石击打，赫克托耳陷入了昏迷，但宙斯的意志使他清醒过来，④面对阿波罗谈出了他的“体会”。“我（ego，εγώ）以为，”他说道，“一旦心魂（ētor）离我而去，我就该眼见（opsesthai）哀地斯的冥府，与死人（nikuas）为伴。”⑤很明显，赫克托耳在此把“我（ēgo）和（我的）心魂”（ētor）分别对待，并把“我”当作是思考（ephamēn）⑥的主体。有意思的是，赫克托耳认为心魂（ētor）离他而去以后，他还能看见（opsesthai）哀地斯的冥府（dōm' Aidao），⑦仿佛他没有因为死亡（或心魂的离去）而丧失视觉。

（接上页）身可以通连神性的能量进行认知（phronēsis）。心魂乃理性和智性的居所（参考《蒂迈欧篇》30B，《斐莱布篇》30C）。《国家篇》把心魂分作理性、激情和欲望三个部分，理性部分（to logistikon）位于人的头颅。参考并比较基督教所宣扬的灵魂论（doctrine of the soul）。“据《旧约圣经·创世纪》载，上帝用泥土造出人形，然后吹气于其鼻孔，使之成为‘有灵的活人’。该教以此说明灵魂的来源和性质，并认为灵魂有理智、意志和记忆等作用，人的一切行动皆发自灵魂。人死后，灵魂继续永远活着……”（《宗教词典》，任继愈主编，上海辞书出版社，1985年，第581页）有必要指出的是，荷马重视心魂，上述柏拉图心魂观里的某些提法，于他不一定十分陌生（参阅本文第四、五、六节里论及的thumos），尽管即便在那些他可能会“认同”的上下文里，他也不会用（psuchē），而会用别的“心”词代之。

① 阿基琉斯并列使用了psuchē和eidōlon（《伊》23.104）。

② 《奥》11.476。

③ 《奥》20.18—21。

④ 《伊》15.242。“宙斯的意志”，原文作Dios noos。

⑤ 《伊》15.251—252。“心魂离我而去”，原文作epei philon aion ētor，直译作“当亲爱的心魂呼喘而出”，可权作“我呼喘出生命”解（比如，A. T. Murray和R. Lattimore的英译就都是这么处理的，二位均未译philon（亲爱的）一词，可能是倾向于将其作为可译可不译的“套语”对待）。在epei philon iaon ētor里，ētor（心）是主语，与“我”形成对比。“早在1871年5月15日的那封文学书信中，兰波就大声宣布‘我’是另一个。用兰波的话来说就是：Je est un autre。这是一种有意违反常理，但另有一番道理的说法，相当于英语的I is someone else，而非I am someone else。‘我’变了，‘我’已不再是原先固定、单一的‘我’，而顷刻间变成一个自由人，甚至自由的物体，自由的灵魂了”（王以培《通灵者，今安在?》，载《外国文学评论》，2005年第一期，第17页）。

⑥ 《伊》15.251。在《奥》16.205里，egō指奥德修斯本人，即（唯一的）奥德修斯。

⑦ 《伊》15.252。

显然,在赫克托耳看来,"我"(egō)是主体。是我"以为",而不是心魂(或心灵)。"我"是心魂的拥有者;当与心魂形成对比时,"我"与具备主体价值的"本人"等义。但是,在荷马史诗里,在"本人"与心魂形成比较的语境中,比 egō 更能体现前者主体意义的却是另一个希腊词,亦即上文已多次提及的 autos(复数 autoi)。上文说到,帕特罗克洛斯的灵魂曾站临阿基琉斯的头顶,要求为他举行葬礼。现在,我们拟接续这一话题,结合 autos 与 psuchē 的关系进行分析。阿基琉斯醒来后颇有感触,声称整整一宿,帕特罗克洛斯在他面前悲泣,虽然已是魂影(psuchē),形貌却令人吃惊地像似本人(autōi)。① 在这里,在世时的帕特罗克洛斯是实体,是可比的原型或他本人(atuos),而魂魄只是实体的虚影或虚像(eidōlon, εἴδωλον),②不是鲜活和真正的帕特罗克洛斯。阿基琉斯的意思是明确的,我们的上述解析应该符合他的本意。真实的帕特罗克洛斯已经死了,他的魂影只是极其像他,却不是他自己(atuos),不是真人。灵魂缺少实在和可抓握的实体,仅为一缕气雾(kapnos),无有心智,无有活人的刚勇和强健。阿基琉斯试图搂抱灵魂,却不能如愿,留给他的只是同样握掌不住的惊异。autos 是实体,psuchē 是它的虚假和不"实在"的显现。当然,我们不便,也不宜过多突出"虚假"里的"假"字,但若用其中的"虚"字来形容 psuchē 的特色却是不为过的,kapnos 和 eidōlon 的词义中都包含这一层意思,可谓

---

① 《伊》23.106。autōi 为 autos 的复数予格形式。其时,帕特罗克洛斯的遗体尚未火化。psuchē(亦即 eidōlon)可以具备某种"物"性(ti esti,参考 23.103)。当帕特罗克洛斯不"在"后,他的灵魂仍以影像的形式长存于地府之中。考虑到这一层意思,诗人或许可以说灵魂不灭,但这种不灭不具备"超越"肉体和凡俗的意义。荷马从来不说灵魂神圣,也不说 psuchē 是人之精华。与生机勃勃的人世相比,地府是个黑暗、阴晦、丑陋的去处,没有歌声,无有欢乐,是一片令神和人都讨厌的地界(《伊》20.61—65)。诗人亦以他的方式提到瑰丽的"天堂"(即所谓的"厄鲁西亚平原"),虽说景色极为宜人(《奥》4.563—568),但"实际"位置却不在天上,而是"位于大地的极限边缘,金发的拉达门苏斯居住的地方"(4.564)。神无意让墨奈劳斯死去,日后会把他送往这片乐土生活(4.561—563)。诗人没有提及墨奈劳斯的灵魂,但此君既然不死(ou thesphaton esti, 4.561),估计享受永生的就不单只是他的心灵。比较泰瑞西亚的"特殊"存在方式(11.492—495)。顺便说一下拉达门苏斯。此君乃宙斯和欧罗巴之子(《伊》14.321—322),以死者判官的身份多次出现在柏拉图的"对话"里(《申辩篇》41A,《高尔吉亚篇》523E 以下和《法律篇》1.625A 等处)。

② 《伊》23.104。"心"与拥有它的人不构成平行的对比。从这个意义上来说,人是一个整体。B. Snell 相信史诗人物没有(指称完整)"身躯"的概念和用词(他们只注重身体的部分)。M. Clarke 的观点是,由于缺少灵魂的等量参照,使得史诗人物经常把身体(body)当作是统指整体的个人(见第 135 页注②所引 Clarke 的著作,第 119 页)。

从本体论的意义上切中了 psuchē 的要害，通过形象的喻指说法，反映出它的“真谛”。真实的帕特罗克洛斯只有一个，亦即帕特罗克洛斯本人(autos)，其他的都只是真人的虚形。这种虚形可以显现在梦景里，也可以飘忽在幻觉里，不受时空的限制。比如，从“理论”上来说，即使帕特罗克洛斯的灵魂(psuchē)进入地府以后，阿基琉斯仍然可以梦见他，并且可以与之进行交谈。然而，所有这一切以 psuchē 显示的形象都是“虚”的，不是可以实际触摸到的实在的帕特罗克洛斯本人(autos)。真实的帕特罗克洛斯是独份或独一无二的，恐怕连神也无法(或无意)复制。神可以变取帕特罗克洛斯的模样，却不会复制另一个实在的他。真实的帕特罗克洛斯只能是 autos，亦即单数的“他本人”。荷马史诗里无有神制作备份人物的例子。或许，神也有意照顾本体的尊严，不便在本体的范域内搅乱人的认识。如果柏拉图是一个真正爱诗而又尊重诗的哲人，他会从荷马的诗性描述中获取教益。难道人的 autos 不能促使他加深对真实存在的认识？难道荷马的心魂观不能给他以深刻的识知“事物”之虚假显现的启示？事实上，他对 eidōlon 的理解，从某种意义上来说是相当“接近”于荷马的，尽管他的哲学 eidos(形、理念)是对荷马的诗歌 eidos(长相、表象)的意义倒置。哲学不仅颠覆文学，它也延续文思的精妙，虽然这种继承不一定是“清醒”的，有时甚至不为当事的哲人自己所明悉。①

---

① 比如，赫拉克利特曾狠批荷马(片段 42〈D-K〉)，然而却不一定清醒地意识到自己实际上是荷马思想的受益者，并在认识论领域延续了他的工作(参阅 J. H. Lesher，“Perceiving and Knowing in the *Iliad* and *Odyssey*”，*Phronesis* 26〈1981〉，第 2、20 页)。荷马对哲人的影响潜移默化。柏拉图没有，也不会放弃哲学对诗的抗争(参考《国家篇》10. 607B)，但他有时也会有意无意地暗示，荷马的观点可以被理解为诗性的哲学表述。远在赫拉克利特之前，荷马便已形成了万物生于变动的思想(细读柏拉图《泰阿泰德篇》152E，比较亚里士多德《形而上学》1. 3. 983b)。赫拉克利特重复了包括荷马在内的古代诗人们开创的智慧传统(sopha legonta，《克拉底鲁篇》402A，详阅 402A—C)。“在柏拉图和亚里士多德看来”，《伊》14. 200—201 和 244—246“肯定带有某种宇宙论的联想”(G. S. Kirk〈and others〉，*The Presocratic Philosophers*，Second edition，Cambridge University Press，Reprinted 1991，第 14 页)。可惜的是，柏拉图没有把这种能够体现学术史意识的见解推而广之，不是零星，而是从原则上承认诗对哲学的积极影响。荷马知道，现实中蕴含神性的显示。当代学者 L. J. Hatab 指出，荷马意识到有关现实的知识与神性的通连，其显示伴随神的意愿到来(*Myth and Philosophy*：*A Contest of Truth*，Open Court Publishing Company，1992，第 36 页)。按照 Hatab 的理解，在柏拉图哲学里，这种神圣知识(sacred knowledge)变成了反映心灵内在探索的哲学洞见(philosophical insight，同上)。荷马史诗所包含的哲学观念(philosophical ideas)或许不成体系(F. Copleston，*A History of Philosophy* Volume I：*Greece and Rome*，London：Search Press，1946，第 13 页)，但它对早期希腊哲学的“推动”却不一定如另一位西方哲学史家 F. Ueberweg 所认定的那样“无足轻重”(inconsiderable，*History of Philosophy* Volume 1，Translated from the German by G. S. Morris，New York：Charles Scribners，1930，第 24 页)。

帕特罗克洛斯死了。依据荷马的神学观，已死之人一般不可能复活。帕特罗克洛斯自己也知道，一旦去了哀地斯的冥府，他便不可能再返回阳世。[①] 英雄赫拉克勒斯的故事在荷马生活的年代已流传甚广。诗人熟知有关这位力士的传闻，并在史诗里多次提及。[②] 赫拉克勒斯是否经历过死亡，然后死而复活（亦即成仙），这在荷马生活的年代里大概已有不同的说法。或许是为了让奥德修斯有机会在冥地见到赫拉克勒斯，诗人倾向于"设想"力士死而复活——但为了不与其他（或许更为流行的）说法形成明显的冲突，他又不得不含糊其辞，避免从正面谈论他的死亡。见过西绪福斯的魂影后，[③]奥德修斯又眼见强健的（biēn）赫拉克勒斯，当然，"是他的影像（eidōlon），他本人（autos）正置身永生的神明中间，欢领他们的宴享，妻娶脚型秀美的赫蓓，大神宙斯和穿用金条鞋的赫拉的女郎"。[④] 奥德修斯见到了赫拉克勒斯的灵魂，诗人称其为他的影像（或虚影〈eidōlon〉），不是力士本人。真实

---

① 《伊》23.76。阿基琉斯亦应该知道这一点(9.408—409)。参考他的"惊异"(21.54—56)。

② 比如，参阅《伊》5.638—642，20.145—148，《奥》21.25—30 等处。赫拉克勒斯到过冥府(11.623—626)。

③ 《奥》11.593—600。

④ 《奥》11.601—604。autos 是赫拉克勒斯的"真身"，活在天上，而他的 eidōlon 则留在冥府，大概是为了表明他曾经死过。我们知道，eidōlon 即为死者的灵魂(psuchē)。现在的问题是，凡人赫拉克勒斯死了，他的魂魄已是地府里的影像，后来他有幸成仙去了天上，却没有将其取回——既如此，仙人赫拉克勒斯是否拥有 psuchē？如果有的话，他的第二个 psuchē 又得之于何方？提出这样的问题，像是在难为诗人，但寻求答案不是我们的目的。诗人不是后世的神学理论家，没有回答此类问题的义务。我们真正关心的还是 autos 的本体作用，而诗人在此为我们提供了最佳的例证，"证明"autos 确实与 eidōlon 形成了实与虚(乃至可以稍作引申为真与假)的比较，具备了接受哲思开掘的应释潜力。赫拉克勒斯的真身和 eidōlon 分处两地(一在天堂，一在地狱)的提法，有违诗人对 eidōlon 的出现以活人的死亡为先决条件的常规认识，也困扰着古代的注疏家们，其中有人认为《奥》11.601—627 乃后人的伪托(参考 A. Heubeck 等纂写的 *A Commentary on Homer's Odyssey* Volume II，Oxford：Clarendon Press，1989，第 114 页)。然而，诗人的叙事不必，也不会总是一致的，在其他问题上如此，在这一点上或许也可能出现偏差。我们已反复指出过诗人的疏忽，尽管这么说并不一定旨在强调《奥》11.601—627 肯定为诗人的原创，不存在后人伪托(或篡改)的可能。有必要指出的是，诗人在此对 autos 的处置，使我们丝毫不感到"生分"。上文说到"仙人赫拉克勒斯是否拥有 psuchē"。与之相关的另一个问题是，神有没有 psuchē？神有 thumos，也会在心里(kata phrena，《伊》2.3)思考，我们有足够的理由相信史诗里的神拥有心灵。在"活力"、"生命"、"生机"这层意思上，psuchē 与 thumos 等义(或近义)。神既然有 thumos，大概也会有 psuchē(生命、命息)。然而，神不会死，是不死的，所以他们即便有 psuchai 的话，后者也不会脱离躯体，变成地府里飘忽的 eidōla(虚影)。或许，神的 psuchē 与人的不同，永远与生命一体，不会变成亡灵。这大概也是神与人的一个区别(此区别不见于西方学者的相关论述)。从这个意义上来说，神永远是他(们)自己，没有实体(或本体)与(死后沦为)虚影的区分，不会导致以假乱真的虚幻。当然，神会变形，会以各种变化的形貌欺蒙凡人，但这是另一个问题，不宜，也不应与上文的分析混淆起来。

的赫拉克勒斯已经成仙，但我们在此关心的却不是他的脱俗，而是他本人(autos)已不在地狱，已经复活并生活在另一个“地方”。他的魂魄(psuchē)仍在地府，但他的真身(autos)却已活在天上，autos是真实的赫拉克勒斯之所在。在这里，情况也和我们在上文中所作的分析一样。autos是实体，eidōlon是它的虚像，是它的失真的“翻版”(或徒有其表的虚拟)，差别只在于帕特罗克洛斯的autos指的是他的身体(或真人)，而赫拉克勒斯的autos指的却是他死而复活的“活人”(或仙人)。尽管如此，在指对他“本人”这一点上，上述二例的所指没有质的区别。非常有趣的是，诗人对autos的认识，有时超越了我们所理解的生与死。我们将在下文中谈到，将autos解作“遗体”(或尸体、躯体)有可能趋于“狭义”，与psuchē和eidōlon形成对比的autos，似乎不应被简单地当作“肉体”解。在地府里，“强健的”(biēn)赫拉克勒斯已不复存在，有的只是他无力的影子，[①]psuchē(或eidōlon)不是赫拉克勒斯的精华，不是他的根本。真实的赫拉克勒斯不仅仍然活着，而且既然已经成仙，所以还将长生不老。诗人的心魂观颇有特色，显然与后世基督徒所信奉的灵魂绝对优于肉体的理念扞格不入，南辕北辙。psuchē是“本人”虚化后的影像，是活人死后进入冥府的形象残存，而不是他的体现生命价值和精神活力的精髓。与活人相比，psuchē丝毫谈不上完美，根本不值得羡慕。在诗人的生死观里，psuchē显示的不是神性和精神的优越，而是鲜活的生命殒灭后留下的不昭示来生希望的无奈。灵魂不在昭显神的恩德和人生之精华的层面上永生不灭。诗人不说psuchē绚美。如果说noos和noēma展示不同于外表的智性的美感，psuchē则“暗示”这种美感的终止。psuchē远离生命，远离明媚的阳光，也远离生活的多姿多彩。

特洛伊城下打响的既然是一场战争，就会消灭人的肉体，这在我们看来天经地义。但是，如此理解或许部分地有违荷马的本意。考虑到荷马设置的autos-psuchē对比的核心意指是强调人的实体(或本身、本真)与虚影的不同，这里所说的“部分”，还很可能不甚贴切，不能到位体现上述误解的偏差程度。特洛伊战争给交战的双方造成了重

---

① 然而，虎死雄风在。赫拉克勒斯的eidōlon的到来“如同黑夜一样”(11.606，比较《伊》1.47对阿波罗到来的描述)，把周边死者们的亡灵吓得“像鸟儿一样惊飞”(《奥》11.605—606)。

大的人员伤亡。阿基琉斯战力超群，自然会重创特洛伊人。然而，诗人的观点是，由于他放纵“邪毒的愤怒”，[①]危害剧烈，他也实践着宙斯的意图(boulēn)，[②]给阿开亚人带来了了无穷尽的苦难。[③] 诗人认为，阿基琉斯的愤怒(mēnin)造成了极为严重的后果，“把众多英雄强健的魂魄(pollas d' iphthimous psuchas ... hērōōn)打入了哀地斯的冥府，而把他们本人(autous)作为美食，扔给狗和各种兀鸟”。[④] autous(autoi 的宾格形式)指英雄(hērōes)本人(或自己、本身)，与 psuchas(psuchai 的宾格形式)形成对比，明显比后者更具实体的性质，更有资格代表战死疆场的英雄们。autoi 指英雄其人。我们注意到，在 autous 的位置上诗人没有代之以 sōmata(尸体、躯体)，[⑤]尽管以后人倾向于肉体心魂两分并认可灵魂不灭的思维定势来看，用它无疑更为贴切。我们或许可以由此得到某种启示，亦即荷马在这一上下文里所作的划分，很可能不同于后世西方人由于受柏拉图或基督教心魂观潜移默化的影响所形成的对“问题”的习惯性理解。autoi 很可能不仅指人的躯体(或尸体)，它还包含“其人”或“本人”的意思，指英雄们的实体，与虚缈的 psuchai 形成本体意义上的实与虚的对比。战争断送年轻人鲜活的生命，让人痛惜。autoi 指英雄们的实人(或本身)，而 psuchai 则徒有其表，只是他们飘游在地府里的缺少为人质体的虚形。如此看来，把《伊利亚特》1.4 里的 autous 通行地译作“尸体”(或“躯

---

① 《伊》1.1—2。

② 《伊》1.5。

③ 《伊》1.2。特洛伊人是进攻的受方，自然会饱受战争的伤害(3.159—160)。参考 3.50—51。

④ 《伊》1.3—5。灵魂是活人死后的虚影，既然已失去了生前的强健，因此也谈不上瑰美。按 M. M. Willcock 教授的理解，iphthmous psuchas 为一种换位修饰，“众多英雄强健的魂魄”(E. V. Rieu 便作如是释译，*Homer: The Iliad*, Penguin Books, Reprinted 1954，第 23 页)，意为“强健英雄们的众多魂魄”(*The Iliad of Homer*, Books I—XII, St. Martin's Press, 1978，第 185 页)。此解有一定道理，可资参考。但是，灵魂的强弱是辩证的，我们谈到过它的强劲和威慑力(参考第 125 页注②和第 140 页注①)。人死为大，死者的灵魂有“资格”接受活人的慰藉。参考阿基琉斯对(昔日的部下)帕特罗克洛斯亡灵的“呼唤”(《伊》23.178 以下)。

⑤ 此外，诗人也没有用诸如 demas(身体、躯体)或 nekus(同 nekros，“尸体”)一类的词汇。

体”)很可能不符合荷马的本意。① 正确的释译应该体现诗人和史诗人物的本体观,比如可以译作“他们自己”(或能够反映这一意思的类似表述)。② 有了这一认识,我们再回过头来审视《奥德赛》20.24 里的

① G. S. Kirk 教授认为,诗人在《伊》1.3—4 里把 living souls(psuchas)与 dead bodies(autous)形成了对比(*The Iliad*: *A Commentary* Volume I, Cambridge: Cambridge University Press, 1990,第 53 页)。这一诠释多少有点牵强。1.3 里的 psuchas 并不含带“活”的意思(原文中亦无“活”字),诗人似乎也无意使它具备这样的“附加值”。此外,倘若诗人有意突出 dead bodies(尸体、遗体)之意,他可选择意思更为明确的词汇(参考第 141 页注⑤),而不必用 autous 来勉为其难。M. M. Willcock 将 autous 解作“their bodies”(见第 141 页注④所引 Willcock 的著作,第 185 页),A. Land, W. Leaf 及 E. Myer 合译的 *The Iliad of Homer*(New York: Aimont Publishing Company, Reprinted 1966,第 15 页)和 R. Fagles 的 *The Iliad*(Penguin Books, Reprinted 1991,第 77 页)亦作如是释译,没有用 dead 予以修饰,做法上比 Kirk 含蓄,但似都还未及把思路调整到“他们本身”上来。Willcock 精当指出 soul(灵魂)只是“a strengthless shadow of the living man”(见第 141 页注④所引 Willcock 的著作,第 185 页),我们不妨可以把这一见解与上引 Kirk 的观点作个比较,作一“综合”分析。“在远古时代,”恩格斯写道,“人们还完全不知道自己的身体构造,并且受梦中景象的影响,于是就产生一种观念:他们的思维和感觉不是他们身体的活动,而是一种独特的、寓于这个身体之中而在人死亡时就离开身体的灵魂的活动”(《路德维希·费尔巴哈与德国古典哲学的终结》,《马克思恩格斯选集》第四卷,人民出版社,1995 年版,第 223 页)。观念的嬗变与时俱进。在柏拉图的著述里,autos 已失去了它在荷马史诗相关上下文里的重要性。身体(sōmati)必须受心魂(psuchē)控制,而不是由它自己(auto〈h〉autōi,《高尔吉亚篇》465C—D)。尽管如此,在医学领域,灵魂依附于身体的观点依然盛行。名医盖伦(Galen, Galēnus,约公元 129—210 年)就认为“灵魂是身体的混合物的奴隶”(G. L. Irby-Massie and P. T. Keyser, *Greek Science of the Hellenistic Era*, London and New York: Routledge, 2002,第 357 页)。

② 参考 A. T. Murray 的释译:themselves(*Homer*: *The Iliad* Volume I, Cambridge〈Massachusetts〉: Harvard University Press, Reprinted 1988,第 3 页)。J. Griffin 亦将《伊》1.4 里的 autous 解作“themselves”,与“brave souls”形成对比(*Homer on Life and Death*, Oxford University Press, 1980,第 44 页)。应该说,如此释译贴近作者的原意。然而,人们的理解也可能是倚重于直译的结果,也就是说,将 autous 解作“themselves”并不必然表明他们真正洞悉荷马对人本身的重视。所以,即便在释解中用了 themselves,著述者们依然有可能踏入解析的误区。“阵亡英雄们的灵魂(the *psuchai* of dying heroes)尖叫着坠入哀地斯,而他们自己(they themselves)则作为尸体(carcasses)留躺在地上”(R. Padel, *In and Out of the Mind*: *Greek Images of the Tragic Self*, Princeton University Press, 1992,第 31 页)。稍后,Padel 用了 carcass-self(尸体自我)一词,以释解《伊》1.4 里的 autous(同上)。显然,Padel 教授一不小心,在“they themselves”和“carcasses”之间画了等号。E. Rohde 认为,psuchē 可作“the other self”解(*Psyche*: *The Cult of Souls and the Belief in Immortality among the Greeks*, Routledge, 2002〈First published 1925〉,第 6 页),但他对这一“self”的论证却似不够绵密。荷马从不称 psuchē 为人的 autos,而 Rohde 教授以为人名(参见《伊》11.262)可以代指“himself”(亦即 autos)的观点(同上),似乎稍嫌牵强,值得商榷。不少西方学者似乎并不很在意此类语境中的 autos(autoi)。R. Garland 提到了 autos 与 psuchē 的区别并列举了《伊》1.2—5 的表述为例,但他的本意却不是为了突出 autoi 重于 psuchai (转下页)

autos，便不难看出上文提议的应宜将其译作奥德修斯本人，亦即“他本人”（或“他自己”）的道理。没有了 psuchē 固然表明生命的终止，但离开人体后，psuchē 也只是一个没有活力的虚影。战争消灭的不只是人的肉体。它吞噬生命，消灭的是英雄们本身，而留下的只是他们的不代表生命，因此也不昭示希望的虚影。皮之不存，毛将焉附？失去依托的灵魂只能飘离实体，脱离（英雄们）“自己”（autoi）。psuchai 的游荡不表示生命的存在；相反，它们的乌黑缥缈永久地意指死亡，表明人生以及与之相关的社会实践和价值观追求的终结。

（作者单位：中国社会科学院外国文学研究所）

（接上页）的本体属性，而是强调后者的虚缈（参阅 *The Greek Way of Death*, Ithaca and New York: Cornell University Press, 1985，第 12 页）。J. Burnet 相信荷马史诗里描述的灵魂“仅为自我（the self）的虚弱的复现”（*Early Greek Philosophy*, London: Adam and Charles Black, 1948，第 81 页），却只是一笔带过，未作任何说明。A. E. 泰勒指出，psuchē 不是“自己”，“对于荷马来说，‘英雄自己’是与他的‘鬼魂’不同的东西，是他的身体”（《苏格拉底传》，赵继铨译，商务印书馆，1999 年，第 84 页）。泰勒（生卒 1869—1945 年）教授是权威的 *Plato, the Man and his Work* 的作者，是一位有造诣的古典学家和哲学家，他的见解自然鞭辟入里。美中不足的是，他就上引论述中的“自己”未作不仅限于“身体”的阐释。考虑到论述者不是在针对性很强的语境里作出如是表述的，他的言简意赅以及不提荷马观点出处的做法，委实显得情有可原。J. M. Redfield 的解析可资参考。他援引 P. Chantraine 的 *Grammaire homérique* 对 autos 所作的解释，认为《伊》1.3—4 里的 psuchē（原文作 psuchas）可作（人的）“部分”或“拥有”解，与作为整体的“死去的英雄”（the dead hero）形成对比（“The Proem of the *Iliad*: Homer's Art”, in D. L. Cairns 〈ed.〉, *Oxford Readings in Homer's Iliad*, Oxford University Press, 2001，第 466 页）。颇为发人深省的是，他把《伊》1.3 里的 psuchas 译作“shades”（影子），而把 1.4 里的 autous 译作“them”（“他们”，同上，第 457 页）。

问难之属意

——柏拉图《伊安篇》中的文明对峙

郑小枚

内容摘要 《伊安篇》以"苏格拉底"出场，用一系列山重水复的提问，将伊安绕进了难以自圆其说的迷惑中。柏拉图以"灵感"对"技艺"的倾覆、"迷狂"对诗人创作的解说、诗链对歌手堕落的显形，呈达了对歌手权威和荷马传统的揶揄，展现出一种对峙：表面上是抒情诗与史诗的漠然相视，实际上暗藏着柏拉图时代对荷马时代的苛求。《伊安篇》的问难以诗为注目，属意则在诗外，是城邦文明演进史上，书写文明所引发的诗体之变对悠久口传冗蠹的责难。

关键词 柏拉图 《伊安篇》 苏格拉底 伊安 诗

柏拉图时代区别于前一时代的特征，是一切都在拆分与渗透中。仅诗歌领域，就有史诗、抒情诗、讽喻诗、剧诗（喜剧、悲剧、滑稽剧等）等诸诗类的分支和齐头并进；又如政治学领域里的君王术、哲学、智术、诡辩术等分门别类的自我构建。虽然原因和表现形态显得纷繁无序，但在这种蓬勃而纷繁的社会地表下，其文明线索是清晰的：书写文明的出现不但使希腊原有的人文因素充分展开，而且引发了城邦文明的嬗变。这个过程拆分着文明初创时的浑然一体，拆分着诸如单凭荷马史诗就能承担起民族记忆、文艺娱乐、城邦教育、历史反思等功能整全的载体寄寓。这个过程，用逐步细化的分类与分工，以书写文明所培育起来的知识阶层和日渐独立的精神追求，渗入原先庞然混一的领地。

在初时之混然为文明进程的拆分所萌动着蝉蜕的蠕动中，苏格拉底、柏拉图师徒，以独特的个人追求与风格，刻下了两代哲人对时代变迁的敏锐感应。

对《伊安篇》的解读，向来习惯聚焦于"迷狂"的阐发，但"迷狂"何为，缘何而发，却缺少打破湖面平静的追问。

一、“技艺”与“灵感”

柏拉图屡屡将哲思设定于情景对话中，这种写作方式，不仅把释读引入其师苏格拉底生前不断地向各色人等提问的纠结中，而且将视线引入当时风靡希腊的戏剧情景中。这种情景的特点是：剧作家本人隐身于剧情和演员背后——以戏仿道出他对世间的体察和见解，却不用现身亲口言说。“过去口述史诗的含义构成希腊文化的基础，以这些史诗为依据的传统故事现在被用来实现诗人们的目的”，[①]希腊戏剧，是写作取代口述、剧作家和演员取代史诗歌手的时代，对荷马传统的继承。换言之，它是在书写时代，于荷马诗体上生长起来的诗种，是荷马史诗的舞台化和戏剧化演绎。如约翰·E.彼得曼所说：“柏拉图对话也有类似的故事与争论交织在一起的情况。”[②]不管柏拉图如何以这种戏仿的方式制造自己“不在场”，不论柏拉图如何隐身于幕后回避对话中心位置的矛盾交集，也不论对话文本的观点是否呈达了作者的“出场”，以“苏格拉底”为出场人物的对话场景，都或隐或显地把时局与传统的纷争、思者与他者的歧见以及思者自身的内心纠结，用对话的形式参透。

在《伊安篇》中，柏拉图通过苏格拉底与职业诵诗人伊安的对话，把“希腊的最高明的诵诗人”[③]伊安，从赛诗会的匆匆行色中，诱入对话的羁绊。

伊安“解说荷马比谁都强”[④]的自诩并非虚妄，按他自己的解释，这种令人羡慕的本领出自他“在诵诗技艺上费过很多心力”[⑤]。作为技艺超群的史诗歌手，技艺既是伊安得以金冠华服聚拢听众中的本钱，也是他安身立命的饭碗。技艺的概念在古希腊包含着“技术”与“艺术”，作为“术”层面的技与艺，二者并无区别。希腊人认为，每一门人为的

① 约翰·E.彼得曼：《柏拉图》，胡自信译，北京：中华书局，2002年，第37页。

② 约翰·E.彼得曼：《柏拉图》，第37页。

③ 柏拉图：《伊安篇》。见《柏拉图文艺对话集》，朱光潜译，北京：人民文学出版社，2008年，第15页。

④ 同上，第6页。

⑤ 同上，第6页。

技术或艺术，都是凭借一套专门知识建立起来的，是对自然之不足的添补，"技艺"一词所包含的技术与艺术之"术"，在汉译的"术"一词中，恰如其分地满足了其本身由"人为"所设定的含义。这种"术"类知识，既然是人为造就的，就在人的掌控之中，可以通过理性提炼使之变得高超。然而，苏格拉底把伊安的自夸当作铺路石，用一系列山重水复的提问，将伊安绕进了难以自圆其说的迷惑中，此时，苏格拉底说：

> 你这副长于解说荷马的本领并不是一种技艺，而是一种灵感……有一种神力在驱遣你，像欧里庇得斯所说的磁石……诗神就像这块磁石，她首先给人灵感，得到这灵感的人们又把它递传给旁人，让旁人接上他们，悬成一条锁链。①

正当伊安为自己的技艺得意时，苏格拉底步步为营地将他引入了"灵感说"之瓮。

灵感说之所以让伊安无法拒绝，是因为此说背后有着诗神缪斯的身影。刚从赛诗会上折桂归来的伊安，对《伊里亚特》和《奥德赛》开篇呼唤诗神缪斯的祷辞了然于心：歌者先呼告缪斯，只有神力降临，才能顺畅地讲出史诗的故事，不仅伊安和众歌手如此，其祖师爷荷马也必如此。所以，苏格拉底指出，诗来自"一种神力"。诗源的"神力说"，把伊安的"技艺说"挡在了诗外。按诗源自"神力"之说，伊安演诵或解说荷马史诗所表现出来的"才能"，是神性的闪现，是神灵的垂爱，这种神恩，不能均分也不可能分享，故能精彩地讲解荷马史诗者凤毛麟角，这便解释了同是歌手，为何伊安却比其他人高明的原因。柏拉图顺着伊安"自觉解说荷马比谁都强"的自诩，将诗才归因于神赐，这种才能不可与常人所习得的"技艺"相提并论，否则伊安虽非车夫、木匠、医生、渔夫、牧羊人、将官、弹奏者，却能把史诗中有关驾驭、修车、医术、牧人、统兵、竖琴演奏等解说得栩栩如生，有如亲临，如果不是神启灵感，伊安如何能把这些对他而言的陌生技艺讲解得如同身怀？

对伊安的疑问，苏格拉底拎出了廷尼科斯的例子："他平生只写了一首著名的《谢神歌》，那是人人歌唱的，此外就不曾写过什么值得记

① 柏拉图：《伊安篇》。见《柏拉图文艺对话集》，第6页。

忆的作品。这首《谢神歌》倒真是一首最美的抒情诗,不愧为'诗神的作品',像他自己称呼它的。神好像用这个实例来告诉我们,让我们不用怀疑,这类优美的诗歌本质上不是人的而是神的,不是人的制作而是神的诏语;诗人只是神的代言人,由神凭附着。"[①]如果诗出于技艺,那么,诗人为何不能将这种技艺施于他所创作的每一首诗,而只是偶有佳作?正是因为诗歌创作的非个人意志性和不可控状态,是知识、理性无法抵达的领地,所以成为技艺的无用武之地;诗是神秘灵动而难以捕捉的,没有灵感的降临,没有思绪的翻涌搅动起没有不吐不快的激越,诗的诞生是难以想象的。这些充满混沌不明情状的诗态,把"技艺"挤兑到与诗无关的角落。就技艺而言,廷尼科斯并不出众,他的诗因平庸而无人记取,凭他做诗的平平技艺,不可能有《谢神歌》那样的神来之笔;他一生的平淡无奇不过是一个普通人的正常状态,偶得佳作反而是其一生中的传奇事件,是诗神一闪而过留下的证明。这种庸人杰作案例,除了偶获神力附身,无从解释。

在做诗过程中,神恩、神启是如何成为诗人之灵感的,即在诗人与诗之间,神力如何发生作用?苏格拉底说:

> 凡是高明的诗人,都不是凭技艺来做成他们的优美的诗歌,而是因为他们得到灵感,有神力凭附着。科里班特巫师们在舞蹈时,心理都受一种迷狂支配;抒情诗人们在做诗时也是如此。他们一旦受到音乐和韵节点力量的支配,就感到酒神的狂欢,由于这种灵感的影响,他们正如酒神的女信徒们受酒神凭附,可以从河水中汲取乳蜜,这是她们在神志清醒时所不能做的事。抒情诗人的心灵也正是这样,他们自己也说他们像酿蜜,飞到诗神的园里,从流蜜的泉源吸取精英,来酿成他们的诗歌。他们这番话是不错的,因为诗人是一种轻飘的长着羽翼的神明的东西,不得到灵感,不是去平常理智而陷入迷狂,就没有能力创造,就不能做成诗或代神说话。[②]

---

① 柏拉图:《伊安篇》。见《柏拉图文艺对话集》,朱光潜译,北京:人民文学出版社,2008年,第7页。

② 同上,第6—7页。

这里,苏格拉底用"科里班特巫师们"在舞蹈中身不由己的状态、"酒神的女信徒们"将河水变成乳蜜的情形,比喻诗人由日常中的普通人,因诗神附身而神志"迷狂"的状态。这种迷狂是灵感闪现时诗人失掉自己凡常性的特殊情态,在迷狂中,诗人能够创作出他在正常情况下无法做出的诗,一如科里班特巫师和酒神的女信徒那样点石成金、汲水成蜜,诗人在得到诗神灵感而失掉常人理智的迷狂中,迸发出非凡的创造力,将题材在思、情、语的酿制中,喷薄成优美的诗。因而,对诗人来说,"迷狂"难得,在希腊哲人那里,"疯狂是件高贵的事,是出于神的命定"[①],神力将巫师、信徒、诗人的正常心智暂时摄空,"夺去他们的平常理智,用他们做代言人"[②],为此遮蔽其自我意识,使其陷入难以自已的迷狂状态,神力则通过诗人的迷狂做功——产出诗。在诗人与诗之间,迷狂是一条通神之道,没有诗神的驱遣,没有迷狂之暗涌,诗人大都只能如廷尼科斯那样一生平庸,徒添些转瞬即逝的文辞堆积。在此意义上,诗歌本质上不是人的,而是神的。

二、"迷狂"道场招来何物

在苏格拉底的举证中,廷尼科斯和他的《谢神歌》虽未能见,但凭诗名可知它不是史诗那样的叙事诗,而是一首"人人歌唱的"、"最优美的"抒情诗。《谢神歌》之所以映现在苏格拉底眼底,是因为廷尼科斯之"写"——"他平生只写了一首著名的《谢神歌》";而伊安被选为对话对象,是因为伊安之"说"——他"解说荷马比谁都强"。廷尼科斯之"写"与抒情诗有着密不可分的文明关联,它是柏拉图时代与荷马时代不同的文明性质在诗歌领域的刻痕,当书写需要与知识阶层在时代的文明层级上相生相长时,当书写者与诗歌相结合时,诗歌不能不发生迥异于前的变化。除了从史诗的叙事传统中蜕变出更加舞台化、戏剧化的剧诗外,诗人自身的情感世界也日益成为这个逐步独立出来的书写阶层对自己的探问和表达,而抒情诗从外部世界朝个人内心洄游的

---

① 克莱因:《柏拉图的〈伊翁〉》。见王双洪译疏:《伊翁》,上海:华东师范大学出版社,2008年,第206页。

② 柏拉图:《伊安篇》。见《柏拉图文艺对话集》,第7页。

路向，呈达了诗在拆分中卸除记史重荷，为自身于生活的延绵所自然冲决的谷地。在此文明阶段中，伊安所代表的史诗之“说”，已经成为希腊传统的象征，它在成为伊安们所热衷的“赛事”以及泛雅典娜节上的奠仪时，也在以逐渐经典化的华美与热闹，完成其消亡前的隆重谢幕。尽管这种“说”诗的传统，在“写”对口传时代的替换中，以又一波著名的叙事文艺——希腊戏剧为其续体，但它自身已经在日益文学化的途中，从文盲歌手阶层转入剧作家的书写文人手中；同时，由于后起的剧诗于继承中加大了戏剧冲突的比重，进行了增加演员和场次的改制，使一出故事由原来集编创于一身的歌手独角戏，变为更近似社会缩影的编演分工以及多人、多场景剧目，并在此变身中掺入和放大了舞台化、演出化的公众性，诗与剧在这样的蜕变中悄然疏离，最终将二者的分途引入了抒情与叙事、私情流露与大众欣赏的不同渠道。

在对话中，论战的焦点落在桀骜不凡的“迷狂”与四平八稳的“技艺”对垒上，而暗含于其中的诗式对立往往被忽略掉。《伊安篇》这个容易被忽略的节点，却隐伏着拆分与诗事延伸的宏大背景，隐含着柏拉图欲言又止的理据幽微。柏拉图“把荷马史诗所描述的那个刀光剑影与鲜活的肉体相冲突的世界转化为一个语言与观念相冲突的世界”，[①]抒情诗人的屡屡出场作证，道明苏格拉底眼中的诗人，不再只是荷马那样具有沉重历史感和大刀阔斧地裁剪、整合英雄故事的史诗歌手，而是“一种轻飘的长着羽翼的神明的东西”。“迷狂”的出现，倾覆了希腊诗歌传统中精于故事安排的叙事理性，攘退了技艺所构建起来的诵诗传统，在苏格拉底所言的诗人与诗例中，充满了无法用技艺说明的情状，“像酿蜜，飞到诗神的园里，从流蜜的泉源吸取精英，来酿成他们的诗歌”，其中的非戏剧冲突、非苦练技艺的轻盈状态，只有抒情诗的成诗过程与其抒写个人情感的空灵性可以证得。

仔细检视“苏格拉底”的解说，虽然有道理，但其论说却非卯榫相合，其不合理之处是：他以伊安对荷马史诗的解说为起点，但所论述的“迷狂”却与史诗实情相去甚远，与伊安相去甚远。在这里，替柏拉图出场的“苏格拉底”揣着明白装糊涂，为了让伊安接受“灵感”说，他隐匿了一个体裁秘密。

这个秘密在于：“狂迷”多适用于抒情诗和抒情诗人。柏拉图有意

---

① 约翰·E.彼得曼：《柏拉图》，第111页。

无意地模糊了史诗与抒情诗的重大区别，他没有让“苏格拉底”告诉伊安，在叙事与抒情之间，体裁承载着截然不同的做诗旨意、做诗方式以及不同时代的精神辐射。于是，抒情诗人一次次出场为苏格拉底的灵感说作证：科里班特巫师的迷狂，与抒情诗人做诗时迷狂状态的相似性；酒神的女信徒受神附身汲水为蜜，与抒情诗人在神力引领中失掉凡人俗性、将凡常语言能力演绎为诗句的点石成金是一样的。

> 抒情诗人在做诗时也是如此……
> 抒情诗人的心灵也正是这样……[①]

正是抒情诗人的“证词”，为苏格拉底赢取了“灵感”对“技艺”的反驳。伊安以及他所代表的史诗叙事经典，是一个强大不可冒犯的希腊背景，在这样的背景下，穿插进来的抒情诗是一个鲜活的参照，支离、分解着正在发生变化的希腊传统。在“灵感”与“技艺”的较量中，抒情诗脱离宏大叙事的个性灵动，抒情诗从情深处激发的诗语倾诉，与“迷狂”一拍即合，它更切合柏拉图时代诗向偶然领域和个人领域的伸展需要，更符合哲人对诗的人文理解，从长远的文学史观瞻，它符合诗脱离史与歌而独立发展的趋向。

柏拉图以苏格拉底“迷狂”与“灵感”的论述，创造了一个闻名遐迩的诗学事件：关于诗神的神恩和诗人的迷狂之于诗的创作。然而，但在这个事件的核心解说中，只见抒情诗与诗神、迷狂的对应，却难见史诗甚至希腊戏剧与灵感说的契合。换言之，苏格拉底所持的论点和论据，都指向抒情诗。

于是，这里便出现了一道裂缝。苏格拉底谈诗，是因伊安对诗的“技艺”说而来的，技艺与史诗的联系出于伊安脱口而出自然，这种不假思索的自然，包含了史诗数百年甚至更久远的行业传习。对歌手乃至希腊城邦而言，史诗本来就是一种代代相传的谋生手段，学诵者从歌手那里听取史诗演唱，训练自己熟记历史故事，同时训练自己掌握各种套语和格式，训练自己如何在人群的围拢中绘声绘色地讲述故事，“从荷马起，一切诗人都是只是摹仿者”[②]，摹仿是技艺的要诀，学诵

① 柏拉图：《伊安篇》。见《柏拉图文艺对话集》，第6—7页。

② 柏拉图：《理想国》。见《柏拉图文艺对话集》，第62页。

者不仅需摹仿成熟歌手对史诗的演述，而且要模仿史诗内各种不同的人物，以此完成对史诗全角色的演绎。没有技艺，便没有史诗赖以生成、存活和传承的机制，史诗藉技艺的打磨而精彩饱满、流传千古，技艺则靠史诗建立起一套完整成熟的程式，使诵诗活动职业化，养活一批以此为生的歌人。伊安的反应出自本能，出自史诗与技艺与生俱来、相生相长的天然性。

实际上，不自然的是"苏格拉底"，他似乎早就等在伊安经过的途中，等在"技艺"的路口。

三、断裂的诗链

以诗的名义论说"迷狂"，引入抒情诗的为诗模具——这一切实际上与伊安和他口中的史诗相去甚远，但苏格拉底没忘记将"迷狂"之名扣在伊安头上："像你自己解说荷马那样"。① 苏格拉底的话并非真心，不过是顺便将话题绕回伊安身上，这是苏格拉底的狡黠之处，"他仿佛一条变色龙，能够变得与对手浑然一体，而且使用他们的术语和论证，有时甚至推动他们开始批评自己的思想"。② 然而，这种绕法却显出了蛇足的用心。就对话逻辑而言，伊安之于荷马史诗是苏格拉底论证过程的最后落脚点——一个并不打算展开而一语带过的论证修辞法——将问题抛回伊安，让伊安也成为捎带的论据之一。但是，这句看似轻抛的捎带，却是一个值得推敲的"论据"：从科里班特巫师、酒神的女信徒到廷尼科斯，苏格拉底据以说明的人、事、诗都指向抒情诗，只有伊安代表史诗；在这段著名的言说中，苏格拉底所说的都是诗人"做诗"，只有伊安是"解说"。

这种"解说"的职业，彰明伊安是依附于诗的解说者，而不是诗的直言者、真言者或始言者。这种依附者的角色，让柏拉图耿耿于怀：伊安之"说"，在金冠华服、荷马权威的光环下，究竟是何物？

原始史诗步入诗与剧的分途，不仅表现于"写"对"说"的取代，也体现于"说"自身的堕落。苏格拉底用"迷狂"的试剂，探出伊安之"说"

---

① 柏拉图：《伊安篇》。见《柏拉图文艺对话集》，第 9 页。

② 约翰 · E. 彼得曼：《柏拉图》，第 117 页。

的非原创性及其表演本质：当伊安"对着两万多待他友好的听众"时，[1]他"在朗诵哀怜事迹时，就满眼是泪；在朗诵恐怖事迹时，就毛骨悚然，心也跳动"，[2]这些感情变化是出于诗人般的迷狂吗？伊安的答复与迷狂南辕北辙：

> 我从台上望他们，望见我在朗诵时，他们的面孔上都表现哀怜、惊奇、严厉种种不同的表情。我不能不注意他们，因为在受报酬的时候，我如果不曾惹他们哭，自己就不能笑；如果惹了他们笑，自己就得哭。[3]

伊安诵诗时种种貌似投入的情感，不过是为俘获观众共鸣、谋取演出报酬所练就的煽情技巧。一个歌手是否善于以解说史诗煽动听众的内心情感，不但是其演技是否娴熟的标志，而且是其能否骗取听众眼泪而增加收入的手段，伟大神圣的荷马史诗对于伊安来说，"无异于鞋子之于鞋匠，铁器之于铁匠"，[4]换言之，对伊安而言，"荷马史诗也许只是他取食的餐桌"。[5] 在此意义上，伊安之"说"，确实是一种技艺，伊安对自己"在诵诗技艺上费过很多心思"的说法，是诚实的。狡黠的是"苏格拉底"，他用"狂迷"的神性附身、用抒情诗于个人情感抒发的纯粹性，去显微伊安的商业操作，去放大伊安的内心杂念，让伊安之"说"在"狂迷"神性和纯然性的比照下现形。

抒情诗人之"写"与伊安之"说"的区别，不仅在于实质上迷狂的虚实之差，还来自程序上迷狂的程度，即在迷狂的深与浅之间，显现着神力的强弱。"轻飘的长着羽翼的神明的东西"，其神力是以链条的环环相扣惯行于诗歌全程的：诗神→诗人→诵诗人→观众。

> 这些环都从一块原始磁石得到力量；你们诵诗人和演戏人是些中间环节，而诗人是最初的一环，你知道不，通过这些环，神驱遣人心朝神意要他们走的那个方向走，使人们一个接着一个悬在

① 柏拉图：《伊安篇》。见《柏拉图文艺对话集》，第8—9页。
② 柏拉图：《伊安篇》。见《柏拉图文艺对话集》，第8页。
③ 柏拉图：《伊安篇》。见《柏拉图文艺对话集》，第9页。
④ 《伊翁》，第114页。
⑤ 《伊翁》，第94页。

一起。[①]

这个链条是继迷狂之后，柏拉图布下的又一个迷阵。其蹊跷之处是，在诗神(原点)与观众(终端)之间，存在两个中介：诗人与诵诗人。

在诗链中，以"近"而言，诗人离神最近，诵诗人离观众最近；反之，诗人离观众远，诵诗人离神远。在这远远近近的关系中，柏拉图为何要设置两个中间环节？

从伊安被选为对话者来看，史诗应最先被套入这个链条模式：缪斯→荷马→伊安→听众。对于史诗的生发链条，苏格拉底说："诗人是最初的环节，旁人都悬在这上面，有人从俄尔甫斯或缪赛俄斯得到灵感，但是多数人是由荷马凭附着，感发着，伊安，你就是其中之一。"[②]在此链条中，"大诗人们都是受到灵感的神的代言人"，而诵诗人"是代言人的代言人"。[③] 表面上看，史诗的传递确实是有着类似的路径——如果缪斯作为史诗策源者可以成立。问题是，荷马实际上是与伊安一样的史诗歌手，而不是一个纯然的诗人，以"荷马"命名的史诗或许在他那里经历了大幅度的改头换面，使他成为原始散乱史诗故事的整合者——为了使讲述更连贯和具有戏剧性，他履行了一个早期诵诗人编构史诗的义务。于是，这条诗链在同类项的合并中为：缪斯→荷马(伊安)→听众＝神→演员→观众。史诗歌手将历史故事融于当众讲述、编创一体的形制，即荷马时代无脱离歌手生涯而独立存在的专职诗人的事实，使"诗人"成为一个虚设的环节，即在史诗的传诗过程中，并没有真正意义上的诗人，诚如皮埃尔·维达尔-纳杰所言："荷马不是游吟诗人，而是一位'歌者'，这一词语源自希腊语中的'aoidos'，意思是'唱歌的人'。"[④]若此，将时间切回荷马时代，诗人将不存于诗链之中，在荷马史诗的传诗史中，向来没有纯粹的诗人，换言之，柏拉图时代以写诗而非诵诗独立于世的诗人，在史诗时代还不可能出现。因此，柏拉图给出的诗链秩序，在史诗的代入式中，"诗人"环节令人生疑，问题出在：荷马是与伊安一样的诵诗人，那时以写作隔绝于表演的"诗人"

① 柏拉图：《伊安篇》。见《柏拉图文艺对话集》，第9页。

② 同上。

③ 柏拉图：《伊安篇》。见《柏拉图文艺对话集》，第8页。

④ 皮埃尔·维达尔-纳杰：《荷马的世界》，王莹译，北京：中国人民大学出版社，2007年，第3页。

尚未出现。诗链中的两个中间环节，实际上只有一个真实存在。

其次，将此链代入苏格拉底视野中的诗，即“轻飘的长着羽翼的神明”所凭附的诗，链条的形式将又一次发生变异：缪斯→诗人→读者/听众。此处，消失了的是诵诗人——歌手“荷马-伊安”。诵诗人在抒情诗中是没有位置的，虽然曾经存在阿喀修斯那样的抒情诗歌手，但就时代流行习俗而言，抒情诗在圈子里的阅读和直接流传于大众传唱，革除了歌手的存在的必要。在这样的时代，连史诗都已经是被书写下来而供阅读的了，职业诵诗人随着书写和阅读的出现、随史诗分岔为抒情诗和戏剧两个发展方向导致欣赏习惯的改变而走向消亡，或转型为戏剧演员，是希腊踏上新的文明阶梯后必然经历的演变。在这个链条中，被抛出的是史诗歌手伊安。原先设计的两个中间环节仅余一个，即在神与人之间，只有诗人代神言说。

第三，将诗链嵌入似诗非诗的希腊戏剧，得出的镜像是：缪斯→剧作家(诗人)→演员(诵诗人)→观众。此链可抽象为：诗神→诗人→诵诗人→观众。在此链中，四种成分排列整齐并一一对应，柏拉图给出的诗链终于在此配平了与诗歌现实的等式，从诗神磁石发出的引力，在此得到了完满的演绎：只有希腊戏剧的形制，最适合由诗神出发，经过剧作家、演员两个中间环节，然后抵达观众的诗链全程。

在此图式中，柏拉图究竟窥测了什么？

《伊安篇》文本所采取的对话形式，是一种类似希腊戏剧的戏仿。在戏仿中，柏拉图本人以剧作家(诗人)的笔法，隐身于文本背后，苏格拉底和伊安是他选中的人物(演员/诵诗人)，其“观众”是无数在日后几千年中《伊安篇》的潜在读者。这种戏仿文本亦可链起一条类似的传导路线：神明→柏拉图(诗人)→苏格拉底、伊安(演员)→读者。在此链条中，柏拉图是“最初的一环”，离神明最近，他编制剧本代传神谕，而苏格拉底和伊安不过是按他的剧本演出的演员。在此链中，柏拉图很清楚各环节、各成分之间所结成的因循关系，诗人“最初的一环”的含义，代神操纵诗文对其以下环节进行编排。《伊安篇》与柏拉图的所有对话文本一样，本身是一个满足其诗链结构的作品。缔结并操纵此诗链的柏拉图，对各种诗体及其缺环的意味了然于心。

这些对话的创作基础是荷马的传统，特别是荷马史诗在公元前5世纪的演变;在这个时期,戏剧和悲剧发展成为人们讨论批评和解决社会问题与价值观念的主要场所。[①]

以对话模式为范本的荷马传统,在柏拉图时代以戏剧的形式“成为人们讨论批评和解决社会问题与价值观念”,柏拉图热衷于设置对话场景的戏剧癖就显得合情合理。在对话中,既然诗链本是为伊安设的局,那么,再次回到伊安据以生存的荷马史诗,将简式复位并展开为一个完整的诗链,可以得到什么?

诗神→演员→听众 …………………………………………… (1)
=缪斯→荷马(伊安)→听众 ……………………………… (2)
=缪斯→荷马(兼职诗人)→伊安(诵诗人)→听众 …… (3)
=缪斯→剧作家(诗人)→演员(诵诗人)→观众 ……… (4)

在(3)和(4)的一一对应中,希腊戏剧对史诗传统的继承一目了然。

然而,柏拉图列出的诗链并不是为了说明这种传承关系,他并不想将对话文本与伊安的口头史诗做一种等式对比。在迷狂的显微镜下,伊安为骗取诵诗报酬而搬弄表演技巧的行径,截断了史诗的神性,在这看似完整的链条中,神性的断裂赫然袒露。伊安如此,那么,在诗链的简式(1)和(2)中,与伊安同位的荷马呢?他也跌落在裂谷中了吗?

这是柏拉图所深深质疑的。因为,“荷马的确是悲剧诗人的领袖”。[②]

在另一条诗链上,没有演员(诵诗人)的抒情诗,使诗人承负的神意真言,出自身不由己的“迷狂”,并由诗人面向读者(听众)宣示神谕,这样的传递路线最短,而且没有掺杂歌手的私欲,对神意的折损和散失最少,即在几条诗链中,经由诗人而抵达读者的路径,神力的传导程度最深;反观史诗中演员为算计报酬假装“迷狂”,导致神性断裂的情形,对缪斯的敬意和对神谕的领会,已经大打折扣,经过歌手商业演出

---

① 约翰·E.彼得曼:《柏拉图》,第37页。

② 柏拉图:《理想国》。见《柏拉图文艺对话集》,第54页。

的断裂和弯曲，抵达听众心里的神意，除了人们熟知的故事和伊安们设计的噱头，所剩无几。

在柏拉图设计的诗链中，以诗意的纯粹性而言，荷马史诗歌手，是一种诗的赘物，他们依附于诗，却败坏着诗，是诗走向自我性过程中的"多余"物。然而，这种赘物并不自我显现为"多余"，它以潜入城邦世俗生活的方式，吸附于人们习以为常的环境中，无法分辨和分离。所以，对诗之赘物的辨别，需经诗链的图式化才能被看出。

平心而论，史诗的演诵与流传，本质上是无法脱离谋生的功利追求、无法超越商业活动的——它本源于歌手的生存需求，故诗链的断裂不可避免。因此，苏格拉底与伊安的对话，展现着一种对峙：表面上是抒情诗与史诗的漠然相视，实际上暗藏着柏拉图时代对荷马时代的苛求。

其实，抒情诗和抒情诗人，对柏拉图的论说而言，并不是一个"合法"恰切的例证，"轻飘的长着羽翼的神明的东西"，是抒情诗精灵般游动的意态，却不是一顶适合史诗的帽子。柏拉图在对话中偷梁换柱、指鹿为马，每次都从"抒情诗人"的举证中很快滑入"一般诗人→史诗诗人（荷马、伊安）"的阐述，用抒情诗单纯为情而诗、为诗而诗，没有歌手或演员商业演出环节的率性，来鉴照史诗不光彩的一面，用它来鉴照这种传统由来已久的堕落，由此标示诗品与城邦诗教准则。在这里，诗品对诗体、抒情对叙事的颠覆，是柏拉图对歌手权威和荷马传统的揶揄。

对伊安的嘲弄远没有消除柏拉图对史诗的不满，他在设计理想国时，索性"禁止一切摹仿性的诗进来"①，把这类诗人逐出他的国度。这种对荷马传统的强烈排斥显然不仅仅出自单纯的诗学见解，而有更为深刻积怨：

> 事实上，正如哈弗洛克那漂亮的阐释所示，柏拉图的整个认识论无意之间注定要排斥口语文化这个古老的、口头的、热情的、人与人互动的生命世界（这个世界的代表是诗人，可他不允许诗人进入他设计的共和国）……柏拉图根本没有意识到他的心灵里的无意识力量，他的理念是识字人对迟迟不肯退场的口语世界做

① 柏拉图：《理想国》。见《柏拉图文艺对话集》，第54页。

出的反应，或者说是过分的反应。[①]

正是柏拉图"心灵的无意识力量"，《伊安篇》中仅一个"技艺"和"诗链"，就像黑洞洞的沟壑，隐伏了供几千年争论不休的问题，而当人们以为已经讨论清楚而接近答案时，柏拉图却仍在暗示。

这种无尽的问题诱惑，对讨论而言，既是难题，也是豁口。即作为一种书面语的挑战，读者找不到任何可以反击的对象，柏拉图不仅躲在文字背后，而且躲在"苏格拉底"皮囊下，掷出一个又一个的辩难，犹如抛出一个个谜面，他身后的来者，被这种带有尖锐倾向的谜面激起回应，形成了无数面向诗思自身的反省或反抗。柏拉图的这种自涵与敞开并存的意味，从某种意义上来说，源于他伫立于文明晋级之间前后级差相错的矛盾，由此形成了其思想于讽喻中的暧昧，这种暧昧使他在哲学批判的锋芒中，留下了涵容抗辩和诘释的可能。

沃尔特·翁沿着哈弗洛克的阐释，指出了柏拉图在设计对话时自己都未必意识到的内心冲决力，是出自对口头传统的厌恶：

> 柏拉图讨厌诗人，但他没有意识到他对诗人的讨厌实际上是对过去口头诗人体系的讨厌；如今我们明白，这就是事实。他之所以讨厌诗人，那是因为在他生活的时代，拼音字母表已经内化，已经影响到希腊人的思想，包括他本人的思想。[②]

沃尔特·翁所说的"内化"，是指"书写"从一种人为的、非自然的行为，逐步内化为人的后天自在和第二自然的进程，在此过程中，人的历史性与文本的特性互为鉴照，已经演化为那一时代的城邦文明形态。就此而言，"荷马问题"的由来，不是源于后世古典学界的论争和考辨，而出自柏拉图本能的"讨厌"，在"讨厌"传递的个体情绪表述下，是诗界所引发的西学史上首次"古今之争"。

当苏格拉底和伊安的争执内耗于《伊安篇》文本时，柏拉图则在硝烟中全身而退。这种隐身术，在苏格拉底之申辩和苏格拉底之死的背

---

① 沃尔特·翁：《口语文化与书面文化》，何道宽译，北京：北京大学出版社，2008 年，第 61 页。

② 同上，第 129 页。

景下，实施了文本与现实的相隔，保全了柏拉图的思想自由，也保全了他的调侃和迂回，使对话带有了云遮雾罩的辨析难度，实现了“写”之时代新锐对“说”之传统权势的策略和挑逗。柏拉图的文字之所以显得复杂难辨，除了他匿藏于文字和苏格拉底面具下的问难，还在于他据以问难的“论据”——抒情诗，在面对希腊强大而盘根错节的史诗传统时的懦弱，以致语焉不详、文意难猜。这样的混沌存在于柏拉图的多篇对话中，但柏拉图似乎不以为意，“他打算把这种含混作为他的遗产，作为他留给读者的哲学赠礼”。①

《伊安篇》的问难以诗为注目，属意则在诗外，是希腊城邦演进史上，书写文明所引发的诗体变迁对悠久口传冗蠹的责难。然而，柏拉图自以为安然的攻讦，“将从他本人最优异的学生那里接受这种反驳”，②亚里士多德以《诗学》发起的辩护，在伊安的逗留处，演绎了历史上第一轮主奴辩证法式的西学自讼。

（作者单位：海南大学学报编辑部）

---

① 约翰·E.彼得曼：《柏拉图》，第9页。

② 哈里维尔：《〈诗学〉的背景》，陈陌译，朱振宁校。见刘小枫、陈少明主编：《诗学解诂》，北京：华夏出版社，2006年，第42页。

近现代美学

西方审美文化观的流变与主旨①

王柯平

内容提要 在西方文化精神史上，审美文化（*asthetischen Kultur*/aesthetic culture）是一特殊概念。在其历史流变过程中，不同时期的不同思想家赋予其不同的内涵。在18世纪的德国，康德与席勒认为审美文化主要涉及文化教养与审美修养，人类借此可以实现更高的目的，即不断摆脱自身的动物性，逐步发展自身的人性和德性，进而走向精神的自由与独立。在19世纪的英国，斯宾塞认为审美文化是人类幸福的根本需要，对于实现教育的完整性和丰富社会人生具有重要意义。莫里斯认为审美文化效应有助于改善工人阶级的精神文化生活，提高他们的文化修养与鉴赏水平，缩短他们与中上层社会的差距。阿诺德认为审美文化有助于促进人类完善的境界，有助于克服附庸风雅、粗俗自满与无政府状态。佩特认为审美文化有助于推进人生的艺术化，有助于实现个体和谐存在与精神圆融的生活理想。在20世纪的西方，利维斯、马尔库塞、沃尔佩和阿多诺在新的意识形态和文化产业发展的条件下，分别从文学文化与批判理论的角度揭示了审美文化的追求目的、相关问题与表现方式。在当代语境下的中国，基于历史的视角来反思审美文化现象无疑具有一定的理论意义和现实意义。

关键词 审美文化 文化 艺术 教化

美学是文化的一部分，是文化理想和精神的集中体现。美学所研究的审美判断及其审美标准，“要比其他几乎所有的人类行为更能代

① 数年前本文作者曾撰写过两篇谈论西方审美文化的短文，一篇为《西方审美文化的绵延》（见《浙江学刊》1998年第2期），另一篇为《西方审美文化溯源及其反思》（见《论审美文化》2003年）。近年来对维多利亚时期的审美文化时有涉猎，这次在总括前文要点基础上，将相关内容加以扩充，呈送《外国美学》刊载，以期得到诸君雅正。

表某一文化的特性。”①20世纪后期以来一直时兴的文化研究,也“自认为是一种美学批判活动”,这是由于文化作为“整体生活方式”,其自身在狭义上也是一种与美学相辅相成的伦理实践活动。如此说来,文化在内在本质上“与伦理学和审美鉴赏力的理想境界”密切相关。② 其实,早在18世纪德国古典哲学时期与19世纪英国维多利亚时期的文艺批评领域,文化就已成为重要的人文概念,其精神或审美层面备受重视,为审美文化(*asthetischen Kultur* / aesthetic culture)的发展奠定了历史基础。当我们今日从历史的角度来追溯西方审美文化观的流变过程中,也必然会引起我们对某些问题的反思和觉解。

1. 康德与席勒的审美文化理念

在理想主义文化批评的氛围中,德国古典美学家惯于把文化与精神自由联系起来,与构成人类本质力量的内在因素联系起来,与人的内在人格的自我完善联系起来。譬如,康德(I. Kant,1724—1804)在《判断力批判》中,曾对“文化”(*Kultur*)做过这样的界定:文化是在理性存在者身上生产一种能力的过程,这种能力旨在实现种种一般目的,从而使理性存在者获得自由。所以,只有文化才会是我们在考虑

---

① P. K. 博克认为:审美判断是指对人、物、事的悦意性或美感的评价,不过,正如我们将要看到的那样,道德和实践的标准有时参与其间。……审美判断比其他几乎所有的人类行为更能代表某一文化的特性。一个社会中的艺术、音乐和文学—狭义的文化—蕴含着赋予某一传统的特殊风格的形式与内容的思想。众多民众遵照共同的美的概念进行判断和选择便产生了这些艺术风格。……艺术家利用这些技术创造完美和新颖的形式—这些形式表现文化理想,而这些理想又必须通过审美标准判断。”参阅 P. K. 博克:《多元文化与社会进步》(余心安等译,沈阳:辽宁人民出版社,1988年),第283—284页。

② 当代文化学家亨特(Ian Hunter)认为:文化研究非但没有超越传统的文化审美观念,反倒在各方面受到这些观念的极大影响,这些观念大多以秘而不宣的方式,极大地影响着文化思想研究课题的方向和进程,同时也影响到从事这类课题研究的方式。在这方面,亨特总结指出,“文化研究为美学所设立的范围,就是文化修养知识或实践活动所涉及到的范围,这不仅有别于工作与政治等促进人类发展的动力,同时还通过把文化转向伦理学和审美鉴赏力的理想境界来延缓进一步的发展。考虑到这一限定性陈述,超越上述范围的途径便明确了。在狭义上,与美学相关的文化伦理实践必然归于作为整体生活方式的文化之中。这样,也就是通过把美学纳入经济和政治发展过程中的方式,便有可能使自我实现的承诺成为现实。”这显然带有浪漫主义美学思想的色彩,其目的旨在恢复一种人类已经失落了的“全面发展形式”(form of wholeness),旨在利用自我修养的技巧来成就一种人性完满的审美人格(aesthetic personality with full humanity)。Cf. Tony Bennett, *Culture* (London: Sage Publications, 1998), p. 21; also see Ian Hunter. 'Aesthetics and cultural studies', in Lawrence Grossberg et al (ed. s), *Cultural Studies* (New York and London: Routledge, 1992), p. 348.

人类时有理由归之于自然的终极目的(*letzter Zweck*/ultimate purpose),尽管不是任何文化都足以成为自然的这个终极目的。[①] 在康德看来,人作为"有理性的存在者",为了实现"自由"和"满足感"等精神性以及相关的物质性目的,必将运用自己的全部才智和能力投入到创造性的生产或实践活动之中。这种"生产活动"(producing),是人之为人的过程,是人类在精神、心灵和肉体上的"自然力"的发展过程,也就是从自然统治人类的原始状态朝着人类统治自然的主宰状态逐步发展的过程。这种"生产活动"作为结果,有助于人类这一特殊物种日益摆脱动物界的局限,获得"人类内在的质的规定性",即人之为人所应有的纯粹理性、实践理性和审美判断能力。总之,这种"生产活动"的上述属性,无论从目的还是结果上讲,均可以说是完成自然向人生成的过程,是人的内在人格的自我完善过程,同时也是个体对于人类的真善美理想的自觉的人格确认过程。这种"生产活动"所指称的文化,用康德自己的话说,具有管教或训练(*Zucht*/*Disziplin*)的属性;它作为协助意志进行规定和选择之能力的重要条件,采用了否定的方式,可将人的意志从欲望的专制中解放出来,这不仅使人拥有了自己做出选择的能力,而且使人不再依附于自然物,不再受制于本能冲动的枷锁。[②] 可见,构成文化的生产或实践活动,在很大程度上等同于人类从必然王国走向自由王国的探索过程。

具体地说,康德所论的"文化"观念,实际上也包括"教养"或"修养"(cultivation)等含义。这种文化修养通常体现在不同的方面,诸如认知能力(cognitive powers)、内心能力(mental powers)、鉴赏能力(taste or aesthetic judgment)、道德情感(moral feeling)以及科学发明与艺术创造等等方面。通过以上各个方面的综合作用,人类就可以利用外在和内在的自然来实现自己更高的目的,借此不断地摆脱自身的动物性,逐步地发展自身的人性和德性。尤其是通过科学与艺术的教育或教化,人们不仅可以感悟到普遍可以传达的愉悦、优雅与美感,而且可以更加文明地生活在社会里,可以进一步摆脱感官的主宰,生活在以理性为主导的更为自由的境界里。如此一来,所有那些由自然带

---

① Immanuel Kant, *Critique of Judgment* (tr. Werner S. Pluhar, Indianapolis: Hackett Publishing Company, 1987), p. 319 [431]. 另参阅康德:《判断力批判》(邓晓芒译,北京:人民出版社,2002 年),第 287 页。

② 同上。

给我们的祸害或因人类的争吵与自私而产生的罪恶，也就会召唤着、提升着、坚定着我们灵魂的力量，使之不为这些祸害或罪恶所征服，并让我们感到自己身上蕴藏着一种可用来实现种种更高目的的能力。[①]

根据康德的看法，影响人类生存方式的文化至少可以分为两种：一是“技艺文化”(the culture of skill)，二是“管教文化”(the culture of discipline)。前者是促进一般目的之能力的重要主观条件，但还不足以协助意志进行规定和选择自个的目的。后者则是前者不可或缺的补充条件，可协助意志完成自个目的的规定与选择过程，可将意志从欲望的专制解放出来，最终使依赖感性冲动的自然人成为诉诸理性的道德人或自由人。[②] 比较而言，“技艺文化”所侧重的是形而下的器物文化层面(如手工与机械)，所强调的是工具的制造和操作技能，所突出的物质生活资料的生产，这些是人类利用自然来为更高目的服务的基本条件。“管教文化”所侧重的是形而上的观念文化层面(如法律与宗教)，所强调的是道德修养、理性主导与行为规范，所突出的是道德伦理与精神生活内容的充实，这些是人类净化自身欲望和培养高贵人性以便实现自由目的的重要条件。在这两者之间，我们可以设想另外一种文化形态，那就是“审美文化”(aesthetic culture)。康德虽未明言，但论述甚多。这种文化所侧重的是情感与心理层面，所强调的是审美的修养或鉴赏力的提高，所突出的是文学艺术的创作及其审美的价值。尤其是文学艺术，一旦达到完美的程度，就成为人文学科(*humaniora*)的组成部分以及预备教育(*Propädeutik*)的重要内容。通过这种初步教育，不仅可以培养内心的能力，而且可以成就博爱的“人性”(*Humanität*)。康德认为“人性”具有两个基本维度：一是普遍的同情感或共鸣感，二是普遍传达内心情思意趣的能力。[③] 推而论之，前者既是道德感的基础，也是审美感的基础；后者不仅涉及传达的技艺(手法技能)，而且需要传达的工具(符号创造)。可见，以文学艺术为重要内容的“预备教育”，乃是成就和提升“人性”的有效动力之一。这种“预备教育”，显然可以划归到“审美文化”之

---

① Immanuel Kant, *Critique of Judgment* (tr. Werner S. Pluhar, Indianapolis: Hackett Publishing Company, 1987), p. 321 [433-44]。另参阅康德:《判断力批判》,第289页。

② Ibid., p. 319 [431-432].

③ Ibid., p. 231 [355].

中。依照康德的逻辑，这种“审美文化”兴许介于“技艺文化”与“管教文化”的交叉地带，似乎扮演着某种下学上达或承下启上的特殊角色。

席勒(F. von Schiller, 1759—1805)深受康德的启发和影响，从《判断力批判》中演绎出一种新型的文化模式。在《美育书简》(1793—1794)中，席勒把文化与审美直接并轨，提出了“审美文化”(*der asthetischen Kultur*)这一概念。他认为，“我们现在解释和分辨了人们在判断美的影响和审美文化价值中经常遇到的差异。我们记得在解释这种差异时，实际经验中存在两种类型的美(*zweifache Schonheit*)。另外，论辩的双方在谈到全面发展的天才时，都断言一种类型的美只是在旁证另一种类型的美。而我们在分辨这一差异时，也区别了人身上与那两种美相对应的双重需求。”[①]这里所谓的两种美，是指“理念的美”(*die Schonheit in der Idee*)和“经验的美”(*die Schonheit in der Erfahrung*)。“理念的美”属于美的最高理想，存在于“实在与形式的尽量完善的结合与均衡之中”，这等于说“理念的美”就是理想的美，而理想的美就是现实与形式的统一和谐结果。“经验的美”则具有双重性，通常表现为两种形态的美，一种是“振奋性的美”(*die energische Schonheit*)，另一种是“熔炼性的美”(*der schmelzenden Schonheit*)。“振奋性的美”产生紧张作用，可以激励或振奋人性(生理与道德)，增加人的灵活性与敏捷性，能在松弛的人身上恢复能力，但不能使人抵制粗野与无情的残余；“熔炼性的美”产生松弛作用，可以慰抚或松弛人性(生理与道德)，使欲望的暴力与情感的能量得到抑制，使性格摆脱情感的摆布，即在紧张的人身上恢复一定程度的定力，但却不能使人防止某种软弱与无能。由此看来，这两种形态的经验之美，不仅对人的生理和心理产生张弛有度的作用，而且对人的道德以及精神产生积极的影响。总之，在席勒看来，理想之美是整一而不可分割的，但在不同的情况下却显示出不同的特性。而在经验里，熔炼性的美与振奋性的美却分别存在。因此，在效果上，理想的美更胜一筹能够产生松弛与紧张的融合与平衡，使人追求振奋与

---

① 席勒：《美育书简》(第 16 封信)。Cf. Friedrich von Schiller, *Uber die asthetische Erziehung des Menschen* (*On the Aesthetic Education of Man*, tr. Elizabeth M. Wilkinson & L. A. Willoughby, Oxford: The Clarendon Press, 1967), pp. 114 - 115.

松弛的双重需要得到满足，使人获得宁静和自由与刚健和灵活相结合的心情，“从而使两种对立的人格统一为理想的人”(*so wie jene zwei entgegengesetzten Formen der Menschheit in der Einheit des Ideal-Menschen untergehn*)。①

席勒在论美与美育的功用的过程中，时常谈及文化、审美文化或审美教育文化。他一再指出：文化的基本任务就是要监视人的感性冲动与理性冲动并确定它们的界限，不仅要对着感性冲动维护理性冲动，而且也要对着理性冲动维护感性冲动，从中造就一种以自由活动为特征的“游戏冲动”，藉此消除一切强迫，使人打破感性与理性、物质与精神、素材与形式、感觉与思维之间的消极对立，进入全方位的自由状态。这实际上涉及审美文化的根本目的，那就是通过审美教育而将感性的人引向形式和思想，同时又使精神的人回到素材和感性世界，②使人的感性与理性通过审美教育得到充分的发展并达到和谐统一，成为“审美的人”(*den asthetischen Menschen*)，自由的人，人性完满实现的人或全面发展的人。诚如席勒本人所言，审美文化的重要任务之一，就在于使感性的人在美的王国所及的所有领域中成为审美的人，进而成为道德的人，使他能够超越有限的存在和摆脱依赖状态，找到通往无限存在、自律和自由的阳关大道。因为，审美文化能使一切事物服从于美的规律，使自然规律和理性法则都不能束缚人的自由选择，并且在赋予外在生命的形式中展现出内在的生命。③ 显然，审美文化在这里直接关系到审美创造，即按照美的规律进行艺术创造的同时也进行人格创造，这样才有可能从人所“赋予外在生命的形式中”，也就是在人所创造的对象或人的本质力量对象化的成果中，“展现出内在的生命”，展现出精神生命的象征意义或真善美的价值形态。

从理论上看，席勒对美的探讨，主要是沿着康德的思路，力求避免理性派与经验论的片面性，试图对两者予以调和。但不同的是，席勒把美作为文化与教育的核心内容，并将其置于人性的高度和历史发展的背景下加以研究，努力从感性与理性、物质与精神、自然与道德以及

---

① 席勒：《美育书简》(第 16 封信)。Cf. Friedrich von Schiller, *Uber die asthetische Erziehung des Menschen* (*On the Aesthetic Education of Man*, tr. Elizabeth M. Wilkinson & L. A. Willoughby, Oxford: The Clarendon Press, 1967), pp. 114 - 115.

② 同上，第 13 封信，第 85—87 页；第 18 封信，第 122—123 页。

③ 席勒：《美育书简》，第 23 封信，第 164—169 页。

真、善、美的统一中去揭示美的客观性和功能性。从目的上看，席勒作为当时德国知识界的活跃分子，受法国大革命的启发而渴望自由，于是想凭借哲学探讨来建立真正的政治自由，假道美学问题来解决经验界的现实问题，通过美使人走向精神的自由与独立。不过，他由于“不满意于法国革命者所理解的自由，而要给自由一种理想化的唯心主义解释：自由不是政治经济的自由行使和享受，而是精神上的解放和完美的人格的形成；因此达到自由的路径不是政治经济的革命而是审美的教育，至少是须先有审美教育，才有政治经济改革的条件。”[①]所以，他便以浪漫主义的情怀，基于乌托邦的空想，无限地夸大了审美文化与审美教育的作用，以期从学理上证明自己相关论点的内在意义。这一点对英国维多利亚时期以及后世的审美文化观念，均产生了直接或间接的影响。

2. 斯宾塞的审美文化观

流行于德国古典时期的“文化”要义，在当时的英国依然有效，并且与审美趣味和人格修养密切地联系在一起。因此之故，维多利亚时期(Victorian Times，1837—1901)的一些人文学者十分强调文化的审美特性。这方面的主要代表人物除了罗斯金之外，还有斯宾塞、莫里斯、阿诺德和佩特等人。[②]

赫伯特·斯宾塞(Herbert Spencer，1820—1903)是一位社会哲学家，进化论的积极倡导者，社会学有机学派的奠基人，被誉为“维多利亚时期的亚里士多德”。他曾建立了一套宏大的“综合哲学体系”(system of synthetic philosophy)，涉及生物学、心理学、伦理学、社会学和美学等不同领域。斯宾塞的美学思想涉及游戏说，审美文化，艺术教育论和艺术进化说，主要见于《论教育》(*Education*)，《进步：规律与起因》(*Progress, Its Law and Cause*)，《社会学原理》(*Principles of Sociology*)、《心理学原理》(*Principles of Psychology*)第二卷《美感》(*Aesthetic Sentiment*)等著作以及其他一些论文与随笔之中。

在1861年出版的《论教育》一书里，斯宾塞将“审美文化”(aesthetic culture)作为“科学文化”(scientific culture)的补充提了出

① 朱光潜：《西方美学史》(下卷，北京：人民文学出版社，1979年)，第443页。

② 王柯平：《西方审美文化的绵延》，见《浙江学刊》，1998年第2期(总第109期)，第86—91页。

来，并从教育的完整性与艺术的伦理学角度探讨了"审美文化"在社会人生中的意义。他断言，人生的需求是多方面的，而以"轻松和娱乐的活动来填补闲暇时间"，是生活中不可缺少的组成部分。这类活动主要涉及"对大自然和文学艺术的欣赏"，因为(1)它们具有丰富的审美文化价值与审美愉悦效应，不仅使文学艺术成为可能，而且使个体与社会生活成为可能；(2)绘画、雕塑、音乐、诗歌与建筑等文学艺术，是"文明生活的精华"(efflorescence of civilized life)，如果没有这些东西，没有由各种自然美所引发的情感，生活就会失去一半魅力；(3)在很大程度上，审美文化是产生人类幸福的因素，或者从根本上说，审美文化是"人类幸福的根本需要"(fundamental requisite of human happiness)；(4)构成审美文化的各类文学艺术，具有来自但却高于文明生活的超越价值，其基本任务在于创造一种健康的文明生活，因此，服务于这一目的的审美文化应当占有至高的地位；(5)审美文化的上述内容既然在生活的闲暇组成部分中占有重要的地位，那么也应当在教育的闲暇组成部分中占有同样重要的地位。① 最后一点显然是就艺术教育的必要性而言的。但总的说来，"审美文化"这一概念在斯宾塞的心目中，主要在于通过教育来不断提升人们创造美(艺术)的能力和培养人们欣赏美(包括艺术美和自然美)的趣味，最终旨在丰富人类的生活内容和改善人类生活的质量。

斯宾塞的审美文化思想也体现在他所倡导的社会有机论和社会进化论中。在《社会学原理》第三卷里，他从职业制度的角度考察了医生、诗人、剧作家、舞蹈家、音乐家、建筑家、雕塑家、画家、演员、史学家和教师等职业的演化历史，借此突破了审美文化的教育学局限，扩大了审美文化的社会学内涵，主张对审美活动进行社会学及进化论研究，这实际上已经走在法国学者丹纳的审美社会学研究之前，对后世学者的直接或间接影响是不言而喻的。斯宾塞在阐述各种职业所产生的自然与社会因素时，从中总结出各自形成过程及其特点进化的共性。譬如，他将舞蹈家和作曲家的职业形成的源头追溯到原始歌舞，也就是那种与战争和宗教活动关联密切的原始歌舞。在古时，当人们

---

① Herbert Spencer, "Health and Art", from *Education* (1861), in Robert Peters (ed.), *Victorians on Literature and Art* (London: Peter Owen Limited, 1964), pp. 200–203.

看到远征的国王或首领得胜归来时，就会情不自禁地载歌载舞、夹道欢迎，以表达喜悦之情。久而久之，这些歌舞就演化为固定的形式、节奏和韵律，并且与战争和宗教活动经常结合在一起。《圣经》中就有以色列将领大卫战胜腓力斯人后凯旋归来时受到妇女载歌载舞、夹道欢迎的记载。①

当然，从社会关系的角度来看，各类艺术家的职业形成也与社会分工不无关系。斯宾塞认为，社会主要有三种职能，即：保卫人民安全、规范社会生活和维持人民生活。但是，随着社会与经济的发展，当防卫、规约和民生这三种基本需求都得到满足之后，还需要什么东西来满足人民不断增长的需求和提高他们的生活质量呢？那就是文学艺术。于是，诗人、画家、雕塑家等等职业便应运而生。他们的作品给人带来欢乐、智慧、优雅和美的享受，他们在社会上发挥着各自的特长，为提高人的精神和审美生活尽职尽责。就拿舞蹈来说。早期的舞蹈主要用于两种场合：宗教祭祀与政治礼仪。最初，舞蹈主要是在神坛或部族领袖前表演，后来慢慢蔓延出去，逐步发展成为宫廷社交舞蹈，最后才成为民间娱乐活动。在此过程中，舞蹈形式日益多样，赋予了更多的审美含义。这对于丰富人民的生活和提高人民的鉴赏水平起着重要的作用。

值得一提的是，在英国工业革命之后的 19 世纪，艺术与科学的关系一直是社会各界十分关注的话题。比较而言，科学处于主导地位。艺术与其他娱乐活动处于从属地位，这是按照各自的实际价值和重要意义来排序的。在斯宾塞看来，文学艺术创作是有前提的，是建立在使个人生活和社会生活成为可能的诸项条件基础上的。这如同养花，从培育一株植物开始，到最后开出美丽的花朵，按理说花朵应是压倒一切的成果。然而，深谙养花之道的人明白，根叶乃是花开的前提条件，其内在重要性大于花朵本身。以此推论，建筑、雕塑、油画、音乐和诗歌等艺术，可谓文化生活中的花朵，似乎具有超出一切的价值，但如果抛开健全的文化生活这一根基，那就无从谈起。艺术与科学的关系，也是如此。斯宾塞就曾断言："最高级的艺术以科学为其根基。若

---

① Herbert Spencer, *The Principles of Sociology*, in *The Works of Herbert Spencer*, Vol. XIII (Osnabruck: Otto Zeller, 1966), pp. 200 – 205.

无科学，便无完美的艺术创作和欣赏。"[①]这一论点如果从上述条件论的角度来看，似乎有些道理。但从艺术创作本身而论，这显然是荒诞不经之谈。因为经验告诉们我，科学与艺术所因循的方法和追求的目标，犹如两股道上行驶的火车，在积极意义上可以说是并行不悖，在消极意义上可以说是两不相及，尽管在材料发掘和制作工艺上两者具有一定联系。虽然斯宾塞辩解说：画家与雕塑家务必熟悉人体骨骼肌肉的分布、联系和动作，因为这是科学知识的一部分，是掌握合理的线性透视的关键所在，否则就会使许多绘画与雕塑作品失去其艺术价值。此说也许对西方古典绘画与雕塑艺术具有相对的适用性，但对东方艺术和现代艺术而言则显得无足轻重。另外，斯宾塞倡导的科学-艺术观，也或多或少地折映出斯宾塞思想体系的混杂与艺术观念的偏狭。在标举和崇尚科学的时代，这在很大程度上属于一种随波逐流的认识，对科学和艺术的看法明显带有工具理性色彩。再者，用养花这一带有植物学意味的喻说来比附文艺创作的成果，从常识上可以引起人们一定的共鸣，但细究起来难免有强辩之嫌。要知道，艺术创作绝非像养花育草那样简单。艺术发展的历史经验告诉我们，不是有了所谓的个人生活与社会生活就一定会造就完美的文学艺术及其鉴赏能力。可见，斯宾塞在这里并未抓住问题的根本，而是因循其庸俗的社会学方法和机械进化论观点得出的一般结论而已。

颇为有趣的是，斯宾塞为了提升科学在英国公众乃至教育领域的地位，特意强调科学本身不仅诉诸理性，而且富有诗意。如他所说：科学不仅是雕塑、绘画、音乐与诗歌创作和欣赏的基础，而且其本身就富有诗意（poetic）。[②] 对于科学研究者而言，他们从研究对象中能体悟到某种诗意，不但不比其他人有所差欠，反而比其他人更为明晰。譬如，一片雪花，在普通人的眼里只是一片雪花，但在显微镜中见过雪花结晶的奇妙形式的人心中，却能引起无限的联想与生动的诗意。在过去，相对于流行的理性主义和工具主义科学观而言，这无疑是一个大胆的假设。在今日，相对于李政道等人提出的科学与艺术关联说，这无疑是一个相当前卫的立论。只可惜，斯宾塞对于科学富有诗意以及

---

① Herbert Spencer, *Education: Intellectual, Moral, and Physical* (Otto: Osnabrück, 1966), p. 39.

② Ibid., p. 44.

科学激发诗歌艺术的观点，仅仅停留在一般的经验性描述之上，并没有展开系统的理论探索与深入分析。

在涉及审美文化教育方面，斯宾塞提出过许多批评性和建设性的意见，其中有的观点是值得我们关注和反思的，即：反对矫揉造作的虚饰，讲求人生质量的实质，在重视人文教育的同时也要重视科学教育。为此，他积极呼吁当时的英国教育必须克服如下弊病："为了花朵而忽略了植物，为了美丽就忘却了实质"。[1] 另外，斯宾塞从人类生活的实际和基础出发，认为艺术生活的扩展是人类物质力量足以强大的结果，同时宣称艺术生活的丰富只有等到人们享有更多的空余时间和剩余精力之后才会成为可能。因为，人们永远只能首先顾及基本的生存需要，随后才有可能考虑审美和精神等其他需要。这种基于社会进化论的艺术观和审美观，虽然道理浅泛，但很有说服力，容易使人联想到马克思的实践哲学观和实践美学观。另外，斯宾塞所言的"过剩精力说"，显然收到席勒"游戏说"的启发。因此之故，后来的一些西方学者在总结"游戏说"的历史发展时，习惯于将席勒与斯宾塞两人并举。

历史地看，斯宾塞的审美文化观侧重艺术教育，与西方传统美育思想一脉相承，其中虽然包含着一定的社会、文化与经济等原因，但始终以消解当时社会生活中出现的精神及道德危机为鹄的。他对"审美文化"的思考与论述，尽管不如康德或席勒那样更富有哲学意味和思辨特征，但却具有较大的应用性或可操作性。事实上，"审美文化"这一概念，正是通过斯宾塞的渲染，才引起英国学界与民众更多的关注，由此成为英国维多利亚时期文化诗学建构的参照要素和评价文学艺术的基本准则之一。

3. 莫里斯论审美文化与人民艺术

威廉·莫里斯(William Morris, 1834—1896)的一生，亲历了工业革命、社会主义运动与工艺美术运动等诸多重大事件，展现了多方面的才能，尤其是在设计艺术发展方面的建树，对后世产生了久远的影响，因此享有"现代设计艺术之父"与"工艺美术运动奠基人"等美誉。

莫里斯通过参与诸多艺术的实践活动，积累了丰富的经验与思

---

① Herbert Spencer, *Education: Intellectual, Moral, and Physical* (Otto: Osnabrück, 1966), p. 38.

想。在约翰·罗斯金的直接影响下，莫里斯认为艺术与道德、政治、宗教和社会紧密相关，只有健全的社会才能产生伟大的艺术；艺术的目的在于创造美和快乐，在于使艺术真正成为“人民的艺术”(art of the people)。他曾把维多利亚时期艺术的衰退主因归咎于资本主义社会的工业化生产。因此之故，他钟爱中世纪艺术，渴望艺术的美好未来，试图用社会主义运动去实现理想的艺术，同时用理想的艺术来重建理想的社会。

在莫里斯的一生中，罗斯金可谓影响最大的良师。正是通过阅读和品察罗斯金的著作和思想，如《现代画家》、《建筑的七盏明灯》与《威尼斯的石头建筑》等等，莫里斯最终决定选择艺术作为自己毕生的职业。甚至到了垂暮之年，他依然把罗斯金奉为自己参加社会主义运动之前的“思想领袖”，宣称若无罗斯金进入其生活，他自己的一生将会是“多么空虚”！① 罗斯金倡导艺术教育功能，推崇哥特式艺术风格，赞扬中世纪建筑工艺，标举民主性设计和“快乐劳动”(pleasurable labour)等理念，所有这些均对莫里斯产生了深刻的影响，最终促使后者放弃了神学，潜心于艺术，参与工艺设计实践，推广人民艺术思想。

在罗斯金看来，中世纪的工匠是在自由与平等的氛围下工作的，因此具有很大的创造性或创造力，同时也在劳动中享受着无尽的愉悦。因此，中世纪的艺术品不仅体现了工匠的技艺，而且体现了他们的智慧。不幸的是，19 世纪的资本主义工业化生产破坏了中世纪那样的工作氛围，机械化导致劳动分工，工人沦为机器的奴隶，他们从劳动中感受不到快乐。所有标准化的模型、精准的打磨和工业社会引以自豪的东西，都是以牺牲工人的情感和智慧为代价的。

在《威尼斯的石头建筑》一书中，罗斯金分析了这座水城特有的三种建筑艺术潮流：第一种为罗马基督教风格，亦称拜占庭建筑风格，一直延续了多个世纪；第二种为哥特式建筑风格，其鼎盛时期是从 13 世纪中期延续到 15 世纪早期，属于威尼斯建筑的核心；第三种为文艺复兴时期的建筑风格。罗斯金继而在《建筑的七盏明灯》里，专门讨论了这三种建筑风格的装饰特点。在他看来，古希腊罗马的建筑装饰风格可谓“顺从性装饰”(servile ornament)，因为下等工匠的工作完全依附

---

① William Morris, “How I Became a Socialist”, in *Political Writings of William Morris*, pp. 243 - 4.

或受控于主管设计的上等工匠；哥特式建筑的装饰风格可谓“有益性装饰”(constitutional ornament)，此时下等工匠虽然地位较为卑微，但已获得解放与自由，可在劳作中实现自己的设计理念；最后，文艺复兴时期的建筑装饰风格可谓“革新性装饰”(revolutionary ornament)，这主要是下等工匠翻身得解放、充分发挥才智的结果。不过，罗斯金并不认为文艺复兴就意味着建筑艺术的复兴，他反其道而为之，在高度赞扬中世纪哥特式建筑风格的同时，也积极参与到哥特式建筑风格的创新设计与实际建造之中，譬如亲自参加牛津大学自然博物馆的设计与装饰等。另外，就装饰美本身而论，他认为真正的装饰不能丧失“自身的建筑目的”(its architectural purpose)，同时也不能没有“自身的装饰力量”(its decorative power)。装饰的好坏取决于适度。好的装饰不能过于渲染或夸张(overcharged)，而坏的装饰总是过于渲染或夸张。①

受罗斯金的影响，莫里斯也反对文艺复兴意味着“艺术新生”的说法，甚至认为文艺复兴是建筑艺术滑坡的开始。就艺术而言，这一时期的艺术家都深受中世纪艺术的影响，他们创造的作品实乃中世纪艺术风格的延续。② 与此同时，莫里斯力图复兴中世纪哥特式手工艺术及其诚实和朴素的风格，这集中体现在1859年同韦伯共同设计的“红屋”建筑和家具之上。该建筑外墙面采用红砖，不加粉刷，保持本色，其外观形式与内部功能彼此呼应，构成整体简洁明快、舒适自然而不矫揉造作的风格特点，成为工艺美术运动的首要标志和建筑史上里程碑式的经典之作。此外，莫里斯一方面倡导手工艺术并反对机器生产，另一方面积极追求实用舒适和明快的设计，提倡简约的风格，凸显真实的质感，力求建筑与设计忠实于材料本身等特点，同时还强调工匠在工作中的自由与快乐。在他的带动下，一些年轻的艺术家和建筑师纷纷效仿，进行设计上的革新，从而在1880—1910年间形成一种设计革新的高潮，对后世的设计运动有着深远的影响。

值得关注的是，维多利亚时期一度时兴古建筑重建运动。罗斯金对此十分反感，宣称这是一种不折不扣的毁坏行为，是一种自欺欺人

---

① John Ruskin, *Seven Lamps of Architecture* (London et al: Century Hutchinson Ltd., 1988), p. 27.

② William Morris, "The Beauty of Life", in *The Collected Works of William Morris*, Vol. XXII (ed. May Morris, London: Routledge Press, 1992), pp. 56-7.

的愚蠢做法，认为这种重建方式如同扶起死人行走一样没有任何可能或可取之处。[①] 莫里斯所见略同。他为了维系古建筑特有的风格、生命和精神，为了传承和展现中世纪工匠亲手赋予建筑物的不同灵魂，也极力反对维多利亚时期推倒古建筑重新复制的荒唐之举，为此他还特意创办了“保护古建筑协会”，并在一系列讲演中大声疾呼：古建筑群是逝去的艺术纪念碑，若用一种推倒重建的复制方式，那无疑是“在破坏这个国家的历史和艺术”[②]因此，在对待古建筑的问题上，他认为只有复原性的修葺而不留模仿痕迹的做法才是可以接受的。

基于对中世纪艺术的偏好，莫里斯也像罗斯金那样，坚持认为艺术品创作是以“非机械化”为先决条件的。在中世纪，工匠可以按照自己的意愿进行劳作，他投入其中的不仅包括体力，而且包括思想、灵魂与情趣。如果能像中世纪的工匠那样工作，才有资格称之为人，才会过上快乐而有意义的生活。[③] 正是由于工匠享有劳动的乐趣，并与社会保持着和谐的关系，其劳动产品也就蕴含着创作者的热情与活力，而且更加富有美感。但在工业资本主义社会里，机械化生产导致劳动分工，致使劳动者沦为机器的奴隶，无法从劳动中感受到乐趣，这就等于剥夺了劳动者的创造力，淡化了劳动本身的吸引力，最终也使产品失去了应有的美感。显然，莫里斯把中世纪的艺术或工艺制作完全理想化了，随之把工业资本主义社会的劳动状况完全绝对化了。相关的批判尽管揭示了机械化生产的负面作用，但却忽视了新的生产方式所带来的某些积极作用，譬如减轻劳动负荷或强度等等。

可以说，注重艺术精神的鉴赏能力，强调审美品位的怀旧情结，偏爱中世纪手工艺术的心理倾向，加之抵制机械化生产的立场观念，使得莫里斯对工业文明的厌恶感日益加深，他对 1851 年伦敦世界博览会的尖锐批判就是典型的明证。他无视这届博览会规模空前、震撼人心的轰动效应，反而用“令人惊愕的丑陋”来描述自己参观时的切身感受。在他眼里，工业革命在大幅提高生产效率的同时，也导致许多精湛的手工艺被机器操作所代替的恶果。由于机械化生产使工人沦为机器的奴隶，由于劳动分工使艺术家不愿投身于工业设计，因此，工业

---

① John Ruskin, *Seven Lamps of Architecture*, p. 194.

② William Morris, *The Collected Letters of William Morris*, Vol. I, p. 379.

③ William Morris, "Useful Work versus Useless Toil", in *The Collected Works of William Morris*, Vol. XXIII, p. 144.

化条件下制造出的产品不是粗糙拙劣，就是装饰过度，最终变得庸俗不堪，毫无审美所言。总之，莫里斯同罗斯金一样，都感叹机械化和工业化批量生产造成设计水平下降，都认为速成的工业产品外形简陋粗糙，与传统美学原则背道而驰。为了扭转设计美学的颓势，莫里斯促成了英国“工艺美术协会”的成立，继而掀起了一场轰轰烈烈的“工艺美术运动”。这场运动主张以装饰反对矫饰，提倡精致与合理的设计，保存手工艺的要诀，为现代设计思想的形成与发展奠定了一定的理论基础。

应当看到，罗斯金与莫里斯的艺术理论与审美文化思想，同当时的社会文化语境不无关系。如前所述，从英国工业革命到维多利亚时代，资本主义原始积累与海外商贸扩张取得了瞩目的成就，导致了“富豪社会”(plutocratic society)的诞生。在此背景下，以利润为导向的商业主义(commercialism)蔓延猖獗，主导着社会、文化和经济等各个领域。结果，“唯利是图”几乎成为一种不言而喻的行为准则，因此导致了道德层面上的精神危机，严重殃及到个人与社会的生活及其文化品位。于是，人们抑或变得巧取豪夺，“只观花而不植木”；抑或变得贪得无厌，只求利而不顾义。诚如莫里斯所分析的那样，这种“富豪社会的无政府状态法则所导致的必然结果”(the necessary consequence of the rule of plutocratic anarchy)就是：(1)艺术对大众来讲已经脱离了人的日常生活，因为“富豪政体”(plutocracy)与“利润市场”(profit-market)使艺术生产只顾赚钱不管好坏，使表现真情实感的艺术品沦为画商的生财之道；(2)在财物崇拜的侵害下，艺术行将消亡，美亦黯然失色，英格兰乡间的绿野美景尽管依存，但却笼盖在腐朽的手掌之下，人生充满穷困苦役，一度宁静优雅的居处变得垃圾成堆、惨不忍睹；(3)商业主义虽然能给我们大多数人带来衣食住宅和舒适享乐，但也必然有一大批赤贫者为其服务；虽然造就许多富人、中产阶级与阔绰的艺匠，但也会使贫穷阶层无可奈何，使艺术走向衰败，使进步的希望化为乌有。因此，莫里斯在呼唤一场旨在打破“富豪社会基础”的“社会革命”的同时，也呼吁一场道德赎救意义上的艺术革命，那就是极力培植和生产一种“人民艺术”，一种能够增加“人生乐趣与尊严”、能够表现“人民情感与愿望”的“人民艺术”。通过历史比较，莫里斯认为中世纪的建筑艺术古雅宜人，可以满足社会不同阶层的审美需要。而如今在富豪政体的法则统治下，艺术处于两极状态：一方面是高雅的"理智艺术"(higher intellectual art),阳春白雪,和者盖寡,不为人民大众认知接纳;另一方面则是通俗的"装饰艺术"(decorative or ornamental art),矫揉造作,充斥着"商业的欺骗性"(commercial imposture)。因此,需要振兴一种真正的"人民艺术"。这种艺术不仅能够满足人民的精神文化与"创造性表现需求"(creative-expressive need),而且形式多样,恢宏绚丽,充满希望,追求完美,是高雅艺术赖以发展与永存的基础。要实现这一目标,就必须打破商业主义的垄断,必须消除"商业的贪婪强制"(insatiable compulsion of commerce)。①

自不待言,莫里斯所倡导的"人民艺术",是一种严肃而非庸俗的艺术,是一种"总是追求完美"(with eyes always turned towards perfection)而非商业利润的艺术,是一种展现"教育价值"(educational value)而非"市场价值"(market value)的艺术。据他所言,只有"这种艺术才是人生中不可或缺的"艺术。② 其次,莫里斯沿着斯宾塞关于"审美文化"的思路,继而论述艺术的社会与道德功能。他认为艺术的崇高目的(lofty aim)在于给人以审美愉悦的同时,还有助于恢复人类的尊严和提升人类的精神境界,从而使粗俗变成文雅,使丑陋转向优美,使压抑化为自由,使幸福取代苦难……另外,作为评论家的莫里斯,宣称自己是一位艺术家,并且满怀激情地表白说:"艺术是我赖以生存的东西;艺术是滋补我身心的营养品。如果没有艺术,这个世界对我来说便是一个空洞无聊的世界。因此,可以想象我是多么地热衷于人民艺术。"③再者,莫里斯还不断强调:艺术必须为人民所拥有,必须表达人民的心声;相应地,艺术家必须使自己的创作源于生活,必须担当起引导人民关注艺术并将艺术融入人民生活的职责。因为,真正的艺术,是"为人民所创造,又为人民服务的艺术,这对于创造者和使用者都是一种乐趣。"④只有这样,艺术才能称其为艺术,艺术家才能称其为艺术家,人民才会享有自由、快乐的生活环境,才能充分挖掘自己

① William Morris, "Art and the People" (1883), in Robert Peters (ed.), *Victorians on Literature and Art*, pp. 279 - 281.

② Ibid., pp. 290 - 296.

③ Ibid., pp. 279 - 281.

④ William Morris, "The Art of the People", in *The Collected Works of William Morris*, Vol. XXII, p. 46.

的艺术潜能，最终才能实现人人享受劳动乐趣和人人都成为艺术家的理想。为此，莫里斯后来投身到社会主义运动之中，希冀依次来改变庸俗的社会现实与矫揉造作之风，渴望艺术在自由平等的理想社会里，不仅能够表达人民的劳动乐趣，而且能够与劳动及技艺融为一体，从而造就真正的“人民艺术”。由此观之，莫里斯的理想社会不单纯是政治意义上的，而且也是艺术意义上的。在这里，政治与艺术，自由平等与劳动乐趣，美的追求与审美文化，都成为重要的社会生活要素，彼此相关，不可分离。

不难看出，莫里斯试图凭借艺术教育及其审美文化效应，来改善工人阶级的精神文化生活，提高他们的文化修养与鉴赏水平，缩短他们与中上层社会的差距，最终建立一种类似“大同”的理想社会，即一种没有主人与奴隶，没有绅士与无赖，而只有朋友与君子的、同舟共济的和普天同乐的社会。这种乌托邦空想无疑是浪漫主义思潮在特定社会条件下的产物。这在当时那些满怀浪漫情愫与悲天悯人的精英意识的英国知识分子身上，可以说是一种共同的特征。

此外，莫里斯对机械化工业生产的态度是消极而矛盾的，所导致的最终结果也与他的初衷大异其趣。我们知道，他作为一位富有浪漫情怀的中世纪艺术的推崇者，为了保存艺术的灵性和品格，他真切希望彻底放弃机器，完全恢复手工。但在现实生活中，这只能是一种不切实际的梦想而已。在他自己的作坊里，他要求尽量避免使用机器，由此制作的家具、织物、墙纸和地毯等产品，精致独特，广受欢迎，为他赢得了声誉。但由于他拒绝使用任何工业化的生产方式，结果使其产品成本及其价格日见昂贵，超出了普通大众可以支付的能力，反倒成为富人炫耀自己财富的手段，到头来还是没有跳出“艺术品是富人追求的奢侈品”这一坎陷。实际上，作坊里的工匠也不可能像莫里斯所期盼的那样完全坚持手工劳动方式，他们有时也需要利用机器来减轻体力劳动的负担和单调乏味的重复。后来，莫里斯不得不调整自己的态度，尽管依然坚持反对大范围或过度使用机器，但不再反对用人的心智来操控机器，并且一再提醒人们要争做机器的主人，而不要充当机器的奴隶。①

① William Morris, “Some Hints on Pattern-Designing”, in *The Collected Works of William Morris*, Vol. XXII, pp. 203 - 4.

最后，需要指出的是，莫里斯是一位社会责任感极强的艺术家。他本人身体力行，积极投身于艺术实践和社会变革。他所赋予艺术的种种职能，虽然超出了艺术自身的能力，但对于生活在如今这个物欲横流、浮华庸俗的社会环境里的人们来说，依然具有不可忽视的启示意义。莫里斯提出的相关艺术思想与设计理念，的确不乏深刻灼见，但零零散散未成体系，因此在阅读和把握过程中需要耐心与敏悟。尽管如此，这并不影响莫里斯在设计艺术领域作为杰出理论家和实践者的历史地位。

4. 阿诺德论人类完善及其文化

马修·阿诺德(Matthew Arnold，1822—1888)是维多利亚时期一位冷眼旁观社会浮华、拒绝粉饰太平而特立独行的诗人兼文论家。他早年从事诗歌创作，试图以此来激发和感染读者，使生活变得活泼而有趣。后来他对自己的诗歌创作越来越不满意，最终在社会责任感的驱动下放弃了诗歌创作而转向文艺和社会批评。他曾在《批评在当前的职能》"The Function of Criticism at the Present Time"一文中表明：文学批评如同文学创作一样，也需要一种创造力(creative power)。这种批评把艺术看成是"世界上所知和所想的最好的东西"，其职能出于"理智和精神的目的"，是为了"学习和宣传这种最好的东西而做出的一种无功利性的努力"(a disinterested endeavour to learn and propagate the best that is known and thought in the world)。① 比较说来，阿诺德作为批评家的名声，远远胜过他作为诗人的名声。这不仅因为他提出了一个任何社会都无法回避的问题(当新旧传统交替之际学者应该做些什么?)，还因为他具有敢于担当责任和胸怀世界的文人气质。他才思敏捷，学识广博，从不拘泥于诗歌或文艺的单一领域，而是尽可能地洞察社会生活的各个方面，以期唤起大众对自身生活的关注和改善。

像莫里斯等人一样，由于对维多利亚时期的社会文化生活深表厌恶，阿诺德也热衷于思考理想社会的建构，并且坚信人类最终将走向完美，人人将得到全面和谐的发展。在他眼里，实现这一理想图景的巨大障碍在于中产阶级的庸俗自满和无政府状态。为此，他接受了浪漫主义的艺术主张，积极推行艺术的教育功能，认为诗歌可以取代宗

---

① Matthew Arnold, *Essays in Criticism* (London: Dent, 1964), p. 33.

教和哲学,可以成为思想的源泉。同时,他还借助广义上的文化学说来提升人们的思想与精神境界,设想利用文化原则来澄清思想混乱,避免无政府状态,开辟人类完善之途。他的相关理论主要见于《批评论文集》(*Essays in Criticism*, 1865)、《文化与无政府主义》(*Culture and Anarchy*, 1869)及《文学与教条》(*Literature and Dogma*, 1873)等著作之中。

阿诺德认为,在维多利亚时期的英国社会,无政府状态的倾向比较严重,人们大多觉得个人利益大于集体利益。因此,他将当时的社会分为三个主要阶层:野蛮人(barbarians)、菲利士人(philistines)和群氓(populace)。他希望通过分析这三个主要阶层,以便找到克服无政府状态的妙方。

阿诺德所谓的“野蛮人”,是以讽喻的方式意指贵族阶层。他认为以优雅的骑士风度著称的贵族,一旦走向极端,就会变得傲慢或胆怯。另外,真正的静穆、和谐与高贵,只属于希腊艺术。而贵族所伪装出来的“宁静”,却来自他们的“无知”。尽管他们在礼节上会表现出某种“甜美”的气质,但却缺乏对“光明”或“智慧”的追求。这并非因为他们喜欢阴郁黑暗的生活,而是因为他们易受权力与享乐等世俗外物的诱惑。[①] 贵族的文化只重相貌、礼仪与才艺等外在因素,但却忽视勇气、自信与睿智等内在禀赋。于是,贵族阶层貌似优雅,但见识肤浅,在这个日益注重思想的社会里愈发显得无能为力、羸弱不堪。因此之故,阿诺德将其视为“野蛮人”,认为他们缺乏光明与智慧的德行,不足以担当社会的重任。

“菲利士人”意指中产阶级,他们是商人和不信国教的代表,通常把“人人为己”奉为生活信条,害怕强有力的权力中心干扰他们的自由,认为英国人最大的权利和福祉就是“为所欲为”。在很多情况下,他们陷入财富与商业之中不能自拔,所信奉的宗教丝毫无助于精神的解脱,但往往自以为是,标榜自己已经登上发达文化的顶峰。他们钟情于机械、权力与财富,只关注外在的形象,不考虑真正的自我。他们在个人修养上安于现状、附庸风雅,从不追求或理会人类完善的高贵

① Matthew Arnold, *Culture and Anarchy* (New York: Mac-millan Company, 1925), p. 100.

目标。因此，阿诺德将其称作“菲利士人”。①

“群氓”是对下层民众的蔑称，这里主要意指平民或工人阶层。他们一般缺乏同情心和敏捷的行动能力。其中有些人努力工作，希望有朝一日能够进入中产阶级的队伍，爬上统治阶级的宝座。其中还有一些人精力充沛，试图组建一支强大的工人阶级队伍，借此抵制贵族和中产阶级的支配。这部分人致力于工业机械、权力和外物的争夺，也像中产阶级一样，对人类追求内在的完善置之不理。他们中间有许多人言行粗鲁，不讲文明，藏匿在贫穷与肮脏的角落。这个阶多层由于长期遭受物质需求的压迫，故此也坚信人的最大幸福就是能够“为所欲为”。他们大摇大摆地走到街上，以此展示这种所谓的自由“特权”。阿诺德认为他们经常是引发暴乱或冲突的源头，因此称其为具有一定破坏力的“群氓”。

比较而言，“野蛮人”思想僵化，力图维持现状；“菲利士人”贪求外物，不顾内心的完善；“群氓”专注于物质追求，试图与中产阶级为伍。这三个阶层越来越多地表现出无政府状态的倾向，致使当时的整个英国社会陷入病态，因此特别需要其中的“异己分子”超越阶级局限，摆脱各种束缚，率先垂范，积极引导民众走向“美好与光明”，实现人类追求完善的终极目标。

那么，什么是人类的完善呢？在阿诺德的心目中，人类的完善是一种内在状态，存乎人心，无关外物，需要文化滋养。人类在追寻完善的过程中，应当从内心深处了解自己、透悟世界。从文化角度审视，人类完善是人类各种天赋得以全面和谐发展的结果，是人类获得特有的尊严和愉悦的重要途径。当然，人类完善是所有人的完善，是人类整体走向完善。任何独善其身的完善，并非真正意义上的完善，因此需要携带他人共同走向完善。无疑，人类完善不是一劳永逸的目标，而是永无止境的追求，是不断成长与不断转化的过程。

质而言之，追求完善的过程也就是追求“美好与光明”的过程，只有那些为了“美好与光明”奋斗不息的人们，才有可能达到人类完善的至高境界。在阿诺德所用的术语里，“美好与光明”分别代表着美德与

---

① “菲利士人”指对人文思想、文化艺术修养等不感兴趣，情趣狭隘，只顾追求物质利益的平庸之辈。在阿诺德看来菲利士人是自由之子、上帝选民的敌人，他们强悍、顽固、不开化；他们庸俗愚昧、墨守成规，让人感到压抑，同时也十分强大。

智慧。前者旨在追求美好的事物、行为和思想，最终引导人们达到完满与和谐。后者旨在追求智慧与理性，最终使人成为有胆有识的明哲之士。此两者是人类完善的核心内容，有望拯救人类，使其摆脱庸俗与狭隘，最终使社会充满“美好与光明”，使人们充满美德与智慧。

值得一提的是，阿诺德基于西方的传统视域，认为人类的文化精神主要表现为两种类型或两股力量：希伯来精神和希腊精神。① 欧洲文明的发展历史，就是这两种文化精神不停碰撞、此起彼伏、相互更迭的历史。概而言之，希腊精神代表智慧、理性与反思能力，强调清醒的头脑、自由的思维与意识的自发性。希伯来精神代表激情、狂放与行为的虔诚，强调秩序、规则、良知与道德信条。前者致力于思想敏锐，追求智慧；后者扎根于宗教信仰，注重顺从。在人类历史上，这两种精神或力量交替成为文明发展的主流。但要看到，仅靠其中单一的精神与力量往往有其两面性。譬如，一个仅以希伯来精神为主导的社会可能是幸福的，因为自由、繁荣、秩序、道德和正义会由此而来。然而，这个社会也可能是不幸的，因为僵死的教条、信仰与价值观容易导致无政府状态。另外，希伯来精神惯于把行动本身作为目的而非手段。由于这一原则在社会生活中遭到滥用，结果使维多利亚时期的英国过于希伯来化，过于崇尚个人自由，最终导致价值失衡与无政府倾向，出现了海德公园暴乱等鲁莽行为。

针对英国的社会生活与道德观念所存在的上述问题，阿诺德不断提醒人们，生活的根本价值与意义大多是由内心世界、思想智慧和美感来决定的；单凭希伯来精神很难提供这方面的真知灼见，也很难满足人类追求完善或全面发展的需要。因此，英国社会亟需引入希腊精神予以补救，需要在两种文化精神中求得平衡。从两种文化精神的互补性上看，希伯来精神强调对上帝的绝对信仰，有助于树立人的理想与道德；希腊精神注重智慧和思想，有助于消解人的无知与鲁莽。比较而言，阿诺德更倾向于推崇希腊文化，认为希腊文化是“美好与光明”的范式，希腊精神更有助于促进人的全面发展，有助于转变人的内

---

① Lionel Trilling, *Matthew Arnold* (New York: W. W. Norton & Company, Inc., 1939), p. 256. 希腊精神和希伯来精神是西方文化的两大源头，前者是古典的，后者是基督教的。它们所包括的思想体系、价值取向、文化风气迥然不同。希腊精神是对美的热爱与追求，思想的活跃与自由；而希伯来精神代表顺服，力主勤勉地履行职责，强调良知、自制。总之一个注重智慧，一个注重服从。阿诺德提倡两者的平衡、全面的发展。

心世界，有助于实现人类完善的理想追求。

基于以上认识，阿诺德毅然决然地把“文化”视为人类走向完善的有效途径。在他眼里，“文化”不仅是一种纯粹的求知欲，而且也是一种道义上行善的冲动。[①]“文化”直接作用于人们的心灵，具有社会、道德与审美等教谕功能，是所有人的共同事业，而非少数人的特权。“文化”一方面需要广泛的教育，需要通过阅读、观察和思考来传播世界上最优秀的思想与知识，使人能够看清事物的本相，能够辨明是非，能够使整个人类迈向更全面、更和谐和更完善的目标。另一方面，“文化”具有诗性美，是对社会及生活的批评，是消除无政府状态的克星，是医治社会流弊的良方。

阿诺德作为批评家，习惯于把文学视为文化在现代社会的化身，同时又把诗歌视为文学的核心。他认为诗歌是对生活的批评，所揭示的是生活的真谛，所展示的是理想与现实的差距。因此，讨论诗歌，也就是讨论文化与人生；从事诗歌批评，也就是从事社会与生活的批评。诚如他在《诗歌研究》(*The Study of Poetry*)一文中所说：“诗歌作为一种生活批评(criticism of life)，是在一定条件下展开的，而这些条件是根据诗性之真(poetic truth)与诗性之美(poetic beauty)的法则确定的。可以说，随着时间的推移，随着其他协助手段的衰败，人类的精神将在诗歌里找到安慰。这种安慰的力量与生活批评的力量成正比，而生活批评的力量则与诗歌的表达力量成正比，在这里，诗歌所表达的东西是卓越的而非低劣的，是美好的而非丑陋的或半美半丑的，是真实的而非虚假的或半真半假的。”[②]显然，阿诺德所说的诗歌，是最上乘的诗歌(the best poetry)，是集思想与艺术为一体(thought and art in one)的诗歌，是完全有别于政治和行政手段中那些江湖骗子式的东西(charlatanism)。因此，他赋予诗歌一种超乎寻常的使命，那就是要用表现真情实感的诗歌来代替日益委顿和言不由衷的宗教。他宣称：“诗歌的前景广大，诗歌的地位高雅，随着时间的推移，我们人类将在诗歌中找到更为安全的港湾。在诗歌里，没有哪个信条不被震撼，没有哪个公认的教义无懈可击，也没有哪个既有的传统不会面临瓦解。我们的宗教已经在事实中、在假定的事实中将自身物化了；我们的宗

① 阿诺德：《文化与无政府状态》，第41页。

② Matthew Arnold, “The Study of Poetry,” in *Essays in Criticism*, pp. 236 – 237.

教将情感附加在事实之上，而这种事实现在已经开始变得无济于事了。但对诗歌而言，思想就是一切，其余的只是幻象或神性幻象的世界。诗歌将情感与思想融为一体，这思想才是事实。今日宗教中最强有力的组成部分，就是宗教意识不到的诗歌。"[①]于是，越来越多的人发现，他们为了理解生活，为了求得心灵的安慰，为了寻找精神的依托，不得不转向诗歌而不是宗教，因为他们在诗歌的精品佳作中找到了一种力量，"一种塑造自己、支撑自己和愉悦自己的力量"(a power of forming, sustaining, and delighting us)，同时也从诗歌欣赏中找到了一种有利于自己身心健康与人类追求完善的"弥足珍贵的好处"(the most precious benefit)。[②] 此外，伟大的诗歌还能激起人类最基本的情感，也就是那些潜藏在人性深处的真情实感。这与满嘴仁义道德的虚情假意形成鲜明的对照，同时也比充斥着赞美、慈爱与谦卑之词的教堂弥撒更富有教育意义。更不用说诗歌所表现出的想象力与创造力，更有助于促进人类的全面发展和实现人类追求完善的理想。

综上所述，我们首先需要肯定的是阿诺德的社会责任感与社会批判意识。像维多利亚时期其他杰出的学者一样，阿诺德特立独行，不入俗流，始终保持着一位正直文人的操守，一方面洞察现实的种种流弊，另一方面积极思考各种可能的解决方法。无论是对三个阶层的分析与两种精神的对比，还是对人类完善理想的倡导与文化理念的阐释，都能证明阿诺德个人尽职尽责的可贵品格。当然，无论是从当时还是现在的角度来看，他对文化作用的描述无疑是夸大的，对诗歌乃至文学所赋予的价值也是不切实际的。但要知道，他所提出的相关理论学说的重要意义，并非在于自身的可行性，而是在于其超越时空背景的启发性。如果说阿诺德是针对维多利亚时期浮华躁动、道德败坏与自私自利的社会现实展开思考的，那么，时隔百余年之后的今天，我们针对这个同样浮华躁动、道德滑坡与物欲横流的中国社会现实，又当作何感想呢？又当如何思考可能的解决方略呢？举凡有责任、有良知的学者，都不可能回避这一重大而严酷的现实问题。

5. 佩特论人生的艺术化

沃尔特·佩特(WalterPater, 1839—1894)这位维多利亚时期的

---

① Matthew Arnold, "The Study of Poetry," in *Essays in Criticism*, p. 235.

② Ibid., p. 237.

著名学者，几乎过了隐士般的一生，他本人平凡安静，鲜为人知，研读慎思与著书立说是其主要乐趣。他的主要作品包括《文艺复兴》、(*Studies in the History of the Renaissance*, 1873)、《快乐主义者马利乌斯》(*Marius the Epicurean*, 1885)、《柏拉图与柏拉图主义》(*Plato and Platonism*, 1893)、《鉴赏集》(*Appreciations*, 1889)和《希腊研究》(*Greek Studies*, 1895)等，其中优美的文体和文雅的遣词给后人留下了殊深的印象和丰富的遗产。

1858年，佩特怀着将来成为一名神父的志向，就读于牛津大学皇后学院。在牛津求学期间，他有幸得到柏拉图研究专家本杰明·休伊特(Benjamin Jowett)的指导，当时他每周提交一篇论文，颇受休伊特的赏识和鼓励，认为这位年轻人"将来会大有作为。"①在此期间，佩特还直接或间接接触过当时活跃于文坛的罗斯金与阿诺德等著名文人学者，同时还研习了大量有关德国文化和哲学之类的书籍，广泛涉猎了华兹华斯、济慈和卡莱尔等人的精品佳作，为自己日后的研究和写作打下了坚实的基础。相比之下，罗斯金对他的影响最大，是他走上艺术研究道路的主要动因，因此与莫里斯有着类似的思想经历。

1865年夏，佩特首次造访了意大利，这次旅行意义非凡，打开了他的眼界，揭开了其人生与事业的新篇章。他发现文艺复兴时期的绘画作品中表现出的生活景象，要比他在牛津所见过的情景更丰富、更大胆，这便使他开始将意大利文艺复兴同充满自由与快乐的生活联系在一起。

1873年，佩特出版了《文艺复兴》一书，一举奠定了他在艺术与文学评论家的地位，同时也招来了许多负面的批评和误解。后来撰写的《快乐主义者马利乌斯》一书，则是对先前理论观点的发展和矫正。在佩特看来，只要你神宁心静，仔细发掘生活中每一时刻里所蕴藏的精华与曼妙，凝思观照生活中每一瞬间里所展现出的那些优美、积极、富有启发意义的事物，你就会发现生活是多么有滋有味，多么意义无穷。因此，举凡明智敏悟之士，万勿抱着一种追求享乐的态度去游戏人生。随着他自己思想的成熟，佩特还改造了传统的快乐主义学说，将斯多葛式的"责任"融入到伊壁鸠鲁有关快乐的古老教义之中。由此以来，

---

① R. M. Seiler (ed.), *The Book Beautiful: Walter Pater and the House of Macmillian* (London et al: The Athlone Press, 1999), p. 2.

佩特便形成了唯美主义与快乐主义相辅相成的基本思路，其主要目的在于将人生艺术化的追求同艺术鉴赏的敏悟能力结合起来，进而将其予以理论化和具体化，这在维多利亚时期的审美文化思潮中可谓别具一格。

在佩特式唯美主义理论中，最突出的部分是其关于人生即艺术之说。在他看来，艺术本身在于欣赏，人生本身就是目的；人之为人，应从人生目的出发去欣赏艺术，同时应以艺术精神来对待人生。就其思想发展的过程而言，佩特一开始就以近乎宗教崇拜的热情去探索一种有利于充分发掘出人生价值的行为准则。为此，他兼收并蓄，从截然有别的观点中创设出一套与其艺术理论相呼应的人生哲学，这实际上就是在倡导一种有别于宗教、科学和道德的艺术化人生哲学。这种哲学，首先肯定人生苦短，终究一死，但有价值，不可错过。他援引法国作家雨果的话说：我们都是被判死刑的人，只不过生活在一段尚不确定的缓刑期之间。我们有一段停留期，过后便物是人非。在这段时间里，有的人没精打采，有的人慷慨激昂，而那些最聪慧者，至少是“尘俗之子”中的最聪慧者，将其运用到了艺术和诗歌中。我们的惟一机会在于延长生命，在既定的期限内尽可能增加脉搏的跳动。巨大的激情也许能给予我们生命的脉动加快的感觉，给予我们爱情的狂喜与伤痛，给予我们各种无私或自私的热情洋溢的行动——这些行为是我们中的许多人自然而然会产生的。① 正是在这种意义上，艺术与人生没有方式与目的之分，而是彼此互为方式与目的。当人们以艺术化方式去生活时，所体悟到的便是一种艺术化的人生，而不是为了艺术而存活的人生。因此，一个人对艺术的认知与鉴赏，可以彰显出个人生存方式的最佳结果。也就是说，以艺术精神去对待人生，结果必然是艺术化的人生，而非以艺术为目的的人生，艺术在此一刻成为个体和谐存在的一个重要特征。用佩特本人的话说：“以艺术精神对待人生，就使得人生成为方式与目的的合一体。”②这表明，在佩特心目中，所谓“为艺术而艺术”的说法，并非是要用艺术来充当人生的目的，而是要借助艺术鉴赏使人生更为完满圆融。

佩特的人生哲学与艺术思想合而为一，内容杂糅而折中。譬如，

---

① 佩特：《文艺复兴》(张岩冰译，桂林：广西师范大学出版社，2000 年)，第 227 页。

② Walter Pater, *Appreciations*, p. 62.

他曾是快乐主义思想的热情推崇者。不过，他所宣扬的不是为了完全满足个体欲望所获得的快乐，而是只能通过高尚的思想、自制与适度才能达到的高于身体享受的精神愉悦。按照伊壁鸠鲁的说法，快乐虽是目的，但这绝非是指放纵或靠身体享受所获得的快乐，而是指一种身无病痛、精神宁静的状态。举凡无节制地开怀畅饮或寻欢作乐，并不能带来真正快乐的生活。因此，人们只有保持理性或清醒的头脑，取舍得当，驱除杂念，才会过上快乐的生活。佩特因循这一思路，为了将其落在实处，特意提醒人们不要追求肉体的快感，而要培养对自然和艺术的审美敏感性，培养能够把握住自然和艺术展现在眼前的那种奇特感觉和印象的敏悟力。

可见，对佩特而言，人生目的不在于坐等感官享受的愉悦，而在于追寻将物质与精神融合为一的炽烈火焰。诚如他在《文艺复兴》的结论部分所言：人生的艺术化或人生的成功之处就在于"能使这种宝石般的火焰炽烈燃烧，且保持着这种心醉神迷的状态……当一切在我们脚下溶化，我们抓住了各种强烈的激情，或者说抓住了种种感官的刺激，这些刺激由奇色异彩、奇妙香味、艺术家的手艺或朋友的面容而来。如果不能每时每刻在我们周围的人中辨别出某种热情的态度，不能在人们的横溢的才华中辨别出其力量分配中的悲剧成分，那么我们就等于在昼短霜寒的日子里，在黄昏之前就昏然睡去……不过请相信，只有激情才能产生这种意气风发、千姿百态的意识之果。诗的激情，美的欲望，对艺术本身的热爱，是此类智慧之极。因为，当艺术降临你的面前之时，它会坦言：它除了在那稍纵即逝的时刻为你提供最高美感之外，不再给你什么。"[①]这是佩特笔下最为精要的一段文字，当年众多年轻读者对此赞赏不已，据说王尔德本人能将够其倒背如流。

显然，佩特式唯美主义对于艺术太过推崇，这便导致佩特像维多利亚时期的诸多文人学者一样，对当时的艺术处境深表担忧。面对低级的公众趣味与庸俗的文化风尚，佩特虽然生性胆怯，但却勇于担当，大声疾呼纯粹艺术的回归，坚决抵制物质主义和庸俗主义的流弊，试图在艺术和诗歌中寻找人类的精神家园和人生的意义所在，希望在枯燥无味的日常生活中注入某种和谐与美好的向往之光，引导人们以艺术精神去对待人生，通过审美文化与人生的艺术化进入到他所憧憬的

---

① 佩特：《文艺复兴》，第226—227页。

理想世界。因为,佩特相信小说主人翁马利乌斯的独白:正当别人聚精会神于数理、商务或美食之时,他本人却自成一格,生活在优雅的感知河流之中。由于他热爱美,因此获得全身心的自由。① 毋庸置疑,佩特的言行尽管勇气可嘉,但必然会遭遇现实的尴尬。他所推崇的审美文化世界或审美乌托邦,只能在个人心境和情趣的有效调适中自得其乐罢了。

6. 20 世纪的审美文化批判

20 世纪以降,尤其到了 20 世纪后期,在日益商业化的娱乐主义冲击下,审美文化的流变趋势与其早先的基本理念和精神追求开始不断疏离,几乎到了大异其趣的地步。

由弗兰泽尔(lvo Frenzel)编纂、于 1958 年在德国法兰克福出版的《哲学》第二卷中,在讨论美学时引用了盖格尔(Moritz Geiger)说过的一段饶有意味的话:"没有任何一门其它哲学学科,像美学学科那样如此脆弱地依赖于诸多先决条件。美学犹如风标似的(like a weather-vane),'被一阵阵哲学风、文化风以及科学风(philosophical, cultural, scientific wind blast)吹得摇摆不定。人们一会儿从形而上和规范的角度考察美学,一会儿又以经验的和描述的方式探讨美学;一会儿从艺术家的视界出发来思考美学,一会儿又从消费者的观点出发来对待美学;一会儿把艺术视为美学研究的中心,把自然美当作一种初级阶段,一会儿又把艺术视为自然美的代用品。'"②从上列描述中,我们可以做出如下推断:把"哲学风"、"形而上和规范"、"艺术家的视界"与美学研究联系起来,通常是指哲学美学与艺术哲学的研究;把"文化风"(cultural wind blast)、"经验的"方式与"消费者的观点"与美学研究联系起来,恐怕是指审美文化的研究;而把"科学风"和"描述的"方法与美学研究联系起来,则是指科学美学(如实验美学与心理美学)的研究。

关于"文化风",我们不能不涉及"二战"前后来自英格兰的"风源"——主要由剑桥大学学者利维斯(F. R. Leavis, 1895—1978)与其夫人(Q. D. Leavis)所掀起的那场"文学文化"(literary culture)的大讨论。通过他所主编的文学评论杂志《研读》(*Scrutiny*)与其发表的论著如《大众文明与精英文化》(*Mass Civilization and Minority*

---

① 佩特著,《马利乌斯——一个快乐主义者》,陆笑炎译,第 153 页。

② T. W. Adorno, *Aesthetic Theory* (tr. C. Lenhardt, London/Boston: Routledge & Kegan Paul, 1984), p. 456.

Culture，1930)，《共同的追求》(*The Common Pursuit*，1948)和《我们时代的英国文学与大学》(*English Literature in Our Time and the University*，1969)等等，利维斯等人一方面极力倡导文学批评应当同生活批评结合起来，应当把作者本人的道德态度纳入文学批评的轨道；另一方面极力推行大学的文学教育课程，认为文学有助于培养和提高人们从事文学鉴赏与评判的“理智和敏感性”(intelligence and sensibility)，有助于人格的全面发展和审美素养的提高。① 因为，在他看来，在科技主义与功利主义的驱动下，由机械化手段生产、由大众传媒操纵的以电影、广告和摄影等等为代表的大众文化产品(products of mass culture)，是利用实用心理学的原理片面追求廉价的感官刺激，实际上没有多少文化可言。而真正的文化，是文学文化，是由文学和艺术生发出来的带有浓厚审美色彩的文化。这一文化观，显然是狭义的和古典式的，是对阿诺德在《文化与无政府》和《批评的职能》等文中所阐述的文化学说的重新强调。即：“文化就是通过学习人们迄今所想出的和所说出的最好的东西而达到人类自身之完美的活动。通过这种学习，人们就可以用新鲜的和自由的思想之泉去冲洗掉自己陈旧的观念和习惯。”②

与此同时，早期席勒所倡导的审美文化观念，再次通过马尔库塞(Herbert Marcuse)得以再现，并在一定程度上引起人们的关注。在《爱欲与文明》(1955)一书中，马尔库塞同席勒一样，深刻地觉察到现代文明的弊病与人类生存的困境，即“理性对感性的压抑性独裁”(the repressive tyranny of reason over sensuousness)而导致理性与感性的冲突。因此，他吸收融会了席勒的审美文化思想和弗洛伊德(S. Freud)的心理分析原理，呼吁打造一种“无压抑性的文化”(non-repressive culture)，也就是马尔库塞式的审美文化。这种文化以调和快感与自由、本能与道德、感性与理性之间的冲突为特征，主张一种可望把工作转化为游戏，把生活转化为审美，把必然转化为自由的“新感性”。③ 这种文化一旦成为现实，便会发挥其奇妙的作用，其内在的美虽然本质上属于心灵的王国，但可以由内及外地影响这个世界，不仅

---

① F. R. Leavis, *The Common Pursuit* (London: Chatto & Windus, 1965).

② 腾守尧：《大众文化不等于审美文化》，见《新华文摘》1997年第8期，第167页。

③ Cf. Herbert Marcuse. *Eros and Civilization*. Boston: Beacon Press, 1955. 另参阅马尔库塞：《美学方面》和《新的感受力》，见《现代美学析疑》(绿原译，北京：文化艺术出版社，1987年)。

能以渗透的方式使直接经验的事物和人物变得高尚起来，而且能使人在不脱离现实生活的同时得到精神的升华。这当然是有条件的。因为，审美文化是以“感知和感受模式的整个革命”（席勒语）为前提的，而在马尔库塞本人看来，“这场革命只有当文明达到生理（物质）与精神（思想）两者最为成熟的境界时才有可能（实现）”（such revolution becomes possible only if civilization has reached the highest physical and intellectual maturity）。[①]

在 20 世纪 60—70 年代的西方，受“文化风”吹拂的美学研究尽管未成主流，但也从未中断。在其它一些美学著作中，“审美文化”的遗响依然存在。譬如意大利实证马克思主义理论家德拉·沃尔佩（Galvano Della Volpe，1895—1968）的《趣味批判》（*Critica del Gusto*）一书就涉及“审美文化”问题。该书由米兰费尔特利奈里（Feltrinelli Milano）于 1960 年出版。在作者谢世之前，此书分别于 1963 年和 1966 年再版两次。“审美文化”一说是在论及“当代建筑的关键问题”时使用的。原话的中译文这样说：“告诫（一般艺术理论家们和建筑师们）不要放弃同我们时代的经济、社会、文化现实的接触，从而避免在反映业已耗尽、衰落的过去文化形式的现实中栖身，此种现实在目前情况下，就是资产阶级的美学文化（la cultura estetica borghese）及其形而上学的、浪漫主义的或现象学的‘解决’（方式）。否则，我们在美学领域还将沦为唯美主义或尊崇脱离概念（功利及人类的作用）的形象（建筑中的矫揉造作）的俘虏，这种唯美主义极易被建筑革命运动所推翻。”[②]据 1978 年英译本中的同一段话，将其译为下列中文：“我认为我们从中合理地提出一种对（一般）艺术理论家和建筑师们来说的确是时下令人关注的忠告。即：我们也同样不可脱离我们这个时代的现实，不可脱离其经济的、社会的与文化的现实。我们也要当心，不可躲进一种反映性的现实之中，或者遁入一种文化的诸形式之中，这种文化属于过去，现已陈腐不堪；在我们这里还是在特殊情况下，这种文化意指资产阶级的审美文化（bourgeois aesthetic culture）连同其各种各样的形而上‘解决方式’，这些方式抑或是浪漫主义的圈套，或者以牺牲那一（有用的和对人有功能的）概念为代价而

---

① Herbert Marcuse, *Eros and Civilization*, p. 189.

② 沃尔佩：《趣味批判》（王柯平、田时纲译，光明日报出版社，1990 年），第 252 页。

过高地估计那一形象(在建筑中是指装饰),在此抗衡中建筑艺术领域的现代革命运动取得了成功。"①

从意大利语和英语的各自行文来看,把"*cultura estetica Borghese*"与"bourgeois aesthetic culture"翻译成"资产阶级的审美文化"是无可非议的。但需要说明的是,沃尔佩使用"资产阶级"这个限定词,多少有点阶级性,但主要用意则是一种包含贬意的讽喻。源自法语的 *bourgeois* 一词,原本是指(中世纪城镇的)"自由民",后来演变为"有产者"与"资产阶级",但也包含"实惠"和"舒适"的意思。目前在西方,该词在更多的情况下,是当作贬义词来用,表示"庸俗的"、"市侩气的"和"因循守旧的"意识或情调。譬如,法语中所说的 *gouts bourgeois*,是指"庸俗的趣味"而非意识形态政治化的"资产阶级趣味",而 *prejuges bourgeois* 是指"守旧的成见"而非意识形态政治化的"资产阶级成见。"有鉴于此,我们若把沃尔佩所说的"*la cultura estetica Borghese*"(bourgeois aesthetic culture)译为"庸俗的审美文化"也未尝不可。在沃尔佩看来,这种"庸俗的审美文化"遗患已久。它给大众带来的不是真正具有新"形式"和新"内容"的审美对象,而是浪漫主义、唯美主义和颓废主义美学的残渣,不仅丑陋陈腐、矫揉造作、华而不实,而且毁弃文明、异化人类。

值得注意的是,沃尔佩是在论及当代建筑艺术时提出"资产阶级(或庸俗的)审美文化"这一范畴的。他认为现代建筑艺术重"形象"轻"概念",重外表轻内在;在装饰风格上矫揉造作、华而不实;在功能意义上缺乏人文价值与理性精神,基本上沦为庸俗的唯美主义手中的"俘虏"或者像我们中国人所说的布娃娃,听任其主人随意打扮与摆布。结果,在这种自称是群众性的民主文明之中,普通群众除了生活在丑陋不堪的、非人居住的房屋与嘈杂混乱的城市里以外,再也没有多少文明可言了。结果,"我们的房屋和城镇已经成了人类异化的明显而惊人的表征"。因此,沃尔佩一再呼吁确立一种科学的社会观与文化观,也就是历史唯物主义的社会观与文化观,在此前提下,继而建构民主的社会主义的现代伦理学,以便在各项艺术实践中,指导人们从事真正的艺术创作和欣赏,协助人们摒弃那种浮华虚饰的"庸俗审

---

① Galvano Della Volpe, *Critique of Taste* (Western Printing Service Ltd, 1978), pp. 247—248.

美文化”——类似德国人(如阿多诺)所嘲讽讥笑的那种矫揉造作、低级庸俗的“赝品文化”或“媚俗文化”(Kitsch culture)。

应当指出,沃尔佩所倡导的“历史唯物主义社会观与文化观”,十分强调“历史基础”与历史传承。在“历史即基础”一节中,沃尔佩引用马克思的话说:“困难不在于理解希腊艺术和史诗同一定社会发展形式结合在一起”,而在于“它们何以仍然能够给我们以艺术享受,而且在某种方面说还是一种规范和高不可及的范本”(参阅马克思《〈政治经济学批判〉导言》)。沃尔佩从历史的观点出发,认为马克思的阐述表明,“一件艺术作品的历史与社会联系,并非是以机械的或外在的方式对其产生制约作用。相反地,它们在某种程度上是艺术作品——而非其它东西——所给人的特种享受的组成部分。因此,它们必然会汇入艺术作品本身的各个要素之中,或者说,汇入艺术作品的理智与结构实体之中。于是,这种活生生的沉积物(living sediment),即历史基础,将会追溯到艺术作品的具体理性核心。历史基础在艺术作品中的有机存在(organic existence),是唯物主义者专门展现的对象。我们知道那时作品中的主要介质,我们假定现实作为意识形态和各种事实规范的总体,正是通过这种介质得以表现的。”①

在随后的体例分析中,沃尔佩始终贯彻了“历史即基础”这一美学原则或文艺社会学原则。他先从希腊史诗、抒情诗入手,进而逐一剖析了但丁的《神曲》,歌德的《浮士德》,艾略特的《荒原》与马雅可夫斯基的《列宁》以及其他著名诗人的杰作。最终,沃尔佩在建构其“理性诗学”(rational poetics)的过程中,运用语义辩证法分析了诗歌话语的特殊性,提出了“多义独特典型性”、“有机语义的语境性”或“多义有机语境”等学说,同时还把这一学说当作涵盖和解释一切艺术表现形式与符号意义的总体原理,推广和应用于音乐、建筑、绘画、雕塑和电影等艺术领域(尽管他本人没有忽视各类艺术的特定范式)。

简单说来,沃尔佩的“理性诗学”与“语义辩证法”均强调所有审美或艺术符号的“多义性”(polysemic character),这与科学命题的“单义性”(univocal nature)是相对而出的。这种“多义性”或“有机多义性”不仅是以历史为基础,而且体现了历史发展过程中的文化积淀因素与承传特征。沃尔佩十分赞赏法国诗人马拉美的一名名诗:“理念,长久

① Galvano Della Volpe, *Critique of Taste* (Western Printing Service Ltd, 1978), p. 13.

愿望的光辉。”据此，他认为艺术不只是塑造形象（或意象）和表现情感，而且也展示和传达理念或思想的光辉，这是因为艺术本身就具有内在的理性和理智本质。譬如诗歌中的隐喻，本身包含着真理性内容。在分析艾略特的《荒原》一诗中，沃尔佩甚至不放过诗中所用地名的联想性、隐喻性和可能得以引申的历史性内涵。

在这部使用“审美文化”概念的重要美学著作里，沃尔佩于命题讲章中未重复或摆弄“审美文化”这个概念，甚至连“审美的”（estetica/aesthetic）这个一般流于限定性修饰的术语也很少使用，但却将其落实在对各种艺术及其作品的翔实而精到的分析评判中。也就是说，他总是从相关的历史语境出发，来分析和揭示构成“审美文化”的基本因素（诗歌、绘画、音乐、建筑、电影等）及其辩证语义特征。这期间，他抑或引经据典（从柏拉图、黑格尔到现当代的预言学家），在批评过程中取长补短、兼容并蓄；抑或基于文本和语境，剖析旁证，有感而发。所有这些给人留下的深刻印象是：作者本人不仅谙悉社会、文化、宗教、美学、艺术史，而且十分重视艺术作品和美学研究的传承性，这样才使他的学术立论较少那种空疏或玄诞的流弊，很值得我们汲取。

法兰克福学派的殿军阿多诺（T. W. Adorno，1903—1969）也是比较赞同弗兰策尔和盖格尔对美学现状所作的上述描述的。他在五、六十年代撰写的《美学理论》（*Aesthetic Theory*）初稿导言的开篇中，也曾引用他们的相关论说来提示传统美学的废退现象与现代美学左冲右突的游击困境。同时，在讨论自然美的特征时，阿多诺也使用过“审美文化”这一术语。他说：“反思作为今日个体审美文化（individual aesthetic culture）的组成部分，务必消除那种装模作样的架势。”[①]这里所谓的“个体审美文化”，从语境看，不仅是指“步入野外”的旅游审美活动，而且也包括文学艺术的欣赏活动。

阿多诺声称他的《美学理论》一书涵盖了自己美学思想的精髓。这部书具有明显的反体系性，内容丰富而庞杂，熔康德、黑格尔、谢林、马克思、本雅明等人与作者自己的思想为一炉，彼此相互参合甚至混淆。要而言之，阿多诺认为传统美学在不断地废退之中，一是自身的基础摇摆不定，二是未能跟上现代艺术的发展，三是不能对人们的审

① T. W. Adorno, *Aesthetic Theory* (tr. C. Lenhardt, London: Routledge & Kegan Paul, 1984), pp. 38.

美鉴赏活动与能力进行有效的指导……但是，在论述自然美、艺术美、艺术与社会、艺术与技术、主体与客体等重大美学问题时，阿多诺几乎都是从古典美学入手，几乎都是在梳理传统美学的过程中，提出了自己的见解与洞识。譬如，他极为重视传统美学一直倡导的“精神化”(spiritualization)因素。当然，他所推崇的“精神化”是现代意义的，是有别于传统的。他主张这种通过艺术来表现和张扬的“精神化”，是“反世界”(Anti-Welt)的，是揭示和批判人生困境的，是摈弃对现实的任何粉饰的，是意在激发人们痛定思痛的自省意识的(或者如他所说的那种“第二反思”的能力的)。在很大程度上，正是基于这种“温故知新”的方法，阿多诺对艺术中的“精神化”因素做了新的阐发和补充，并且联系现实，对以“拜物化”、机械复制与批量生产为基本品性的“文化产业”大张挞伐，甚至断言：文化产业盛行之日，便是审美趣味衰落之时。因此，在《否定的辩证法》与《音乐社会学》等书中，阿多诺对充斥文化市场的那些装模作样的东西(譬如那些“假深沉”、“假关切”的流行歌曲和为了给人以感觉上的“震撼”而故弄玄虚的表演等等)极尽嘲讽之能事，认为这些玩意儿仅具有让人感到一阵眼花缭乱、随之烟消云散的“焰火”(firecracker)效应，而且大多是受追赶时尚的欲望与虚荣心的操纵，其商品化的潜在目的及其人人视为唾手可得的娱乐消遣形式，没有什么值得让人回味的东西，更谈不上有什么持续的可能性了。因为，按照阿多诺的说法，“俯拾即是的东西肯定是没有生命力的。以往艺术的易接近性(accessibility)导致了自身的消亡。”[①]这些早在50、60年代提出的见解，即便在今天(联系中国文化产业现状)读来，也会让我们大吃一惊，尽管我们不完全赞同阿多诺那种“一风吹”的独断论或一概否定“文化产业”的作法。

值得注意的是，阿多诺非常看好美学的前景。他认为现实生活在急切地呼唤着美学。这种美学应当是一种新的美学，一种适应现代艺术发展的美学。可这种美学单靠艺术家们随兴所至式的高谈阔论是难以建立起来的，它需要理论工作者的积极参与。就是说，艺术家应与理论家携手共建现代美学。就阿多诺本人的情况看，他精通乐律，具有创作和演奏的实践经验。因此，当他从美学角度来审视音乐艺术

---

① T. W. Adorno, *Aesthetic Theory* (tr. C. Lenhardt, London: Routledge & Kegan Paul, 1984), p. 262.

时，立论十分精当、到位，远非那些与音乐隔了一层的单纯的批评家所能相比。所以，他对建立了复杂的美学体系但对艺术知之甚少的康德和黑格尔颇有微辞。这种阿多诺式的自信，对美学研究工作者来讲不失为一种有益的启示。

所以说，无论是今日的文学艺术研究，还是美学或审美文化研究，都不可能割断它们各自与历史的联系。就从事某种审美鉴赏或创作活动的人而言，美学与艺术史的上遗教(legacy)必然或多或少地影响到他们的审美理想、趣味、心理乃至行为等等方面。在此意义上，人不仅是"审美的存在"(aesthetic being)，而且是"历史的存在"(historical being)。如此看来，艺术产品作为审美的客体具有历史的承传性，人作为审美的主体具有历史承传性，那么，以这两者为主要研究对象的审美文化，也自然不会忽视对历史的研究，特别是艺术史和美学史演进过程的研究。

另外，关于历史性及其绵延之维，还涉及同一问题的两个方面。一是否定传统美学是不可能的，哪怕你采取的是自欺的"鸵鸟政策"。因为，否定传统美学本身就意味着赋予对方以应有的权利。极力倡导现代艺术和呼吁现代美学的阿多诺也深知这一点，他甚至建议："在目前，鉴于一种基本的不确定性常有可能破坏艺术存在的理由，所以美学务必回顾历史，从中寻求艺术的概念：艺术似乎只有通过回顾才能凝结成某种整一性，该整一性并非是抽象的，而是艺术具体发展成概念的过程。"①二是在回顾传统学美学时，必须谨防另外一种偏差，即抱着"老皇历"不放的偏颇作法。应该知道，"想要保存类似黑格尔那样的思辨美学、并将其奉为文化丰碑似的那种作法是错误的，而将其完全摒弃，或者以某种假定的艺术经验的直接性将其取而代之的作法也是错误的。"②因此，需要一种真正的"二次反思"(second reflection)，而不是那种"假定的"或自以为是的"创新建构"。简单地说，"二次反思"首先需要正视这一现实：一种哲学体系(譬如黑格尔哲学体系)的崩溃并不必然导致其美学思想的完全失效；其次，需要充分利用而非抛弃传统美学思想的基石；最后，需要立足于历史与当代的文化制高

---

① T. W. Adorno, *Aesthetic Theory* (tr. C. Lenhardt, London: Routledge & Kegan Paul, 1984), p. 371.

② Ibid., p. 483.

点上来揭示其内在的漏洞,继而进行批判性的补救或综合性的创设。舍此,美学的更新恐怕会沦为一派挂空的豪言壮语。

7. 追溯过程中的反思与觉解

追溯西方美学中文化理念的嬗变与审美文化的历史绵延,至少会引起我们在如下几个方面的思索与觉解:

(1) 西方美学中的文化或文化中的美学,基本上是以两维并行的方式发展演化的。一是侧重审美需要与精神自由的超现实非功利意识,二是肯定道德教化与社会职能的实用目的性和功利性追求。因此,功利主义与超功利主义美学或审美文化的出现,就不是偶然的了。这与中国的儒道互补式文化传统和具体情景是十分近似的。

(2) 就美学与文化的关系来看,美学是文化中的组成部分。具体地说,美学在理论形态上和艺术表现上,主要涉及文化的观念或精神层面;体现在言行举止上的相关审美因素(如说话的艺术与风度),涉及到文化的语言交际层面;内含一定审美习惯的民俗风情(对乐舞、色彩、狂欢形式的选择与爱好),涉及文化的某些制度层面;而凝结在人造物品或实物对象(如服饰、建筑、工艺与生活用品)中的一些审美理想,则涉及文化的器物层面。维多利亚时期的审美文化研究,既关注社会生活与政治现实问题,又结合艺术实践与具体门类技术,因此在多维的理论向度上更显得生动活泼,更富有借鉴意义,成为这一时期英国美学的显著特点之一。可见,广义上的美学,与文化的不同层面息息相关,与人类生活的各个方面息息相关。因此,研究美学,不能不研究文化;研究文化,也不能不研究美学。这无疑是一种双向性的研究,既探讨美学与文化的相互关系,也分析两者之间的互动作用。在此意义上,审美文化的生成与研究,也就是自然而然的了。

(3) 从历史观点来看,20 世纪 90 年代审美文化研究在中国大陆的勃兴并在一定范围内成为显学,这委实是件耐人寻味的事情。其中原由,恐怕与一定历史阶段的社会、文化与经济等背景密切相关。中国学者在讨论审美文化研究与美学学科关系问题时,一般出于两种基本认识:一是基于学科交叉化合的观点,从美学与文化学的结合角度来看待审美文化的学科特性,故此得出类似上述结论:“文化学研究文化,不能不研究作为整体文化组成部分之一的审美文化,而审美文化的研究又不能没有美学的指导。美学与文化学的整合,就必然产生一门关于审美文化研究的新学科,这就是审美文化学。审美文化学是美学发展高度综合的必然结果，是美学和文化学合规律性与合目的性的统一。"[①]二是从层次关系的角度，认为审美文化是由"审美"与"文化"两维构成，前者表示概括性的抽象理论层面，即各种形式的美学理论与文艺理论，后者代表具体实存的现象层面，即以文学艺术为核心的具有审美价值的具体文化形态。两者虚实互补，是美学研究转型时期的一个建设性思路。[②] 依此，美学研究与审美文化研究不能彼此脱离，也不能相互代替，前者通过后者得以新生和发展，后者借助前者得以深化和创设。在新的历史时期和新的社会文化语境中，这恐怕是中国学人激活与更新美学研究的一种方式，同时也是赋予审美文化研究和美学研究的一项基本任务。所以，我们不能简单地把 90 年代中国审美文化研究归属于西方审美文化的模拟或顺延结果。但两者的关系是不能否认的，这在话语形式上表露无遗。因此，从历史的语境(historical context)中来追溯西方审美文化的绵延，有助于我们进一步知解研究审美文化的内在动机、当代意义与可能目的。

(4) 从学理上看，有必要对核心概念进行溯本探源式的追述。国内最初炒作审美文化研究时，不少学者对审美文化概念在西方美学史上的流变知之不多，有的认为该概念是"审美＋文化＝审美文化"的嫁接产物，有的认为该概念在 50 年代出现在前苏联，有的则将其追溯至英国维多利亚时期。目前，就我们所掌握的材料看，席勒或许是这一概念的始作俑者。而席勒又是得益于康德美学与文化思想的启发。在席勒的意识中，与艺术和美游戏是审美文化的基本特征，使人格完满并获得精神自由是审美文化的主要目的，而旨在调和形式冲动(理性)与感性冲动(感性)以培养游戏冲动(审美)则是审美文化的实践形式。中国现代美学的生成及其审美形态的建构，特别是审美教育文化的发展，与康德和席勒有着直接的承继和变通关系。

(5) 从目的性上看，席勒最早是受法国启蒙运动和康德美学的启发，基于文化的精神性追求，倡导以审美教育为主要实践形式的审美文化，旨在实现精神自由与人格完满，解决社会文化心理问题。斯宾塞是从创造健康的文明生活角度提出审美文化，用以消除和抵制因工业文明

---

① 赵广林：《美学与文化学的整合》，见《文艺研究》1990 年第 6 期。另见李西建：《审美文化学》(武汉：湖北人民出版社，1992 年)；林同华：《审美文化学》(北京：东方出版社，1992 年)。

② 周均平：《转型研究：90 年代中国美学话题》，见汝信、王德胜主编：《美学的历史：20 世纪中国美学学术历程》(安徽教育出版社，2000 年)，第 341—366 页。

和富豪社会所导致的趣味庸俗、拜物主义和享乐主义等文化腐败现象；莫里斯接着从“人民艺术”出发阐释审美文化，借此满足人民的精神文化与创造性表现的需求，同时打造高雅艺术赖以发展和永存的基础。马尔库塞上承席勒，阿诺德下启利维斯，基本上是从追求人格的完善和培养良好的审美敏感性或文学意识角度，来揭示审美文化内涵的。而中国审美文化研究，几乎包容了上述所有目的或意图，在美学研究发展、审美文化功能、解决社会现实问题、建设精神文明和提高大众文化品位等不同层面，均与西方审美文化研究的动力和出发点有相似或暗合之处。

(6) 从中国文化的特质来看，文化与美学更是“你中有我，我中有你”，这使得既超越又内在、既感性又超感性的审美活动及其精神追求，在整个华夏文化与美学中具有“形而上”的地位。① 从中国的文化概念所包含的原人文精神，即以礼乐教化为主要内容的道德伦理本位精神，实际上是以审美为特征的。由此生成的以儒家思想为主体的华夏传统美学，其悠久的历史根源来自非酒神型的礼乐文化传统。中国文化注重人生，提倡修养，好谈境界，孔子的乐论，庄子的逍遥，屈原的深情，魏晋的风度，禅宗的空灵，讲究“韵”、“味”、“品”、“妙”等美学范畴，都从不同的角度表明人生的最高境界是“审美境界”（宗白华等），中国的文化是“乐感文化”（李泽厚语），或者说是中国式的审美文化。这在《中西文化相会》的作者诺斯罗普（F. S. C. Northrop）看来，是一种以“无所不包的审美成分”（all-embracing aesthetic component）、“直觉审美特性”（intuitive aesthetic character）与“审美自我”（aesthetic self）为主导的文化。② 因此，20 世纪以降，在西学东渐和新文化运动的冲击下，中国学者借助传统审美文化的惯性去审视、因借、筛选、移植或会通西方美学理论与审美文化思想，无疑是顺理成章的事情了。在这一点上，研究中国美学的德国汉学家卜松山（Karl-Henz Pohl）深

---

① 李泽厚：《华夏美学》（北京：中外文化出版公司，1989 年）。

② F. S. C. Northrop, *The Meeting of East and West* (New York: The Macmillan Company, 1960), pp. 315 - 358, 375 - 404, 461 - 464. 诺斯罗普认为，“东方文化大多是在审美成分中格物；而西方文化大多是在理论成分中格物。这样，中西会通的结果，均可为发展当今世界上一种完备的哲学和完备的文化理想做出独特的贡献。”（同上书，第 375—376 页）他还发现，中国文化以审美成分为主要建构，以审美直接性或直觉性（aesthetic immediacy）为基本特征。该特征在西方人看来似乎“自相矛盾”，因为它一方面是入世的，关注具体事物，表现为一种明显的现实主义倾向，；另一方面又是出世的，极富有思辨性，追求的是道或涅槃的境界，从而使东方的实证主义有别于西方的实证主义。（同上书，第 376—377 页）

有感触。他在《以美学为例来反思西方在中国的影响》一文中指出：中国文化与西方文化碰撞的过程中，由于种种原因使得美学具有特殊地位。首先，美学，至少在中国开始接受西方美学时，形成了一个非政治性的空间。相对而言，美学在自由探讨西方思维方式时有较多的余地。其次，从中国备受重视的艺术哲学角度来看，美学所属的领域有着许多与本国传统相通之处，因此在与西方文化碰撞中不像政治社会领域的学说那样备遭受贬斥和诋毁。相反，20世纪初的中国人面对西方开始为自己的文化定位时，把本国文化视为一种审美文化。当代的中国美学家像李泽厚、刘纲纪等人在总结中国美学的重要特征时，均认为"审美境界为人生的最高境界"。①

（7）莫里斯所积极倡导的"人民艺术"，一方面旨在脱掉艺术的精英外衣，把艺术还给生活，还给人民，还给社会，还给自然和人造景观；另一方面旨在将艺术扩展到人类生活的各个领域，最终使艺术变成日常生活的内容，从而为"人民艺术"开辟更为广阔的创造空间，打下更为坚实的社会基础。与此同时，他还郑重地指出：如果一个社会系统只强调个人奋斗而忽视相互合作，艺术家和工匠就会处于分离状态。这种分离使得艺术家与传统分离，与大众分离。由于这种分离，大众再也无法理解什么是艺术，更不懂得如何热爱艺术；艺术家失去了最能够理解和欣赏他们的观众。在这个意义上，艺术的生存与发展不可能仅仅依靠天才的创造。艺术有赖于在延续传统中迸发出来的艺术灵感，有赖于工匠世代相传的知识技能，有赖于通过传统与艺术家紧密结合在一起的大众。因为，"所有艺术，即使是最为上乘的艺术，均受到大众劳动条件的影响。任何人在任何时候试图假造艺术，自以为艺术可以独立于大众的劳动条件，都是徒劳的。也就是说，任何一种宣称自己的艺术是建立在少数人的特殊教育之上的艺术，必定是不现实的，必定是短命的。艺术旨在表达人在劳动中所得到的乐趣。"②这段话委实道出了莫里斯对艺术的起源和艺术生命力的根本看法。如今，从主流角度看，艺术的制作似乎走向两极。在一方面，机械化和数

---

① 卜松山：《与中国作跨文化对话》（刘慧儒、张国刚等译，北京：中华书局，2000年），第18页。

② William Morris, 'Art under Plutocracy,' in Josephine M. Guy (ed), *The Victorian Age: An Anthology of Sources and Documents* (London: Routledge, 1998), p. 440.

字化的大量复制和拼贴，所生产的大多是具有焰火效应的艺术品，所寻求和提供的大多是廉价而快捷的感官或心理刺激，因此在商业化的社会消费活动中，瞬刻间就会变得平淡无奇或泛滥成灾，最终导致了外部生活环境的恶化，导致了闷闷不乐的社会情绪，甚至导致了艺术的终结或死亡。在另一方面，少数追新猎奇和孤芳自赏的艺术家，表面上热切地希望与大众交流，骨子里却潜含着唯我独尊的精英意识，在艺术创作上喜好标新立异，偏爱故弄玄虚，使装模作样的艺术品外显怪诞然内涵浅泛，不仅与生活彼此脱离，而且与精神相互隔膜，结果难以为多数人所接受，最终沦为少数人把玩的稀有商品。因此之故，我们有必要重新反思莫里斯的“人民艺术”观，有必要在现实语境中以适宜的方式倡导创生新的人民艺术，有必要参照各种积极的建设性方式来真正救赎和发展现代艺术。要知道，举凡使生活值得一过或更加美好(并非简单的美化或粉饰)、令大众喜闻乐见并给人以精神启示的艺术品，才是艺术的真正价值与生命力所在，才是艺术得以复兴的有效途径。

(8) 最后，我们回顾这段历史，也是有意地重新审视和激活以往相关的思想学说，这不仅有利于我们进入审美文化的历史，有利于我们理解审美文化的现状，而且也有利于设想审美文化的未来。诚如威廉姆斯在《文化与社会》一书的结语中所言：“我之所以撰写此书，是因为我认为本书所记载的文化传统有助于提高我们共同的理解力，有助于文化传统的必要延展。所列举的这些思想理念与思维方式，抑或潜伏着深入我们灵俯的富有生命的种子，抑或包含着一般意义上已经死亡的种子。举凡用以衡量我们认识凡此种种文化因素的尺度，以及用以衡量我们如何取得共识的尺度，实际上兴许就是衡量我们未来的尺度(the measure of our future)。”①倘若历史是活生生的历史，倘若传统是延续性的传统，那么其中必然包含着“生命的种子”，具有现实的关联意义(relevance)，因此可以借鉴和重估；当然，这其中也潜伏着“死亡的种子”，残留着历史的陈迹，因此需要批判和扬弃。

(作者单位：北京第二外国语学院跨文化研究院，中国社会科学院哲学研究所)

---

① Raymond Williams, *Culture and Society* (London: The Hogarth Press, 1st. ed. 1958, rep. 1981), p. 338.

回归“感性学”：梅洛-庞蒂的绘画美学

张　颖

内容摘要　本文试图以梅洛-庞蒂的绘画随笔为核心文本，用“感性学”来概括梅洛-庞蒂一生对感知经验的探讨：从前期的“为知觉和被感知世界恢复地位”到后期“恢复可感者的存在论地位”，梅洛-庞蒂的哲学从总体上体现为恢复感性之地位的一以贯之的努力。他的哲学始终体现出对现代艺术（尤其是现代绘画、诗歌和小说）的一种亲近，这种亲近不仅表现在他的数篇艺术随笔，还体现在其主要哲学著作（如《知觉现象学》和《可见的和不可见的》）中——在那里，现代艺术家及其作品并非作为其哲学思考的例示，而是作为这种思考的对话者甚至启示者。因为相比古典艺术，现代艺术更加强调对知觉经验的忠实。因此，“感性学”也能够概括梅洛-庞蒂的艺术哲学。

关键词　感性学　身体　肉

一

作为20世纪法国的重要哲学家和典型的法国学院派知识分子，梅洛-庞蒂有多个思想维度，我们在不同的领域将他相应地称作现象学家、存在主义者、儿童心理学家乃至政论家，等等。但我们较少称他为美学家。尽管国内外学界都认识到梅洛-庞蒂在美学方面的独特贡献，然而，相比其他的现象学美学家（如杜夫海纳、茵加登），我们在梅洛-庞蒂文本中很难找到一种典型的美学理论：这里缺少像审美对象、审美经验这样的典型术语，甚至难得一见“审美”（或“美学”）这样的字眼。面对梅洛-庞蒂的多篇艺术随笔和评论，我们仍然难以将之放入已有的美学理论框架去讨论。因此，在什么意义上将梅洛-庞蒂的思想理解为一种美学理论，这涉及梅氏在西方现代美学史中的位置,因而是研究梅氏美学首先需要澄清的一个问题。

几乎每个研究者在归纳他的艺术理论时都会面临这个问题。由于这种理论的非典型性,我们要么把他排除在美学史之外,要么为他在这个领域单独辟出一块领地。有的法国艺术哲学史家认为:"在梅洛-庞蒂的哲学是知觉现象学的意义上,我们可以说,他的哲学全面复兴了一种美学。"[①]要理解这句话,首先需要把梅洛-庞蒂的知觉理论替换为"感性学",而后者正是美学学科诞生时的身份。如果把它看作一种有益的思路加以借鉴,那么我们或许可以更加方便地谈论"梅洛-庞蒂的美学"而不会失去概念上的严密性。假如这个思路是正确的,我们就可以直接用"感性学"作为对梅洛-庞蒂整体思想的基本概括,从而将这种思想放入到美学讨论的典型语境当中。

其实,感性在梅洛-庞蒂哲学中的不可替代的地位已经受到了国内外学者们的一致重视。在此仅以两位国内学者为例。浙江大学的杨大春先生一直明确地将梅洛-庞蒂思想整体概括为感性学,他认为,"梅洛-庞蒂实际上一以贯之地谱写着'感性学'",从早期的知觉现象学理论,到后期由身体推广开去的、作为存在之'元素'的普遍的肉身(chair),他"始终进行的是对感性学的完善"。[②] 在他看来,感性学串联了"身体"和"肉"这两个分属梅氏前后期哲学的关键词:"不管从何处着手,其目标都旨在克服知性的遮蔽,并恢复感性的丰富和生机。不管是'我的身体'、'他的身体'还是'作为表达的身体',也不管是身体之'肉'、语言之'肉'还是世界之'肉',让我们领会到的都是'感性的'光芒。"[③]这里所说的"感性学"是一种与笛卡尔传统的理性主义相对抗的"含混的诗学";它将梅洛-庞蒂对感知经验的研究和重视扩展为其哲学理想的根基和治学方式总体。香港

---

① M. Lefeuvre, *Merleau-Ponty au-delà de la phénoménologie*, Klincksieck, Paris, 1976, p. 353。转引自 Chalumeau, Jean-Luc, *Les théories de l'art: Philosophie, critique et histoire de l'art de Platon à nos jours*, Vuibert, 1994, p. 99。

② 杨大春:《感性的诗学:梅洛-庞蒂与法国哲学主流》,北京:人民文学出版社,2005年,第44页。

③ 《杨大春讲梅洛-庞蒂》,北京:北京大学出版社,2005年,第153页。又见梅洛-庞蒂《眼与心》,杨大春译,商务印书馆,2007年,第3—4页。

中文大学的刘国英先生则更加明确地在审美领域谈论梅洛-庞蒂的独特贡献。他认为,“梅洛-庞蒂的现象学以重建感性的地位为目标”,并以其绘画理论作为梅氏美学的代表:“植根于梅洛-庞蒂的绘画时间现象学中之美学是一种新的美学:这种美学并非透过一个哲学的概念性框架去说明美感经验,或为美感经验一般提供意义;反之,美感经验是当下直接被理解成对感性的经验本身,而梅洛-庞蒂的新存在论思想则是奠基于这种对感性的经验本身——这套新的存在论就是肌肤的存在论(ontologie de la chair/ontology of the flesh),而所谓肌肤就是感性本身(the Sensible-in-itself),它是各种形式的理念性存在(idealities)的来源。”[①]这样一来,我们不仅能够合法地给予梅洛-庞蒂的哲学以一个美学身份,并且,这种审美经验现象学正是梅洛-庞蒂哲学的别名。同这种解读思路相似,似乎可以这么说,当我们阐述梅洛-庞蒂的美学理论时,实际上是试图将梅洛-庞蒂的哲学思想以美学(感性学)的角度和眼光重新整合起来,也就是说,从“梅洛-庞蒂的美学(感性学)”来到“作为美学(感性学)的梅洛-庞蒂哲学”。

然而,如果说梅洛-庞蒂的感性学“全面复兴了一种美学”,这显然意味着一种回返,或至少意味着一种重提。但它所试图重提的并不见得是美学之父鲍姆伽通意义上的“感性学”。“美学”一词的希腊辞源Aesthemi意味着“去看”,这个词义在被鲍姆伽通用以为这个新学科命名时扩展到了一切感觉和知觉,在这里,尽管感觉作为认识的一个单独的来源而受到重视[②],但是,这个身份在肯定感性的重要性的同时,又给予感性以理性附庸的地位,感性学(美学)作为科学之“婢女”——一种低级认识论和“类理性”——而为认识活动服务。这种偏见并非自鲍姆伽通始。柏拉图相信确实的知识只能经由理性获得,人类只有走出蒙昧晦暗的洞穴,方可得见理性的光明,因而主张把艺术

---

① 刘国英:《视见之疯狂——梅洛-庞蒂哲学中画家作为现象学家》,载《视觉的思想:现象学与艺术国际学术研讨会论文集》,孙周兴、高士明编,杭州:中国美术学院出版社,2003年,第27页。本文对chair采取不同的翻译:刘先生在这里译作“肌肤”,我们译作“肉身”或“肉”。

② Adrienne Dengrick Chaplin, *Phenomenology: Merleau-Ponty and Sartre*, in Gaut, Berys and Lopes, Dominic Mclver, *The Routledge Companion to Aesthetics*, 2nd ed., London: Routledge, 2005, p. 170.

家驱逐出理想国。后来，近代哲学的开启者笛卡尔强调不能完全信任感官的知觉，必须从感性的混沌中脱身，以获得“清楚分明”的知识。西方语言中的动词“看”至今都保留着“明白，知晓，了解”此类的认识论涵义。梅洛-庞蒂哲学所针对的是欧洲近代哲学的理性主义传统(尤其是笛卡尔、莱布尼茨传统[①])以及在这种传统下造成的“欧洲科学危机”，试图重新思考感性本身，将它从对理性的从属中解放出来，获得自身的价值和地位。因此，梅洛-庞蒂的“感性学”所试图复兴的是被西方哲学史的理性传统所遮蔽的感性支脉，或者说是一直潜藏在理性传统之下的非理性甚至非哲学(non-philosophie)，它以含混的方式提醒着确定性的边界。于是，这种复兴不是对哲学史上某一个特定时期的复归(当然，任何复兴都不是复原)，而是恢复地位(réhabilitation)和揭示(révélation)。

梅洛-庞蒂的感性学并非一种感觉主义，而是一种“含混哲学”。它既远离经验主义机械论，又与理性主义保持距离。实际上，这种学说试图寻找笛卡尔以来的以数学化为主导的科学和以数学化、理念化为主流的哲学所遗忘的感性基底，这种感性基底拥有一系列原初特征——前科学、前理论、前客观、前述谓(pré-prédicatif)……这些“pré”前缀表明，在这个层面上的世界尚无自然与文化的区分，因而便谈不上向感觉主义乃至原始主义的靠拢。

梅洛-庞蒂的感性学是一种身体哲学。对身体的生存论意义上的强调导致了知觉的首要地位。身体—主体既是一个感知主体，又是一个进行着一切“在世存在”之活动的主体——表达主体、政治主体、历史主体……梅洛-庞蒂甚至认为，弄清谁是国家、战争等的主体与弄清谁是知觉的主体正是同一类型的问题，而只有解决了知觉问题才能解答历史哲学。在笛卡尔的哲学体系那里，至高无上的理性主体(当然它首先遵循神的秩序)将自身的秩序强加于自然，从而实现对自然的主宰和控制。身体因而被排除出确定性之获得的范围。与这种观念论相对，梅洛-庞蒂强调主体与世界之间在肉身上的关联，强调知觉和目光。相比心灵获得确定性的能力，身体的含混性在此并不被看作一种缺陷，恰恰相反，这种含混的身体经验却

---

① 见 Barbaras, Renaud, *De l'être du phénomène : sur l'ontologie de Merleau-Ponty*, Paris: Jérome Millon, 1991, p. 103.

是比心灵确定性更为原初的东西:在我们将世界辨识为对面而立以供条分缕析的对象之前,我们同世界的原初关系已然在那里起作用;这种关系是难分难解的含混,却是我们全部人类生存经验的无法被忽略的根基。首先是我们的身体在看,在听,在说,在思考;世界在成为我们的分析对象之前,首先是我们的身体生存其中的时间和空间。在身体性的含混经验里,世界既不是纯然无序的——因为这里已经有一种意义的诞生;但也不是全然确定的——因为它还没有来得及面对面地处理世界。

身体性、含混性以及知觉的在先性,这一切显示出同艺术的亲和。艺术,无论是最初的艺术还是今天的艺术,都离不开人的身体性操作,因为它首先是一门"手艺"。画家需要用手操作画笔,音乐家用手抚弄琴键或丝弦,雕塑家必须感觉到原材料在指端的硬度、线条和温度。感性经验在艺术中的首要地位无可置疑。在科学昌明的今天,任何科技手段仍然无法替代画家的亲"身"操作,任何精确的计算也无法帮助画家形成良好的"手感",因为艺术的"艺术性"永远无法被人类的头脑识破。这也就是为什么,我们有着精深的哲学和高超的科学,却并不妨碍这个古老的门类自拉斯科岩画以来一直拥有自己的一块领地,甚至,相比以上两者,它有时显得更加难以穷尽。尽管人们继"哲学的终结"之后开始谈论"艺术的终结",梅洛-庞蒂却坚信:"世界或许持续千百年,对画家来说,只要它还存在,世界就仍有待于去画,它将结束但不会被完成。"①

总的说来,一方面,"感性学"能够概括梅洛-庞蒂一生对感知经验的探讨,从前期的"为知觉和被感知世界恢复地位"②到后期"恢复可感者的存在论地位"③,梅洛-庞蒂的哲学从总体上体现为恢复感性之地位的一以贯之的努力。另一方面,他的哲学始终体现出对现代艺术(尤其是现代绘画、诗歌和小说)的一种亲近,这种亲近不仅表现在他的数篇艺术随笔,还体现在其主要哲学著作(如《知觉现象学》和《可见的和不可见的》)中——在那里,现代艺术家及其作品并非作为其哲学思考的例示,而是作为这种思考的对话者甚至启示者。因为相比古典艺术,现代艺术更加强调对知觉经验的忠实。从这个角度讲,"感性

---

① Merleau-Ponty, *L'œil et l'esprit*, Gallimard, Paris, 1961, p. 90.

② Merleau-Ponty, *Causeries* 1948, Seuil, édition S. Ménasé, 2002, p. 14.

③ Merleau-Ponty, *Eloge de la philosophie*, Gallimard, Paris, 1953, p. 257.

学"也能够概括梅洛-庞蒂的艺术哲学。

二

一般说来,梅洛-庞蒂的绘画美学的核心文本主要包括《塞尚的疑惑》、《间接的语言和沉默之声》以及《眼与心》。[①] 值得注意的是,这三篇文章尽管篇幅不长,但容量不小;并且,它们都处在梅氏著作的醒目位置:前两篇文章分别处于文集《意义与无意义》和《符号》的首篇,而《眼与心》独立成册,是他生前出版的最后一部著作,因此,这些作品代表了梅洛-庞蒂的美学思想在不同发展阶段的面貌。可以说,梅洛-庞蒂的绘画美学在他的哲学总体中拥有无可替代的重要性。

因此,选择从梅洛-庞蒂的绘画随笔切入梅氏哲学,应该说是一条便利的近路。原因有二:一方面,梅洛-庞蒂的绘画随笔代表作恰好处于其思想演进的前、中、后三个时期,在时间坐标上有着天然的标志性;另一方面,这些绘画随笔中出现的问题始终伴随着梅洛-庞蒂的哲学思考,这种关系甚至越来越紧密,直到视觉问题和哲学问题最终合流。

在《塞尚的疑惑》阶段,"现代绘画之父"塞尚的视看方式是梅洛-庞蒂主要的兴趣所在。塞尚在绘画上的困境和探索显示出画家的视觉对传统哲学的二元论的克服之法:在那里,起作用的既不是驾驭事物的心灵,也不是真伪莫辨的眼睛,而是向世界开放的视觉,它使得秩序和意义在自然视觉的经验中萌生出来。这里的问题在于,观看者(知觉者)与被观看者(被知觉者)之间的区分仍然存在,这与梅洛-庞蒂所追求的二元对立之前的原初状态是相悖的。《间接的语言和沉默之声》接续了梅洛-庞蒂前期哲学所奠定的知觉和身体两条线索,同时寻求突破这种理论中"坏的含混"。这条路径并不通向含混哲学的反面,即强调对世界的清楚分明的把握的笛卡尔传统——内在性哲学。

① 这个惯例确切始于何人何时已无从查考,较早采用这一惯例的是曾任比利时新鲁汶大学哲学系现象学中心主任的达弥尼奥(Taminiaux)教授。梅洛-庞蒂作品的较早的中译者刘韵涵女士曾在《眼与心——梅洛-庞蒂现象学美学文集》的"译者前言"中提到,当她在新鲁汶大学学习时,达弥尼奥教授已经将这三篇文章选作现象学美学的教材,认为它们概括出了法国现象学派的美学观。按照此文末尾所署日期,刘女士就读新鲁汶大学的时间应该在1985年以前。

这篇随笔中的核心术语“风格”一方面体现出超越知觉世界、朝向真理领域的努力，另一方面又衍生于梅洛-庞蒂的知觉哲学，体现出他改造前期哲学的企图。它预示着一种新的哲学角度正在酝酿之中。梅洛-庞蒂研究者马蒂松(Madison)认为，梅洛-庞蒂的存在论遵循三条路径发展出来：绘画、语言和哲学。这一点获得了利科(Ricœur)的赞同，后者认为绘画是其中最成功的一条路径。[①] 从《塞尚的疑惑》经由《间接的语言和沉默之声》到《眼与心》，梅洛-庞蒂的绘画美学(感性学)发展到了最后形态，它同时也是这种美学的顶点：一种绘画视觉存在论。梅洛-庞蒂哲学的含混性至此成为这种崭新的存在论的合法形态。达弥尼奥曾用“交织”(entrelac)这一术语将梅洛-庞蒂最终的图像理论概括为三个方面：可见世界和进行观看的个体之间的交织；实在物和想象物之间的交织；私人的东西和共享的东西之间的交织。[②] 第一个“交织”模糊了主客体的对立和分界，将实体概括为可见性(visibilité)；第二个“交织”确立了图像的存在论身份，将“看”的虚幻性推广到实在领域；第三个“交织”将他者的存在纳入自我的定义。能够将如此丰富的思想用一篇随笔表达出来，的确令人赞叹。到此为止，画家赖以进行艺术创造的视觉最终跻身一种哲学，成为这种哲学的本名。巴尔巴哈说：“通过绘画，视觉令自身成为哲学。那么，哲学家的角色就不是让画家的沉默的言语屈从于知性的统治，而是要将它自身言语中的沉默延伸至画家。”[③]通过现代绘画的图像分析，梅洛-庞蒂将传统智性哲学的客观化、对象化的方式转化为一种非—哲学的究问。

三

这就是作为感性学的梅洛-庞蒂哲学。接下来，我们愿意就这种

---

① Madison, Gary Brent, *The Phenomenology of Merleau-Ponty, a research for the Limits of Consciousness*, translated from the French by the Author, Athens: Ohio University Press, 1981, p. xvi.

② J. Taminiaux, *The Thinker and the Painter*, in Dillon, M. C., ed., *Merleau-Ponty Vivant*, Albany, NY: State University of New York Press, c1991, p. 206 - 208.

③ Barbaras, Renaud, *De l'être du phénomène: sur l'ontologie de Merleau-Ponty*, Paris: Jérome Millon, 1991, p. 238.

绘画美学所包涵的三个命题进行探讨,目的是展现梅氏“感性学”的整体理论结构。这些命题体现了梅洛-庞蒂在“感性学”的总名下进行哲学思考的尝试。它们分别是:重新阐释的知觉理论,一般化了的表达理论,以及独树一帜的视觉理论。在梅洛-庞蒂思想发展的不同阶段,这三个方面对应于相应的核心文本,并体现出不同程度的重要性。需要指出的是,它们并非相互独立、共同组成梅洛-庞蒂的美学系统的三个部分。毋宁说,它们更是三种角度。它们相互渗透,在谈论一方时无法抛开其他两个方面;每一个方面都涉及根本性的问题因而贯穿始终。无论从梅洛-庞蒂的文本中还是思想内部,都无法析分出“一个”和“另一个”。这也就是为什么我们不做核心文本的单独剖析,而径直从其理论内部的命题进入。

(1) 知觉理论:返回“生活世界”的尝试

《塞尚的疑惑》基于梅洛-庞蒂前期哲学的知觉理论,通过致力于“现代绘画之父”塞尚这一个案的阐述,探讨身体与艺术作品的相通之处。哲学家梅洛-庞蒂和画家塞尚共同面对着西方传统思想的成见对视觉经验的忽视和贬低,而塞尚在颜色、透视法等方面对传统的突破为梅洛-庞蒂带来了启发。

在梅洛-庞蒂本人的学术规划里,知觉理论是其早期哲学的主题,也是其全部哲学的总的起点。梅洛-庞蒂的学生、追随者,其遗稿的整理者勒弗尔(Lefort)认为,在梅洛-庞蒂看来,知觉(percevoir)暗示了从主体到世界、首先是可感者的所有关联。[①] 首先需要在对经验主义和理智主义知觉观的双重否弃中来理解梅洛-庞蒂所树立的知觉理论。经验主义将感知视作感觉的组合,认为局部的感官刺激是感知的基本形式,认为“纯粹的感觉应该是一种未分化的、转瞬即逝的点状‘冲击’”[②]。而格式塔心理学的实验证明,我们的知觉首先是整体性的,所谓“纯粹的感觉”无法形成。从另一方面讲,经验主义过于注重感知经验中被感知的一方,而忽视了感知行为以及感知者同被感知者的关系。它仅仅描述去除了人类世界或文化世界之后的自然世界,因此这种对自然世界的描述也是不恰当的:经验主义所谈论的自然是刺

---

① Lefort, Claude, *Sur une colonne absente*, *Ecrits autour de Merleau-Ponty*, Paris, Gallimard, 1978, p. 140.

② Merleau-Ponty, *Phénoménologie de la perception*, Gallimard, Paris, 1945, p. 9.

激和性质的总和。[①] 这种自然世界毋宁说是科学研究的对象，是科学对原初自然进行抽象和提取后的剩余物，而不是在我们的感知经验中所显现的自然。与经验主义缺乏对对象和由对象所引起的活动之间的内在联系的说明相反，理智主义过于注重说明这种内在联系，以至于忽视了思维原因的偶然性。[②] 理智主义对经验主义的反驳使其看起来拥有一种明晰且可靠的知觉理论。例如笛卡尔关于蜡块的著名分析就告诉我们，知觉经验最终需要一种心灵的"判断"去保证其确实性：在这里，"看见"被置换成"认为看见"。于是，知觉最终上升为对世界的一种解释行为。理智主义就这样偏离了真正的知觉活动本身，成为绝对意识对世界的构成和占有。

既要否定经验主义者的原子主义的知觉观，又要抛弃理智主义者的观念论的知觉观。这种双重否弃也并不是要走一条中间路线。梅洛-庞蒂同画家塞尚一样面临着理智与自然之间的传统冲突，同时不希望对二者做出简单的调和。梅洛-庞蒂看到："理智主义的反题与经验主义如出一辙。两者都把从时间和意义上看不是第一的客观世界当作分析的对象，两者都不能表达出知觉意识构成其对象的特殊方式。两者都与知觉保持距离，而不是参与知觉。"[③]善用黑格尔辩证法的梅洛-庞蒂希望在对经验主义和理智主义的批判之后得出一个合题，即向实际知觉本身的返回。在他看来，被感知世界乃是全部合理性、全部价值和全部生存始终预先设定的基础。这样的看法既没有摧毁合理性，也没有摧毁理性。它寻求使它们下降到地面上。之所以被感知世界能够在理性世界中担当这种基础的角色，是因为它对知觉的分析相对传统哲学有所更新。他的知觉理论不是要回到对人类感官的一种天真的或者说素朴的信赖（即胡塞尔所反对的"自然态度"）：我们从他所引用的格式塔理论的图形—背景的例子里看到，他强调原初知觉并不单纯地来自外界对感官的刺激，而是生成于一种区别性的关联（在这个例子里是图形和背景之间的区别性的关联），这种区别性的关联使得知觉经验获取到某种意义。由于背景永远处在无法被清楚审视的位置（当它被清楚地审视时就变成了图形，刚才的图形复又沦

---

① Merleau-Ponty, *Phénoménologie de la perception*, p. 33.

② Merleau-Ponty, *Phénoménologie de la perception*, p. 36.

③ Merleau-Ponty, *Phénoménologie de la perception*, p. 34.

为背景),因此这样的知觉经验不可避免地带有某种不确定的因素,为追求“清楚明晰”的笛卡尔传统所希望避免的某种开放的、含混的特质。

但我们也不能把梅洛-庞蒂的路线理解为格式塔心理学式的。尽管梅洛-庞蒂在《知觉现象学》中大量使用格式塔心理学实验的结论,但这并不说明他完全赞同这些心理学家的路线;实际上,他认为,尽管这种心理学给出的描述有助于我们回到现象世界,但它并没有放弃解释心理学的理想形式,因而没有同自然主义决裂。[①] 也就是说,格式塔心理学自身没有摆脱梅洛-庞蒂所反对的以物理原因支配心理现象的自然科学因果论。

从根本上说,引发和支撑梅洛-庞蒂的知觉观立论的,既不是经验主义和理智主义的哲学争论,也不是心理学发展的新成果,而是胡塞尔的“生活世界(Lebenswelt)”学说。胡塞尔在其晚期作品中已经表明,生活世界是被自然科学遗忘的意义基础:从伽利略起,理念化的自然就逐渐取代了前科学的直观的自然,而忘记了现实性是一切理念化的前提。他认为,只有“作为唯一实在的,通过实际知觉被给予的、被经验到并能经验到的世界”[②]才是“真正直接直观的、原初直观的思想的源泉”[③]。我们看到,在这个被胡塞尔重新找回的意义基础中,“知觉”处于核心地位,正是它造成了生活世界的形成。只有从生活世界学说出发,才能找到解读梅洛-庞蒂知觉理论的钥匙。

胡塞尔的“生活世界”学说是针对欧洲科学的危机而提出的。对于梅洛-庞蒂而言,借助对知觉的重新阐释,他所希望的也是回到在科学的分析和哲学的反思之前的对世界的活生生的感知经验中去,在那里找到科学和哲学的原初的根源。正如施皮格伯格所说的:“……在他看来,知觉是科学和哲学的发源地。被知觉或被体验到的世界以及它的全部主观的和客观的特征,是科学与哲学的共同基础。弄清这个基础是新的现象学的第一任务。”[④]只有注意到知觉经验的这种基础地位,我们才能够准确地将《知觉现象学》中对知觉的强调区别于同样

① Merleau-Ponty, *Phénoménologie de la perception*, p. 58 - 59.

② 胡塞尔:《欧洲科学危机和超验现象学》,张庆熊译,上海:上海译文出版社,1988 年,第 58 页。

③ 胡塞尔:《欧洲科学危机和超验现象学》,第 59 页。

④ 施皮格伯格:《现象学运动》,王炳文、张金言译,北京:商务印书馆,1995 年,第 750 页。

"前反思"的"自然态度":在自然态度中,人们往往受到科学对世界的解释的影响而忘记对生活世界的领悟,这同时也是对知觉本身的遗忘。这一点上,施皮格伯格的总结是准确的:"作为一种初步的总结,我们可以说,梅洛-庞蒂意义上的第一现象学反思就在于企图观察、描述被感知的世界,不要科学上的解释和增减,不要哲学上的先入之见;或简要地说,它就在于研究胡塞尔意义上的生活世界。"[①]因此我们可以认为,胡塞尔的现象学口号"回到事物本身"被梅洛-庞蒂理解为回到"生活世界",就像它在《知觉现象学》前言里所表述的那样:"回到事物本身,就是回到被认识所惯常谈论的认识之前的那个世界,相对于这个世界,整个科学的规定性都是抽象的、符号化的和不能独立存在的,就如同地理学之相对于自然风光一样——在后者那里,我们首先知晓的是一片森林、一方草地和一条河流。"[②]

知觉问题是梅洛-庞蒂前期理论的主题,这个主题持续到 1950 年前后。[③] 梅洛-庞蒂不是生理学家或心理学家,他的任务不止于澄清知觉现象的本来面目。作为哲学家,返回知觉世界的目的主要是为反思活动找到坚实的基础(他认为"在对被知觉世界的经验中找到了心灵与真理之间的一种新型关系"[④]),他不可能停留在这里,而必须从知觉世界来到文化世界,着手讨论真理以及与之相关的语言、历史和艺术。表达理论便开始于知觉理论的内部,并朝向文化世界的意义理论。

(2) 表达理论:哲学与艺术的平行

"表达"问题将梅洛-庞蒂前期和后期的工作核心联系在一起。在杜邦(Dupond)总结的梅洛-庞蒂词汇中,"表达"一词贯穿了梅氏各个时期的哲学思想。在 1945 年,表达揭示出人类身体的一种形而上学结构,即一种开放的和不确定的意指能力;从 1952 年的《间接的语言和沉默之声》开始,表达问题脱离了身体的形而上学结构,在语言学的

---

① 施皮格伯格:《现象学运动》,第 760 页。

② Merleau-Ponty, *Phénoménologie de la perception*, p. Ⅲ.

③ 他在 1951 年的教学计划中说:"既然知觉处在两种秩序的相交处,它就应该成为我们的主题。我的头两部著作正是致力于此。《行为的结构》从外部考察进行知觉的人,并寻求引出那些从陌生的旁观者的视点得出它的那些实验研究的有价值的意义;另一方面,《知觉现象学》置身于主体内部,为的是首先表明既有的知识如何促使我们构想它与它的身体、它的世界的各种关系,最终为的是概述一种使这些关系得以可能的关于意识和反思的理论。"(PⅡ, 13)

④ Merleau-Ponty, *Prose du monde*, Gallimard, Edition Lefort, Paris, 1969, p. Ⅱ.

影响下着手审视意义的区别性结构；最后，在晚期的文本中，一种“表达存在论”(ontologie de l'expression)渐露端倪：表达现象不再从意义范畴开始被理解，而是从能见者(le voyant)和可见者(le visible)的可逆性开始被把握，也就是说，把表达理解为自然和生命的存在论能力。因此，作为意义核心而拒绝内在(思想)与外在(身体，广延)的“表达”概念是梅洛-庞蒂哲学历程的最好见证者之一。①

梅洛-庞蒂的知觉理论实现了一种哲学上的转移：主体之于世界不再是一个陌生的观察者，而是一个切“身”的介入者。而这并不妨碍梅洛-庞蒂的哲学依然是一种关于真理的理论；只不过这种真理理论可以包容艺术作品的意义生成。表达概念沟通了哲学和艺术这两个领域，在《知觉现象学》中，梅洛-庞蒂甚至将身体同艺术作品做类比，这便是基于二者在表达活动上的相似性。

表达是符号性或者说象征性活动。我们往往谈论语言表达或艺术表达。梅洛-庞蒂的创见在于将表达行为延伸到了身体领域，将表达活动看作身体-主体的“在世存在”(être au monde/être dans le monde)的一般活动：“因为我们的身体自己运动，也就是说，因为它与一种对世界的看法是不可分离的，它就是这种已经实现的看法，所以我们的身体不仅是几何学综合的可能性条件，而且也是构成文化世界的所有表达性活动和所有获得(acquisitions)的可能性条件。”②这种被一般化了的表达理论使得一切身体行为都成为表达，身体因而担当了表达行为的基本主体，它因此是向自然世界和文化世界开放的必要基础：“实际上，表达始于身体性动作、手势，并在数学算法中了解其最少歧义的版本，它是我们获得真理的方式。”③表达在身体-主体的身体性之上增加了意识维度：“表达(exprimer)对于一个说话的主体(le sujet parlant)来说，就是采取意识(prendre conscience)；他不只向他人表达，他也为了解自身所针对者而表达。”④因此，表达不仅具有沟通自我与外部世界的作用，也是自我意识的起点。

---

① Dupond, Pascal, *Le vocabulaire de Merleau-Ponty*, Paris: Ellipses Edition Marketing S. A., 2001, p. 25.

② Merleau-Ponty, *Phénoménologie de la perception*, p. 445, p. 487.

③ Bonan, Ronald, *Premières leçons sur l'esthétique de Merleau-Ponty*, Presses Universitaires de France, 1997, p. 6.

④ Merleau-Ponty, *Signes*, Gallimard, Paris, 1960, p. 113.

表达理论主要涉及符号与思想的关系，在梅洛-庞蒂看来，这两者之间不存在某种在先的一一对应关系。表达不是将自明的意义置入固定的符号系统。“在任何情况下，表达都是创造性的，被表达的东西与表达始终不可分离。”[①]因此，不存在纯粹的思想或独立的所指(signifié)；言语不是思想的单纯外壳，而意义的生成便不存在一个确定的完结的期限，意义始终浮动在能指(signifiant)与所指之间。在思想和言语之间存在的不单单是一种外部连接，它们是相互僭越的。这个思想在后期梅洛-庞蒂那里发展成为一种存在论意义上的可逆性理论。

在表达问题内部的几种区分可以使我们更加清楚梅洛-庞蒂引入“表达”概念的意图。在《知觉现象学》里，梅洛-庞蒂区分了“能言的言语”(la parole parlante)和“被说的言语”(la parole parlée)。后者是在日常经验的长久积淀中形成的，它“像拥有获得的财富那样拥有可支配意义”，[②]正是它使得与他者的交流得以可能，也正是它使得真正的表达活动——指文学、艺术和哲学——得以可能。这些真正的表达活动便是“能言的言语”，它们是“意义意向处在初始状态中的言语”[③]。在“能言的言语”内部，梅洛-庞蒂没有继续细分，他并未从表达的便利和清晰程度出发将语言表达置于其他表达之上，甚至一再以审美表达例示成功的表达的典型。[④] 这意味着，他不认为存在着一个同表达行为分离的清晰明了的所指世界，意味着意义往往是间接地和侧面地生成的。这个重要的推论将有助于我们理解梅洛-庞蒂后期所重视的“非思”(impensée)：处在词语边缘的未被言说的东西或许比词语本身更有意味。在我们将要谈论的视觉理论中，这“非思”便是围绕可见者(le visible)的不可见者(l'invisible)。

(3) 视觉理论：绘画艺术的优先性

经过约几十年的思想发展，梅洛-庞蒂的绘画美学在这个时期显

---

① Merleau-Ponty, *Phénoménologie de la perception*, p. 448.

② Merleau-Ponty, *Phénoménologie de la perception*, p. 229.

③ Merleau-Ponty, *Phénoménologie de la perception*, p. 229.

④ “美感的表达把自在存在给了它所表达的东西，把自在存在作为人人都能理解的被感知物置于自然之中，或者相反，夺走其经验存在的符号本身——戏剧演员的身体、绘画的颜色和画布——并把它们带到另一个世界。”(Merleau-Ponty, *Phénoménologie de la perception*, p. 213)

示出成熟的风貌。《眼与心》立意深刻,内容丰富。一方面,它是前两篇绘画美学文本中的内在问题的延续和发展,另一方面,它以浓缩的形态反映出梅洛-庞蒂后期哲学的基本面貌(包括核心概念、问题线索和初步结论)。因此,这是一篇将美学和哲学很好地结合在一起的文章,可作为梅洛-庞蒂绘画美学思想的集大成者。作为一种"能言的言语",一种真正的表达活动,绘画与文学和哲学均有所不同。相对于后二者的"能言",绘画是缄默的。画家用眼睛同世界打交道,用手和画笔在画布上表达。观者与画家的交流也是在无声的目光中进行的。梅洛-庞蒂曾多次强调这种"无声"(muet),例如:"绘画通过展现其肉身本质的、无声意蕴(signification)的有效相似的梦的宇宙,来混淆我们所有的范畴。"[①]"是无声的存在(Etre)自身最终显示出它自身的意义(sens)。"[②]这种"沉默之声"(la voix du silence)、"不言之言"对于梅洛-庞蒂来说是意味深长的。"无声"也是身体经验的特征,他曾说过,身体是在"我的言语和行为之下保持沉默的卫兵"。[③] 那么,我们或许可以把这种"无声"理解为相对于反思的喧嚣的"前反思"式的喑哑。这样一来,缄默非但不构成为绘画表达的缺陷,反而为其赋予了特权:当追求确定性的知性哲学和带有控制论色彩的现代科学主义纷纷宣称自己的"知"的优越性时,绘画却以未知者和叩问者自居,且并未因此遭到贬低和轻视;这或许暗示着,一种返回感知经验的前反思领域需要重新被审视。

"看"的问题一直是潜伏在梅洛-庞蒂整个思想内部的一条线索,它时隐时现,在晚期的《可见的和不可见的》里发展到顶峰。梅洛-庞蒂生前的追随者、梅氏作品的整理者克劳德·勒弗尔(Claude Lefort)曾以"什么是看"(Qu'est-ce que voir?)为题总结梅洛-庞蒂的思想历程。在这篇文章开头他就说道:"从《塞尚的疑惑》到《眼与心》,从《知觉现象学》到《可见的和不可见的》,梅洛-庞蒂不断地思索视觉。1961年5月的那个他突然倒下的夜晚,一本被他不断翻阅的书打开着,见证了他最后的工作:这本书就是《屈光学》。直到最后时刻,这位哲学家仍怀有这个问题——'什么是看'——对此,他的作品一直给出新的

---

① Merleau-Ponty, *L'œil et l'esprit*, p. 35.

② Ibid., p. 87.

③ Ibid., p. 13.

回答。”[1]在勒弗尔看来，梅洛-庞蒂思想尽管涉猎广泛，却都可归于对“可见性之谜”的探索：他研究语言，却是从画家的视觉中、从绘画的“沉默之声”中来寻找语言的秘密；他研究政治和历史，却往往返回到知觉经验，以重新开启政治和历史的定义；他研究真理，却是通过返回知觉经验的真理来获得确定性。眼睛作为感性主体向世界开放的总隐喻，在梅洛-庞蒂的哲学历程中担当了关键角色。尤其在后期梅洛-庞蒂那里，视觉甚至从知觉中独立出来承担建立新存在论的任务。

关于“什么是看”的疑问，梅洛-庞蒂没有给出最终的答案，我们能够在他关于绘画的讨论中得出一些线索。真正的绘画不仅让我们看到可见世界，还将不可见者纳入到可见世界中来。这里说的“看”既不是生理——物理意义上的经验过程，也不是纯粹内在的心灵之眼的隐喻。伟大的画家穷其一生苦心钻研这种视觉的超能力。但说到底，这种能力并非是画家的专属。对梅洛-庞蒂来说，它是我们的一般视觉的潜能，是在日常经验遮蔽之下的存在的普遍样态。

“学会重新看世界”是梅洛-庞蒂为“真正的哲学”设定的标准，[2]在此，动词“看”一语双关：既是一种“看待”，又是一种感知经验。它意味着，哲学应当不断地返回我们的实际经验，找回人的在世存在的感性根基，以验证和审视已有的知性范畴。他的“知觉哲学”正是致力于这一点。[3] 在这方面，绘画具有天然的优先性。在梅洛-庞蒂哲学里，视觉经验体现了作为可见者的绘画（眼）和作为不可见者的哲学（心）之间的交叉。这种交叉是梅洛-庞蒂的“含混哲学”的一个重要维度。可见者和不可见者的区分可以避免传统的现象与本质、表象与内涵的某些困境，使这些传统上的对立领域显示为一种交织和可逆。从绘画艺术内部来讲，绘画作品的可见性（颜色、线条、构图等）与两种层面上的不可见性互为表里：一是令绘画有效表象的光线、阴影、亮度、深度等要素；二是作品的精神性意义，它奠定绘画作品的存在论地位。

（作者单位：中国艺术研究院）

---

① Lefort, Claude, *Sur une colonne absente*, *Ecrits autour de Merleau-Ponty*, p. 140。

② Merleau-Ponty, *Phénoménologie de la perception*, p. xvi.

③ Merleau-Ponty, *Causeries* 1948, p. 53.

试述维柯“心头词典”的内涵及意义

宋　宁

内容摘要　“心头词典”是维柯思想体系中的一个重要概念和原则，它不仅与语言、原始思维相关，更是维柯构建关于人类社会的新科学过程中不可缺少的基础和桥梁。本文从“心头词典”的概念由来、内涵与外延、背景与方法以及它的美学意义几个方面对其进行考察。

“心头词典”概念的形成是一个漫长的过程，随着维柯思想的发展，这个概念的内涵被不断丰富着。从词源的意义上看，“心头词典”包含了以下特性。第一，它属于人的内部世界，不是客观实在，也不是对客观实在的反映。第二，它与人类心灵的一些能力，如想象力、记忆力、创造力、推理能力相关，不仅有非理性的因素，也有理性的因素，但是不含道德判断。第三，它包含了对其中古代词汇的解释，而这种解释具有一致性。

“心头词典”也有其产生的时代和哲学背景，不仅反映了维柯对笛卡尔哲学的反驳，也体现了他从人文学科的内部着手，建立新的关于人类社会的新科学的努力。维柯从语言学入手，通过对拉丁语源的探讨建立了“真理即创造”的认识论原则，然后将语言学与哲学结合，提出了“心头词典”的概念。这个概念一方面是各民族心灵共有的一致性观念在语言上的表现，是语言学上的一个通用的原则，同时也是维柯新科学的重要原则，构成了新科学的基础，为新科学的建立提供了可能性。

“心头词典”在美学上不仅与人类心灵的诸能力，尤其是与审美活动关系密切的创造力、想象力和记忆力紧密相连，同时也和重要的美学概念“共同感”有重要联系，并影响了许多后世的美学思想。

关键词　心头词典　新科学　语言起源　原始思维

一、序　言

詹巴蒂斯塔·维柯(Giambattista Vico, 1688 - 1744)是近代社会科学的拓荒者,意大利语言历史学家、哲学家和法学家。他涉猎范围很广,从现在的观点看,其著作和研究领域包括历史学、哲学、宗教、神话学、法学、政治学和人类学等学科。[①]

维柯是一位具有独创精神的学者,由于语言和学术风格的原因,在很长一段历史时期里,人们对维柯的接受,无论在我国还是在西方,都非常迟缓。《新科学》自从 18 世纪初由意大利文出版后,200 多年间在西方几乎湮没无闻,直到 1961 年才出版了英译本。

但是,随着维柯的思想不断被发掘,西方学术界开始愈来愈重视他的文本研究,从中寻找许多现代观念的源头和灵感,出现了"维柯复兴"的趋势。克罗齐(B. Groce)对维柯推崇备至,他和尼科里尼(F. Nicolini)编辑了 8 卷本《维柯全集》(Bari, 1914—1941),还写了《维柯的哲学》一书。《维柯的哲学》全面探讨了维柯的认识论、《新科学》的内在结构、知识的想象形式和半想象形式、荷马与诗等美学问题,[②]以及维柯的形而上学、道德、宗教、法律、历史思想,成为研究维柯的权威著作之一。除此之外,克罗齐在 1902 年《美学的历史》中对维柯的美学思想进行了系统的探讨,并给与了高度的评价,甚至声称维柯是美学科学的发

---

① 维柯的主要著作有:《大学开学典礼演说》(原文拉丁文,1699—1707)、《论我们时代的研究方法》(原文拉丁文,1709)、《论从拉丁语源发掘的意大利人的古代智慧》(原文拉丁文,1710 年)、《普遍法》(原文拉丁文,1720—1700)、《自传》(原文意大利文,1725—1728)和《新科学》(原文意大利文,共三版,维柯在世时出过两版。第一版《关于导致发现民族自然法新体系原理的民族本性的新科学的原理》,1725 年;第二版《维柯论民族共同本性的新科学的原理的五卷书》,1730 年;两版本有重大差别,宛如两本书。第三版《关于民族本性的新科学的原理》,1744 年,是维柯去世那年,后人根据他生前对第二版作过修改的手稿本整理出版)。在汉语世界,分别有《新科学》与《自传》(1744 年版,朱光潜先生根据贝根与费希的 1968 年英译本译出),还有《维柯著作选》(陆晓禾根据庞帕编译的 *Vico: Selected Writings* 译出)、《论意大利最古老的智慧——从拉丁语源发掘而来》(张小勇译)、《维柯论人文教育——大学开学典礼演讲集》(张小勇译)、《论人文教育》(王楠译)。

② 分别为以下章节:Vico' theory of knowledge, Internal structure of the New Science, The imaginative form of knowledge (Poetry and language), The semi-imaginative form of Knowledge (Myth and religion), Homer and Primitive Poetry.

现者。很快,在欧洲就掀起了20世纪第一次研究维柯的热潮。这个时期内,人们对维柯的研究主要集中在对其作品的严格考订和分析上。

二次大战以后,尤其是20世纪80年代以来,维柯受到国际学术界更多的重视。费希(M·Fisch)和贝根(T·Bergin)英译本《新科学》和《自传》的出版,进一步推动了维柯研究的热潮。意大利学术机构在过去几十年中一直举行一系列国际维柯研究大会。在美国有专门研究维柯的学术机构,出版《新维柯研究》(*New Vico Studies*),自六十年代以来已组织过三次大型的国际学术会议。这种维柯研究热并不限于英语国家,还扩及拉美、日本等国。二战后的维柯研究开始走向了系统和全面,人们从思想的各个方面以及不同时期的作品来解读维柯,并着重把维柯和后世思想家作比较,从中发现不同的思想源头。①

维柯在中国的引介主要应归功于朱光潜先生,1983年他翻译的维柯《新科学》中文版问世,后附其"自传"。朱先生着重阐发的是维柯的三方面思想,一是关于"认识真理凭创造",二是"人类世界是由人类自己创造出来的",三是"形象思维",朱光潜认为维柯的最大功绩在于建立了历史发展观点以及认识来自创造的实践观点。关于维柯的这个三方面思想,在20世纪90年代之前,一直成为人们讨论的重点。90年代之后,研究者开始对维柯的历史哲学、语言理论等进行全方面考察,特别是维柯其他著作中译本的出版,使维柯的其他作品也成了研究的出发点。但总体来说,国内维柯研究还是显得比较冷清的。

从维柯的研究现状来看,国内大部分学者对维柯美学思想的研究集中在维柯的诗学和文化学;国外的学者多从思想史的角度去研究维柯,并重点研究维柯对同时代和后来哲学思想的影响。

笔者认为,在维柯的思想体系中,还有一个概念被很多人所忽视。而正是这个概念,和"诗性智慧"一起,在维柯的美学思想中占据重要的位置。它就是"心头词典"(Mental Dictionary)。

造成对"心头词典"概念忽视的原因是多方面的,首先,由于维柯对这个概念阐述得并不明确。他在1744年版《新科学》中虽然经常提到这个概念,但并没有像"诗性智慧"一样对其加以明确阐述。据笔者

---

① 这方面主要的著作有:Pompa:*A Study of the 'New Science'*, Berlin:*Vico and Herder*, Verence:*Vico's Science of Imagination*, Miller:*Imagination and Historical Knowledge*, Mazzotta:*The Poetic Philosophy of Giambattista Vico*, Stone:*Vico's Cultural History*.

分析，由于维柯的1730年版《新科学》这部鸿篇巨制仅在三个月内匆忙写成，所以之后维柯一直在对这个版本进行勘误、修正和增补。但这个工作尚没有做完，维柯就去世了。我们看到的1744年版《新科学》应该是一部没有全部完成的著作，并没有完全表达维柯的思想，“心头词典”这个概念也没有被充分展开和运用，这不免是一个遗憾。

其次，这个概念的形成是一个漫长的过程，从1707年的演讲《让我们改正我们的堕落本性，极大地造福和发展人类社会》，到1710年的《论从拉丁语源发掘的意大利人的古代智慧》，再到1725年版《新科学》和1744年版《新科学》，随着维柯思想的发展，这个概念的内涵被不断丰富着，这是一个延续的过程，如果单从任何一部著作来看，都无法清楚地认识这个概念的真实意义以及它在维柯美学思想中的重要性。而我们通常对维柯美学思想的关注大多停留在维柯的集大成之作——1744年版《新科学》，所以对“心头词典”并没有放在历史的背景中去考察。

最后，维柯的著作分别由晦涩的拉丁语和意大利语写成，并夹杂大量无法证实的古代民族的神话传说，所以不管是把它翻译成中文还是英文，都是一项艰巨的任务。这就导致“心头词典”这个概念在各语言版本的互译过程中，原有的内涵和重要性受到不同程度的损失。

但是，“心头词典”这个概念的重要性并不能被上述原因所埋没，我们通过仔细分析维柯的思想发展脉络可以发现，“心头词典”构成了维柯美学思想的一条重要原则，对维柯建构他的新科学理论起到了关键的作用。本文试图对这一概念的内涵及意义作初步的梳理。

二、概念的由来

我们对“心头词典”的分析要结合维柯前后著作。首先是他的早期演讲——《让我们改正我们的堕落本性，极大地造福和发展人类社会》。[①] 维

① 维柯在1689年通过竞选的方式赢得了那不勒斯大学的修辞学教授职位，这一职位正式职责就是要求他在每年的10月18日发表一篇新学年开学典礼演说，他一共发表了九个演讲。当时，由于大学教育对于人文学科的普遍忽视，所以维柯在这些演讲中，一直强调对人文教育的重视。九篇演讲分别讨论了人性、德性、政体、教育、语言、研究方法等关于人文社会方面的问题。1707年的《让我们改正我们的堕落本性，极大地造福和发展人类社会》就是其中的第六篇演讲。

柯在这篇演讲中思考了语言文化分裂的现状，并提出了应对的解决办法，是维柯对人类社会的最初思考，它包含了以后一些重大问题的萌芽。这篇演讲可以看作是“心头词典”的产生期，从中看出维柯试图从语言学入手去解决人文学科所面临问题的意图。在演讲中，维柯结合学问研究的目的和学习的次序讨论了这个论点：对人类的堕落本性的认识，驱使我们把握各门高贵艺术和科学的整个王国，并且提出和说明了正确、顺利而永恒的学习次序，并把对古典语言（拉丁文、希腊文）的学习当作首要的学习内容。

之后维柯发表的《论从拉丁语源发掘的意大利人的古代智慧》则是“心头词典”概念的孕育发展期，文中提出了“真理即创造”的重要观点，为“心头词典”奠定了认识论的基础。这本书是维柯生平的第一部专著。他说：“柏拉图就曾经在《克拉底鲁篇》中，试图按照同样的方法探求希腊人的古代智慧。”[①]而培根在其《古代人的智慧》中试图从诗人们的神话故事中去追溯古人的智慧的做法，也使维柯起了去寻找比诗人的神话故事更早的关于古人智慧的一些起源的念头；另一方面维柯对过去语法家的词源解释并不满意，因而他要“致力于从语词本身的起源上来探究，古代意大利人到底具有什么样的智慧”，[②]以此寻求关于古人智慧的一些原则。维柯受到这些著作的启发，阐述了他的知识论，并为《新科学》作了材料上的准备。

1725 年版《新科学》和 1744 年版《新科学》标志着维柯思想达到了完全的成熟，他把以前思考过的问题都包含在了这部著作中，正式提出“心头词典”概念，并在这两个版本的《新科学》中，维柯把“心头词典”的内涵，运用到了解释古代语言起源的问题中。值得注意的是，这两个版本思想差别甚大，我们以 1744 年版《新科学》的思想为准，如果此版本有没有表达清楚的地方，我们参考 1725 年版对其进行说明。

---

① 维柯：《论意大利最古老的智慧——从拉丁语源发掘而来》，张小勇译，上海三联书店，2006 年，第 3 页。

② 同上，第 4 页。

三、内涵与外延

1. 从词源学角度解释“心头词典”

这个概念在意大利文中有两种表述：vocabolario mentale 和 dizionario mentale[①]，虽然两者在英文中均被翻译成 mental dictionary，但实际上还是有略微的差异。vocabolario 指的是单词表，它没有包含对单词意义的解释，而 dizionario 的意思是字典，包含了用语言对一个词进行解释的意思。所以我们在理解维柯使用这个概念的时候，要注意这个细微的区别。

在这个概念的中文翻译上，也有不同的译法。朱光潜先生在他翻译的《新科学》中，使用了两种不同的译法，一种是“心头词典”，一种是“心头词源”。[②] 另外也有译作“心灵辞典”的，[③]比较这几种译法，“心头词典”或“心头词源”更形象一些，而“心灵辞典”则更接近意大利语的原意，本文暂且使用“心头词典”这一译法。

如维柯擅长从词源学的角度发掘事物的本性那样，我们要想了解维柯从何种意义上使用“心头词典”这个概念，必须也要用这种方法去分析。

意大利语中的 mente（心灵），指的是记忆、思维，是大脑的活动，与 cuore（心）不同。按照维柯的理解，前者事关真假，后者事关善恶。而在作为意大利语源头的拉丁语中，mens（心灵）一词源于动词 meminisse（记忆、回忆、想起等），它的词根是 men-，是指思考、记忆等。拉丁语中一般把 mens 看作是精神（animus）的主要的和最高的部分，有时也就是精神。这里主要是指精神的运作和功能部分，例如记忆、

---

① 在 1744 年版《新科学》中，维柯在第 35、162 节使用了 vocabolario mentale，在第 145、445、527 节使用了 dizionario mentale。

② 在 1744 年版《新科学》的中译本中，朱先生在第 35、145、162 节使用了“心头词典”，在第 445、527 节使用了“心头词源”。按照意大利原文，似乎把 vocabolario mentale 翻译成“心头词典”，把 dizionario mentale 翻译成“心头词源”比较合适。

③ 章启群先生在《新编西方美学史》中就采用了“心灵辞典”的译法，详见章启群《新编西方美学史》，商务印书馆，2004 年，第 287 页。

回忆、思想、判断等。英译为mind,中译作心灵。[①]

在维柯的术语中,心灵一词在广义和狭义上使用。在广义上,它是一种认知能力,知觉力、想象力、创造力、推理能力等皆可看作是它的种种变相或模式。在狭义上,它是“理解力”的同义词,即它本身是认知的一种模式。

从词源的意义上看,可以推断出“心头词典”所包含的一些特性。第一,它属于人的内部世界,不是客观实在,也不是对客观实在的反映。第二,它与人类心灵的一些能力,如想象力、记忆力、创造力、推理能力相关,不仅有非理性的因素,也有理性的因素。第三,它包含了对其中古代词汇的解释,而这种解释具有一致性。

2. “心头词典”的定义

维柯曾在《自传》中提出一种想法:“要编出一切土生土长的语言所共用的古词源,另外也替外来语种编一套古词源,以便最后为语言科学编出一套普遍的词源。这对正确地讨论各民族的自然法是必要的。”[②]根据维柯的观点,这种本民族语言词典和外来语词典由各民族一致的“心头词汇”(mental vocabulary)组成。按照维柯的观点,“心头词汇”是各民族一致的共同语言,这种语言不仅包括文字,也包括非文字的实物。“人类社会制度的心头词汇,一切民族在心中都感到的这种词汇在实质上大体相同,但随着社会制度的变化,表现于语言的也就有差异,这种心头词汇将要按照我们所设想的展现出来。”[③]对不同民族存在的“心头词汇”的起源和含义进行解释,就构成了这部“心头词典”。

维柯在1725年版《新科学》给“心头词典”下的定义中这样说:

> 这部词典表达了各民族一致的实体(sostanze)观念,它们用这些观念,借助各种变相,思考一切民族共同的人类需要或功利,但要通过因位置、气候还有本性和习俗而异的不同特性去看待它们。因此,这部词典必定记叙了各种不同有音语言的起源,而所

① 详见维柯《论意大利最古老的智慧——从拉丁语源发掘而来》,张小勇译,上海三联书店,2006年,第60页注释。

② 维柯:《新科学·维柯自传》,朱光潜译,人民文学出版社,1986年,第660页。

③ Vico: *The New Science of G. Vico*, translated from the third edition (1744) by Bergin and Fisch, Cornell University Press, 1948, p. 94.

有这些语言都共有一种共同的观念语言。①

这也是维柯在1744年版《新科学》中提到的第一版最满意的三个段落中之一。在维柯的术语中，变相(modification)，一般地用于指任何可被视为某个中心对象的一种变异表现的东西。维柯所说的变相是指的实体观念的变相，而实体指的是人类社会生活中的普遍规律或真理。比如，"老人具有智慧"这一个普遍规律可以在不同的民族中有不同的格言体现。而维柯所说的本性，可以理解为起源，"民族的本性不过就是民族在某些一定期和以某些一定方式的诞生(意：nascimento，英：birth)。"②而任何制度也都有它的本性，即它的诞生的时期和方式。也就是说，一种东西的本性就是它的起源。

由于各民族语言起源于人民群众的需要，因而在某些实体的观念上面存在一致性。维柯说："本书自始至终都要证明它们的起源都在各族人民的公众需要和利益，后来才由一些个别的聪明人就各种起源进行思索而加以完善化。"③而各民族人民的习俗或文字却各不相同。"由于地区气候的差异而获得了不同的特性，就产生了许多不同的习俗(变相)，所以他们有多少不同的本性和习俗，就产生出多少不同的(有音)语言。"④所以在，维柯把"心头词典"看成是记录语言起源和包含语言一致性的一个概念。

3. "心头词典"的论证

关于"心头词典"的论证，维柯只列举了一个例子去说明，但并不妨碍"心头词典"的合理性。维柯认为，论证一个原理的时候，不必一一列举相似的例子，而只需说明原理作为原因存在的合理性，并要用一两个由原因引起的结果证明就足够了。"在通过这本书的原理来证明结果时，我们将援引每条原理的特有的一二个或至多三个结果，以便把它们作为原理来理解。如果想要看到这些原理在它们的几乎不计其数的结果中得到证明，那就是必需去查阅我们已经或将要发表的其他著作。这里，为了把见解适用到其余结果，只要说明这些原理作

① Vico: *The First New Science*, translated by Leon Pompa, Cambridge University Press, 2002, p. 151.

② 维柯：《新科学·英译者引论》，朱光潜译，人民文学出版社，1986年，第16页。

③ Vico: *The New Science of G. Vico*, p. 31.

④ Ibid., p. 133.

为原因是合理的，这些例子作为它们的结果合适于它们，就足够了，因为正是理论的原理才是最难捉摸的部分，因而如苏格拉底所说，它们包含了科学的大半内容。”[①]

维柯举出了家族父老的例子来论证“心头词典”。维柯发现，在十五个不同民族的语言形成期，有十五个不同的词来称呼“家族父老”的这一个共同的观念。维柯就根据这些不同的词的原义，列举出了“家族父老”的十二个永恒特性，分别是：想象出神祇、在确定的神的保佑下由确定的女子生育出确定的孩子、出身于英雄或赫丘利、掌握预兆或占卜的科学、在其家族中作祭司、拥有无限的权力、强壮有力、宽宏大量、有很高的威望、对土地具有最高主权、拥有最高军权、拥有最高决定权。[②] 这些特性，被维柯认为是在这些不同的语种在形成时期，以及“家族父老”在家族和最初的城市的情况中应有的。

然后，维柯发现这十五个不同的语种的词汇，虽然称呼各不相同，但它们都包含了上述十二种特性的一种或几种。有时根据这一特性把“家族父老”称为一种称呼，有时根据另一个特性把“家族父老”称为另一种称呼。[③] 而维柯认为，不同民族在语言的形成时期，并没有受到其他民族语言的影响，都是独立产生和发展的，到后来由于战争和商贸，才出现了外来的词汇。所以，不同民族对“家族父老”的称呼，是不约而同地显示出一致性，而非互相影响的结果。

这个例子就说明了，在古代的语言中，指向一个实体的观念（家族父老）中，根据各民族习俗的不同（有民族认为家族父老是强壮的，有民族认为是家族父老是智慧的），虽然有不同的变相（希伯来人称之为“levites”、亚述人称之为“智者”），但实质上指向的是同一实体。

4. **“心头词典”的运用**

“心头词典”实际上是一种方法，虽然在1725年版《新科学》中，维柯并没有运用“心头词典”对古代语言的起源作出解释，但在1744年版《新科学》中他明确使用了这个概念。

在谈到诗性经济的时候，维柯就提到了“心头词典”。根据维柯的发现，最早的城市名称都和井有关。

---

① Vico: *The New Science of G. Vico*, p. 37.

② Vico: *The First New Science*, p. 221.

③ 例如希伯来人根据“强”特性把家族父老称为“levites”，亚述人把他们叫做“迦勒底人”即“智者”，波斯人称他们为“magi”即“占卜者”。

我们经常在《圣经》中看到‘誓愿井’(Beer sheba)或‘井旁誓愿’。由此可见,波助阿里(Pozzuoli)这个城市的名称就显示出它很古老,因为它是由几个小井联在一起的。①

“根据我们的‘心头词源’(dizionario mentale),有理由推测:散布在古代民族中的许多用复数名词的城市因发音不同而有不同的称呼,本来实质上只是一个词(多数井的结合)。”②

维柯通过对“心头词典”这一方法的运用,由一种已知的古代语言的真正起源,找出了其他不同发音的语种的意义和根源,使不同的语言在实质上显出观念方面的一致性,之后维柯由此引出了古代社会的经济制度。可见,“心头词典”使维柯在处理古代语言起源的问题上得心应手。

虽然维柯在1744年版《新科学》中,只在上面一处明确运用了“心头词典”,但这个概念(方法)实际上是贯穿整部书的。维柯从发现“诗性智慧”开始,引出了诗性玄学、诗性逻辑、诗性伦理、诗性政治、诗性历史等诸多古代民族的制度起源。在采用语言学证据解释这些古代社会的制度时,维柯就也运用了“心头词典”,因为他不能穷尽所有古代民族的词源来证明,就由一个或几个民族词源推广到其他古代民族,使其具有一致性。

四、背景与方法

1. 时代与哲学背景

以上我们初步讨论了“心头词典”的含义,其实这个概念还有更深层的意义。要想真正明白它在维柯思想体系中的地位,我们就要思考这样的问题:维柯为什么要提出这个概念,它有怎样的时代和哲学背景。

在维柯的时代,他所面临的问题有两个,第一个是以笛卡尔哲学为代表的理性主义对人文科学的侵占,第二个是人文科学内部,尤其

① Vico: *The New Science of G. Vico*, p. 164.

② Ibid., p. 164.

是语言学(包括修辞学、文学等),在研究方法和研究准则上没有形成统一的标准和严禁的规范,所以无力对理性主义进行还击。

17 世纪和 18 世纪初是一个产生伟大体系的时代,包括形而上学的体系和物理学的体系等。"但随着人类知识的巨大进步,同时也产生了新的怀疑主义、悲观主义和虚无主义,例如科尔内利·阿戈利帕(Cornelio Agrippa)于 1527 年在纵览了人类知识的各个领域之后,宣称人类智慧具有不确定性和空虚性。他的《关于知识和艺术的不确定性和空虚性的断言》(Declamatio de Incertudine et Vanitate Scientiarum et Artium)到了 18 世纪中叶仍然重版印刷而且被广泛讨论。弗朗西斯·桑切兹(Francisco Sanchez)宣称人们一无所知,蒙田(Michel de Montaigne)也提出了一个令人绝望的问题,即由于我们缺乏真正的存在,因而我们缺乏确实的知识。"①共同对抗怀疑论,寻找人类知识的确定性,这是 17 世纪留给 18 世纪启蒙运动的伟大任务。培根的《学术的进步》(De Dignitate et Augmentis Scientiarum, 1623 年)、笛卡尔的《方法谈》(Discours de laméthode, 1637 年)和维柯的《论从拉丁语源发掘的意大利人的古代智慧》都是为此而来。

在笛卡尔出版了他的《第一哲学沉思集》第二版(1642 年)之后,欧洲兴起了一股笛卡尔潮流,认为"笛卡尔用三根支柱解决了新的科学体系的一切困难和一切伦理难题,这就是上帝作为宇宙的创造者和支撑者的存在证明、把物质定义为纯粹的广延以及把心灵看作是纯粹的思想。"②笛卡尔力图为自然科学建立坚实的基础,"诋毁了对语言学、修辞学、史学和诗歌的研究,片面抬高他的形而上学、物理学和数学。"③

在人文科学内部,同样存在很多困难。"任何问题都不像语言的起源和民族繁衍的原理那样笼罩着怀疑和难解的迷雾。"④但是,维柯却要想"创建一种人类社会的科学。这种科学在民族世界这个主题上要做到伽利略和牛顿等人在自然世界所已做到的成绩"⑤。他要实现

---

① Vico: *On the Most Ancient Wisdom of the Italians*, translated with an introduction and notes by L. M. Palmer, pp. 2 - 3.

② Vico: *On the most ancient wisdom of the Italians*, p. 4.

③ 维柯:《新科学·维柯自传》,第 637 页。

④ Vico: *The First New Science*, p. 25.

⑤ 维柯:《新科学·英译者引论》,第 30 页。

这一伟大目标的话，就必须先从人文学科的内部着手，尤其是先从语言学着手，因为语言的起源是最复杂难解，但恰恰对于构建这种科学来说是最重要的。

2. 对语言起源的探索

维柯对语言起源问题的思索开始于他的演讲《让我们改正我们的堕落本性，极大地造福和发展人类社会》。在演讲中，他把语言的起源以及分裂的状态归于人类祖先的原罪。维柯认为，由于人类始祖所犯的原罪，遭到了上帝的惩罚，结果人与人就被语言、心灵和精神分裂开来。"从这里他就会注意到人的处处堕落：首先是语言的幼稚贫乏；其次是心灵纷扰纠缠于各种意见；最后是精神为各种邪恶所玷污。他也会认识到，这些就是神的惩罚，最高的神意(summum numen)通过它们来惩治始祖的罪过，以便分散(dissociart)、播撒(disiiceret)和扩散(dissiparet)从他以降的人类。由于宁录(Nimrotis)①的渎神之罪，神意让无数语言在人类中传播，并且散布于整个地球，从而使各民族之间互相分裂。在漫长的时间中，任何一种语言都会变得不同而且不确定，即使在同一个民族之内，神意也规定，先祖的语言对于后代来说将变得不可识知。"②

人类的原罪起源于《圣经·旧约》中的故事，诺亚的后人想搭建一座从尘世通向天堂的通天巨塔Babel(希伯来语中意为"混乱")，试图窥视上帝的生活。当人们逐渐接近终点时，上帝对于人类的自大备感愤怒，决定破坏他们的计划。上帝让参与搭建通天塔的每一个人都说着完全不同的语言——立即让他们无法相互沟通，于是人类只好放弃了这个计划，随即散伙各奔东西。通天塔的故事流传至今，一直被用来解释人类多样的文化与语言的起源。

维柯借助这个传说去解释语言分裂的起源，表明他此时就在思考这个问题，由于语言学科研究中所面临的这个困难，语言的不同和混杂，使我们无法了解外民族，甚至本民族祖先的语言，更不能清楚地表达我们的观念。"由于语言的幼稚贫乏，无数事物和场合都无法呈现于心灵之中，并且，每当心灵为了表达它的活动，因而想要寻求语言的

---

① 《圣经·旧约》中的一个英勇的猎人和史那之王，是含(Ham)的孙子，诺亚(Noah)的曾孙。

② Vico: *On Humanistic Education*, translated by Pinton and Shippee, Cornell University Press, 1993, p. 128.

帮助时，就会失望而归。”[①]这样，关于各种语言的记录就显得更为复杂多变，我们既不能根据以前的语言记录去建立一门规范的语言科学，也难以通过语言去了解当时人们的心灵和观念。

当时，维柯提出的解决办法是利用雄辩术，即通过语言的学习去改变这种语言分裂的局面。“这些缺陷（各种语言的野蛮、差异、不确定性）必须用语言学习来加以弥补，这些语言必须尽可能地富有学养、确定和共通，以便通过它们，我们能尽可能地理解人类社会。”[②]

维柯认为这种具有共通性的语言就是古希腊语和古拉丁语，因为“两者都很确定。但是希腊语较有学养，现今的拉丁语较为共通。”[③]对这两种语言的学习，要通过对其优秀范本的学习，可以掌握语言的方式，进而可以了解艺术、科学、制度的历史。“每种语言各自的优秀作家们就是各种语言的历史，它们留下了无数范本，就是从这些范本中，我们才能确定各个民族言谈方式的不同，那些卓越的演说家和诗人们就是各种演说艺术和诗歌艺术的范例。”[④]

维柯提出的从具有共通性的希腊语、拉丁语中寻找语言起源，包括观念、制度、历史、文化的起源，对于刚入学的大学新生来说，是加强人文教育的有效方法。那么接下来，维柯就要从这一点出发，为人文科学寻找科学和合理的基础。

3. “真理即创造”的原则

维柯的目的是通过掌握语言起源，去窥视人类制度和历史的起源，从中寻找一些原则性的东西，进而建立他的关于人类社会的新科学。“（维柯）开始感到对过去语法学家们的辞源不满，这已预兆到他后来在最近的著作中探求各种语言的起源，从中找到一种通用于一切语言的自然的法则，替辞源学奠定一些普遍的原则，凭此来断定一切语言（无论是死的还是活的）究竟有哪些根源。”[⑤]同时，维柯也想从对文学和诗学起源的研究中“找出一些关于诗的原则，不同于希腊人，拉丁人以及后来人都早已接受的那些诗的原则。根据他自己找出的那些诗的原则，他就可以建立起一种唯一可靠的神话原则，来证明希腊

---

① Vico: *On Humanistic Education*, p. 128.

② Ibid., p. 129.

③ Ibid., p. 136.

④ Ibid., p. 134.

⑤ 维柯:《新科学·维柯自传》,第 650 页。

神话故事对最早的希腊政治制度提供了历史凭证。维柯就借助于这种历史凭证,来说明全部古代英雄时期政治体制的寓言史。”①

为了达到上述目的,维柯在对古希腊语和拉丁语进行考查之前,首先要解决的问题就是:我们是否可能从语言中找到关于人类社会的原则,或者说我们是否可以真正认识语言、制度、历史。如果人的认识能力无法达到对上述领域中真理的认识,那么所有呈现在我们面前的只是现象,而并非它们的本来面目,我们所做的一切努力也都是徒劳的。

维柯在研究拉丁语的起源之前,先解决了这个关于人类社会领域的知识论问题。他在《论意大利最古老的智慧》一开头就说:“对拉丁人来说,‘真理’与‘创造’是交互相应的(reciprocantur),或者用经院派的俗语来说,它们是相互转化的(convertuntur)。”②所以他认为,“意大利古代贤哲是同意下述关于真理的论述的,即真理就是创造本身(verum esse ipsum factum)。”③他举例说,“正如神的真理意味着,神在知晓事物的同时,也就安置和产生了它们;人的真理则意味着,人在认知事物的同时,也就是结合了它们,亦即创造了它们。”④

维柯提出的“真理—创造物”(verum-factum)原则为他的新科学奠定了认识论基础。据此,维柯可以断言,我们完全可以像上帝掌握自然界的真理一样去掌握人类社会的真理。“在距离我们那么远的最早的古代文物沉浸在一片漆黑的长夜之中,毕竟毫无疑问地还在照耀着真理的永远不褪色的光辉,那就是:民政社会的世界确实是由人类创造出来的,所以它的原则必然要从我们自己的人类心灵各种变化中就可找到。”⑤“过去哲学家们竟倾全力去研究自然界,这个自然界既然是由上帝创造的,那就只有上帝才知道;过去哲学家竟忽视对各民族世界或民政世界的研究,而这个民政世界既然是由人类创造的,人类就应该希望能认识它。”⑥

维柯反思了导致这种现象的原因,他认为我们总是首先关注外部世界,而忽视了内心世界,这让我们在认识的过程中走了一条弯路。

① 维柯:《新科学·维柯自传》,第650页。
② 维柯:《论意大利最古老的智慧——从拉丁语源发掘而来》,第10页。
③ 同上,第10页。
④ 同上,第11页。
⑤ Vico: *The New Science of G. Vico*, p. 85.
⑥ Ibid., p. 85.

“人类心灵自然而然地倾向于凭各种感官去在外界事物中看到心灵本身，只有凭艰巨的努力，心灵才会凭反思来注视自己。”[①]“由于这种弱点，沉埋在肉体里的心灵就自然偏向于注意肉体方面的事物，感到注意心灵本身太费力了；正如肉体的眼睛能看见本身之外的一切事物，要看见眼睛本身，就要用一面镜子。”[②]

这条原则实际上是对笛卡尔的认识论的反驳。[③] 笛卡尔认为，人作为外部世界和内部世界的旁观者把全部世界作为客体来进行反思。而维柯的认识论则采取了完全不同的方法，人在认识内部世界的同时就创造了内部世界，然后用内部世界来创造关于外部世界的认识，这也能达到一种真实。“对于自然界的科学认识要留给创造自然界的上帝。但是对于凡人来说，民族世界，民政世界，即人类制度的世界，仍可以有科学的认识，因为这个民政世界是由我们凡人创造出来的，所以这种世界原理或原因必然在我们自己的人类的心灵各种变化中就可以找到。不仅如此，这样一种科学在完整方面比起物理学还较强，在真实程度方面比起数学还较强。”[④]

“真理即创造”不仅反映了维柯独特的认识论，更为以后建立关于人类社会的科学奠定了基础，这在哲学史上具有重大意义。在维柯以前，当人们试图寻找人类社会的普遍真理时，总感到无所适从，因为人类社会的各种现象纷繁复杂，导致人们对自己的认识能力感到不自信。要么把上帝或神作为人类社会的创造者，把认识真理的能力归于上帝或神，人们只能无限接近真理而不能完全认识真理；要么就倾向于怀疑论，把人类社会的知识排除在科学以外，这就造成了人文社会学科在维柯之前一直处在附庸的状态。而维柯第一次把关于人类社会的科学抬高到了和自然科学、神学同等重要的地位，并论证了我们认识它的可能性和合理性。这样，就为以后语言学、法学、历史学等人文社会科学的建立开辟了道路。

---

① Vico: *The New Science of G. Vico*, p. 70.

② Ibid., p. 85.

③ 关于维柯对笛卡尔哲学的反驳，详见“《新科学》补篇：对勒内·笛卡尔、本涅狄克特·斯宾诺莎和约翰·洛克的形而上学的诘难”，载《维柯著作选》，利昂·庞帕编译，陆晓禾译，商务印书馆 1997 年。

④ Vico: *The New Science of G. Vico*, p. 93.

4. 语言学与哲学的结合

在解决了认识论的问题后，维柯还面临着一个难题，那就是关心普遍和永恒的哲学如何与零散、特殊、偶然的语言学现象结合起来产生一门关于人类事物的科学。起初，维柯所要建立的科学是一种关于民族本性的科学，而建立这种科学的目的也是为了完善人的本性。"一切科学、学科和艺术的目标都在于完善和调节人的能力"，"无疑，一切科学、学科和艺术都来自这些起源（人性的起源）"。[①] 所以他想从探讨民族本性的起源开始，创立一门关于民族本性的科学。但是他发现这里充满了困难："然而，迄今为止，它们（当时的科学、学科和艺术）全都没有对民族的人性的某些起源作过思考。"[②]

在维柯之前，哲学家和语言学家都对这个问题进行过探索，但是哲学家和语言学家中间迄今没有这种科学。维柯认为，"我们迄今尚未具有一门使人性史和人性哲学合为一体的科学。因为，哲学家思考的是已由宗教和法律使之开化的人性，而哲学家正是也只是从宗教和法律之中产生的，他们并没有思考过为哲学家所由产生的宗教和法律的原因的人性"，[③]而"语言学家沿袭的凡俗传统是严重歪曲不全和错乱不当的，以致除非使它们恢复本来的面目，把片段拼合起来，回复本来的位置，否则任何严肃的思想家都不可能相信它们是如此创造出来的。"[④]可见，哲学家和语言学家由于各自思维的局限，都没有完成这个任务。

而另外更深刻的原因，就是哲学和语言学的分裂。哲学要称为真正的科学，必须去求助于语言学的凭证，否则就不能使其推理具有确凿可凭性，同样，语言学家也必须求助于哲学的推理，使他们的凭证得到真理的批准。维柯所要做的，就是这一点。

维柯认为，建立这种科学，思考这种科学的原理时，"我们必须用极大的努力使自己在许多方面赋有与那些最初的人相似的本性。因此，我们必须使我们自己退回到对一切人和神的学问都极端无知的状态，似乎对于这种研究，既无哲学家也无语言学家来帮助我们。谁要想从这种科学获益，谁就必须使自己退回到这种状态，以便他在思考过程中既不为人们一直共同抱有的先入之见所迷惑，也不受

---

① Vico: *The First New Science*, p. 11.

② Ibid., p. 11.

③ Ibid., p. 18.

④ Ibid.

它们的影响。”①

在这样的状态下，维柯找到了建立这种科学的第一真理，他这样形容这个真理：“在这一片漆黑的长夜中，只有一道光芒在闪烁：各异教民族的世界确实是由人创造的。因此，在这怀疑的汪洋中，出现了一小片绿洲，我们或可坚实地立足其上”。②

可见，维柯把这个真理看做是整个新科学的牢固基础，借助它可以把语言现象和哲学结合，探索关于民族本性的原理，建造一种新的科学。维柯认为，这个真理就是，把思考个人的心灵的形而上学升华到思考一切民族都有的某种共同心灵的形而上学。

> 各种科学的各项原理必定在我们人类的心灵中和我们的理解力中重新发现，其途径是把关于人类心灵的形而上学升华——迄今为止，形而上学所思考的是个人的心灵，以便把它引导到作为永恒真理的上帝那里，永恒真理在神的哲学中是最普遍的理论——到思考作为各民族的某种人类心灵的人类常识，以便把它引导到作为永恒神意的上帝那里，永恒神意在神的哲学中应当是最普遍的实践。③

维柯认为，这是哲学和语言学中的自明公理，它支配了一切民族，产生了语言、习俗、制度和哲学。通过形而上学的升华，语言学现象的特殊性与哲学的普遍性结合了起来，共同构成了维柯新科学的基础。

至于这个真理由什么构成，在哪可以得到证实，维柯从中引发了“诗性智慧”和“心头词典”的概念。

5. “心头词典”的提出

维柯认为，上述真理的结果要从古代各民族的不同观念和制度中去寻找。“这种科学事实上就必须到大洪水前的该隐的后裔和大洪水后的含和雅弗的后裔的我们人类心灵的变相中去寻找它的原理。”④这些原理分为两类：观念的原理和语言的原理。

从观念获得的原理是神意及凡俗智慧。民族世界的第一原理是

---

① Vico：*The First New Science*，p. 11.

② Ibid.，p. 30.

③ Ibid.，p. 31.

④ Ibid.

神意，神意主宰着全部民族自然法，因为“人不可能一起结合在人类社会，除非它们具有一种人类共识：有一位神存在，他能洞悉他们的内心深处。”[①]而民族世界的法则是凡俗智慧，是由神把凡俗智慧给与民族世界作为它的法则。“凡俗智慧是每一个种族或民族都拥有的常识，它在我们人类的一切活动中都用这样的方式来控制我们的社会生活：它们应当符合各种族或民族中人人皆有的感受。这些常识在所有种族和民族中间的和谐一致是人类的智慧。”[②]

在维柯看来，从语言获得的原理就是诗的新原理和一切民族共同的心头语言的辞典的观念。诗的新原理就是 1744 年版《新科学》中的“诗性智慧”，后者即是我们所要讨论的“心头词典”。

关于诗的新原理，它具有两大特点，一个特点是人们经常把自己原有的观念加在新的事物上，“当人希望创造关于他们所不知道的事物的观念时，他们自然地去利用与它们熟识的事物的相似点构想它们。当他们熟识的事物不多时，他们便按照自己的本性来判断他们所不知道的事物。”另一个特点是，人们经常把某些相同的特点归于一个典型的事物，并用它来代表同类型的事物。“因此人就把运动、感觉和理性归于愚钝和无感觉的事物，由此创作了最辉煌的诗作。但是，当这些特征无助于他们时，他们便按照智能的身体即我们所特有的人的实体来构想事物。这是诗性才能的至高的非凡的技能，我们借助这种技能，以类似神的方式，用我们自己的观念赋予没有存在的事物以存在。”[③]这两个关于诗的特点，就是后来 1744 年版《新科学》中“以己度物”和“想象的类概念”的雏形。

一切民族共同的心头语言的辞典的观念包含了一切本族语共同的词源词典的观念、外来语的词源词典的观念，以及适合民族自然法语言科学的通用词源词典的观念。它和“诗性智慧”一起构建了最早异教民族共有的一种语言的科学，这就是“心头词典”。

维柯从准备创建一门新科学开始，就为这门科学作了各方面的准备。首先是确定了它的资料来源，即从拉丁语和古希腊语中发掘论证的材料。然后用这些材料解决了认识论上的问题，为人文科学辩护，

---

① Vico：*The First New Science*, p. 38.

② Ibid., p. 39.

③ Vico：*The New Science of G. Vico*, p. 151.

反驳了笛卡尔。最后，他用某种人类心灵的人类常识统一了关乎特殊性的语言学现象和关乎普遍性的哲学，这条真理通过从观念中获得的原理和从语言中获得的原理得到了证明。在 1744 年版《新科学》中，维柯对此作了修改，更强调了语言原理的重要性。因为他认识到，原来错误地离开语言去论述观念的起源，而事实上两者本来就是统一的。

6. “心头词典”在维柯思想体系中的地位

经过对“心头词典”这个概念的探讨，我们可以认为，维柯在下述三个层面的意义上使用了“心头词典”。

第一，它是各民族心灵共有的一致性观念在语言上的表现，我们可以把它理解为一部由无数个“心头词汇”或“心头语言”组成的词典，里面还包含对各种语言的解释。“按照各种人类制度的本性，应有一种通用于一切民族的心头语言，以一致的方式去掌握人类社会中行得通的那些制度的实质，并且按照这些制度在各方面所表现出的许多不同的变化形态，把它们的实质表达出来……这种共用的心头语言是我们的这门科学所特有的，根据这门科学，语言学者就可以构成一种心头词典，通用于一切现存和已死的发音的语言。”①

第二，它是语言学上的一个通用的原则，即任何语言在它起源的时候都存在相似性。维柯也讲到，“上述心头词源（dizionario）以一种新的方式发展了汤玛斯·海恩（T. Hayne）在他的《论各种语言的亲属关系》以及《论各种语言的和谐一致性》的著作中所提出的论点。”②维柯利用这个原则就可以解决语言学上的一些难题，并为解释古代制度和习俗的起源提供了坚实的语言学证据，比如各古代民族对“家族父老”虽然称呼不同，但具有一致性。

第三，也是最重要的，“心头词典”既包含了人类心灵的一种能力，这种能力使人们能在认识实体的时候具有一致性，又是维柯新科学的重要原则，这条原则构成了新科学的基础。维柯的主旨在于建立一个关于人类社会的新科学，他从个别的语言学现象入手，发掘人类社会的普遍规律，由此就产生了由特殊如何达到普遍的问题。“心头词典”就是把研究个人心灵的形而上学和研究人类共同心灵的形而上学结

① Vico: *The New Science of G. Vico*, p. 60.

② Ibid., p. 133.

合起来，把关乎普遍的哲学和关乎特殊的语言学现象结合起来，为新科学的建立提供了可能性。

在1725年版《新科学》中，"心头词典"和"诗性智慧"同时作为新科学的原则被提出。而到了1744年版《新科学》中，"心头词典"被置于第三个意义的层面上，"诗性智慧"就被纳入到"心头词典"原则之下。

在1744年版《新科学》的书首，维柯附了一幅图，图中的玄学女神（实即维柯本人）站在地球上（物理的自然界），一道光由上方三角形中的天神射出，照在玄学女神的胸部上，这道光代表着《新科学》中所用的公理和原则，这一道光由玄学女神的胸部反射到荷马的雕像上，代表着诗性智慧。而这道光，让人类社会的一切制度都得到了阐明。[①]

这幅画展示了，维柯新科学的研究途径，就是通过建立一门语言学的科学，寻找词汇、神话、诗的起源，从事物的真正起源那里寻找答案。"现在要使语言学形成一种科学，在其中发现各民族历史在不同时期都要经过的一种理想的永恒的历史图案。"[②]而从事物的真正起源中，往往就能发现该事物的原则。"关于人类世界的原则同时还意味着一件事物的真正起源，它作为一种起源存在于历史之中，必须由语言学来加以揭示，这种语言学的原则就是：'词语要按照它们的本来含义来解释。'"[③]

为了达到这个目的，维柯在1744年版《新科学》中按照古埃及人对世界从开始到它们的那个时代所经历的时间的划分，分为三个时代：神的时代、英雄时代和人的时代。这三个时代的语言也有三种：家族时代的语言，它是"一种哑口无声的语言，是用些符号和实物，和它们想要表达的观念有些自然的联系"[④]；英雄时代的语言，"所用的语言的手段是些英雄徽志，或是些类似、比较、意象、隐喻或自然描绘"[⑤]；人的语言，"是用人民达成协议的文字"。[⑥]

---

① 关于这幅图的解释，详见1744年版《新科学》第34页和《朱光潜美学文集》第三卷第556页。

② Vico: *The New Science of G. Vico*, p.6.

③ 维柯：《论意大利最古老的智慧——从拉丁语源发掘而来》，"导言"，第5页。

④ Vico: *The New Science of G. Vico*, p.18.

⑤ Ibid., p.18.

⑥ Ibid.

在三种语言和文字如何形成这个极难的问题上，维柯认为："由于神、英雄和人都是同时开始的，(因为毕竟是由人想象出神来而相信自己的英雄性是神性和人性的混合)，所以神的、英雄的和人的三种语言也是同时开始的。每种语言都各有和自己同时发展起来的字母或文字，不过三种语言开始时就有很大差别：神的语言是几乎无声的，或只稍微发点声音；英雄的语言开始时是有声与无声的平均混合；至于人的语言则几乎全是发音的，只是有时发音较轻，或是哑口。"①

在这里，维柯发现了"各种语言和文字的起源都有一个原则，他说："原始的诸异教民族，由于一种已经证实过的本性上的必然，都是些用诗性文字来说话的诗人。这个发现，就是打开本科学的万能钥匙，它几乎花费了我的全部文学生涯的坚持不懈的钻研，因为凭我们开化人的本性，我们近代人简直无法想象到，而且要费大力才能懂得这些原始人所具有的诗的本性。"②

维柯在此提出了诗性智慧的原则，这个原则在 1725 年版《新科学》中已经有了萌芽，在这个版本中更成为了维柯思想的重要基石，从它身上延伸出了诗性玄学、诗性逻辑、诗性伦理等。

这三种语言的起源是遵循着诗性智慧的原则，而根据上述三种语言也形成了一种"心头词典"，"借此可以正确地解释一切不同发音的语种，我们每逢有需要时就利用这种心头词典。""无论是对于研究一切民族在理想的永恒的历史过程中所说的语言，还是对于用科学方法援引凭证来证实在讨论部落自然法以及每一种特殊法中所持的观点，上述心头词典都是必要的。"③

在这里，我们清楚地看到，"诗性智慧"解释了不同民族的语言用同一种诗性的方式产生，也就是解释了每一种"心头词汇"的产生方式。而"心头词典"由一种民族语言起源时的意义，推及到各古代民族中去，建立了普遍性。正是由于这种普遍性，"诗性智慧"才有理由被认为是各民族的思维方式，我们才有可能以现代人的心灵去认识古代人和古代社会。所以我们说，"心头词典"在构建新科学体系过程中的作用，更为基础。

---

① Vico: *The New Science of G. Vico*, p. 134.

② Ibid., p. 18.

③ Ibid., p. 20.

我们可以看到，“心头词典”的提出是维柯一步步探索的结果。一开始，维柯意识到怀疑主义和理性主义对人文学科的侵蚀，激发了他建立一种关于人类社会的学科的念头。后来，维柯从古典语言中找到了突破口，在对拉丁语源的发掘过程中，提出了“真理即创造”的原则，为建立新科学提供了认识论基础。然后维柯试图从语言学出发，把语言学与哲学相结合，产生关于人类事物的新科学。在这个过程中，维柯发现了“心头词典”在他建构新科学理论的过程中不可替代的地位，并正式地把它提出来。这个过程既是维柯建立新科学的思想线索，又是“心头词典”的背景和由来。

五、美学意义

1. 与人类心灵诸能力之间的关系

我们在对“心头词典”进行词源学上的分析时，发现它与人类心灵的一些能力相关，这些能力中就包含了与人类审美活动密切相关的创造力、想象力和记忆力。所以维柯虽然没有在《新科学》中论述人类的审美活动，但是他对创造力、想象力和记忆力的重视，也启发了后世美学家对这个问题的思索。

在维柯思想体系中，创造力一直占据重要的地位，它既是人类特有的能力，也是人类认识真理的手段。维柯认为，人创造事物，也就是采集和结合事物的元素的过程。在这个过程中，其实包括了人类的心灵能力的综合运用，有感觉（sensus）、知觉（perceptio）、判断（judicium）、推理（ratiocinatio）、记忆（memoria）、想象（memorare）和创造力（ingenium）等能力。其中，创造力最为重要，是人的本性和自然[①]，甚至可以和上帝的创造媲美。因为“创造力是将分散和差异联结为一的能力”。[②]“人们通过这种能力（创造力）来联结各种事物，而这些事物在那些没有得到创造力的青睐的人看来，却似乎没有任何关系。人类的创造力是艺术世界的自然，犹如上帝的创造力就是宇宙的自然。”[③]

---

① ingenium（创造力或创造本性）与 natura（自然，本性）在拉丁语中是同义词。

② 维柯：《论意大利最古老的智慧——从拉丁语源发掘而来》，第 69 页。

③ 同上，第 98 页。

我们通过对“心头词典”概念的分析，可以很清楚地看到，“心头词典”包含了人类心灵的诸多能力，其中就有创造力在里面。原本是零碎的、特殊的、分散的各民族不同的语言，通过“心头词典”，马上形成了某种一致性。即在分裂的语言中有一种共同的一致性可以被认识，特殊的东西上升为普遍。如果我们把各民族的语言理解为元素的话，那么“心头词典”就是把不同的元素分类、结合，形成一种新的有序关系。这与创造力的特质是一致的。

维柯同样重视与创造力关系紧密的另外一种能力——想象力。维柯有时把人的想象力也归为一种创造能力，因为想象力既按照某些原理即通过模仿和非理性想象的联想起作用，也作为结果创作具体的意象。“我们在运用想象力的时候就构造了事物的意象（imago）”。[①]这种意象即是人通过创造对达到对外部世界认识的一种手段。

同样，在“心头词典”中，想象力也在起作用。在各民族语言的起源过程中，诗的原理，即诗性智慧中就包含了巨大的想象力。各民族祖先所具有的诗性智慧，通过“想象的类概念”和“以己度物”，对外在未知事物进行加工，形成了最初的语言和神话。由于各民族最初的语言具有一致性，所以各民族祖先所具有的想象力也必定具有一致性，这种想象力就包含在“心头词典”之中。否则，各民族祖先由“诗性智慧”产生的语言和神话就不会显现出一致性。

维柯关于想象力的论述，对于研究审美活动，具有重大意义。在以往的哲学中，人们往往把想象力当作人类的一种心灵活动去研究，或者把它当作艺术理论的一部分。而维柯把想象力看成是人类认识世界、创造世界的手段，并认为真理存在于这样的创造中。[②] 所以，他把想象力提到一个很高的位置，在“心头词典”中，想象力同推理、判断具有同等重要的地位，因此与想象力密切相关的审美活动也被提到了一个很高的位置。

所以维柯在1744年版《新科学》的第二卷中，把语言、诗、神话、宗教都看作是知识的想象形式，并且把原来只关涉概念和推理的形而上学、自然科学、伦理学也都看作与想象力相关。这就等于把最初的人类社会全部都看作是想象力的产物。虽然我们不能完全同意维柯的

---

① 维柯：《论意大利最古老的智慧——从拉丁语源发掘而来》，第65页。

② 详见 Verene：*Vico's Science of Imagination*，p. 34.

观点，但是可以肯定的是，包含想象力的审美活动——诗歌、神话，确实是各民族祖先认识世界和创造世界的一种方式。

维柯对想象力的重视让后人得到了启发，克罗齐就把维柯的新科学看作是一种特别关注想象、感性的一种关于心灵的哲学。① 而康德在《判断力批判》中把审美判断看作是知性与想象力的一种谐和合作。

维柯同时也认为，想象力有时和记忆力是同一种能力。“拉丁人把记忆称作是收集通过感觉而来的各种知觉作为营养储备的能力；当提取这些知觉时，就称为回忆。但它同时也意味着一种形成意象的能力，希腊人称之为想象力(phantasia)，我们则称之为 imaginative，因为通常我们称为想象(imaginare)的地方，拉丁人则称之为忆想(memorare)。这是不是因为对我们来说，我们不能构思我们对其没有记忆的东西，也不能记忆我们没有通过感觉对其有所知觉的东西。”② 语言起源的过程中，不可能没有从前记忆的东西在里面，必定是通过了记忆力、想象力和创造的再加工而形成的，并且各族人民的这三种心灵能力肯定有共同之处。

所以，“心头词典”包含了人的创造力、想象力和记忆力在里面，它不是上帝或神先天加给我们的东西，它不是神秘的、不可被认识的、纯理性的。它虽然在经验中显现出一种客观的必然，但是我们不能把它看作是客观的真理，因为它是人类的创造物，能被人类知识所把握。

2. 和“共通感”的关系

“共通感”(senso commune，英文：common sense)、“共同意识”、“常识”在维柯那里是同一个意思，是指“一个阶级，一整个人民集体，一整个民族乃至整个人类所共有的不假思索的判断。”③比如各民族的共同信仰——宗教、婚姻和葬礼，表明了“共通感”的存在基础。

“共通感”是美学中的一个重要的概念，它涉及审美的普遍性、可传达性等问题。维柯提出的“共通感”既存在于审美活动中(诗歌)，也存在于其他社会活动中(宗教、法律)。维柯提出这个概念的最初目的，是想证明部落自然法的产生是出于各民族的共同习俗，而共同习俗的产生是出于各民族的共同本性。“本书(《新科学》)自始至终要经

---

① 详见 Croce：The philosophy of Giambattista Vico，translated by Collingwood，p. 46.

② 维柯：《论意大利最古老的智慧——从拉丁语源发掘而来》，第 67 页。

③ Vico：*The New Science of G. Vico*，p. 57.

常进行的工作之一就是要证实各部落自然法都是在互不相识的各民族中分别创始的，后来由于战争、信使往来、联盟和贸易，这种部落自然法才被承认是通行于全人类的。”[①]“法律起于人类的习俗，而习俗则来自各民族的共同本性。”[②]

由此，维柯在1744年版《新科学》中提出了这样一个大原则：“起源于互不相识的各民族之间的一致的观念必有一个共同的真理基础”，“它把人类的共同意识规定为由天神意旨教给诸民族的一个准则，来界定部落自然法中什么才是确凿可凭的。诸民族要达到这种确凿可凭性，就要承认部落自然法骨子里都有些一致性，其中尽管在细节上有些差异，而就部落自然法来说，在所有各民族中大体上却都是一致的。从此就产生出一种‘心头词典’，来替发音不同的各种语言找到根源。”[③]

可见，“心头词典”和“共通感”之间存在密切的关系。因为我们根据“心头词典”去认识古代语言和古代社会，那么预设的前提就是我们和古代民族之间存在“共通感”，在认识上存在可能性。由此，很多人把“心头词典”看作是“共通感”的一种，其实两者是有很大区别的。“心头词典”在语言学的层面上可以看作是由“共通感”发展而来，但是它作为维柯建构新科学的原则和方法，却是“共通感”所不具备的。

虽然维柯在1744年版《新科学》中只是把“共通感”当作了一个真理基础，并没有论证它存在的合理性，但他的观点还是启发了包括康德、伽达默尔在内的后世诸多哲学家对这种“共通感”的思考，其中康德就论证了预设“共同感”存在的合理性。

康德在《判断力批判》中美的分析论中的第四个契机(鉴赏判断按照对对象的愉悦的模态来看的契机)中提到了共通感的概念，康德认为鉴赏判断具有必然性，一个人认为美的那个对象上，每个人也将感到我所感到的那种愉悦。“鉴赏判断要求每个人赞同；而谁宣称某物是美的，他也就想要每个人都应当给面前这个对象以赞许并将之同样宣称为美的。”[④]这种必然性不是客观的必然性，也不是实践的必然性，它是一种主观的必然，不能从确定的概念中推出来，更不能从经验的

---

① Vico: *The New Science of G. Vico*, p. 57.

② Ibid., p. 81.

③ Ibid., p. 57.

④ 康德:《判断力批判》，邓晓芒译，人民出版社，2002年，第80页。

普遍性中推论出来。因为审美判断“不是任何客观的和认识的判断”，同时“经验不会对此提供足够多的证据”。①

康德认为，鉴赏判断的必然性并不是像认识判断那样有一个确定的客观原则，具有无条件的必然，也不是像单纯感官口味判断那样毫无规则，这样就没有必然性可言。“鉴赏判断必定具有一条主观原则，这条原则只通过情感而不通过概念，却可能普遍有效地规定什么是令人喜欢的、什么是令人讨厌的。但一条这样的原则将只能被看作共通感……”②那么鉴赏判断的原则或前提就是共通感，这样鉴赏判断才可能是具有主观必然性的。

康德所说的共通感不仅是鉴赏判断中的共通感，也是我们认识世界的前提，是知识可以普遍传达的前提。康德接下来论证了共通感是存在的合理性，由于我们可以认识客体，所以表明知识能够普遍传达，认识主体的心意状态也可以普遍传达，情感也必须能够普遍传达，所以共通感是存在的，这说明人类有一种共同的生理和心理结构。

另外康德认为，鉴赏判断中的情感是共同的情感而不是私人情感，所以共通感不能建立在经验之上。共通感只是一个理想的基准，它不是说每个人的判断将会一致，而是说应当一致，这种一致虽然是主观上的必然性，但可以像一个客观原则那样来要求普遍被赞同。

虽然康德证明了预设共通感的合理性，而我们能够进行鉴赏判断的经验也证实了这一点，但是他仍然认为这种预设不像是从确定的概念中推出来的那样无可置疑。所以康德认为“至于事实上是否有这样一个作为经验可能性之构成性原则的共通感，还是有一个更高的理性原则使它对我们而言只是一个调节性原则，即维柯更高的目的才在我们心中产生出一个共通感来”③是无法在这里进行研究的。

虽然没有证据说明康德对共通感的探讨是受到了维柯的直接影响，但我们仍然可以认为康德对于预设共通感合理性的证明是对维柯“共通感”概念的一种延续和补充。除康德之外，狄尔泰的“客观精神”概念以及伽达默尔关于“共通感”的研究在不同程度上受到了维柯的影响。这也是维柯对后世美学的贡献之一。

---

① 康德:《判断力批判》，邓晓芒译，人民出版社，2002年，第79页。

② 同上，第80页。

③ 康德:《判断力批判》，第80页。

六、结　语

本文从概念和背景等方面对维柯的“心头词典”进行了初步的探索，并发现了它在维柯思想体系中的重要地位。但正如费希和贝根在1744年版《新科学》的序言中所说的那样：“他（维柯）经常运用这心头词典，但是心头词典还只是刚开头的一种设计。”[①]仍然有很多关于“心头词典”的重大问题值得我们进一步探索。比如，在“心头词典”中，各种心灵的能力是如何协调统一的，各心灵能力的比例是否是不断变化的，变化的依据是什么？“心头词典”是先验的还是通过后天学习可以获得的？这些问题的解决，都有助于我们更好地理解维柯的《新科学》。而这些问题，只好等待将来再详细讨论了。

（作者单位：中国艺术研究院）

① 维柯：《新科学·英译者引论》，第53页。

泄露隐情的宝石

——狄德罗身体哲学的一个案例*

[斯洛文尼亚]梅伦·博塞维奇(Miran Bozovic)文　刘成纪　赵梦颖 译

内容提要　《泄露隐情的宝石》是狄德罗的早期小说。在这部小说中,他假托非洲刚果王国发生在女人身上的一个奇异事件,阐明了关于身体的唯物主义观念。他认为,人的身体不是被外在的灵魂支配,而是被人自身盲动的欲望主导;人的灵魂不是一个独立于肉体之外的实体,而是身体的有机组成。据此,传统哲学关于人自身灵肉分离并尖锐对立的二元论,就让位给身体的一元论;灵魂统摄肉体的神性的身体观,就让位给肉体、欲望、灵魂合一的物性的身体观。

关键词　狄德罗　灵魂　身体

一、泄露隐情的宝石

狄德罗(1713—1784),法国唯物主义哲学家,一生主要以编纂并撰写《百科全书》闻名。他的大部分作品都在其身后出版,到今天依然享有盛誉。如《达朗贝的梦》,两部哲理小说《拉摩的侄儿》、《定名论者雅克》。但有一部作品,既给他带来了国际性的声誉,也使他的一生沾染恶名,这就是他的已很少为今人关注的小说处女作《泄露隐情的宝石》。

《泄露隐情的宝石》的哲学观是通过身体加以阐释的:在一种哲学的梦幻中,身体自身开始说话。小说中的身体有自己的言说器官,它被狄德罗隐晦地称为宝石,即通常意义上的生殖器。这一传统上被视为从属于人的思想和灵魂的东西,现在成了自我讲述的主体。在哲学

---

* 该文原标题为:*The Despotism of the Body: A Case Study of Diderot's Philospphy of Body*.

史上,人不靠思想或灵魂说话,而靠身体自我表达,这大概是仅有的讲法。也仅仅因为这个原因,这一特殊的文本就应当在哲学史上占据一席之地。身体表现它自身并折射它的灵魂,这种哲学是唯物论的哲学,也是狄德罗自己的哲学。这部作品标志着他由早期的自然神论(《哲学思想录》,1746)向成熟的唯物主义思想的过渡(《盲人通信》等,1749)。也许正是因为考虑到如何明晰地讲清自己的唯物主义哲学观,狄德罗提出了“言说的身体”的思想。他坚信身体了解自身及其包裹的灵魂比灵魂了解自身及其凭附的身体更多,并据此将他的唯物主义哲学表述为身体讲述它自身的哲学。

与唯心主义认为灵魂不是承载它的肉体相反,唯物主义认为灵魂除了身体自身的组织和生命之外什么也不是。我们遭遇身体也即遭遇我们的灵魂。一旦身体被赋予了言说的权力,由身体讲述的哲学必然应当被视为唯物主义。

这部小说的情节既奇异又相当简单:在非洲的刚果王国,发生了一种极为奇异的现象:突然之间,妇女们开始在公开场合,如歌剧院、舞会,通过她们最私密的部位讲述自己最隐秘的体验。在女人身上,语言器官已经被复制,也就是说,话语能力已被转移到她们的性器官上。对这一奇异现象的解释并不复杂:曼戈古尔苏丹挖空心思想探出女性的忠贞,他有一个魔戒,通过它可以让这一“主要工具”[1](p. 49)谈论他感兴趣的事情,即女人的“宝石”(宝石是狄德罗对女性性器官的委婉称呼)。为了弄清国中女人的忠贞是否仅仅只是一种假象,他组织了一系列的“调查”,调查中每个女人都断言对自己的伴侣忠诚。但经过反复盘问,也即通过魔戒对“宝石”的不断查问所获得的证据表明,她们中没有一人说出真相——她们都被证明是性混乱的。刚果女性的忠贞,简言之,只是一种假象。这多少就是故事的全部。

或许,正是因为这部小说存在“言说的宝石”或性器官,它已经被后人视为色情作品。但是,没有什么比这种判断更偏离事实。正如阿兰·瓦泰涅所讲的,小说中的宝石所做的一切只是说话;[2](3:12)并且,我们甚至看不到它们在说话——我们仅仅只是听到。这种文明的“宝石的絮语”[1](p. 33)甚至不能与宝石所做的事情相类比,如不能与他同年发表的毫无哲理的色情小说《哲学原理》相提并论。在后来的哲学和理论著作里,狄德罗变得更加空前地“不检点”,如在《达朗贝的梦》中,我们确实见证了同名人物在睡梦中经历的性高潮。

在狄德罗文学作品的人物画廊里，“言说的宝石”并不像它看起来那么突出：他的一些重要哲理作品的中心人物都是瞎子、聋子、哑巴或连体婴儿、双头怪物、各种医学畸形人，诸如此类。[3](pp.149—261)从这一背景看，狄德罗作为一个激进的唯物主义者，他在小说中用“言说的宝石”来阐述自己的哲学也就毫不奇怪了。再考虑一下《达朗贝的梦》(狄德罗的哲学体系在其中被详加阐述)，它不是通过某个能谨慎挑选用词、认真权衡争端、仔细驳倒反对意见以做成一篇正式哲学论文的人来完成的，而是通过精神错乱者达朗贝睡梦中模糊不清的呓语来表达(在此过程中他甚至经历了一个性高潮)。狄德罗用这种方式展示了自己唯物主义哲学的中心主题(文中的一个简短注释由其情妇提供：她记下了达朗贝的梦话，因为怕他情绪失控，她还把一位医生召到他的床前)。

在一个重要的章节中，小说还包含了一个由苏丹宠妃梅尔佐扎阐述的灵魂及灵魂迁移的古怪理论。它不是关于不朽的灵魂从一个身体转移到另一个身体的理论——此种理论的一个范本可以从克雷比安1742年的小说《郎·索法》中找到。小说中主人公的灵魂在其早年生活中，因不停地从一个人转到另一个人身上而遭到谴责(整部小说由主人公讲述他在寓所中偷窥到的性冒险构成)——而是关于灵魂在同一个身体内部游移并与之共同消失的理论。这样，哲学的进展，也即唯心主义与唯物主义关于人类灵魂的争论，在那时期的性爱小说里得到了反映：克雷比安的小说世界仍受制于唯心论者对人类灵魂的看法——灵魂是一个显在的精神实体，它不会随肉身的毁灭而毁灭，而是能从一个身体转移到另一个身体。与此形成鲜明对比的是，《泄露隐情的宝石》里的身体是生机勃勃的，它显然已处于唯物论哲学体系的控制下了：在梅尔佐扎“实证性的形而上学”里，[1](p.122)灵魂只是某一人体器官的功能，作为肉体的组成部分存在。

与经院哲学家宣称“灵魂在人的头部”相反，梅尔佐扎相信，“随人肉体的死亡而消失的灵魂只是曾经寄寓在那里，它的最初的居地在人的足部”。[1](p.121)“它的存在从人的脚足开始”[1](p.122)然后离开这里，向身体的其他部位发展。它“离开一个部位，然后又返回，但每一次返回仅仅是为了再次离开”。[1](p.125)身体中灵魂位置的每一次变化都会导致身体机能的相应变化，用梅尔佐扎的话讲：“与灵魂所在的部位相比，人体的其他部分总是次要的。”[1]因此，每个人的个性特征都被其灵魂所在的身位或器官的功能定性。比如，灵魂在舌部的女人是个讨人嫌的唠叨者；灵魂在眼部的女人是个卖弄风骚的调情者；灵魂在“在头部，也在心里，但从不在其他处”的女人是个贞洁者；灵魂在心里，或根据梅尔佐扎的另一个定义，“通常在心里，但有时也在宝石部位”的女人是一个忠实者；灵魂在“宝石部位，并从不离开此处”的女人是一个“沉湎于肉欲的享乐者”。[1](p.126)

在梅尔佐扎“居无定所的灵魂”[1]这一理论背景下，这部在开始时很容易被读者视为关于异域性风俗、让人心理亢奋的小说，最后转化成了关心灵魂真正所在之地的严肃的哲学探讨。小说所揭示的是唯心论与唯物论者在人类灵魂认识方面的对立。小说中关于两种话语器官的情节设置，使狄德罗能够直面两种不同的灵魂观念：唯心的与唯物的，灵魂作为一个独立的实体存在还是与肉体同在。按照前者，灵魂在人的头部和心脏（传统上被视为非物质灵魂存在的部位），但“从不”（或者根据梅尔佐扎的关于“忠实如一”的女人的第一个定义，偶尔也在宝石部位）在宝石部位。这明显是将灵魂看成了与肉体相分离的纯粹精神实体。按照后者，灵魂在宝石部位，即在那个最少臣服于人的理性意志的区域，“并从不离开”。这明显是一种与肉体合一的灵魂——它只是一种人体器官的功能，即肌肉组织在运行中显现的效能。因此，那些认为自己是被精神统摄成为一体的女人，当她们以为肉体反叛了自己，其实是与她们的身体或身体组织合一的东西在真正地反叛自己。所谓灵魂在身体某一固定位置的观点，只不过是虚假的描述而已。更直接地说，通过揭示女性忠贞的谎言本质，小说中的宝石暴露了极端唯心论者灵魂理论的谎言性。与《泄露隐情的宝石》相伴而生的哲学是一种彻底的唯物主义，这和主张灵魂在人的头部的唯心主义观点大相径庭。

二、歇斯底里的唯物主义

兼用两种话语器官的现象在刚果引起广泛关注：科学院为此召集了一个特别委员会对此现象进行调研；一些关于宝石话语的文字记录被出版被逐字逐句地研究。[1](p.19)简言之，在刚果王国，围绕宝石的言说产生了“一大批优秀的著作”，其中一些甚至被认为是“人类精神研究的最前沿成果”。[1](p.28)由于产生这种双语现象的真正原因仅为苏丹及其情妇所知，一些学者就把宝石的言说归因于“本能的盲动”，[1](p.49)并开始试图“透过现象寻求事物背后的本质”。[1](P28)而另一些人则认定有“梵天之手”[1](p.47)在其中操纵，甚至借此为上帝的存在找到了新证据。[1](p.49)

由于这个“新的故事讲述者”[1](p.21)或“对谈者”[1](p.36)(即开始言说自身的人体器官)并没有被人看到它在言说，这与女人身体发出的其他声音“并非完全一致”[1](P110)的“奇异声音”[1](p.22)的确切来源就只能被推测。但是，由于被谈及的问题是“不检点的”，而且这声音被认定“来自人体的低级器官”、[2](p.19)来自女人的裙裾之下，显然，它预示着言说者是女人的宝石。“因此，猜出这一特别声音从何而来并不十分困难。”[1](22)

这种女人没有启齿[1]就发出的、在刚果引起轩然大波的不可见的声音，正是被米歇尔·西昂称为“幻听声音”[4](p.23—28)的完美例证。在听到此种声音的人看来，这种声音及其隐在的发音者具有某种特异的力量：它好像“无所不在，无所不见，无所不知，无所不能”。[4](p.24)它作为一种无形、无确切位置的潜在威胁在一切显在的事物背后发挥作用，就像影视作品中陌生人的声音通过电话威胁他的受害人一样。由于看不到声音的传播者，我们无法逃避它；但在我们看来，这种声音的传达者却可以看到任何东西。这个隐身的发言者被确信可以看见我们以及任何我们没有看到的东西，我们对这声音一无所知，它却知道关于我们的一切。简言之，这种声音具有某种神性的品质，只要它保持着隐身的状态，就能持续葆有这种超凡的力量。而一旦这声音附着于肉身，即一旦它的现实的来源被看到，它将丧失魔力。对于狄德罗笔下宝石发出的声音而言，虽然它附属于某个身体，但严格来讲，它仍然是不可见的——我们从没见过宝石开口言说。因此，宝石的声音也许更应该被视为半幻音，这一名称被米歇尔·西昂用来描述幻听行将消失的时刻：这时，我们只看到了说话者身体的其余部分，仍然没有看到他的嘴。同时，只要我们不能证实“声音与口型的一致性”，[4]即只要说话人还没被完全现身，幻听的消除就是不完全的。进而言之，只要幻听的消除是不完全的，声音及其发出者就仍然保持其特异的力量。幻听解除，即说话人完全现身的阶段，被米歇尔·西昂类比为女性彻底裸露身体的最后阶段：“女性生殖器彻底暴露的时刻(此后,阳物的缺席就不再可能了),也就是幻听解除的时刻。此时,声音不再与身体游离,而真正成了从口中发出的东西。”[4]在狄德罗看来,解除幻听的过程就像女性逐步脱衣服的过程,“话由口出”这一真相的揭示就如同生殖器最后的暴露。

狄德罗并非不了解这种幻音及其神奇的力量。在《百科全书》关于毕达哥拉斯及其弟子的词条中,至少出现过两次。在“毕达哥拉斯学派”的词条下,狄德罗说,毕达哥拉斯“教授两种教义”、有“两类弟子”:一类“仅仅听到他”——对这类人他在幕帘之后布道;而另一类则“既看到他而且听到他”。[5](8:163)对前者,其哲学是“神秘的、隐喻的”;对后者则是“清晰的、明确的、剥去晦涩和迷惑的”[5]。在“幻听学”词条,即关于那些“还不够资格看到毕达哥拉斯布道”的弟子的词条下,狄德罗说得更精练:对那些“仅仅听到他”的人,毕达哥拉斯的讲述仅仅是象征或寓言式的,而对那些“既看到又听到他”的人,他的讲述则使事物尽去迷障;甚至进一步给出他这样讲的理由。也就是说,他漠视前者的异议,仅用“毕达哥拉斯这样说过”简单作答;而对后者的质疑,则由“毕达哥拉斯本人”亲自解决。[5](5:272)

狄德罗对毕达哥拉斯两类弟子的列举使问题显得相当清晰化了:一旦他们不仅从幕后听他布道,即一旦他们被允许进入可与毕达哥拉斯面对面的圣地,毕达哥拉斯就失去了他的神圣性,他的声音也失去了魔力。相反,只要弟子们仅是“听到他”,他们就极愿意笃信他神秘而语义模糊的言词,好像从幕后的“圣地”听来的每一句话,都是直接来自上帝,都具有一种神启的意义。所揭示真理的可靠性、对老师教诲的疑问,都可通过“毕达哥拉斯如此说过”给予解决。但是,当弟子“既能看到又能听到他”时,情形就完全改变:尽管毕达哥拉斯现在已不用晦涩的语言,阐述事物也如其所是,弟子们却明显不再愿意相信他,他现在必须为论及的命题给出理由(他的话已因他的现身失去了神圣性)。在这种情况下,那全知全能的声音,即宣称“毕达哥拉斯这样说过”就无法继续作为真理性言说的充分理由,因为毕达哥拉斯自身亦被迫忙于反驳反对意见(他因此失去了神圣的品质)。由于第二种教义清晰明确,不再仅仅是象征,这就必须仰仗于宣讲人的可视性:一旦弟子们“看到他讲”,毕达哥拉斯就不得不放弃他神秘的、隐喻的语言——因为在弟子们眼里,他已失去了原先在幕后所具有的那种全知全能式的哲学光环,他们极可能不再愿意相信他。甚至,即使他此时放弃模糊不清的言说方式也明显是不够的，因为现在他要为附加的解释伤脑筋，要澄清命题并给出理由，要亲自回答他曾经傲慢地置之不理的质疑。如此等等。

在刚果人眼里，由宝石发出的不可见的声音，其语义具有一种特别的份量。这种份量不比毕达哥拉斯弟子们眼里大师的话弱小。可见的声音说出的话不具备这种力量，这种话语的力量在无形的声音与可视的声音彼此冲突时能很好地被感觉到。通常，是宝石看不到的声音真正让他们信服。这种选择不但出现在两种声音对同一事件的陈述出现矛盾时，而且出现在两种陈述来自同一个言说主体时。

一个女人信誓旦旦地说她忠诚而贞洁，她的谎言可以被宝石揭穿，毫无疑问也可以被其情人以惊人相似的细节予以揭露："这其中有什么区别？是女人的宝石还是她情人的话更可信、更接近真实？"[1](p. 22)尽管两种讲法都可能是真实的，尽管它们都能准确地说出同一种事情，但宝石发出的看不见的声音仍然比那从口中发出的可见的声音更准确、更有力量。在男人的陈述与宝石的陈述相反时，刚果人相信，真相总是处于宝石发出的看不到的声音这一边。比如，男人夸耀他与某些女人有染，如果这种说法与宝石的断言相反，它就可能仅被刚果人视为谎言。也就是说，宝石会否认女人与这个男人有任何关系，但同时它却会诚实地讲出这女人与其他男人有暧昧关系。[1](p. 154)在此，宝石的讲述明显被证明是具有决定意义的。在刚果人看来，宝石是宇宙之神梵天的代言者，正是梵天在借助宝石的幻音述说真相。上面所举的例子，就是他们期待梵天"通过它们的嘴对真相做出公正裁决"[1]，即通过宝石之"嘴"给出真相。他们看待宝石就像它是真相的最高来源，相反他们则对宝石已开口说话的女人的讲述置之不理(这是因为，即便这种讲述并非虚构，他们已预感到女人们会否定这种关联)。进而言之，在刚果人眼里，即便来自女人的两种声音的讲述是一致的(从而证明男人言说的也是事实)，但这不诚实的"被证明有罪"的女人，也不会像梵天及其代言者所说的那样更切近事实本身。同时，作为情人的男人，他的话"玷污了他曾为之献身的祭坛(女性生殖器官——译者)"，但是假如宝石开口说话，就如同"祭坛本身发出了声音"。这样，当宝石隐在的声音被认为是一种神启时，男人所说的话就只能被视为谎言或对神的亵渎了。[1](p. 23)

刚果人相信，是梵天导致了宝石开口说话，而且梵天是"绝对不会让宝石说谎的"[1](p.34),所以,当来自同一身体的两种言说出现矛盾,即当属于同一个人的两种语言器官之间相互冲突时,他们更相信宝石的话。认为宝石说谎是亵神的,他们相信宝石的话就是神谕[1](p.24)。在他们眼中,宝石是女人身体中"最诚实的部分",[1](p.13)毫无疑问,它的话具有使其他一切言说者闭嘴的份量。就像毕达哥拉斯的弟子们听到"毕达哥拉斯这样说过"就停止争论一样,"宝石这样说过"也同样可以使任何关于女人贞洁与否的争论归于沉寂。

现在,让我们再仔细观察一下宝石已开口说话的女人。尽管开始时她会极不愿意承认被揭露的事实,但最后她却被宝石传达的隐形的声音彻底惊呆了:在所有听到这声音的人中,宝石开口言说的女人是唯一直接体验到它特异的、"神谕般"力量的人。"不可知的声音"[1](p.35)揭露了她的性冒险——这声音的"不可知性"同样针对宝石已开口说话的女人自己;她不能确信这声音从何而来,紧张四顾,怀疑它可能来自其他女人的嘴或宝石——她明显能意识到自己那些最为隐秘的、私藏心中的思想,即她坚信除她本人之外没人知道的思想(然而,由于这声音同时被在场的其他人听到,它又不是一种内部的或本源的声音)。最后,在这远超于她的认知范围的声音所揭示的事实的压迫下,她的抵抗彻底瓦解了:这声音看起来知道她与另一异性身体的遭遇。这异性可能久已被她遗忘,因而她声称不认识这个人,[1](p.35—36)但是,当这隐形的声音提醒给她这些邂逅者时,她只能满怀恐惧地意识到:这声音比她本人更了解自己。

这声音不仅能读懂她的思想,不仅知道那些连她本人都不知道的事情,而且,它比她本人更强有力:它自由表达,甚至反叛她的意志——尽管这声音通过她自己身体的某个部位说话,她却没有力量驾驭它,让它平息。简言之,一旦她的宝石开口说话,这个女人只能无助地听从它暴露自己的丑行。一个显而易见的事实是,这种"没有张嘴"即发出的声音比她本人更强有力,不是她控制声音,而是她被声音控制。根据宝石的言说背景和大多数言说内容(女人的宝石在大庭广众之下坦白她本人从不愿承认的事),"我们有足够的理由相信,如果这声音在其主人的控制之下,那么它也会像女人的其他部位一样保持沉默。"[1](p.31—32)

这种声音将女人推向痛苦的两难选择中:她们要么放弃曾经放纵的性爱,真正变成她们宣称的那样(例如贞洁或忠诚),要么被认为是她们真正所是的那样(例如性放纵)——“没有任何中间道路”,假装已不再可能了。[1](p.22)简言之,一旦宝石开口言说,刚果王国曾有的一切将彻底改变:“宝石可能随时加入谈话”[1](p.21),女人将生活在她们的谎言在大庭广众之下被揭露的恐慌中,男人则竖起耳朵四处游走,希望听到更多女性不乐意供认的隐秘。

这种被刚果人与“圣坛”、“神谕”相联系的“宝石的絮语”,在婆罗门人那里被阐释为“一种神圣的惩罚”,甚至被视为梵天存在的最后验证。梵天的律法禁止和谴责“发假誓、说谎、通奸”这些女性犯下的罪恶。婆罗门人过去一直在警告这些罪恶,但都归于徒劳,结果“愤怒的天国降下了新的惩罚”。作为公正而睿智的法官,梵天通过有违于亵神者意愿的宝石的声音对通奸和谎言进行惩罚,揭露他们罪行的真相。对罪恶的惩罚因此正是与真相相关的、被罪恶自身的“主要工具”说出的真相。过去,刚果人“在心里”一直认为“梵天不存在”,但是现在,婆罗门人相信他们将看到并“承认梵天的存在,或确信他巨大的威力。伟大的梵天!他是全能的,在这些可怕的惩罚中,他比通过无言的善意更一览无余地向我们显现了他自身。”[1](p.49—50)

三、全知全能的身体

狄德罗小说中存在着具有颠覆性的唯物主义信息:宝石发出看不见的声音,这种独特的现象引人对它开口说话的背后原因做出解释。这种解释使大多数刚果人认识到梵天的存在,但事实上这种声音不是别的,而是在苏丹魔戒的帮助下身体自身开始说话。

这样,真实地映现在宝石隐形声音里的力量,就不是上帝的力量而是身体自身的力量。因此,这种力量就并非纯然神性,而是与身体作为半自动发声体的地位同等弱化:虽然宝石的声音从属于身体,但严格地讲,它仍旧是看不到的,因为这声音与其发声点“嘴”之间的一致性并未被证实。同时,虽然这声音不能说看到和知道一切,但其所看与所知仍旧比宝石已开口说话的女人自己为多;虽然这声音的力量并非是绝对的,但其仍旧比女人本身更强有力;尽管这声音不能说是无所不在的,然而逃离它或隐瞒它仍然是不可能的:这声音能发现女人所去的任何地方,因为它潜存在女人的身体里。或者换句话说,这来自身体的声音像上帝一样无所不见,无所不知,无所不能。它比我们看到和知道的更多,比我们本人更强有力,但它却又是存在于我们的体内。简言之,婆罗门人认为这种无形的声音来自梵天,但在唯物主义者眼里,它却是我们身体的组成部分。

宝石中没有什么特别的力量来自苏丹魔戒,所有的力量都是身体自身的能量。全部的神奇效果都是言说器官自身的效果,即身体具有使这些力量发声的能力。这样,通过对苏丹魔戒的虚构,狄德罗赋予了身体话语权,或者更确切地说,赋予了那个传统上被视为最少服从于灵魂或头脑的部位以话语权。在此意义上,苏丹魔戒神奇的力量终结,幻音(它没有完全使传达者现身,所以它是身体性的)的"魔力"占据了了统治地位。这种看不见的幻音实际上是属于身体的,它不像西昂的幻听声音那样,通常在其幻听化状态消失时已失去效能,而是即使它完全显形也能继续得到保持。也就是说,这些力量并非来自看不见的声音自身,而是来自作为声音载体的身体。

身体的这种"神奇的力量"存在于何处?这力量最终归结为何物?要搞清这一点,回答下面的问题就足够了,即:身体如何"阅读"女人具体所想的东西,或者更准确地说,宝石怎么"知道"女人(如一位修女或其他被定义为贞洁的女人)正有着不洁的思想。这些问题的答案是由女人的宝石自身给出的:"她的小拇指告诉了我们一切。"[1](p. 27)正是通过这种建立在她们自身情感基础上的方式,宝石知道了女人所想的一切。同时,女人所说的一切也以相似的方式为宝石所知:她们的"不检点"被局限在"她们最熟悉的事情上",[1](p. 24)即局限在她们对自身感情的阐释上。或用一位朝臣的话说:宝石"只说出女人知道的一切"。[1]这样,假如人体的其他器官也被赋予了话语权,宝石所说的就同样能够被人体的其他任何器官说出来。换句话说,即:假如人的嘴不撒谎,假如它只描述人自身真实的感受(如咀嚼食物的感受),假如它被限定在只说出自己真正"知道"的事情上,人的嘴将同宝石一样言说真相。

宝石从不偏离其精心描述的主题,这一事实在解剖学家奥克托马斯那里得到解析。作为刚果王国"最伟大的思想家"之一,他为宝石絮语的特性作了如下的解释:假如所有的宝石在说同一件事,这是因为"这是它们有看法的唯一话题";假如它们对别的事情不发一词,这是因为"它们缺乏这方面的意见和表达的术语";假如它们保持沉默,这是因为“它们无话可说”。[1](p.32)也就是说,不管宝石的言说能力来自苏丹的魔戒、上帝之手或者本能的盲动,它们都只是言说自己的“经验性知识”。这也是宝石为何“容易重复自身”[1](p.105)的原因。宝石迟早会耗尽它们并非无限的“知识”和经历。它们已经说出了它们知道的一切,它们不能发明也不能表达那些它们没有经历过的事情。对超出它们知识和经验范围的事情,它们缺乏见解和言词。

在激进唯物主义者看来,宝石不像女人那样从不缺乏思想和言词,可以无休止地闲谈。它把自己言说的可信性归于如下的事实:它会不可避免地用尽自己的思想或词语。即它把话语的可信性归于它不动感情地、非自愿地、机械性地言说,归于盲目地坚守一个主题,更多地重复自己。简言之,归于它像机器一样言说的事实。

然而,机械的言说方式并不意味着没有指明灵魂的在场,并不意味着宝石应该被认为“仅仅是机器”。在小说中,那位非洲的笛卡尔信徒运用笛卡尔“动物灵魂的形而上学论辩”来解释宝石的话语,认为“宝石的言说方式就像小鸟无灵魂的歌唱”。[1](p.198)这是一种错误的结论。一般情况下,当灵魂被视为与身体分离的东西,它就有可能对充满活力的身体之外的东西发表“意见”,而与身体等同的灵魂,它的言说则被限定在了对身体情感的语言表达和简洁阐释上。在狄德罗看来,宝石被视为机器性的言说者,是因为灵魂是人体组织结构的功能,并通过身体发言。所谓灵魂,“没有身体什么也不是”,[6](1:1282)它存在的样态仅仅是身体显现它自身。因此,是身体在通过灵魂进行言说,灵魂的存在是身体性的存在。在狄德罗看来,人的应然就是他的实然,[7](1:718)人的灵魂与肉体并不两相分离、判然有别。也就是说,我的灵魂只是我的身体结构的一种状态。与笛卡尔不同,狄德罗的“人体自动机”和拉美特利机器一样的人体机器并非是无灵魂的——他们的灵魂就是他们的身体组织自身。正如狄德罗认为灵魂是人身体自身的“组织和生命”一样,[6](p.1316)拉美特利也认为:“灵魂的所有功能都依赖于大脑和整个身体的精细器官,而且除了这些器官它什么都不是。”[8](p.26)

正是因为人是机器,或者说,正是因为灵魂处于人的身体或身体组织之内并通过身体组织言说,在狄德罗眼里,女人的话才是可信的。同样,在拉美特利看来,人们值得尊敬和爱戴也仅仅因为他们是机器。“你知道我为什么对人类还有些尊敬?”拉美特利在他的最后一本著作

《伊壁鸠鲁体系》中如此问道:“因为我真诚地相信他们是机器。假如我相信相反的假定,我知道在他们中没有几个我愿与之交往了。”[9](p.103)

这一观点可看作拉美特利对其熟知且广为引用的狄德罗《泄露隐情的宝石》的评论。[10](p.170)在此,根据如下的说法——“一个妻子或情妇缺乏忠贞”,“只是微小的过失”,就像偷窃“只是坏习惯而非犯罪”,[9](p.103)拉美特利阐述了他声名狼藉的人是机器的伦理学。为什么会如此呢?根据拉美特利的说法,因为人是机器,即因为人的灵魂只不过是机体运动的结果,那么,我们的行动实际上就是被身体组织所驱使的,而我们本人则对自己的行为无能为力。如他所言:“当我为善或为恶时……这是我血液的错误……它促使我愿意并决定做一切事情。”[11](p.141)这样,一个罪犯只是“在他血管中疾奔的血液的奴隶,就像手表的指针只是促成它走动的发条的奴隶一样。”[11](143)同样,就像“温度计或气压计被动地被热力或液压推动”一样,[11](p.140)人没有任何力量阻止他体内的血液和思想的“奔流”。由此看来,人的行动不是主观的自由选择,而是被动地受到了驱使。这样,如果罪犯“不处于自由状态就不能算犯罪”,那么他们因此受到的惩罚就是“值得同情的”。[11](p.143)——拉美特利试图以此让人们从犯罪的懊悔中解脱出来(这或许是他最引人诟病的论题。唯一全力拥护这一观点的人是德·萨德侯爵。[12](p.173))由于坚信人们在通奸、偷窃等行为中都是被其身体组织所支配的,拉美特利因此只能宽恕他周围的人。或者说,这中间也许隐藏着他另外的企图,即让其他人能够宽恕他本人的放肆行为。[13](p.214)也许正是在这个意义上,拉美特利经常称自己为“机器先生”。[14](2:215)确实,假如人不是机器,即他们有一个与身体疏离的精神性灵魂存在,那么,他可能对人们的行为产生心理的排斥。或更确切地说,即便他希望人的灵魂与肉体是合一的,但假如他发现人们沉溺于通奸、偷窃等恶行中,他仍然会在心理上感到厌恶。

狄德罗在他的另一部小说中说过:“每个人皆被其身体组织支配。”[15](1:805)据此,女人在通奸时就像一架被操纵的机器一样,也是被其身体支配的。这一点,已被狄德罗小说中的女主人公充分意识到,如其所言:“我们的行为来自于我们宝石的指令。”[1](p.34)这种观点是与狄德罗人体器官专制主义的理论相一致的,即不是她们自己想去通奸，而是因为她们身体中的宝石操纵了她们。显然，器官或身体的专制性在任何地方都不如在女人的宝石或类似部位表现得明显。这正如我们在狄德罗《1767年的沙龙》中读到的：当亚当的儿子不乐意谈情说爱时，这些部位却希望他去做；当亚当的儿子乐意做这种事情时，这些部位却不希望他这样做。[16](p. 4:726)

从来不是你，而是你的胃在想吃饭或呕吐，是你的膀胱在想撒尿。身体的其他功能也是一样。除非你的身体器官有所欲求，否则什么也不会发生。你可能想与自己所爱的女人共浴爱河，但只有你的身体器官想这样做时，你才能从中得到这种快乐。[6](p. 1308)

拉美特利以一种格言的方式总结了他的“人即机器”的伦理学：“唯物主义是厌世者的解毒剂。”[9](p. 103)从狄德罗《泄露隐情的宝石》中提取出的道德观与此极为相似：唯物主义是性厌倦者的解毒剂。

这部小说不应被视作不成熟的文学实验而被忽视，而应被看作狄德罗哲学经典中不可或缺的主要组成部分。撇开他对唯心论学说的批评不谈，这部小说也为当时的唯物主义大师在思考他自己的思想时陷入的哲学困境提供了一条暂时的突围之路。按照狄德罗的说法，就像眼睛不能看到眼睛自己一样，一个人进行思考时无法超越的困难就是思想难以将思想本身作为思想的对象。如他所言：

> 许多次，当我试图查验我头脑里发生的事情，捕捉那在其中运动着的思想，我就尽我所能将纷乱的思绪收起，让自己沉入到最深层次的冥想中，但所有这些努力最终都一无所获。对我而言，一个人似乎需要同时既在自身之中又在自身之外，既是观察的主体又是被观察的物性对象。但是，就像眼睛不能看到眼睛自己一样，思想也不能看到思想自身……在这种情况下，脖子上长着两个脑袋的双头怪物也许能带给我们一些新奇的东西。因此我们必须等待，等待那包容一切、经过无数世纪依然蕴藏着无限奇迹的大自然，能够带给我们一个双头巨人：他一方面静观自身，另一方面，他的一个脑袋将另一个作为观察的对象[17](p. 72)。

在等待大自然创造的真正的双头巨人现身的同时，[18](p. 160—188)狄德罗在《泄露隐情的宝石》中通过言说器官的双重设定，自己预先创造了一个“其中一个头观察另一个”的“双头幽灵”。宝石的话语，正是来自其中的一个脑袋的讲述。它“不带任何感情色彩,对被观察对象的真实状况不加任何修饰”。[1](p. 23)简言之,它是思想如何思想自身的绝好阐明。

(作者单位:斯洛文尼亚卢布尔雅那大学哲学系)

注释

1. 狄德罗:《泄露隐情的首饰》,苏菲·霍克斯(纽约:Marsilio, 1993),第 49 页。
2. 阿兰·瓦泰涅:《泄露隐情的首饰·前言》,赫伯特·迪克曼,雅克·普鲁斯特,让·瓦尔洛:《狄德罗全集》巴黎:赫尔曼出版社,1975,第 3 卷,第 12 页。
3. 这些人物的详细目录,参见艾米达,B. 希尔《论狄德罗思想中的怪物角色》,《伏尔泰与 18 世纪研究》1972,第 149—261 页。
4. 米歇尔·西昂:《论电影中的声音》,纽约:哥伦比亚大学出版社,1999,第 23—28 页。
5. 狄德罗:《百科全书》第 8 卷,第 163 页。
6. 狄德罗:《生理学原理》,见劳伦·韦尔西:《狄德罗作品集》第 5 卷,巴黎:罗伯特·拉丰,1994—1997。
7. 狄德罗:《对爱尔维修的批评》,《作品集》第 1 卷,第 718 页。
8. 拉美特利:《人是机器》,《〈人是机器〉及其他文选》,哥伦比亚:哥伦比亚大学出版社,1996,第 26 页。
9. 拉美特利:《伊壁鸠鲁体系》,《人是机器及其他文选》,第 103 页。
10. 参见阿兰·瓦泰涅:《拉美特利与狄德罗回顾:互文性邂逅》,《狄德罗研究》第 11 卷,1983,第 170 页。
11. 拉美特利:《反塞内卡或至善论》,《人是机器及其他文选》,第 141 页。
12. 参见雅克·多梅内奇:《启蒙的伦理学:法国 18 世纪哲学的道德基础》,巴黎:J. Vrin, 1989,173 页。
13. 拉美特利在弗雷德里克大帝宫廷放肆行为的一些描写,参见吉尔·麦克多诺:《弗雷德里克大帝:在行动和文学中生存》,纽约:圣·马丁出版社,2000,第 214 页。
14. 参见弗朗西恩·马科维奇:《哲学著作集》第 2 卷,巴黎:法兰西学院,1987。
15. 狄德罗:《对爱尔维修的反驳》,《作品集》第 1 卷,第 805 页。
16. 狄德罗:《沙龙》第 4 卷,第 726 页。
17. 狄德罗:《对聋哑者的附加说明》第 4 卷,第 55 页。这也是布丰在 1739 年 1 月 6 日写给 Dutour 的一封信上的观点:“如同指尖不能感触到自身,眼睛不能看到自身,思想因此也不能了解自身。”引自雅克·罗格,布丰《皇家花园中的哲学家》,巴黎:法兰西学院,1989,第 72 页。
18. 狄德罗一直期望产生的畸形人早在狄德罗之前几个世纪已经出现。参见简·邦德森:《托奇兄弟及其他双头畸形人》,《双头男孩及其他医学奇观》,康奈尔大学出版社,2000,第 160—188 页。

阐释学视界

——全球化世界的文化间性阐释学[1]

[荷兰]约斯·德·穆尔(Jos de Mul) 文　麦永雄　方頠玮 译

内容摘要　本文从“经验视界”的常用隐喻出发,探讨文化间性阐释学(intercultural hermeneutics)的三种不同类型,它分别把阐释学的诠释构想成视界拓展、视界融合和视界播撒。可以认为,阐释学史上这些赓续的阶段分别源于——但并非是严格地限于——全球化的前现代、现代和后现代阶段。以中西语言和哲学相遇合的一些令人瞩目的契机为例,对文化间性阐释学这三种类型的优长和不足展开讨论。要论辩的是,尽管从理论的视野来看,这三种阐释学类型是互相排斥的,但是作为当代阐释的存在方式,我们有赖于这三种不同的阐释学实践,并且无法避免地与它们共生。

关键词　文化间性阐释学　全球化　阐释学视界　汉语　前现代主义　现代主义　后现代主义　狄尔泰　海德格尔　伽达默尔　德里达　柏拉图　孔子　徐冰

给我视界。

——杰克·斯帕罗船长

一、导　论

全球化作为人口、观念、习惯和商品的全球循环交流,并不是一种近期的新现象。大约在两百万年前,我们的始祖直立人带着他们的习俗和石器时代的工具走出非洲,散布到其他大陆,这一事实证明了这种观点:全球化是人类自起源时就具备的特性。况且,当我

---

① 本文系提交“传统与当代世界”国际研讨会论文,北京师范大学,2009,12,12—13。

们纵观我们这个智人物种的历史时，会发现全球化的步伐不断加速的历史。早在公元前三千年，苏美尔文明和印度河文明之间就有重要的贸易联系。几千年之后，丝绸之路开始连接罗马帝国、波斯帝国和中国汉朝的经济与文化。然而，正如全球化 KOF（各国经济发展指标）指数所表明的，尤其是在最近几十年里，由于新的交通和电讯方式的快速发展，全球化已经成为每一位世界公民生活中的决定性现象，从世界金融资本业的银行家到发展中国家的糖果店小职员都受到影响①。

全球化从根本上对人类生活和文化的每个方面都产生了深刻的影响，不仅对经济和自然环境深具意义，也影响了社会关系、政治、宗教、娱乐和语言，这里仅列举少数受到影响的领域。这些影响中既有积极的，也有消极的，其范围从优势基因、知识、技术和文化宝藏的全球分布，到开发、文化同化、战争、传染病的传播和生态灾难。

全球化也是一种阐释学挑战。在不同文化的际遇中，人员、观念、习俗和商品之间的交流常常是陌生的，需要通过解释才能获得理解。在本文中，我将分析文化间性阐释学的挑战与陷阱。从（个人与文化的）“经验视界”的常用隐喻出发，拟讨论文化间性阐释学的三种不同类型，它们分别被构想为阐释学诠释的视界拓展，视界融合和视界播撒。我将要讨论的是阐释学史上这些赓续的阶段分别源于——但并非是严格地限于——全球化的前现代、现代和后现代阶段。通过列举中西语言和哲学在跨文化境遇里碰撞的一些典型实例，我认为这三类阐释学各有其特定的利弊。我将要深入的讨论，尽管从理论上来说，这三种阐释学类型是互相排斥的，但是作为当代阐释的存在方式，我们有赖于这三种不同的阐释学实践，并且无法避免地与它们共生。

二、人类经验的视界（The horizon of human experience）

在阐释学史上，“视界”这个词语常常被用来形容人类经验的基本限度。不管是时间上还是空间上，人类自身与人类文化都是有限度的。受限于时间，是因为他们具有开始和结束的特征。而受限于空间，

① 见 http://globalization.kof.ethz.ch/

是因为他们只能在广袤的宇宙空间里栖居于一小块地方。鉴于这种时间和空间的限度,人类经验必然是有限的。我们总是生存在一种特定的视界里——空间与时间,个人与文化,文学与隐喻的视界。在这种视界中,许多经验和表达方式都是熟悉的,无需(多加)解释就能轻易地得到理解。但另外有一些表达方式却远离了我们经验视界的中心。在这种受到时间和空间距离限制的情况下,我们体验的是陌生的和奇怪的情况,往往会疑虑丛生。譬如,当我们遇到了数百年前书写的文本时,这种情况就会发生,这些文本有着截然不同的历史视界或迥异于我们文化的思想、习惯和传统。在这种情况下,我们会体验到不解和误解,我们感到解释与沟通的需要。实际上,阐释学的实践与反思就在这一点上发生,所涵括的范围从日常的阐释学实践(一个外国游客试图用一门他尚未掌握的语言去辨认特定的书写标记,以便找到穿越过这座城市的道路)到人文社会科学系统阐释的学术研究、方法论基础形式。

当然,一个人的视界和文化经验都不是固定的。正如某个人游览一处风景那样,随着我们穿越不同的时间和空间,我们经验的视界在不停地改变。个人和文化存在于时间中,这意味着他们的时间视界在不停地改变。而当个人或文化发生地理迁移时,其空间视域也随之变化,无论是物质的还是精神的空间都是如此。再者,在时空体(spacetime)的每一瞬间,许多经验和表达方式完全超越了人们和文化的空间与/或时间的视界。在发现美洲之前,欧洲人没有本土美洲人所拥有的任何经验,正如中国人在许多世纪里没有关于非洲文化的任何经验那样。而在21世纪伊始,我们几乎无法进入前历史人类的经验视界,也是由于这个原因,我们也不能理解23世纪人类的经验视界,那时人类可能会生活在月球上,甚或由于转基因而变成了不同的物种。在这些情况下,阐释者不仅无法进入不熟悉的视界,而且他往往甚至不能对这些可能的经验视界保持清醒的认识。正如狄尔泰——阐释学的奠基者之一——所认为的那样:“如果生活的表达方式完全陌生的话,那么也就不可能解释。倘若一切事物都不陌生,那么阐释学就没有必要存在(狄尔泰,1914—2005,7:225)。”[①]阐释学总

① 最近的研究表明,这段名言其实是狄尔泰从施莱尔马赫摘录的笔记系列的一部分,正是由于这个原因,它在英译本中被省略了(见狄尔泰,2002a,246,注13)。但是,这段引言却是整个阐释学传统的起点。例如,伽达默尔在《真理与方法》(1960)中表达了一种类似的观点:“阐释学的运作是以熟悉和陌生之间的极性为基础的。”(伽达默尔,1986,295;引自英译本:伽达默尔,1989b,301,295)。

是发生于完全熟悉和完全陌生两个极端的间性(in-between)状态之中。当我们面对不熟悉和奇怪的事物时,我们就需要阐释学实践来帮我们克服不解和误解。

由于文化间性的碰撞通常是从不解和误解开始,所以阐释学有望成为不同文化之间理解、解释和交流理论的起点。然而,正如前面我的导论所述,我们应该意识到阐释学也不是固定不变的话语。在阐释学历史的进程中,不管在其实践还是理论中,阐释学已经发展出不同的形式。以"经验视界"的概念作为起点,我将要在某些方面更深入地讨论前面所提及的阐释学的三个阶段——分别针对视界拓展,视界融合和视界播撒——并且把它们与全球化的前现代、现代和后现代阶段紧密联系起来。

三、拓展视界(Widening horizons)

第一种类型的阐释学旨在拓宽经验视界,它在19世纪哲学家如施莱尔马赫和狄尔泰那里得到了很好的阐释和系统的发展。然而这种类型的阐释学历史要更为悠久。它与犹太教和基督教漫长的传统,尤其是与圣经的诠释有着很强的联系。我们同样在许多其他的前现代或传统社会里发现这种阐释学实践,一些权威性的文本(或对象)在其中扮演了一个很重要的角色。譬如,在中国,我们可以想起儒教和道教逾千年的悠久传统。在这种——通常是相对封闭的——社会中,权威性文本的真理理所当然地被广为接受。可是,由于时间上的距离,这些权威性文本的真理并不总是易于理解。所以,阐释学诠释的目的就在于揭示其真理,用于现今的日常生活中。

19世纪初期,施莱尔马赫将阐释学从专门的神学阐释拓展为文本解释的一种通用的方法。而狄尔泰在其未完成的著作《历史理性批判》(*Kritik der historischen Vernunft*)中,将阐释学改变成为人文科学(*Geisteswissenchaften*)的常规方法。在狄尔泰看来,阐释学的基础在于人们的日常生活。人类的生活则具有由生活经验(*Elebnis*)、表达(*Ausdruck*)和理解(*verstehen*)构成结构关系的特性。生活经验设定了主观的、第一人称的视角,我们以此来体验我们的生活。不同于康德的经验(*Erfahrung*)概念,狄尔泰所言的生活经验(*Elebnis*)不仅是对世界的一种理论认识，而且也由意志和情感构成（德·穆尔，2004,218—283）。

一种获得生活经验的途径就是内省。但是，内省却有其狭隘的限度。不仅由于自我的内省是他人无法达到的，而且由于生活经验具有稍纵即逝的特性，因此即使是对一个拥有生活阅历的人来说，内省都不是一个关于理解的可靠来源。可是，生活经验往往都通过语言的言说与书写，通过姿势和活动，通过人类的艺术品、建筑和社会机构而表现出来。因此狄尔泰认为："关于生活经验的表达能够比任何内省之所见包含更多的精神生活关系。它来自生活经验的深层，无需有意识的阐发（狄尔泰，1914—2005，GS 7：206；引述英文翻译：狄尔泰，1985，SW 3：227）。在生活经验中，往往停留在无意识的隐匿关系在它们的表达方式中可以找到清晰的呈现。由于这些原因，可以把表达方式称为创造性的。况且，表达方式不仅能够被理解为他人的精神表达方式，而且它们还有自身独立的存在和意义，神殿、法律和诗歌不仅表现了其创造者的生活经验，而且还表达了具有自身结构与法度的精神结构（GS 7：85；SW 3：106 - 107）。最终在理解过程中，我们通过将自己置于他者的处境（*sich Hineinversetzen*），重新创造（*Nachbilden*）和重新体验（*Nacherleben*）生活经验，从而攫住表达的意义。这种生活经验、表达方式和理解能力的阐释学关系，赋予我们的日常生活以特色，进而建构了人文科学解释方法的基础（GS 7：86 - 87；SW 3：108 -109）。

尽管基督教的释经学遗产在强调揭示真相方面仍然是有迹可循的，但是，生活在自然科学开始控制世界观的时代，狄尔泰却是从客观性维度去解释这种真理的。为了拓展我们自己的视界，阐释学被作为一种科学的解释方法来理解，它演变成一种独白式的活动，一种对陌生经验视界的理论上的重构。按照狄尔泰的看法，阐释学理解的最终目标，就是通过拓展视界而克服我们个体生命的局限性，"理解拓展了我们存在的视界"（狄尔泰，1914—2005，GS 5：275）。

> 理解首先克服了个体生活经验的局限性……而延伸到形形色色的人、人类精神的创造和群体，理解就拓展了个体生命和人文科学的视域，开拓了由共同性迈向普遍性的道路（狄尔泰，1914—2005，GS 7：141 引自英译版狄尔泰，2002b，SW3：162）。

对于文化间性阐释学来说，这种阐释学的概念具有何种蕴涵呢？首先，在这种视野中，文化间性阐释学包含了一种理论的重构，它重构了来自其他文化的人类生活经验，以及他们的文化表达方式，例如文本、科技产品、艺术品、建筑物、风俗习惯以及机构设置等。为了拓展自己(个人与文化的)经验视界，这种文化间性的阐释是一种试图理解其他文化的意义的独白式的努力。我们自己的经验视界既是阐释实践的起点，又是终点。

不言而喻，我们文化视野的拓宽常常是一种在理论、实践和美学上不断丰富的经历。它可以提升我们的智慧，为我们提供有用的工具和愉悦的体验。它同时也能让我们更好地理解我们自身文化的局限性。在相对封闭的(在世界上的一些地区现在仍是这样)前现代文化里，传统基本上是不证自明的。毕竟，当还没有其他的世界观或者不同的政治体系为人们所知时，既存的世界观或政治体系不太可能会遭到质疑。而与其他的世界观或政治体系相遭遇，可能是推进世界开放的一种重要的动力。

然而，这种独白式的阐释学也有它的陷阱。狄尔泰敏锐地意识到，绝不存在“天真无辜的”理解。因为我们总是从自身限度的视域出发，我们总是试图从自身限度的视界出发，单独对其他的文化进行解释，由此而将“他者”减缩为“同一”。况且，在这些情况下，本土文化往往被设想为优于异域文化。文化际遇和全球化的历史，显示了这种描述与规范种族中心主义的大量的现象。

一个有趣的例子是西方哲学家对中国汉字性质的解释。他们大多数人完全从拼音字母的语音视界来评价中国汉字(张汉良，1988)。比如，约翰·威尔金斯(John Wilkins)是一个早期对这种争议做出贡献的人。他在1688年发表了一篇名为“论真正的文字和哲学的语言”的文章，他确信中国汉字“具有很多重大的缺陷”：

> 这些文字的“字形”是不可思议的复杂和困难。它们除了复杂繁难和令人手足无措以外，在字的形状和它们所代表的意义之间似乎并无任何相似之处，至于它们之间的契合或对立，也未必有什么可以接受的必要的来历。(威尔金斯，1968，450)

大约150年之后,西方哲学家黑格尔在他的《哲学百科全书》(1817)第459条中也体现了一种相似的逻各斯中心主义,西方拼音文字的语言本体论往往以逻各斯中心主义为特征:

> 口语发展的进程大多都紧密地依赖于字母表习惯的书写;正是由此,口语获得了其发音的精确性和纯洁性。中国口语的不完美是声名狼藉的:大量的汉语字词拥有着多个完全不同的意思,可以达到十种或二十种,因此,在口头上,只能通过重音和强度,通过低声而舒缓说话或是高喊来加以辨别。欧洲人学说汉语,在他们掌握这种不合理的优雅艺术之前,会陷进这种极为荒谬的羁绊之中。在此,完美则表现在无重音说话(*parler sans accent*)的反面,而在欧洲,有教养的人恰是被要求无重音说话的。以象形文字为模式的书写方式让中国口语远离客观的精确性,而拼音文字却能获得这种精确性。(黑格尔,1969—1971, x:274)①

当然,并不是所有的西方哲学家都像威尔金斯和黑格尔那样对中国汉字加以否定性的评判。譬如哲学家莱布尼兹显然就是一个例外。他认为中文是一门可能会成为世界通用语的很好的候选语言,正因为中文没有为口头语言所束缚:

> 了解中国汉字的那些人有理由相信汉字将会成为世界通用的字符,其书写形式将会被全世界所理解。如果世界上所有的人能够认同某个字符可以指称某种事物,那么每个人就能够通过不同的发音与另外的事物区别开来。这样我们就能推行一种普世的符号论。[…]如果我们用微小的图表取代字词,从而图画般地表达可见之物,通过与其相关的可见之物表现不可见之物,也能获得适宜传达语形变化与语助词的某种附加的符号。这将即刻会让我们能够更容易地同远距离的人们进行交流。(莱布尼兹,

---

① 引自威廉·华莱士的在线翻译:http://www.class.uidaho.edu/mickelsen/ToC/Hegel%20-%20Philosophy%20of%20Mind.htm

1981,290)[①]

乍看起来,莱布尼兹似乎远离了我们在威尔金斯与黑格尔那里所见到的民族中心主义的偏见。可是,为了品味莱布尼兹对中国汉字的积极评价,我们必须考虑其阐释背后的动力。像威尔金斯那样,莱布尼兹对汉语的兴趣在于以基督教的欲望为动机,发展一门世界性的语言。当然,在莱布尼兹的个案中,他并没有过多地试图去重建存在于巴别塔之前的原始的亚当语言,而是更多地发展了一种未来的普通语言(*characteristica universalis*),这是一种能够表达所有思想概念的"代数学",它包括一种理性演算(*calculus ratiocinator*),由一套符号操作规则构成(参考艾柯,1993,第14章)。然而,这种世界语的观念却是深深地扎根于想拥有普世语言的基督教徒的观念中[②]。从这个意义上说,莱布尼兹对于中文的阐释依旧保留着欧洲中心主义的性质。

由于经验视界的基本限度,可以认为种族中心主义不可能完全避免。但是,凭借着阐释者的视界,种族中心主义却可以展现出不同的

---

① 不应感到惊奇,黑格尔在他关于中国语言优点和缺点的讨论中广泛地批评了莱布尼兹对中文的评价:"在谈到口头(这是原始的)语言时,我们仅可以顺便接触到书面语言在特定领域的进一步发展,这要借助于外部的实践活动。正是源于书面语演进依赖的直接的空间直觉领域,人们才采用与生产了符号(454节)。特别是,象形文字使用空间想象以指明概念;而另一方面,拼音文字则用它们来指定已经是符号的口头记录。因此,拼音文字是由符号的符号所组成的——口头语言的文字或具体符号被作为简单元素来分析,分别承载了指定功能。莱布尼兹的务实心态误导他夸大了一种完备的书面语的优点,这种书面语塑形于象形文字的方法(而即使已经有了拼音文字,有如我们称谓数字、行星或化学元素等的符号,象形文字还是要被使用的),可以作为一种通用语,让不同国家,尤其是学者们用来进行交流。[……]唯有静止的文明,例如中国,才承认象形文字的语言是通用国家的;而且它的书写方法只能是一个独具精神文化的国家的小小构成部分。"(引自威廉·华莱士的翻译:http://www.class.uidaho.edu/mickelsen/ToC/Hegel%20-%20Philosophy%20of%20Mind.htm)

② 德里达在《论文字学》(1967)中论述说,莱布尼兹关于汉语这种通用语概念的阐释,"总是导向无限性的神学,导向逻各斯或对上帝无限性的理解"。他还补充说:"这就是为什么莱布尼兹关于建立非语音基础的世界通用文字的方案无论如何也无法动摇西方逻各斯中心主义的原因,尽管它面貌相异,并且充满诱惑,可以在我们的时代进行合法的实践。"(德里达,1976,78)至少,我们能够补充说,它没有搅乱普救论(universalism)。正如我们将在第五节所见,德里达本人确实宣称说,汉语从根本上搅乱了逻各斯中心主义。

面貌。正如林同济、亨利·罗斯蒙特和安乐哲综观西方对中国哲学的接受时所解释的那样：

> 然而，西方哲学的种族中心主义的立场迥异于中国的对位。中国的种族中心主义没有从传统上否认西方文化，它仅仅是否认了其相关性和价值观。中国的种族中心主义是以对自身文化的一种自负的感觉为基础的：中国不需要西方。具有讽刺意味的是，西方的种族中心主义恰恰相反，它要在普世性的主张中树立自己的信念。迄今为止，西方主流哲学家们一直欢迎有机会进入中国哲学，这些哲学家都是带着这种或那种简化论的特性对中国哲学不加区别地予以评判。这种简化论发挥着启蒙运动假设的巨大功用，从笛卡尔时代起，这种启蒙假设塑造了现代西方哲学的形态，通常承载了某些普世论的主张，往往以方法论、索引的面目出现，并且还包括某些更为绝对论的相对主义极端形式，否定了一切能够与之相拮抗的文化。（林同济、罗斯蒙特和安乐哲，pp. 747—748）

在此意义上，威尔金斯是种族中心主义的，他完全基于自己的偏见去看待中国汉字，而莱布尼兹则假设了一个中性而超然的“欧米茄点”，尽管如此，但他最终仍然以一种普世论的基督教真理的名义湮灭了自己的个性。[①] 这种对普遍性的渴望也源自于狄尔泰的视界拓展的理念。毕竟，根据我们先前读到的一段引文，这种拓展假设“开拓了由共同性迈向普遍性的道路”。正如狄尔泰所理解的那样，阐释学旨趣在于扩大我们关于其他文化的知识范围，以便获得一种黑格尔式的普遍性和绝对知识。尽管深受浪漫主义运动影响的狄尔泰承认，在历史世界中“一切理解都难免片面，从来就不可能完成”（GS 5：330；SW 4：249），但他的调控理想仍然是要将我们个人的生活经验扩展成为全球视域，包含全人类的经验在内。

---

① 关于这两种不同类型的种族中心主义的深入分析，参阅：Helder De Schutter 的《伽达默尔与文化间性主义：种族中心主义或真确性》（“Gadamer and Interculturalism: Ethnocentrism or Authenticy”见：de Schutter，2004，pp. 51—58）。

四、融合视界（Fusing horizons）

20 世纪上半叶，海德格尔和伽达默尔在他们关于理解的哲学反思中把人类限度的概念加以激进化，因此认为，把个人的经验视界拓展到普遍性的层次是无法做到的。伽达默尔在《真理与方法》（*Wahrheit and Methode*，1960）中详细分析了海德格尔的此在，发展了另一种形式的阐释学，其要旨不在于视界拓展，而在于视界融合。

在伽达默尔看来，狄尔泰的重构阐释学成了追求客观性的实证论的牺牲品（伽达默尔，1986，241；伽达默尔，1989b，237）。在重构阐释学中，阐释者被认为是一个中立的认知主体，其自身有限的经验视界并没有被考虑在之内。因此，狄尔泰成了这种偏见的受害者，这同样是启蒙运动和浪漫主义运动的特征，即认为应当不带偏见地作出判断。伽达默尔认为，自从启蒙运动以来，这种对偏见的怀疑造成了对事实的误解，即理解总是唯有在对亟待理解事物的某种前理解的基础上才有可能。偏见恰是理解之可能性的前提条件。

正如我在其他地方所做的那样，可能有人会争辩说，伽达默尔不加批判地重复了海德格尔对狄尔泰颇为恶毒的批判，极度夸张了狄尔泰的客观论（德·穆尔 2004，311—325，330—37）。在海德格尔和伽达默尔的著作中，狄尔泰成了敌手的形象，使得他们能够推进自己替代性的阐释学方案。但是事实上，狄尔泰关于生活经验、表达方式和理解之关系的本体论分析，在很多方面预示（和启发）了海德格尔关于此在的分析和伽达默尔的哲学阐释学。当然，这一事实也无法抹杀，伽达默尔的建构阐释学概念在某些方面迥异于狄尔泰的重构阐释学。

不同于狄尔泰颇具独白特性的理解模式，伽达默尔为对话式的模式加以辩护。追溯到柏拉图和施莱尔马赫，伽达默尔明确指出，把理解加以概念化的适当方式就是会话（伽达默尔，1991，173，163）。在会话中，我们的目的主要不在于对我们交谈对象的谈话意思进行心理重构，而在于理解所讨论的事情。

此外，不同于狄尔泰理论性的理解概念，伽达默尔强调阐释学实践的重要性。在他看来，阐释学理解总是旨在于实践应用。我们不仅要理解所阐释的事物，而且还要将它应用于我们的生活中。此外，伽达默尔还认为，在全面理解的时间性上狄尔泰也缺乏眼光。文本的意义不是某种客观呈现的东西，而是在理解的历史中所展开的。柏拉图或孔子著作的意义都不能简缩为作者的原始意图或原初读者的生活经验，而是要视之为发生在对他们的阐释史中的一种时间过程。效果历史(*Wirkungsgeschichte*)是一个历史的运动，从来就无法加以完全的客观化，它担负着工作和阐释的双重任务（WM:306/TM:301）。效果历史的意识就是对一切个体阐释的根本性限度保持清醒的认识。

还有与狄尔泰不同的是，伽达默尔并不认为诠释者和亟待解释的文本之间的时间或空间距离原来就是障碍，而无宁说这是理解生生不已的源泉。效果历史的概念使我们将理解的对话过程定义为视界融合(*Horizontverschmelzung*)(同上，311/305)。事实上融合的观念体现的不是一种重构而是意义的生产性建构："这就是为什么理解不仅仅是再生产的，也总是生产性行为的原因。"(同上，301/296)。在经过成功的阐释之后，无论是阐释者还是被阐释的事物都不会与之前一模一样。在某种意义上，视界融合的观念即是误导，因为在效果历史中，并没有两个分离的、封闭的视界，而关键是包含了不同视界的事件(WM:311/TM:305)。

> 这是一种张力：在传统中，陌生与熟悉之间遇合的嬉戏是特定的中间点，它居于疏远的历史对象和鲜活传统的构成之间。阐释学的真正定位就是这种间性(*this in-between*)。(WM:300/TM:295)

不同于狄尔泰，伽达默尔颇为关注语言所扮演的角色。对于在这方面追随海德格尔的伽达默尔而言，语言是开启世界的媒介："能够被理解的存在就是语言。"(WM:478/TM:474)再者，语言也是对话得以发生的媒介。鉴于这种原因，为了共同理解和认可某物，视界的融合也可以被理解为是一种寻求共同语言的尝试："一切会话都预设了一种共同的语言，抑或更好的说法是，创建一种共同的语言。"(WM:384/TM:371)文字游戏很容易在翻译过程中失去韵味，伽达默尔说：

> 因此，人们通常能够很快地互相理解（*verstehen*），或者以趋同（*Einverständnis*）之心使他们自己得到理解（*verständigen*

> *sich*)。理解(*Verständigung*)的实现总是在达成对某些事物理解之时。(WM:183/TM:180)

虽然会话伙伴建立了一种在他们对话之前尚未存在的语言,但是它却是在对话的过程中发展而成的。在这个建构过程中,我们"都被转移到了一个交流圈,我们在其中无法再保持我们的原样"(WM:384/WT:371)。一种真正的对话

> 总是会导致擢升到一种更高的普遍性,不仅克服了我们自身的特殊性,而且也克服了他者的特殊性。"视界"的概念本身就提示了它的含义,因为它体现了试图获得理解的人所必须拥有的优越的视觉广度。获得视界,则意味着一个人学会超越自己狭隘的视域——不是为了转移目光,而是为了在一个更大的总体格局和更真实的比例中更好地审视它。(WM:/TM:304)

乍看起来,伽达默尔建构性的对话型阐释学似乎比狄尔泰的重构性的独白型阐释学更有资格适合文化间性阐释学。尤其是它似乎更适合于要应付文化碰撞戏剧性加剧的当代。伽达默尔在《欧洲的遗产》(*Das Erbe Europas*, 1989)中强调,不同文化之间的际遇不应是忽视成员国之间的差异的一体化,而是我们应该从差异中学习:

> 这种目的不是(单边地)掌握或者控制,而是我们有责任去体验确实异于我们预判背景的他者的他者性。在这种语境中,我们所奋斗的最崇高的目标就是参与他者,分享他者的特异性[……]这样,为了互相分享,我们可以学习把他者性和其他人类作为"我们的他者"加以体验。(伽达默尔,1989a, 34)

在同一位印度思想家交谈时,他继续阐发说,这种多元性的统一模式在今天应该"扩展到整个世界,包括中国、印度,还有穆斯林文化。每一种文化,每一个民族都会有某种独特之处,可以为人类的团结与福祉作出贡献"(Dallmayr, 2009,33; Pantham, 1992,132)。

乍看之下,虽然伽达默尔的文化间性阐释学听起来易于引发情感

共鸣,[1]但是它似乎忽略了跨文化对话和阐释实践中特有的困难。首先,伽达默尔似乎忽视了在跨文化境遇中经常会出现的不对称性,其中最重要的就是语言的不对称性。在跨文化际遇中,“会话伙伴”(无论是两个人,还是人与文本)常操持不同的母语。在很多情况下,这就意味着,为了寻找或创造一种共同语言,往往只能使用其中的一种语言进行会话和解释。例如,只有很少的西方人能够说与读中文,所以中国哲学和西方哲学之间的对话通常是使用英语,因为这种语言实际上已经成了知识分子进行思想交流的国际标准[2]。

然而,语言并非中性的媒介。它们对世界作出不同的揭示、建构和评价。作为“存在的家园”(海德格尔),不同的语言会带来不同的本体论和道义论(deontologies)。但这未必意味着严格意义上的语言决定论(如沃尔夫·萨丕尔假说的著名论点),也未必意指根本不可能在不同的语言之间进行可靠的翻译(如奎因的论文《翻译的不确定性》的断言[奎因,1969]。虽然语言不能太多地决定什么能说和什么不能说,但是它们——至少是部分地[3]——构成了我们体验世界的途径。因此,比起那些我们认为曾作出贡献的印欧语系传统的思想家来,汉语给关于这个世界的不同的信仰和态度提供了更多的基础(汉森,1985)。

让我举例阐明这一点。在查德·汉森(Chad Hansen)的《古代中国的语言和逻辑》一书中,他提出了一种论点,古汉语名词在(通俗)语义学中更像物质名词(如英语中的“水”、“糖”),而不像可数名词。正是由于这个原因,古汉语的语义理论家倾向于用一种关于现实的总分学的材料总体模式(a mereological stuff-whole model)来组织世界的客观对象(汉森,1983,1998)。从另一方面来说,在印欧语系的语言中,名词的典型功用就是当作可数名词来使用。这就导致了显著不同

---

① 可是我们不应该忘记,并非是所有的视界融合都易于引发情感共鸣。譬如,我们可以想一想穆斯林的原教旨主义与70年代恐怖运动如红色旅的视界融合,它导致了最近十年的穆斯林暴力恐怖主义。

② 这也具有所有的种类的效果。例如,韩国大部分学生曾经将中文作为第二外语学习,而现在只把英语作为第二外语。出于这个原因,如今他们只能通过英文翻译才能了解亚洲文化遗产中一个重要(中文)的组成部分。

③ 在最后数十年里,沃尔夫-萨丕尔的假设已经遭到很多语言学家和哲学家的批判。可是,最近关于神经科学方面的研究似乎为这种假设的修订版提供了支持(Gilbert, Regier, Kay, & Ivry, 2006)。

的本体论的现实模式：

> 怀揣着可数名词的功能模式和一对一的命名范式，当人们审视世界的结构时，可能会受到鼓舞和触动，认为世界是由一些可数的、自足的事物构成的，无论是在特殊性还是在普遍性层面都是如此。在印欧语系中可数名词的功能模式下，带有如下假设的柏拉图一与多的问题(the Platonic one-many problem)看上去显得很自然的：存在着某种单一、自足的普遍性本质，这个实体是共有的或严格地使所有拥有相同名字的特殊个体相统一。心目中带有这一假设的那些哲学家一直在寻找这种单一的本质，倾向于把它要么与将特殊性实体化的一种本体普遍性(柏拉图式的现实主义或关涉普遍性的其他现实主义版本)相认同，要么与一种精神共享的概念本质(概念主义)相认同。
>
> 但是，倘若汉语名词的通俗语义学(无论是伴随聚合名词的功能模式还是物质名词的功能模式)倾向以部分与整体的关系为基础去组织客观对象，并由此使他们隐含的本体论具有一种总分学的特征，那些使用汉语名词去表达他们思想的中国古典哲学家们将会受到鼓舞，从而用总分学的本体论看待这个世界，而他们将会受挫于把柏拉图的一与多问题与前述的假设联系在一起。对于中国古典哲学家来说，普通名词根本不会引发柏拉图式的一与多的问题。我想那就是为什么柏拉图一与多的经典问题一直没有被有意识地置入中国古典哲学传统的原因，并且一般来说，中国哲学家似乎对于相关本体论问题的争辩不太感兴趣(Mou, 1998)。[①]

因此，当中西哲学家用英语进行跨文化对话或者当一个西方哲学家解释中国古典哲学著作的英译本时，问题在于，这是否能够真正地导致一种本体论的视界融合，迈向“更高程度的普遍性，不仅能克服我

---

① 例如，这可能影响有关人权的讨论。根据现行的本体论，这些权利可以作为占主导地位的个体或社会的权利来加以阐释(汉森，1997)。这体现在1993年的《曼谷宣言》里：“要认识到，虽然人权在本质上具有普遍性，但是必须在一种动态与发展的国际准则制定的语境中对它们加以考虑，要牢记国家和区域的特点，以及各种历史文化和宗教背景的重要性。”不应该阻止我们批评违背普遍人权的政府、社群或者是个人，但是在这样的讨论中，我们应努力避免那种说教腔调，这种腔调源于我们自己的特殊性与背景是与普遍性相一致的观念。

们自身的特殊性，而且还能克服他者的特殊性”①。无宁说，在这些情况下，一种视界似乎会被归纳到另外一种视界。按照伽达默尔的批评家的观点，这种风险就内在于效果历史的概念。人们很难避免这种印象，在伽达默尔的建构阐释学中，效果历史被指派了黑格尔包罗万象的绝对精神的角色。这就使得他的阐释学对话视野有所贬值："因此，效果历史的推测性对话最终变成了辩证法的一种推测性对话的独白版本。"(弗兰克，1989)

如果存在着某种附加的不对称性，牵涉到文化、文化欲求和不同文化“对话”的目标之间的权力关系，那么，这个问题会变得更加突出。前面我已提到这种事实，由于对西方思想的优越性和/或普世性抱有种族中心主义的信仰，所以西方哲学家往往会忽视中国哲学。在西方语言生产与驾驭所需知识比第三世界语言更加容易的情况下，非西方的知识分子往往无法忽视西方文化(Asad, 1986)。虽然正在变化的权力关系和不断增长的中国民族主义可能改变中西跨文化对话的本质，但是在这个历史时刻，仍然存在着显著的非对称性：

> 当西方的汉学家发现中国是一个很有趣的研究课题时，他们很少发现应该用中国模式对西方进行迫切的改造。相反，众多的中国知识分子倒是将西方的伦理、技术、经济前景作为真实的选择来感知，甚至作为未来中国发展的最佳的和唯一的选择. (Chew, 2009,38f)

莱布尼兹与(中国)阴阳原则的跨文化际遇的历史，为这种非对称性“对话”提供了一个令人瞩目的例子。在前述他寻求一种通用语言的语境中，莱布尼兹还致力于创建一种机械计算器。可是，应用十进制来造这种计算器则需要很多零部件。由于这个原因，在《二进制算数的阐释》(*Explication de l'arithmetique binaire*, 1703)中，莱布尼兹开发出一种二进制，这就使得一种更简单的制造成为可能。莱布尼兹在他的论文中指出，他的二进制与构成《易经》64 卦的阴阳二元代码

① 尽管伽达默尔承认了翻译的问题，但是他似乎并没有把它真正地当一回事："如果我们正在处理一门外国语言，那么，文本将成为语法或语言学解释的对象，但这只是一种初步的情况。理解的真正问题明显出现在这种时候，当要努力理解它所说的内容，提出这种思考的问题时，他如何得出这样一个看法？"(WM:184/TM:181)

有很大的相似之处。[①] 在他的信件里，莱布尼兹甚至赞扬《易经》——这本书可能是传教士闵明我（the Jesuit Claudio Grimaldi）介绍给他的，闵明我在北京生活过十七年，莱布尼兹在意大利的旅途中和他相遇——是他重要的灵感来源（莱布尼兹，1976—2004）。尽管如此，莱布尼兹却宣称对卦的真正解释来源于欧洲人。[②] 而实际上，这种"视界融合"无宁说是从普遍性视野对卦的一种阐释，再度显示了从建立通用语言的角度对卦的硬性解释——经过多个世纪的发展和磨合——最终导致了数字化二进制电脑的发明，带来了"世界观的信息化"和全球性的"信息时代"。（参见德·穆尔，1999，2007，2010 年）

五、播撒视界（Disseminating horizons）

在跨文化阐释学中，重构与建构方案的实践与理论陷阱催生了第三种类型的阐释学。雅克·德里达的解构论堪为其中最负盛名的代表。由于这种"解构阐释学"质疑视界与理解的概念本身，因此某些人会迟疑不决，根本不想把这种理论方法称之为阐释学，他们甚或情愿称之为一种反阐释学。德里达把弗雷德里克·施莱尔马赫的论题加以极端化，认为阐释学是建立在某种必要的非理解的基础之上的（施莱尔马赫，1985，1271）。按照施莱尔马赫的看法，任何词语皆没有固定的意义。其意义依赖于它所呈现于其中的语境或视界。不过，这种视界可以向四面八方拓展，没有终结。对施莱尔马赫而言，这种阐释学的理解方式不啻为一

① 莱布尼兹在论文《二进制算数的阐释》中概述说："在这种（二进制）计算中如此惊人的是，这个由 0 和 1 组成的算法恰好包含了一个名叫 Fohy（伏羲）的中国古代国王兼哲学家关于线的秘密，伏羲被认为是生活在 4000 多年前的人，他被中国人认为是他们的帝国和科学的奠基人……"（莱布尼兹，1703）。

② "或许在一千多年以前，中国人失去了伏羲的图画或标线的意义，他们曾经写下了一些关于这个主题的评论，寻找我所不知道的意外之旨，所以现在他们关于这种内容的真正解释是来自于欧洲人的。情况是这样的：大约两年多前，我致信给在北京居住的法国著名耶稣会神父白晋（Bouvet），提到我采用的 0 与 1 的计数法，只不过是想让他知道这就是释读伏羲图形的关键。在 1701 年 11 月 14 日白晋写给我的回信中，他寄给我这个哲学国王的重要图形，它多至 64 卦，我们阐释的正确无容置疑，所以可以说，这位教父借助与我的沟通，破译了伏羲之谜。鉴于这些图形可能是世界上所存在的最古老的科学纪念碑，因此在经过如此漫长的岁月间隔之后复归其本意，将会显得更加地令人惊羡。"（莱布尼兹，1990—2008，Vll：226 - 7）。

项无穷无尽的任务。德里达把这种深刻的见解进一步推进，认为在对任何一种意义的界定中，皆会对某种根本无法决定的事物作出决定。况且，每一个词语都可以被抽绎出它“原来的”语境，转换到另一个语境。通过引用一个词语或一段较长的文句——德里达采用把一个词语“嫁接”到另一“枝条”的意象——新的意义会源源不断地产生：

> 每一个符号，无论是语言学的还是非语言学的，口头的还是书写的（在这一命题的通常意义上），作为小的单元还是大的单元，都可以引用，置入引号之间；由此，它可以打破种种给定的语境，以一种绝对不饱和的形态生发出无限的新语境。这并不意味着该标记在其语境之外是有效的，而是相反，只存在着没有任何绝对停泊中心的语境。这种引证、复制或两重性，这种标记的可重复性，并非是意外或异常，而是（正常/反常）若没有它，一个标记甚至不可能具有所谓的“正常”功能。（德里达，1972b，320—1；德里达，1982，381）

德里达的解构阐释学之目的并不是要揭示人们所期许的各种文本丰赡的意义，而是要质疑阐释学理解的可能性：

> 惯常统制着交流观念的语义学视界被书写的介入所超越或削弱，这就是一种播撒，无法简缩为意见分歧。书写被阅读，而且在“最终的分析”中并不导致阐释学的辨读，并不引起意义或真理的解码。（德里达，1972a，294；1972b，392；德里达 1982，329）

若继续以视界的意象为基础（在上述引语中德里达也是这样做的），我们就可以认为，当他以播撒（dissemination）来反对意见分歧（polysemy）时，德里达的目的不在于视界的拓展（如同狄尔泰那样），也不在于视界的融合（如同伽达默尔那样），而在于视界的**播撒**。德里达似乎要推进一种无政府主义的多边会谈，以取代独白或者对话。

狄尔泰的重构阐释学是理论性的，伽达默尔的建构阐释学是实践性的，而德里达的解构阐释学的目的则无宁说是一种关涉意义的无止境的审美嬉戏。况且，这种嬉戏绝然不乏严肃性。德里达认为，拒绝把某种确定的意义指派给文本或谈话伙伴的言论，是一种尊重“他者的他者性”的行为。倘若一切理解的阐释学行为都不可避免地导致欺压他者的暴力行为，那么，德里达就会——采用爱德华·格利桑(Éduard Glissant)的用法——为“不透明的权利”而辩护(参阅 de Schutter, 2004; Glissant, 1997,29)。我们发现它在抵抗某些群体加入那种通常是暴力的、赋予全球化进程以特性的“人类会谈”中得到了表达。[①] 然而，德里达的方案并不是一种辩护的方案。其解构论有一种“让完整的他者之冒险或呈现来临”的承载(德里达,1987,61)。由此，德里达使得他的解构阐释学包含了对种族中心主义的一种激进的批判。

这种努力的艰难窘境在德里达的《论文字学》(*De la grammatologie*, 1967)与汉字的遇合中清晰地显现出来。在这部著作中，德里达旨在解构逻各斯中心主义。从柏拉图与亚里士多德以降，逻各斯中心主义赋予西方形而上学以特色。而逻各斯中心主义最令人注目的一个方面就是语音中心主义：这种观念意味着逻各斯真理只能在说话中找到，而书写则是第二位的与从属性的。在前文对黑格尔批判中国文字的讨论中，我们已经触及了这种语音中心主义。尽管拼音文字的地位要低于说话，但是在黑格尔看来，它的语音形式至少赋予它一种明显与口头语言相关的类似性。鉴于这个原因，拼音文字要优于汉字，因为(汉字)这种文字完全缺乏与说话的亲密联系。[②]

德里达批判这种具有西方形而上学特征的等级制二元对立，如内/外、自我/他者、男性/女性、说话/书写。正是出于这个原因，在他的观念中，黑格尔对中文书写的激进的反对与莱布尼兹夸张的崇拜一样，都是萦绕着西方形而上学的种族歧见(参阅张汉良，1988，及尾注

---

① 德里达在与伽达默尔 1981 年在巴黎著名的“争论”中，遵循的也是这样的策略。伽达默尔试图与德里达进行会话，而德里达则故意地规避伽达默尔这些争取互相理解的尝试(Michelfelder & Palmer, 1989)。

② “总之，拼音文字更为睿智：在拼音文字中，字词——尤其是对智力而言，这种模式最能恰如其分地用声音表达概念——作用于意识，构成一种反思的对象。它引发睿智的关注，可以被加以分析；制造符号的工作被简缩为其少许简单的元素(清晰发音的主要姿势)，由此，说话的情感因子被塑形为普遍性的形式，与此同时，在这种基本阶段它完全获得了精确与纯净。因此，这种拼音文字同时保持了口语的优势，概念与名称严密吻合：名称就是抽象概念的简明符号，也就是说，是简单明晰的概念，无法分解为它的诸特性并且从中进行组合。相反，象形文字并不像拼音文字那样源于情感符号的直接分析，它起因于对概念的先行分析。因此，可以轻易地提出一种理论，即认为一切概念都可以简缩为它们的元素，或者简单逻辑的术语，所以从表达它们的元素符号中加以选择[……]可以由它们合成而产生一个象形文字系统。”(引自威廉·华莱士的翻译：http://www.class.uidaho.edu/mickelsen/ToC/Hegel%20-%20Philosophy%20of%20Mind.htm)

5;德里达,1976,78)。而德里达则旨在通过解构它们的对立性而瓦解等级制的二元对立。

譬如,当我们更紧密地审视文化差异时,自我与他者的对立就会有问题。每一种文化都从其他文化获取众多元素。举例来说,当我们的郁金香被作为传统的荷兰之花时,人们通常都忘记了,这种荷兰的意象却是来自土耳其与阿富汗。而当通心粉被全世界认为是典型的意大利食品时,我们应当记得,它是数世纪前由马可·波罗从中国带到意大利的。从这些例证中,我们可以明白文化并非是关于传统、观念、商品和规范之同质的、自足的和不变的整体。当诸元素从一种文化转入另一种文化时,这些元素就被嫁接到了新的文化语境并获得新的意义。对那些“援引”其他文化所固有的可引用元素的人而言,这些“异邦”元素很快就变成了他们“自己的东西”。虽然意大利人无疑会把通心粉视为他们文化身份的组成部分,但是我们却要牢记,通心粉的意大利特性受惠于文化差异,这种差异存在于它在中国与意大利的菜肴、文化之间所扮演的角色。因此,我们甚至能够说,每一种文化本身早已是文化间性的了。任何文化的“渊源”总是存在于“其他地方”。若无这种间性维度,同一性与差异性的嬉戏是不可能的。

然而,令人惊讶的是,在《论文字学》中,德里达本人似乎回归到了他旨在解构的那种同样的等级制二元对立。在他抵抗逻各斯中心主义的十字军征伐中,德里达——不像莱布尼兹那样——无法抗拒一种夸张的对汉字的崇拜,他称之为“在一切逻各斯中心主义之外文明发展强力运动的明证”(德里达,1976,90,着重号系约斯·德·穆尔所加)。或许恰恰是他对“他者的他者性”的迷恋,这才诱使他完全没有注意这种逻各斯中心主义。这就不仅完全忽视了汉字书写具有大量的语音元素的事实,而且也没有意识到语音中心主义在中国经典和现代语言学中远非无迹可寻。① 有鉴于此,Sean Meighoo 关于德里达之中文书写概念的广博分

---

① 正如张汉良在《致幻他者:德里达的汉字幻想》中所言:逻各斯中心主义的中国版可以从6世纪刘勰下面的话中瞥见,他是最早且可能是中国古代与中古时期唯一系统的文学批评家:“心生而言立,言立而文明。道以垂文,文以明道。在心为志,发言为诗。舒文载实,其在兹乎?”[……]在逻各斯中心主义的暴政下,书写被弃为第二性和从属的。在亚里士多德《论解释》的著名开端句子中:“口头词句是精神经验的符号,而书写词句是口头词句的符号。”[……]这种公式,德里达曾在《哲学的边缘》中斥之为心理主义(psychologism),几乎是刘勰释义的翻版:“心生而言立,言立而文明。”因此,在中西方,至少在亚里士多德与孔子传统中,书写的范畴仅仅是记录在与言说和书写主题的关系中(张汉良,1988,6)。

析得出了一个令人震惊的结论:“德里达自己的中文书写概念发挥了一种欧美‘幻觉’的功能,这是他无疑与莱布尼兹……共享着的一种幻觉。这种中文书写的概念仍然保留着‘本国的表现形式’,隐含着对中国语言、文化与社会的严重的‘误解’。”(Meighoo, 2008)

尽管我们可能无法将这种例子普适化,但是,即便是像德里达这样的解构哲学家在此个案中也未能成功地避免(一种反向的)种族中心主义,这种事实势必要迫使我们降低对完美无瑕的跨文化对话和阐释学之可能性的期待。我们是否应该强化施莱尔马赫的命题,即一切阐释皆基于非理解(non-understanding),也无可避免地在不理解中延续,并且得出结论说,在全球化时代不同文化之间的际遇注定要失败甚或导致“文化的冲突”(亨廷顿,1996),至少在理解(understanding)的层面上是如此?抑或我们已经进入的全球化的后现代阶段,也显露出了跨文化对话与阐释学的一种新的、尚未预知的阶段?

六、万花筒视界(Kaleidoscoping horizons)

在前面关于重构、建构和解构阐释学的讨论中,我强调了“视界”概念的至关重要的意义。在这些跨文化理解概念的每一个阶段,不同(文化)视界的存在构成了理解的必要性与可能性的条件。即使是在德里达的个案中,视界的播撒亦预设了它们的存在。视界本身倾向于起着牢狱的功能,无可避免地迫使它们的囚卒进入一种种族中心主义的位置。这大概就是人类生命形式的限度之不可分割的样态。

然而,这并不意味着种族中心主义本身是我们应当加以妖魔化的事物。某种(无可避免的种族中心主义)视界不仅是一种障碍,而且也恰是理解与交流的可能性的条件。这是一种意义丰赡的关联域,倘若没有它,则根本不会有理解或者交流。正如我们所见,跨文化阐释学的每一种类型都有其优点。凭借着重构以及与其他经验视界的合作拓展我们的视界,由此丰富我们的生活。在视界的融合中,我们建构新的知识,展开新的实践。解构现存的视界,可以为其他的可能性创造开放的空间。甚至当跨文化理解与交流导致对他者的种族中心主义的误解或错误传达时,在很多情况下,这将会更偏爱完全陌生的经验和对他者的纯粹误解。况且,误解往往是富于生产性的。毫无疑问,并非所有的误解都是人们想要的。误解易于导致各式各样的紧张关系与冲突斗争。然而这些紧张关系与冲突斗争却是驱动人类历史"引擎"的有机组成部分。

再者,我们不应该夸大"视界冲突"。正如我们所指出的,在深入检视的情况下,视界的概念在一定程度上是浑然一体的。实际上,我们生存在一种多元的视界中:伦理学、语言学、社会性别、生理性别、宗教、政治、哲学、情感、社会、经济、科学,无数的视界围绕着并且建构着我们,这里仅仅提及少数视界。有些视界颇为狭窄与特异,另一些视界几乎是世界性的。理解一种外语会话可能会行不通,而去理解异域文化的那种父母失子之痛的哀伤却并不困难。尽管可能会有巨大的文化鸿沟横亘在沙特阿拉伯女性与加拿大女性之间,但是,作为女性她们都生活在往往是由男性统制的世界里,她们可以同时共享一种特殊的经验视界。而北京出租车司机与柏林出租车司机的经验视界,可能要比北京的出租车司机与北京的大学教授的经验视界更具有共同性。

况且,在全球化的后现代阶段,人员、观念、习惯与商品的流通和交流的势头汹涌,置身于其中,浑然一体的视界概念已经变得完全失效。成千上万的移民、打工者、学生和旅游者在不同的文化中移动。土特产正在全球配送。思想观念通过全球电脑的互联网而流转。世界居民日益增长的数量正在生成混杂的、属于多种不同视界的主体。这种"真正的混杂"是居于众多不同的视界之间的(鲍曼,1991,第58页)。这种混杂的主体性是后现代全球化的典型表征。

尽管全球化与人类同样的古老,但是,前现代文化通常是单一文化的,在此意义上,它们在交通与通讯工具方面相对匮乏,因此,流通与交流的步伐往往迟缓。另一方面,现代文化则多为多元文化。在现代社会里,众多不同的文化在同一地方毗邻而居。在现代文化中,新移民常常被视为陌生人,虽然身体上接近,但是在社会上与文化上却是遥远的(Marotta,2009)。后现代的全球化,由形形色色的信息与通讯网络构成,情境特色亦不相同,我们可以在身体上是遥远的,但是在社会上与文化上却是接近的。我们是文化间性的,因为我们是不断流通与交流过程的组成部分。[①]

---

① "为什么是文化间性论(interculturalism)而不是多元文化论(multiculturalism)的问题?多元文化论是基于个人自主权观念的一种政策。相反,文化间性论则认识到,在一个混合了种族、文化的社会中的行为是多元取向的。多数或大多数文化受到移民或少数民族的影响,反之亦然。多元文化论趋向于保护文化遗产,而文化间性论则承认并促使文化的流通、交换、循环、改善和进化成为可能"(Powell & Sze, 2004,1)。

在后现代的全球化时代，个人与文化的视界日益变成万花筒式的视界。后现代文化具有数据库的特征，数据库可以对人类的“mentome”元素和全球文化的“基因池”进行不断地组合、重组和解构组合。在这种万花筒式的体验中，自我与他者之间的区别日益变得模糊不清与模棱两可。这种情况越来越多，因为在我们的当代世界里，前现代、现代与后现代视界同时存在，在全世界的许多地方互相影响。

这种复杂并且往往是混乱的情境对文化间性阐释学提出了新的挑战。视界的阐释学重构、建构与解构无疑将会延续。在最严格的意义上，尽管它们是无法协调的概念与解释实践，但是我们仍然与它们同时生活在一起，因为在彼此解释的实践中，它们不断要互相加以预设。尽管如此，我们视界的万花筒化将会迫使我们发展出新的策略，从而理解与解释彼此以及我们自身。

由于我们(目前的)生命形式在根本上的有限性，想要克服种族中心主义不太可能。但是，我们可以期冀在文化间性的阐释学中实现(或至少是作为其调整的理想来珍视)的，是一种“反思种族中心主义”(reflective ethnocentrism)。[①] 恰如我们可以期冀在对往昔的传统文化的研究中实现“反思时代错误”(reflective anachronism)。毫无疑问，对阐释学而言这是一个永不完结的任务。而没有终结也意味着拥有未来。

不言而喻，对文化间性阐释学的反思并非是哲学家独享的特权。它也是当代艺术中循环不已的主题。在前述分析的语境中，中国艺术家徐冰(1956)的作品尤其令人兴趣盎然。徐冰20世纪70年代曾经在北京艺术中心研究机构受过训练，那时社会现实主义仍然是主流传统，他的《天书》(1987—1991)的设计引起了国际性的关注，它由数千个仿制的汉字构成，艺术家精心手工刻成积木，用来设计成为移动型的活字印刷的卷轴，铺设在地板上和悬吊在天花板上加以展示，构成令人印象深刻的混合媒体设置(见图一)。尽管这一作品因展示空虚的内容而曾经被令人信服地解释为自主性艺术和/或颠覆社会意识形态(彭锋，2009)，但是它似乎也包蕴了对人类表达方式的深不可测特点的更普遍的反思，所导向的是一种基本的非理解性。徐冰似乎是通过创造汉字把非理解性的体验加以激进化，尽管乍看之下，它们模样

① 这个短语曾经由卜松山(Karl-Heinz Pohl)2009年12月12—13日在北京师范大学“传统与当代世界”研讨会的讲演《中国与西方的价值观：反思跨文化对话方法论》中使用。

相似(它们表达了汉语特性),但事实证明,它们完全是无法阅读的,不仅对于非汉语的读者如此,而且对于汉语读者来说也是这样。虽然硕大的文本平面看来表达了古代智慧,但实际上却充满了秘奥难解的意味。它构成了一种无法穿透的经验视界,对阐释学理解提出了严峻的挑战。

图一　徐冰《天书》(*Book from the Sky*, 1987—1991)。混合媒体设置。加拿大国家画廊,渥太华。

在后来的《方块字书法》(*Square Word Calligraphy*, 1994—1996)的设计中,徐冰通过探索英汉视界融合的可能性,似乎表达了关于理解的一种更为乐观的愿景。如同《天穹之书》那样,《方块字书法》给人的印象是由汉字构成的，而实际上却并非如此（见图二与图三）。在这一个案中，“字符”实为英语文字构成，但按照中国文字的样貌排列。在此意义上，它们是两种语言学视界的融合。这种设计似乎是关于非对称性的一种幽默评价或批判，恰如我在前文所认为的那样，非对称性常常是视界“融合”的特征（例如，在一个中国人与一个英国人之间用英语讨论时就会发生这样的情况）。为了弄懂《方块字书法》，中国的使用者仍然不得不去学习英语，而英语的说话者则至少须得去熟悉汉字书写的某些特点。正如徐冰所阐释的，这是一种“间性体验”的效果：

> 方块字书法……靠两种完全不同的文化之边界线生存。对于来自这两种文化的观察者来说，这些字符显示了既熟悉又陌生的相同点。中国人认得出这些字符熟悉的容貌，但是却弄不清它们究竟是什么意思。对于西方人而言，它们乍看之下是来自亚洲文化的字型，然而最终却是能够阅读与理解的……方块字书法的荒诞性在于，它从毫不相干的两种语言系统中抽绎出两种不同的文字，并且将其融为一体。倘若你采用现存的汉语或英语概念去试图阅读或者解释这些字符，那么你无法获得成功。这种外貌与内质之间的全然分离，把人们置于一种移动性的文化位置，一种不确定的过渡状态（引自彭锋，2009，4—5）。

图二　徐冰《新英文（方块字）书法》

图三　徐冰“纸本水墨”方块字书法（2005）

在近期的《地书》(*Book from the Earth*，2008)的设计中，徐冰似乎是给予了追求普适性语言的那种欧洲中心主义的痴迷以讥评。该作品由电脑程序完成，可以把汉语和英语逐译为一种普适性的图像语言，其灵感受启于可以在国际机场找到的那种图像类型(图四)。电脑程序使得各自操持不同语言的中国人与英国人能够用一种视觉方式进行交流。尽管在访谈中徐冰宣称“该设计意在使得交流得以实施，而无需考虑使用者的文化背景或者教育水平如何”，甚至提出“这种趋势的拓展意味着人类的未来”(引自彭锋，2009，7)，与此同时，该作品似乎还包含了一种讽刺性的反思，针对的是那种发展明晰无瑕的语言的野心。《地书》可以成功地将基本信息与故事进行交流，而徐冰在像《小说》这样的作品中试图传达更为复杂的意义(图五)，这使得我们不仅意识到我们有限的自然语言的丰富性，而且同时划分了文化间性的对话与多方会谈无法超越的界限。

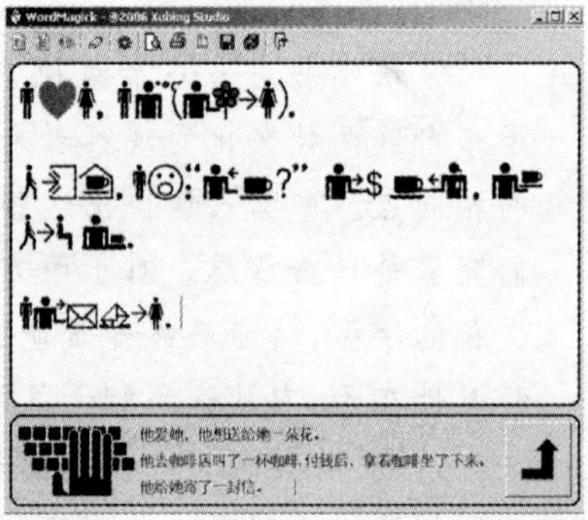

图四　徐冰《地书》(*Book from the Earth*，2008)

图五　徐冰《地书·小说》(2008)

从作品到文本*

[法]罗兰·巴特(RoLand Barthes)文　杨庭曦 译　周　韵　周　宪 校

过去的若干年中,我们关于语言的概念、继而是文学作品的概念(至少其现象的存在归因于其使用的同一语言),事实上已经(或正在)发生某种变化。这种转变显然与当前(其他众多学科中的)语言学、人类学、马克思主义和精神分析学的发展密切相关(这里的"相关"概念是中立地加以使用的:不作出某种决断,而是让它保持多义和辨证)。新的东西以及影响作品概念的东西,与其说是源自其中的某一学科的内部重组,不如说是来自这些学科的接触,这种接触与传统上不属于它们范围的对象产生了关联。尽管跨学科性(interdisciplinarity)在今天已被认为是研究中一项最重要的价值,但它不是知识的专业分支之间的简单接触所能实现的。跨学科性并非是那种相安无事的状态,它只有在如下情形中才会卓有成效地开始(这与宗教式的虔诚愿望的表达相反),即旧的学科体系之稳固状态瓦解时,甚至是完全崩溃时,经由方法的颠覆,有助于新的对象和新的语言,而以前它们在诸科学平静组合的领域中却不能占据一席之地,这种分类上的不平衡正是有可能诊断某种突变的关键所在。然而,并不能过高评价可在其中把握作品概念的这一突变:它与其说是真正的突破,不如说是某种认识论上的渐变。正如经常所强调的那样,那种突破随着马克思主义和弗洛伊德主义的出现在上个世纪已经发生。自那之后就没有更进一步的突破,因此某种程度上可以说,在过去一个世纪里我们是生活在重复之中。大写的历史,我们的历史,留给我们的不外乎是渐进、转变、超越和否定。就像爱因斯坦学说主张将参照系的相对性纳入所研究的对象之中一样,马克思主义、弗洛伊德主义和结构主义理论的结合,就是文学中主张作者、读者和鉴赏者(批评家)关系的相对化。反对这种"作品"(work)的传统概念,亦即长期以来并且今天仍

---

* 本文原载《美学评论》1971 年,第 3 期。译自罗兰·巴特《形象 音乐 本文》(斯蒂芬·海德选编并翻译),伦敦:方塔纳出版社 1977。

以牛顿方式来看待的作品概念，现在却要求某种新的对象，它需要通过改变或颠覆以前的范畴而获得。这个对象就是文本(text)。我知道文本这个词现在很时髦(我自已就经常受到影响而使用这个词)，为此有些人对它存疑。但这恰恰就是为什么我想提及的此交叉点上本人的主要观点:我认为文本有其独立地位。这里的“观点”一词更应该被理解为语法意义上的，而不是逻辑意义上的:以下所作的不是论证，而是一些可以保持其隐喻意义的阐释、“触摸”和接近。这里呈现的是一些观点;它们关心的是方法、文类、符号、多元性、起源关系、阅读和愉悦。

1. 不能把文本视为一个可计算的对象。试图在物质上将作品与文本分离开来是徒劳无益的。尤其要避免以下倾向:把作品说成是古典的，而将文本说成是先锋的;这里的问题不是以现代性的名义开列出一份粗略的荣誉名单，并按照时间顺序位置而宣布某些文学生产在此名单中，而另一些则不在其中。一个道地的古代作品中也可能存在着“文本”，而许多当代文学作品却全然不属于文本。区别就在于:作品是一个物质性的片段，占据着书本的部分空间(比如在一个图书馆里)，而文本却是一个方法论的领域。这种对立会让我们想起(这完全是为概念而概念)拉康对“现实界”和“真实界”的区分:一个是陈列(displayed)，另一个则是演示(demonstrated)。同样，作品可以(在书店、书目、考试大纲里)被看到，而文本却是一个演示的过程，是按照(或违反)一定规则进行言说;作品可以被拿在手里，而文本则维系在语言之中，它只存在于言说活动中(更准确地说，唯其如此文本才成其为文本)。文本不是作品的分解，而作品是文本想象性的附庸;或再强调一次，文本只在生产活动中被体验到。可以得出的一个结论是，文本决不会停留(比如停留在图书馆的书架上);文本的构建活动就是“穿越”(尤其是穿越某个作品、几个作品)。

2. 用这种方式来看，文本不会停留于(优秀的)文学之中;它也不可能包容在一种等级系统之中，甚至不可能包容在一个文类的简单划分系统中。相反(或准确地说)，构成文本的正是它具有颠覆种种旧分类的力量。你如何给像乔治·巴塔耶这样的作家归类？他是小说家、诗人、散文家、经济学家、哲学家，还是神秘主义者？这个问题太难回答了，以至于文学手册通常宁愿忽略巴塔耶，而他事实上写作各种文本，——或者也许只是一个单一的文本。如果说文本引发了分类的问题(进一步说这还是文本的“社会”功能之一)，那是因为它经常会涉及到某种限制性的经验(借用菲利普·索莱尔[Philippe Sollers]的表述)。蒂博代(Thibaudet)在严格的意义上论及了限制—作品(比如夏多布里昂的《朗塞的一生》,它今天正是作为文本来到我们中间的)。文本是这样一种事物,它走向阐释规则(理性、可读性等)的限制。这并不是一个借以达到一些"超凡"效果的修辞性的说法:文本试图明确地将其自己置身于理念(doxa)限制的后面(我们民主社会构成的并由大众传播有力支持的普遍民意,难道不是由其限制、其用以排斥限度的能量和它的审查制度来界定的吗?)。从字面上看,可以说文本总是自相矛盾的(paradoxical)。

3. 文本可以在对符号的反应过程中被接近和体验。作品止于一个所指。有两种表意模式,它们可以归诸于这一所指:要么是宣称所指是清楚显明的,而作品就是文学科学、语文学的对象;要么是另一种,认为所指是某种神秘的、终极的、需要探寻的东西,这样作品就会落到一种解释,或是(马克思主义的、心理分析科学的、主题学的等)阐释学的范围之内;简言之,作品本身作为一般性符号起作用,正常来说它应当再现符号的文明体制范畴。相比之下,文本则是在实践所指的无限延迟(deferment),文本乃是延迟;它的领域就是能指的领域,这种能指不能看作是"意义的第一步",即它的物质前台,而是与此完全相反,应作为它的延迟行为。与此相仿,能指的无穷性指涉的不是对于难以言喻之物(不能命名的所指)的某种观念,它指涉的是某种游戏观念;文本领域内(更恰当地说,文本即这个领域),永恒能指(在永恒时间方式之后)的产生不是按照一个有机体逐渐成熟的过程,或是依照一个深入考察的解释过程而实现的,确切地说,它的实现所依循的乃是一系列的断裂、重叠、变动活动。控制文本的逻辑不是综合的逻辑(如界定"什么是作品"),而是转喻的逻辑;联想、生成和延迟行为与象征能量的释放同时发生(少了后者,人就会死亡);在最好的情况下,作品是适度象征的(它的象征意义失效,达至一个停滞状态);文本则是彻底象征的:一个以其整合的象征特性来构想、感知和接受作品也就是一个文本。因此文本就是回归语言。像语言一样,文本是被结构起来的,却是去中心化,没有终结的(请注意,有时候为了回应对结构主义的"时髦做法"的轻蔑质疑,准确地说,眼下基于语言的认识论特权是来自结构悖论观念的发现:结构是一个既开放又无中心的系统)。

4. 文本是多元的。这不是简单地说它含有若干意思,而是说它实现了意义的多元:一种不可化约的(同时并不只是可接受的)多元。文本不是若干意义的共存，而是一个过程，一种过度交叉(overcrossing)；这样它回答的就不是一种解释，即使是自由不拘的解释，它回答的是一种激增和散播。就是说，文本之多元所依靠的不是内容的歧义含混，而是依赖于所谓的诸能指编织的立体多元性(从词源学上来说，文本就是指组织、编织物)。文本的读者可能被比作是尚未决定做什么的人(他对任何想象都不敏感)；这个悠闲者在山谷的一边漫步，一条小溪在山谷下缓缓流动(小溪在此是为了提供某种陌生感)——这种情境会在此类作者身上发生，然后他对文本会有鲜明的概念；他感受到的东西多重的、不可化约的，来自彼此无关的、混杂的种种物质和视角：光线、色彩、植物、热量、空气、微弱的爆破声、鸟儿尖细的鸣叫声、从另一边传来的小孩儿的声音、通道、手势、远近居民穿的衣服。所有这些细节都似曾相识：它们来自人所熟知的符码，但是它们之间的关联却是独特的，这种独特的关联使得漫步处于某种差异之中，而差异只能作为差异才可重复。所以文本亦复如此：只有在其差异中文本才成其为文本(这并不意味着它的特性)，它的阅读是单独发生的(这种说法使得任何有关文本的归纳—推理的科学变得可疑——不存在文本的语法)，然而它整体上是由引文、参照、重复、过去的或当代的文化语言(什么语言不是文化的呢?)编织而成，它们在一种巨大的立体声中不断地贯穿于文本之中。每个文本都依存于互文状态，互文本身存在于一文本和另一文本之间，它不应与文本的某种本源相混淆：试图找到一个作品的"来源"、"影响物"也就落入了起源关系(filiation)之神话的窠臼；构成文本的引文是匿名的、无从查考的，而且也是已被阅读过的：它们是不加引号的引文。作品是不会对任何一元论哲学构成颠覆的(我们知道也有一些反例)；对这种哲学来说，多元简直就是魔鬼。然而，相对于作品，文本完全可以把被恶魔凭附者的话用作它的箴言(《马可福音》5:9)："我的名字叫群，因为我们多的缘故。"正是这种邪恶文本肌理(texture)的多元状态使得文本和作品相对立，这种多元状态导致了阅读发生了根本性的变化，或确切地说，导致了那些曾奉独白为圭臬的那些领域发生了根本变化：传统上那些被(历史的或神秘主义的)神学一元论所复原的《圣经》中的某些"文本"，将有可能成为诸多意义的扩散源(即是说，最后变成一种唯物主义的阅读)，而对作品的马克思主义解释目前仍坚定的是一元论的，它将能够通过自我多元化而更多地被唯物化(当然，如果马克思主义体制允许的话)。

5. 作品卷入了某种起源关系的过程之中。人们会说是世界(先是种族,后是历史)决定了作品,各作品之间是连续的,作品从属于作者。作者被尊为其作品之父,他是作品的拥有者。文学科学因此教导人们,要尊重作者的手稿和作者所陈述的意图,而社会强调作者与其作品之间关系是某种合法关系(the 'droit d' auteur'[或著作权]实际上是晚近的事,因为它在法国大革命时期才真正合法化)。至于文本,它的阅读应该撇开作者的题记。这里再次强调,文本的比喻义和作品的比喻义迥然异趣:作品是指一个有机体形象,它随着生命扩张、通过"发展"(这是一个非常模糊的词,同时具有生物学和修辞学意义)而成熟;而文本则是比喻一个网状结构(network);如果文本扩展自身,它就会形成一个联合系统(进一步说,是一个形象,近似于目前关于生命存在的生物学概念)。因此文本没有什么至关重要的"层面":它可以被打碎(这就是中世纪对两个权威文本——《圣经》和亚里士多德的著作——所作的事);对它的阅读不需要文本之父的担保,对交互文本的构建悖论地废除了一切旧说。不是说作者不能"回到"文本中来,而是说,在其文本中,作者也就像是一个宾客而已。如果他是一个小说家,他就会像小说中的人物形象之一那样刻写在其中,像图案一样呈现在地毯中;他不再有特权的、父亲式的、真理—神学性(aletheological)的地位,他的题记无足轻重。可以说,他不过是成为一个纸面作者(a paper-author)而已:他的生活不再是他的故事的本源,而不过是对其作品有所贡献的一段情节而已;作品有一个向生活的回归(而不是相反状况);在普鲁斯特、热奈的作品中,就允许把他们自己的生活当作一个文本来解读。"传记"一词重获了一种强有力的词源学意义,但与此同时,因为某种表达的真诚——文学道德所带有的名副其实的"交叉"——也就成为一个虚假问题:那个写作文本的我向来不过是纸面的我(a paper I)而已。

6. 作品一般来说是某种消费的对象。这里所说的消费文化并非为了蛊惑人心,但也不得不承认,在今天它就是作品的"特质"(这是假定终有一种"趣味"鉴赏),而不是可以区别不同书籍的阅读活动本身:从结构上来说,有教养的阅读和火车上的休闲阅读并无区别。文本(如果只就通常所说的"不可阅读性")将作品(如果作品允许)从消费中沉淀下来,并且将其聚合为游戏、行动、生产和实践。这就是说文本需要人们尽力取消(或者至少是缩小)写作和阅读之间的距离,不是强化读者对作品的投射,而是将读者和作品融合在单一的表意实践中。阅读与写作之间的距离是历史性的。在社会大分化时期(民主文明建立之前),阅读和写作都是阶级特权。那时伟大的文学法规——修辞学,是教会人写作(尽管当时一般的文学创作是演讲而不是文本)。意义深远的是,民主的到来转变了这个词语的指向:中学引以为豪的是教导学生阅读得好而不再是写作(缺陷意识在今天又变得时髦起来:教师被呼吁应该教孩子"表达自己",这就有点像通过一个错误观念置换某种压抑形式)。事实上,在消费的意义上,阅读远不是在和文本游戏。在这里,"游戏"应该广泛地加以理解:文本自身游戏(就像一道门:一个可游戏的机器),读者是二度游戏,和文本游戏也就像玩游戏那样,寻求一种再次生产出游戏的实践。但是,为了使这种实践不至于降格为一种被动的内模仿(准确地说,文本正是抵制这样一种降格),也就是在这一术语的音乐意义上来游戏文本。(作为实践而非"艺术"来说)音乐史和文本史的确有非常接近的平行关系:有一段时期,业余实践者队伍庞大(至少在特定阶层范围内),而"演奏"和"倾听"行为几乎不能严格区分;那么就有两个角色相继出现,首先是演奏者角色,他们是向那些介入演奏的中产阶级公众(尽管他们自己仍然能演奏一点——整个钢琴演奏史说明了这一点)作出诠释的人;其次是(被动的)业余爱好者角色,他们只是听而不能够演奏(唱片就代替了钢琴)。我们知道,今天的后序列音乐(post-serial music)已彻底改变了"诠释者"的角色,他被要求成为某种程度上的乐谱合作者,去完成乐谱而不仅仅是"表现"它。文本恰恰就是这种新型乐谱:它吁请读者给予现实的合作。就谁掌控作品而言,何者是重要的改变呢?(马拉美提出了这个问题,他是想让受众来生产书籍。)今天只有评论家掌控作品(他们只在口头上承认游戏)。面对现代(不可读的)文本、先锋电影或绘画时,许多人感到某种"厌烦",而阅读被降格为消费则显然要对此负责:感到厌烦就意味着人们不能生产文本,不能开启文本,不能去发展文本。

7. 这就把我们引向了提出(或是建议)一个通往文本的最终路径,也就是愉悦文本的路径。我不知道是否有过一种快乐论的美学(幸福论哲学本身就很少见)。但可以肯定的是,存在着某种对作品的愉悦(或者说是对某些作品的愉悦);我津津乐道地阅读和重读普鲁斯特、福楼拜、巴尔扎克,甚至是大仲马,为何不呢?但是这种愉悦,不管多么强烈,甚至在排除所有偏见时,也仍部分地是消费性的愉悦(除非通过一些额外的批评性努力);因为如果我能阅读这些作家,我就知道我不能重写他们(今天是不可能"那样"写了)。这个认识足以使我在这些作品的生产面前望而却步,在那一刻它们与我的隔离便确立了我的现代性(但不会现代到让我清楚认识到什么东西不能重新开始?)。至于文本,它与“快乐”(*jouissance*)密切相关,它是不用隔离就能实现的愉悦。在能指的序列中,文本以自己的方式参与了社会乌托邦;在大写的历史(假定后来并为选择蒙昧的话)之前,文本所实现的如果说不是透明的社会关系的话,至少也是透明的语言关系:文本是一种空间,在那里没有一种语言能对其他任何语言进行制约,在那里语言是流通的(保持这一术语的循环意义)。

无可避免的是,这些观点并未构成对一种文本理论的具体阐述,这不完全是提出这些观点的笔者失败的结果(在许多方面,他不过是捡拾了其周围的人正在开发的东西)。它源自如下事实,那就是元语言学解释不可能满足于一种文本理论:对元语言的解构,或至少来说(因为它也许暂且需要求助于元语言),元语言所呼吁的质疑乃是理论本身的一部分:有关文本的话语本身应不外乎是文本、研究、文本活动,因为文本是某种不让任何语言安然处于其外的社会空间,这个空间也不会给予任何言说主体诸如法官、主人、分析家、圣徒、译码员那样的位置。文本理论只会与写作实践相一致。

(作者单位:荷兰伊拉斯谟大学)

艺术世界①

[美]阿瑟·C·丹托(Arthur C. Danto)文　王春辰 译

译者按语　丹托(1924—　)是美国当代最有影响的艺术批评家和艺术哲学家,曾任美国哥伦比亚大学哲学教授、美国哲学学会主席、美国美学学会主席、美国《哲学杂志》编辑,1984年起成为《国家》杂志艺术批评撰稿人至2009年。他在1964年撰写的《艺术世界》一文是当代艺术批评的一篇重要文献,首次提出了"艺术世界"作为机制的命题,影响深远;后来他又提出艺术史的终结论更是引起广泛争论。这是国外多部美学、艺术哲学文选的必选文章,从这里丹托开启了他的艺术哲学之路。

> 哈姆莱特:你没看到那里有什么东西么?
> 王后:什么也没看见;我看见的就是这些。
> (莎士比亚:《哈姆莱特》,第三幕,第四场)

尽管哈姆莱特和苏格拉底分别持有赞美和贬低的态度,但他们还是把艺术比作观看自然的镜子。这种艺术具有事实的基础,虽然在态度上可以大相径庭。苏格拉底把镜子仅仅看作是反映了我们已经看到的东西;所以,艺术好像一面镜子,它产生的是事物表象的无用的准确复制品,因此没有任何的认识价值。哈姆莱特非常敏锐地看到了镜子反射面的突出特征,即它们向我们显示了我们无法用别的方法感觉到的东西——我们自己的脸和形象——所以,艺术就像镜子一样,向我们自己显示了我们。因此,即使按照苏格拉底的标准,它毕竟具有一些认识上的用处。但

① 本文最初发表于1964年10月美国《哲学杂志》(61,19)。——译注

是，作为一名哲学家，我发现苏格拉底的讨论在其他的理由方面存有缺陷（也许不如这些理由深刻）。如果 o 的镜像确实是 o 的模仿，那么，如果艺术是模仿的话，镜像就是艺术。但是，事实上，用镜子反映事物不是艺术，这和把武器交还给疯子不是正义一样；指向反映物仅仅是一种狡黠的反证，我们知道苏格拉底会在反驳中提出一种理论，利用它们进行说明的。如果该理论要求我们把这些归类为艺术，那么，它表明了它的不充分（inadequacy）："是模仿"并不能作为"是艺术"的充分条件。然而，也许因为在苏格拉底时代和以后的时代的艺术家都致力于模仿，理论的不充分直到摄影发明以后才被注意到。作为充分条件的模仿一旦被抛弃，甚至作为必要条件的模仿也很快被放弃了；正因为康定斯基的成就，模仿的特征被降到批评话语的边缘地位，结果是一些作品尽管具有这些优点和特质，也仅仅是勉强被保留而已。这些优点和特质过去曾被赞美为艺术的本质，现在却只是幸运地逃脱了被降格为仅仅是插图的命运。

当然，苏格拉底的讨论绝对需要所有参与者都是进行概念分析的大师，因为目标是把一个真实的定义表达式与一个实际使用的术语匹配起来，关于充分性的试验假定，包括了证明前者分析了全部且只有那些后者适合的事物，并应用到这些事物上。虽然遭到普遍的否认，但是传说中，苏格拉底的听众都知道什么是艺术，也知道他们喜欢什么。因此，一种艺术理论（在这里被看作是"艺术"的真正定义）并不会有多大用处可以帮助人们辨认出其应用的例子。他们先前的发现这种应用的能力正是理论的充足性需要证明的，问题仅仅是说明他们已经知道的东西。据称，理论的意义就是要说明我们对这个词的使用，但是我们被认为有能力（用近来的一位作家的话说）"区分开属于艺术品的对象和非艺术品的对象，因为……我们知道如何正确地使用'艺术'一词，知道如何应用'艺术品'这个短语"。在这种情况下，理论就有点像苏格拉底说的镜像，反映了我们已经知道的东西，这种理论也是用语言反映了我们娴熟的实际语言学实践。

但是，即使对于说母语的人，把艺术品与其他物品区分开也不是一件简单的事情，现在，如果没有艺术理论告诉人们，他们可能意识不到他正置身在艺术领域中。这种情况的部分原因在于，这种领域是根据艺术理论被建构为艺术领域，因此，艺术理论的一个用处除了帮助我们区分艺术和非艺术，也包括使艺术成为可能。格罗康（朱光潜译法)(Glaucon)[①]和其他人几乎不知道什么是艺术、什么不是艺术:否则他们绝不会被镜像欺骗。

一

假设人们认为发现了一种全新类型的艺术品即类似于在任何地方发现了一种全新事实,也就是类似于发现了某种有待理论家解释的东西。在科学中,乃至别的领域,我们经常是通过辅助假设(auxiliary hypotheses)让新事实适应旧理论,如果所涉及的理论被认为有相当价值而不被立即抛弃的话,这算是足可被原谅的保守主义。现在,如果人们仔细思考一下,就会发现艺术模仿理论(IT)是一种特别有效的理论,可解释与艺术品的因果关系及评价有联系的大量现象,将一种惊人的统一性整合为复杂的领域。而且,用这种辅助假设(即偏离模仿性的艺术家都是任性、无能或疯狂的)来支持模仿论,以反对许多假设性反例,就是一件很简单的事。事实上,无能、欺诈或愚蠢都是可以验证的判断(predication)。那么就假如,既然试验表明这些假设不成立,所以这个理论(现在难以修补)就必须被取代,所以就提出了一种新的理论,尽可能包含旧理论的精华(competence),再融汇那些至今解释不通的事实。人们可能(边读本文边思考)代表了艺术史的某些情节,这和科学历史中的某些情节没有差异,在科学史中观念演变受到影响,拒绝支持某些事实,部分原因出于偏见、惰性及私利,也出于传统(well-established)理论或至少得到普遍赞誉的理论受到威胁(此威胁就是一切的统一都要瓦解)的情况。

一些这样的情节就是随着后印象派绘画的到来而发生的。用广为流行的艺术理论(IT)来说,不可能把这些接受为艺术,除非是无能的艺术(inept art):否则,它们可能受到冷遇,被认为是胡闹、自吹自擂或是疯子的疯言疯语的视觉对应物(visual counterpart)。所以,按照

① 柏拉图《理想国》中的主要人物之一,促使苏格拉底提出作为模仿的诗论。——译注

《基督变容》[①]中的根据(还不用说兰西尔画的牡鹿[②]),为了把它们接受为艺术就不需要太多的趣味变化,不需要对理论做大篇幅的修正,而涉及到的不仅是对这些对象的艺术授权,而且是强调这些被认可的艺术品具有新的意义特征,这样,现在就不得不针对它们作为艺术品的地位进行完全不同的阐述。作为新理论被接受的结果,不仅后印象派绘画被接受为艺术,而且把大量的对象(面具、武器等)从人类学博物馆(以及其他的各种地方)转移到了美术馆,尽管什么都不需要从美术馆里搬出来——即使内部进行重新布置,如在储藏室与展厅之间,因为我们希望新理论被接受的准则,是它能解释旧理论所曾解释的任何东西。无数个说母语的人在郊区的壁炉台上挂上无数个典范之作(paradigm cases)的复制品,为的是教授"艺术品"这一表达用语,这就可能将他们的爱德华时期的[③]先辈们陷于语言学中风中。

当然,我谈论一种理论是有些曲解:历史地讲,足以令人感兴趣的是,有几种理论都或多或少是用IT理论定义的。必须在进行逻辑说明的迫切要求之前放弃艺术-历史的复杂性,而且我要谈一谈好像有一种代替理论,通过选择一种阐述得非常清晰的理论,部分地去补偿历史谎言(falsity)。根据这个理论,所讨论的艺术家被理解为:不是不成功地模仿了真实形式,而是成功地创造了新的形式,与旧艺术被认为(如它的那些最好的例子)完美地模仿了的形式一样真实。毕竟,艺术长久以来被视为是创造性的(瓦萨里说过上帝是第一个艺术家),后印象主义者被解释为是真正具有创造性的,用罗杰·弗莱的话说,他们的目的"不在幻觉而在于真实性(reality)"。这种理论(RT—Reality Theory 真实性理论)提供了观看绘画的全新方法,无论是新绘画还是旧绘画。实际上,人们可以几乎解释梵高、塞尚的粗俗绘画(crudc drawing)、路奥、杜飞的形式与轮廓的错位以及高更、野兽派的任意使用色彩平面(color planes),还有许许多多引人注意的方式,这些都是非模仿的东西,特别是它们的意图都不是为了欺骗视觉。从逻辑上讲,这有点像在精美的伪钞上印上"不合法钞票",因此这个对象(伪造

① 拉斐尔的作品,画的是基督升天的景象。——译注

② Edwin Landseer(1803-1873):英国维多利亚时代的学院派画家,善画动物,他的《峡谷之王》,画了一头雄鹿,浓缩了维多利亚时代绘画的风格。——译注

③ 英格兰国王爱德华七世1910年继承其母维多利亚女王之位,这一时期的道德与维多利亚时的严格规范形成鲜明对比。——译注

与标记)就不能再欺骗任何人。这不是一张幻觉的钞票,但是正因为它不是幻觉的,所以它也不会自动成为一张真钞票。相反,它只在真实对象和真实对象的真实复制品(facsimile)之间占据了一个全然敞开的空间:如果人们需要一个词,以及关于世界的一种新贡献,那么它就是一个非复制品(non-facsimile)。这样,梵高的《吃土豆者》是某种明白无误的变形,成为真实生活中吃土豆者的非复制品;因为这些不是吃土豆者的复制品,所以梵高的画作为非模仿品,具有与其假定的主体一样的、被叫做真实对象的权利。借助这个理论(RT),艺术品重新进入最驳杂的事物中,而苏格拉底理论(IT)曾极力要把它们从这里驱逐出去:如果不比木匠制造的真实更多,它们的真实至少不会更少。后印象主义者赢得了本体论的胜利。

正是凭借RT,我们才一定理解了今天我们周围的艺术品。这样,利希滕斯坦因创作了喜剧漫画作品,但是它们有10到12英尺高。这些画取材于日常的小报,相当忠实地投影放大到巨幅比例的家常画框上,但正是这种比例具有价值。一位娴熟的雕刻家可以在一个图针上雕刻《圣母与大臣罗兰》(*The Virgin and the Chancellor Rollin*)[①],而且同样在凝视中可以辨认出来,但是如果用类似的比例雕刻巴尔耐特·纽曼则只会是一滴色点,消失在缩小中。一张利希滕斯坦因的照片与一张《斯蒂夫·坎永(*Steve Canyon*)》漫画杂志[②]上同样的照片是区分不出来的;但是照片无法捕捉到比例,因此,就像波提切利的黑白雕刻画一样,是不准确的复制品(reproduction),比例在这里是基本要素,就像在波提切利那里色彩是基本要素一样。那么,利希滕斯坦因不是模仿而是新的实体(entity),就像巨螺那样。作为对比,贾斯伯·约翰斯(Jasper Johns)画的是与比例问题不相关的对象。然而,他的对象不可能是模仿,因为它们具有非凡的属性,即对这一类的对象的成员进行任何有意的复制(copy)都自动成为这一类的一个成员,这样,这些对象在逻辑上是不可模仿的。因此,对一个数字的复制仅仅是那个数字:一幅3的绘画就是一个由颜料构成的3。另外,约翰斯还画靶子、国旗和地图。最后,我希望这不是对柏拉图的无意的注脚,我

---

① 杨·凡·爱克(1390—1441)的作品。

② 该杂志是1947年由Milton Caniff创立的漫画系列故事,主人公斯蒂夫·坎永是二战飞行员。1988年随着创办人坎尼夫去世而停刊。——译注

们的两个开拓者——劳申伯格和奥登伯格——都制做了真正的床。

劳申伯格的床挂在墙上，凌乱地甩了一些油漆。奥登伯格的床则是一个长方菱形，一端比另一端要窄，人们会认为它有一种内嵌式的透视：很适合放在小卧室里。作为床，它们的售价都高得出奇，但是人们可以在其中任意一张上睡觉：劳申伯格曾担心人们会爬到他的床上，酣然入睡。现在，想象某个 Testadura[①]——一位普通的演讲者和著名的外行——没有注意到这是艺术，把它们当成是真实物(reality)，简单而又单纯。他把劳申伯格甩在床上的油漆当成是其主人的邋遢，而把奥登伯格床的偏斜当成是制做者的无能或者也许是任何“定做”这个床的人的鬼点子。这些可能都是错误的，但是相当奇怪的错误，与惊讶的鸟所犯的错误没有什么特别地不同(这些鸟去捉宙克西斯画的假葡萄)。它们把艺术误以为真实(reality)，而 Testadura 也犯了这样的错误。但是，根据 RT，它意味着是真实(reality)。一个人能把真实误以为真实吗？我们如何描述 Testadura 的错误？毕竟，什么防止了奥登伯格的创造被当成变形的床？这等于问什么使之成为艺术，带着这个疑问，我们进入了一个观念探索的领域。在这里，说母语者是贫穷的向导：他们自己已经迷路。

二

当一件艺术品是人们误会的真实物时，把艺术品误以为真实物不是一个有多么了不起的本领。问题是如何避免这样的错误，或如何在它们被制成的时候就消除了这些错误。艺术品是一张床，而不是一个床的幻觉；所以不会像宙克西斯的鸟那样痛苦地遇到被欺骗的平面。除了保安提醒 Testadura 不要睡在这件艺术品上外，他可能永远都不会发现这张床是一件艺术品，而不是一张床；毕竟，既然人们无法发现一张床不是一张床，那么，Testadura 如何意识到他犯了一个错误？需要某种解释，因为此处的错误是一个非常令人好奇的哲学错误，就像

① 这是丹托为便于讨论而虚拟的一个名字。——译注

(如果我们假定 P. F. 斯特劳逊(Strawson)[①]的某些著名观点是正确的)当真实的情况是一个人就是一具材料肉体(material body),意即这类全部的谓项(非常敏感地适用于材料肉体)都非常敏感地、并且诉诸无差别标准地适用于人们的时候,就会把一个人误以为是一个材料肉体。所以,你无法发现一个人不是一具材料肉体。

也许,我们就开始来解释油漆污点不可以被搪塞过去、它们是物品的一部分,所以物品不是一张单纯的床——碰巧——上面洒了一些油漆,但是一件用床和若干油漆污点制作的复杂物品:一张油漆床。同样的,一个人不是一具材料肉体——碰巧——有一些附加的思想,而是一个由肉体和一些意识状态组成的复杂实体(entity):一个意识一肉体。那么,人就像艺术品一样,必须被看作不可还原为他们自身的各部分,而且在这个意义上,人是原始的(primitive)。也就是更准确地说,油漆污点不是真实物——床——的一部分(床碰巧是艺术品的一部分),但是像床一样,同样是艺术品的一部分。这一点可以归纳为艺术品的粗略的特征化,而此艺术品碰巧包含了真实物是它们自身的一部分:当真实物 R 是艺术品 A 的一部分而且能够被从 A 分离开、并被仅仅看作是 R 的时候,不是艺术品 A 的每一部分都是真实物 R 的一部分。这样到目前为止的错误就是把 A 误认为它自身的一部分,即 R,纵使说 A 就是 R、艺术品就是一张床,也不会不正确。这个"是(*is*)"正需要在此澄清。

关于艺术品的声明中有一个非常突出的"是"(*is*),它不是身份或论断的那个"是",也不是存在、认定的那个"是",或某个用来为哲学目的服务的特殊的"是"。不过,这是普通用法,儿童很容易就掌握了。正是根据这个"是"的含义,给小孩一个圆圈、一个三角形,问哪个是他、哪个是他姐姐,小孩就会指着三角形说"那是我";或者,对我的问题做出反应,挨近我的一个人指着一个穿紫色衣服的人说"那是里尔";或者,在美术馆里,出于对我的同伴的考虑,我指着我们面前一幅画上的斑点说"那块白色比目鱼(dab)是伊卡罗斯[②]"。这些例子里,我

---

① Peter Strawson(1919—):牛津大学哲学教授,英国日常语言哲学的主要代表。著作有《个体》(1951)、《感觉的边界》(1966),《逻辑—语言学论文》(1971)、《自由与抑制》及《分析与形而上学》等。

② 伊卡罗斯是代达罗斯的儿子,他乘着他父亲做的人工翅膀逃离克里特时,由于离太阳太近以致粘翅膀用的蜡溶化了,而掉进了爱琴海。——译注

们的意思不是说所指出的任何东西都代表了或再现了它被所说的东西,因为“伊卡罗斯”一词代表了或再现了伊卡罗斯:然而,我不会用是的同样含义指示该词,说“这是伊卡罗斯”。句子“此 *a* 是 *b*”与“此 *a* 不是 *b*”是一致的,当第一个句子应用了是的一个含义,而第二个句子应用了某个另外的含义,尽管 *a* 和 *b* 在整个过程中都清晰地被使用着。实际上,通常第一句话的真实性需要第二句话的真实性。事实上,第一句与“此 *a* 不是 *b*”不一致,仅当那个是始终被清晰地使用着。由于缺少一个词,我就指定这个作为艺术认定的是(the *is of artistic identification*);在每一个使用情况中,*a* 代表了对象的特定物理属性或物理部分;最后,这是某物成为艺术品的必要条件,即它的某部分或属性可由一个应用了这个特别的是的句子的主语来指定。顺便提及的是,正是“是”在边缘而神秘的宣言中具有近亲关系。(因此,一个是羽蛇神(Quetzalcoatl)[①];那些是赫拉克勒斯的支柱。)

让我说明一下。两个画家被要求用壁画装饰科学图书馆的东西墙,分别被叫做牛顿第一定律和牛顿第三定律。这些绘画,当最后昭示于人时,分别如下:

A

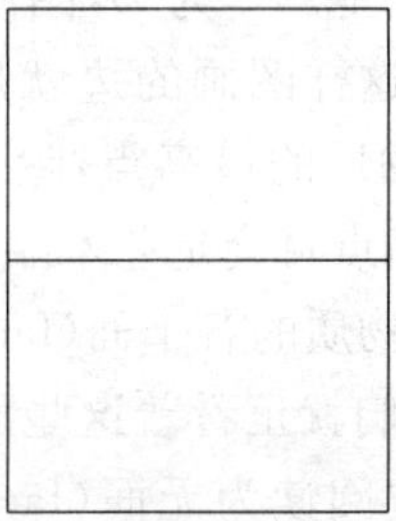

B

作为对象,我假定作品不可区分:在白色底上有一条黑色、水平线,每一维度和元素都一样大。*B* 解释他的作品如下:一块物质,往下压,遇到了一块向上挤的物质:下面的物质同等地并相反地反作用于上面的物质。*A* 解释他的作品如下:经过空间的线是孤立的分子的路径。路径从边通向边,有一种要超越的感觉。如果它在空间内结束或开始,那么,这条线将弯曲:它平行于顶边和底边,因为如果它比另一条边更接近一条边,那么就必须有一种力来解释它,这是与它成为孤立的分

① 古代墨西哥阿兹特克人与托尔特克人崇奉的重要神祇。——译注

子的路径相矛盾的。

随着这些艺术认定还有许多东西。把中间一条线看成是边(物质遇到物质)就强加了一种确定图画的上部分和下部分的需要,或作为长方形,或作为两个区分开的部分(不一定是两块物质,因为线可以是一块向上——或向下——伸入空的空间中的物质的边)。如果它是一条边,我们无法这样把绘画的整个区域都看成是一个单一的空间:而是它由两个形式构成,或一个形式和一个非形式。我们只要通过把中间的水平线看作是一条不是边的线就可以把整个区域看成是一个单一的空间。但是这差不多要求对整个图画进行三维认定:区域可以是一个平面,线在上面(喷气飞机飞),或在下面(潜艇—路径),或在(线),或在里面(裂变),或经过(牛顿第一定律)——尽管在这最后的情况下,区域不是一个平面,但是一个绝对空间的透明的交叉部分。我们可以通过想象与画面的垂直的交叉部分来廓清所有的这些介词资格。那么,根据可应用的介词从句,区域就艺术地被水平元素所打断或没有打断。如果我们把这条线看作是经过空间,那么图画的边就不真正是空间的边:空间超越了图画,如果线本身超越了;我们处于和线一样的空间里。作为 B,图画的边可以是图画的一部分,如果物质直接走向边,这样图画的边就是它们的边。在这种情况下,图画的最高点就会是物质的最高点,除了物质比图画本身多有四个最高点:这里的四个最高点将会是艺术品的一部分,而艺术品不是真实物的一部分。再一次,物质的各个面(face)可能就是图画的面(face),在观看图画的时候,我们就正看着这些面:但是空间没有面,在阅读 A 时,作品必须不得不被阅读为无面(faceless),而物理对象的面将不会是艺术品的一部分。这里要注意的是一个艺术认定如何产生了另一个艺术认定,我们如何(与已给定的认定一致)被要求给出其他并仍然被排除于其他:确实,一个给定的认定决定了一件作品可包含多少个元素。这些不同的认定彼此之间是不一致的,或者说一般来讲是这样,每个都可能构成一件不同的艺术品,即每个艺术品包含了可认定的真实物作为自身的一部分——或者至少可确认的真实物的各部分作为其自身的一部分。当然,有无感觉的认定:我认为,没有一个人可以敏感地把中间的水平线读作《爱的徒劳》(*Love's Labour's Lost*)或《圣埃拉斯姆斯的上升》(*The Ascendency of St. Erasmus*)[①]。最后,注意一下一种认定如何被接受而不是另一种被接受,实际上是用一个世界交换另一个世界。确实,我们可以进入到一个宁静的诗意世界,只要我们认定上部分区域有明净无云的天空,倒映在下部静谧的水面上,只需要水平线的不真实边界分离开白(whiteness)与白。

现在,Testadura 在旁听了整个讨论之后抗议他所看见的是颜色:白色涂成长方形,而且其上涂了一条黑线。他真的是非常正确:那就是他看到的全部或者任何人能够看到的,我们美学家也不例外。所以,如果他要求我们向他展示一下还可以进一步看到的东西,通过指点显示一下这就是艺术品(海洋与天空),我们无法满足,因为他什么都没有忽略(如果假设他忽略了,且有一些我们可以指给他的小玩意,而他仔细瞥了瞥,说'哈,是的!毕竟是一件艺术品啊!',那将是荒谬的)。只有他掌握了艺术认定的是并因此把它构成一件艺术品时,我们才能帮助他。如果他不能达到这个程度,他将永远不能看到艺术品:他将像一个把棍子看成是棍子的小孩。

但是,纯抽象又怎么样?比方说看起来像 A 但是题名为 No.7 的什么东西。第 10 大街的抽象主义者毫无表情地坚持此处什么都没有,而只有白颜料(white paint)和黑颜料,我们的文字认定都不适用。那么,什么可以把他与 Testadura 区别开? Testadura 的外行说法与他的说明无法区别。当他们都同意眼睛什么都没有看到的时候,它如何对于他是一件艺术品而对 Testadura 不是艺术品?答案(对于每个多样性的纯粹主义者而言,这可能很不受欢迎)就在于事实上这个艺术家通过一种混合了艺术理论和最近及以前的绘画历史的氛围,已经回到颜料的物理性,即他努力用自己的作品予以纯化的要素;作为这个结果,他的作品属于这种氛围,而且是这个历史的一部分。他通过拒绝艺术认定而实现了抽象,回到了真实世界,而这样的认定是把我们(他认为)排除于这个真实世界的,有点类似于青原[②](Ch'ing Yuan)的方式,他写道:

---

① 埃拉斯姆斯(Erasmus, Desiderius 1466—1536),荷兰文艺复兴时期学者、罗马天主教神学家,他试图复兴古代的古典经文,恢复基于《圣经》的朴素的基督教信仰,消除中世纪教会的一些不当行为,他的作品包括《基督教骑士手册》(1503 年)和《愚人颂》(1509 年)。——译注

② 唐代佛教南宗七祖禅师。——译注

我三十年之前没研究禅时，我看山是山，看水是水。当我接近更密切的知识时，我看山不是山，看水不是水。但是现在，我得到了本质，我沉于安静。我复又看山是山，看水是水。（原文：参禅之初，看山总是山，看水总是水；禅有悟时，看山不是山，看水不是水；禅中彻悟，看山仍是山，看水仍是水。或另一种文本：三十年前没有参禅时，见山是山，见水是水。后来有个入处，见山不是山，见水不是水。而今得个歇处，依前见山只是山，见水只是水。——译者附加）

他对他所做的东西进行的认定，从逻辑上依赖于他所拒绝的理论和历史。他的阐释与 Testadura 说的“这是黑颜料、白颜料，仅此而已”之间的差异，在于事实上他仍然使用了艺术认定的“是”，这样他使用“那块黑颜料是黑颜料”不是同义词的重复述说。Testadura 不处在这个阶段。把某物看作艺术需要眼睛无法诋毁的某种东西——一种艺术理论的氛围，一种艺术历史的知识：一个艺术世界。

三

波普艺术家安迪·沃霍尔先生展出了布里洛盒子的复制品，在整洁的架子上堆放得高高的，和在超市的仓库中一样。它们碰巧是木制的，画得就像一个纸板，那为什么不是呢？来解释一下《时代》杂志的一位批评家的话吧，如果人们可以用青铜翻制人体的复制品，为什么不能用木板制作布里洛盒子的复制品呢？这些盒子的成本碰巧是真实生活中常用的同样盒子的 2×10^3 倍——这种差异几乎不能归结于它们的耐用性优势。事实上，布里洛生产者可以微微地提高一点成本，用木板来制作他们的盒子而不会使这些盒子成为艺术品，沃霍尔可能用纸板来制作他的盒子而不会不是艺术。所以，我们可能会忘记内在价值的问题，而且问道为什么生产布里洛盒子的人不能制造艺术，为什么沃霍尔必然制造艺术品。当然了，确定无疑的，沃霍尔的盒子是手工制作的。毕加索曾把一个苏士酒瓶上的标签贴到一幅画上，这有点像把毕加索的做法疯狂地颠倒过来，就像是说学院艺术家关心准确模仿，一定总是缺少真实的东西：那么，为什么就不能使用真实的东西呢？波普艺术家费力地用手工重新制作出机器制造的物品，例如，画咖啡罐上的标签（人们可以听到熟悉的赞美"完全是手工做的啊"，但在遇到这些物品的时候，这些话就痛苦地被排除在向导的语言之外）。但是差异不能包括手艺：一个用石头雕了许多小鹅卵石并小心翼翼地建构一件叫做《砂砾堆》的作品的人，可能会引发一种价值的劳动理论来解释他所要求的价格；但是问题是，什么使它成为艺术？又为什么无论如何都得需要沃霍尔来制作这些东西？为什么不是仅仅在盒子上涂上他的签名？或者，把盒子弄烂了，以《弄烂的布里洛盒子》（"抗议机械化……"）名义展示出来或仅仅作为《未弄烂的布里洛盒子》（"大胆肯定产业的造型真实性（authenticity）……"）展览一个布里洛纸盒？这个人是迈达斯[①]一类的人吗？可以把任何他触摸过的东西都变成纯艺术金子？由隐藏的艺术品组成的整个世界等待着，就像现实中的面包和酒一样，经过某些黑暗的神秘，被变成圣礼中的不可辨认的肉体和鲜血吗？千万不要介意布里洛盒子可能不好，更不是伟大艺术。给人突出印象的是它完全是一个艺术。但是如果它是艺术，为什么那些不可区别的布里洛盒子还放在库房里？或者说，艺术与现实之间的整个区分已经打破？

假定一个人收集了各种物品（现成品），包括布里洛纸盒；我们赞美了展览的多样性、独创性以及你所愿意说的好话。接下来，除了布里洛纸盒，他什么都没有展览，我们批评它沉闷、重复、自我剽窃——或（更深刻地）声称他被规矩、重复所困扰，就如《玛丽亚温泉》（*Marienbad*）一样。或者他把它们堆得高高的，留出一条窄窄的路经；我们踏着我们的足迹，穿过这个不透明的堆积物，发现它是一次让人惊悸不安的经历，撰文称其为消费产品所包围，把我们当囚徒一样限制起来：或我们说他是一个现代的金字塔建筑者。确实如此，我们没有说这些东西是关于库房保管员的。不过，一间仓库不是美术馆，我们无法轻易地把布里洛盒子与它们所置身其中的美术馆分离开来，正如我们无法把劳申伯格的床与它上面的油漆分离开一样。出了美术馆，它们是纸板盒子。不过，洗尽了油漆，劳申伯格的床还是一个床，还是它被变成艺术之前的样子。不过，如果我们仔细考虑一下这事

---

① 迈达斯，传说中的佛里几亚国王，酒神狄奥尼索斯赐给他一种力量，使他能够手触摸任何东西变成金子。——译注

情，我们会发现艺术家没能（真正地、出于需要地）生产出一个纯粹的真实物。他生产出了一个艺术品，他使用真正的布里洛盒子只成了艺术家所掌握的资源的扩大，是对艺术家的材料的贡献，正如油画颜料一样或如制版墨（*tuché*）[①]一样。

最终在布里洛盒子和由布里洛盒子组成的艺术品之间作出区别的是某种理论。是理论把它带入艺术的世界中，防止它沦落为它所是的真实物品。当然，没有理论，人们是不可能把它看作艺术的，为了把它看作是艺术世界的一部分，人们必须掌握大量的艺术理论，还有一定的纽约绘画当代史知识。如果倒退五十年回去，这不会是艺术的。但是另一方面，任何事情都是公平的，在中世纪也不会有飞行保险，或不会有伊特鲁里亚打字机消除剂。世界必须准备迎接某些事情，艺术世界和真实世界一样。正是艺术理论的作用（近来总是如此）使艺术世界乃至艺术成为可能。我大概会想，拉斯科岩洞的画家可能永远不会想到他们是在墙面上生产艺术。要等到出现了新石器的美学家，才会是的。

四

艺术世界对于真实世界有点像上帝之城对于世俗之城的关系。某些物品就像某些个人一样喜欢双重公民身份，但是尽管有 RT 理论，艺术品与真实物之间还是有基本的对比。也许早期的 IT 理论的构建者已经模模糊糊地感觉到了这一点，他们刚刚开始意识到艺术的非真实性（nonreality），也许受到限制只能假设：对象具有的唯一作用（不同于真实）就是成为假的，这样，艺术品必然地必须是真实物的模仿品。这就太狭窄了。所以，叶芝写道："一旦脱离自然，我将永远不再/从任何自然物中取得我的肉体之形。"这仅仅是一个选择的事情：艺术世界的布里洛盒子可能就正好是真实世界的布里洛盒子，由艺术认定的是分开并统一起来。但是我想最后谈谈使艺术品成为可能的理论，以及它们彼此的关系。在谈的时候，我将恳求几个我所知道的最坚硬的哲学问题。

① 一种黑墨，用于在丝网印刷和平版印刷中绘制图案。

现在,我谈几对彼此作为“对立项(opposites)”相关的谓项(predicate),并立刻承认这个陈旧的术语的含混性。矛盾的谓项不是对立项,因为它们每一对的一个对立项都必须适用于宇宙中的每一个对象,一组对立项中的任何一个都不需要适用于宇宙中的某些对象。一个对象必须首先在一组对立项中的任意一个适用它之前居于某一类(be of a certain kind),然后,至多并至少,对立项中的一个必须适用于它。所以,对立项不是相反项,因为相反项两者可能对于宇宙中的某些对象都是假的(false),但是对立项无法两者都是假的;对于某些对象,一组对立项的任何一个都不能敏感地适用,除非对象具有正确的一种(be of the right sort)。那么,如果对象是所要求的那一种,对立项按矛盾项行动。如果 F 和非 $-F$ 是对立项,那么,在任何一个对立项敏感地适用前,对象 o 必须是某类 K;但是,如果 o 是 K 的一个成员,那么,在除另一个(the other)的情况下,o 要么是 F,要么是非 $-F$。我把敏感地适用于 $(\hat{o})Ko$[①] 的几组对立项类指定为 $K-$ 相关的谓项类。一个对象具有一种 K 属性的必要条件是:至少一组与 $K-$ 相关的对立项可以敏感地适用于它。但是,实际上,如果一个对象具有一种 K 属性,至少并至多每组与 $K-$ 相关的对立项的一项适用于它。

我现在对 K 类艺术品中与 $K-$ 相关的谓项感兴趣。让 F 和非 $-F$ 成为这类谓项的对立项。现在,可能的情况可能是,在全部的时代里,每一个艺术品都是非 $-F$。但是因为迄今为止没有什么既是艺术品又是 F,所以,任何人都不可能想到非 $-F$ 是一个与艺术相关的谓项。艺术品的非 $-F$ 属性没有什么标记(goes unmarked)。作为对比,一个给定时代的所有作品可能都是 G,所以一直到某物可能既是艺术品又是非 $-G$ 的时候,任何人才会想到这一点;事实上,当 G 敏感地被视为某东西的属性之前——在这种情况中,非 $-G$ 可能也被视为艺术品的属性,而且 G 自身不可能是这个类的定义性特征——而这个某东西不得不首先成为艺术品时,确实,人们可能会认为 G 是艺术品的一个定义性特征。

让 G 成为“是再现的”,而让 F 成为“是表现主义的”。在一给定时间,这些和它们的对立项也许是批评用法中唯一的与艺术相关的谓项。现在,让“+”代表一给定谓项 P,“-”代表它的对立项非 $-P$,我

① 逻辑符号,代表任何对象 O,具有 K 属性。

们可以或多或少地建立如下的一个风格矩阵：

F	G
+	+
+	−
−	+
−	−

考虑到[given]积极的批评词汇，行决定了现有的风格：再现表现主义(如野兽派)；再现非表现主义(安格尔)；非再现表现主义(抽象表现主义)；非再现非表现主义(硬边抽象)。简单地说，当我们增加与艺术相关的谓项时，我们以 2^n 比率提高了现有风格的数量。当然，事先并不是很容易地看到哪些谓项将被增加或被它们的对立项取代，但是假定一个艺术家决定 H 将自此以后在艺术上对他的绘画有关。那么，事实上，H 和非－H 都变成在艺术上对所有绘画有关，而且如果他的绘画是第一个且唯一的属于 H 的绘画，那么每一个现存的其他绘画都变成了非－H，而且整个绘画界与翻倍增加的现有风格机会一块变得富庶起来。正是这个艺术世界中的实体的追溯性丰富性(this retroactive enrichment of the entities in the artworld)让它有可能一起讨论拉斐尔和德库宁，或一起讨论利希滕斯坦因和米开朗基罗。与艺术相关的谓项的多样性越大，艺术世界的个体成员就变得越复杂；人们对整个艺术世界的人员了解越多，人们也就对它的任意成员的经验越丰富。

在这一点上，要注意到，如果有 m 个与艺术上相关的谓项，那么，总有一底部行，具有 m 个减号。这一行很容易被纯粹主义者占据。他们一旦洗尽了画布上他们所认为非本质的东西，他们便认为他们提炼出了艺术的本质。但这仅仅是他们的谬见：许多艺术上相关的谓项既完全适用于它们的方形单色作品，也完全适用于任何艺术世界的成员，它们只在"非纯粹"绘画存在的情况下才作为艺术品而存在。严格来讲，莱茵哈特的黑方形在艺术上和提香的《圣者与凡人之爱》(*Sacred and Profane Love*)一样丰富。这就解释了少如何就是多。

时尚碰巧青睐这个风格矩阵的某些行：博物馆、鉴赏家以及其他人都是艺术世界中的无足轻重的人。为了坚持或为了寻求所有的艺术家变成再现的，也许为了进入特别有名望的展览，把现有的风格矩阵分成两半：那么仍有 $2^n/2$ 个满足要求的方式，那么，博物馆能够展览他们已定下的题目的所有这些“方法(approach)”。但是，这是一个几乎是纯粹社会学的兴趣的事情：矩阵中的一行于另一行是一样合法的。我认为，艺术突破包括了给矩阵增加列的可能性。然后，艺术家或是非常爽快或是不太爽快，占据了如此打开的地位：这就是当代艺术的显著特征，对于那些不太熟悉这个矩阵的人来说，很难(也许不可能)去承认某些艺术品所占据的地位。如果没有艺术世界的理论和历史，这些东西也不会是艺术品。

布里洛盒子就像“艺术喜剧”(*commedia dell'arte*)》演员将令人兴奋的不协调带入《纳克索斯岛上的阿里阿德涅》(*Ariadne auf Naxos*)喜剧中一样，也带着这种同样的令人兴奋的不协调进入了艺术世界。不论与艺术相关的谓项是什么(它们凭此获得进入的资格)，艺术世界的其他部分在获得对立的谓项并适用于它的成员时变得更加丰富。那么，就回到哈姆雷特的观点上(我们以此开始了我们的讨论)，布里洛盒子向我们自己显示了我们，同样，任何东西也能这样显示：作为拿起来观察自然的镜子，它们也可能用来捕捉到我们的诸位国王的良心。

(译者单位：中央美术学院美术馆)

大众文明与少数人的文化(节选)

[英]F. R. 利维斯(F. R. Leavis) 文　李媛媛 译

> 在我们现代世界中,这种作用有其特殊的重要性。较之于希腊和罗马文明,整个现代文明在很大程度上是机械的、外在的,并且此种倾向愈演愈烈。
>
> (《文化与无政府状态》,1869)

对于马修·阿诺德来说,难度要小得多。我并不是指今日令人绝望的文化困境,[1]而是(实际上,这种考虑并非无关紧要)说他可以自由地使用"上帝意志"和"我们真实的自己"之类的词。今天,人们必须面对阿诺德可以轻描淡写地一笔带过的定义和表述的问题。例如,当开篇便指出文化总是被少数人所保存时,就有人质问我用"文化"来指涉什么,我可以(也确实是这么做的)让读者参照《文化与无政府状态》;但是我知道需要更多的东西。

在任何时代,具有洞察力的艺术欣赏和文学欣赏都依赖于极少数人:只有很少的人能够不经提示地作出第一手判断(作品通俗易懂的情况除外)。能够带着真正的切身体会认同这第一手判断的人数量较之前者要多一点,但是仍为少数。普遍公认的价值判断是某种纸币,其基础是比例很小的黄金。在任何时候,美好生活的可能性都与这种货币的状态密切相关。没有必要对这个隐喻进行详细的阐述:I. A. 理查兹先生已在以下这段话中对该关系的特性给出了很好的说明,这段话如今已成经典:

> 但是,批评并不是一种奢侈的职业。只有先锋往前走,社会

---

① "还有,我们这些上帝之子的发言,那对我们的集体思想构成最猛烈冲击的声音,在英国拥有最大发行量,啊不,在全世界拥有最大发行量的报纸,是《每日电讯报》。"(《文化与无政府状态》)今天发行量最大的报纸是《世界新闻》。

的后进者才能获救。善意与理智仍然只为很少的一部分人所有。我们已经说过，批评家关心心灵的健康，正如医生关心身体的健康。批评家以价值判断安身立命，因为艺术不可避免地是关于存在的评价，它完全独立于任何艺术家的意图。当马修·阿诺德说诗歌是一种生活的批评时，他说出了如此显而易见但常常被人们忽略的东西。艺术家关心他认为最值得拥有的经验的记录与永存。至于我们会想到的原因……他也是最有可能拥有具有记录价值的经验的人。他是心灵的成长得以显现的尖端。[①]

最后一句话暗含了另外一个隐喻。少数人不仅有能力欣赏但丁、莎士比亚、多恩、波德莱尔和哈代（这里只列举几位大人物），而且有能力认出他们最近的继承人，这些人在特定的时代建立起了族群（或分支）意识。因为这种能力并不仅仅属于一个孤立的美学领域：而且也包含了对理论、艺术、科学和哲学的敏感度，而这些可能影响对人类境遇和生命天性的感觉。少数人保存了传统中最精致、最容易毁灭的部分，正是仰赖他们，我们才有能力从对过去的最美好的人类经验中获益，安排一个时代的美好生活的固定标准才得以确立，才有了这个比那个更有价值，这个方向而不是那个方向更为可行，中心[②]在这里而不是在那里的感觉。使用一个引人深思的隐喻（同时也是转喻）：他们保存了美的生活赖以存在的语言、变化的习语，没有这些，精神就会失去特性、支离破碎。我用“文化”来表示这种语言的使用。我并不要求自己给出一个严谨的定义，但是我想，任何愿意读这本小册子的人都会认为以上说明已经足够。

文化正处于危机之中，如今已成老生常谈。这种老生常谈被广泛地接受，却并未被广泛地理解：无论如何，危机所预示的东西变成现实似乎并不平常。

因此，重申显而易见的东西似乎不无必要。人类历史在现代阶段出现的局面史无前例，要证明这样一个信念只需指向机器就足够了。首先，机器以无与伦比的速度改变了生活习惯和生活环境。杰出的人

① *The Principles of Literary Criticism*, p. 61.

② “……大量公众毫不怀疑这些机构的价值与它们靠近或远离某种与正确的信息、口味和才智的理想的中心有关。”——《文化与无政府状态》

类学著作《米德尔敦》对这种变化的结果进行了探讨，研究了(恐怕这样说并不多余)美国中西部的典型社区。我们在这本书中详细地看到汽车(略举一例)在短短几年内彻底影响了宗教，[①]分裂了家庭，根本改变了社会习俗。这种变化是灾难性的，以至于各代人发现彼此之间难以适应，父母无法与孩子们相处。当生活条件以这样一种方式改变时，似乎不太可能不对生活标准(套用经济学家的术语)构成伤害：即兴创作几乎不可能取代精致的传统调适与习惯和评价的成熟、沿袭的符码而不带来严重的损失，而有的损失亦并非一时可见。连续性的打破带来了威胁：不可逆转地失落的东西，可能无法复原并遭到遗忘。

对此，有人可能会回答说，米德尔敦在美国，而不在英国。的确，美国的变化更为迅速，民族的融合强化了这种效果。但是，在英国以及整个西方世界，同样的过程正在进行，并且愈演愈烈。我们正在经历美国化，这已成陈词滥调。然而，对这陈词滥调的理解照例少之又少。一说起美国化，就好像美国要负责似的。劳德·梅尔切特这位“英国英语”倡导者[②]，也不能将我们从美国化中救出，尽管他成功地使我们团结起来去应付他所恐惧的美国式的商业运作模式，“可能会使我们失去一个庞大的自治的兄弟关系结构，而对于盎格鲁—撒克逊种族在未来的持续发展来说，这种结构的普遍存在无比重要，对于发展我们现代文明中那些最好的东西来说也极其重要。”[③]那些对美国极其蔑视的人并不打算改变机器所带来的变化。我们将拥有更高的效率、更高明的推销术、更多的大众生产和标准化。如今，如果伍尔沃斯[④]代表了大众生产和标准化的最糟糕的影响的话，那就没有必要绝望。但是还存在更严重地触及社群生活的影响。例如，当我们思考由印刷的形式所体现的大众生产和标准化的过程时，伴随它们的将会是一个水准下降的过程，这显然带有凶险的意义。

---

① 人们有了一种清晰的印象，即所有教育都理所当然地拥有宗教基础，即便35年前关于这一点所言甚少，那时，高等院校“礼拜堂”是一种宗教灵感服务，有唱师班，而不是倾向于临阵磨枪的“赛前会议”。*Middletown*, by R. S. and H. M. Lynd, p. 204. 当然这种变化并不完全是由汽车造成的。

② “对于说英语的民族来说，这将成为一个巨大的灾难，对于文明来说，亦将如此。”——Lord Melchett, *Industry and Politics*, p. 278.

③ Ibid., p. 281.

④ Frank Winfield(1852—1919)，美国商人，他成功地建立了全国五分和十分钱连锁店。——译注

电影更加灾难深重，因为电影的影响力更大。① 它们在当今文明化的世界中成为向最廉价的情感诉求提供娱乐的主要形式；并且在感受力处于催眠状态时，由于同栩栩如生的实际生活的幻象联系在一起，它们迎合了最廉价的情感诉求，投合了较为阴暗的部分。很难怀疑结果必定对"生活标准"（如前使用这个短语）构成严重损害。人们对于坚持它采取保留态度似乎异常明显地体现了这一点。然而，人们将会通过引证将电影作为一种严肃的艺术媒介这样一种尝试来予以回敬。正如当广播受到争议时，他们会指出，他们在广播里听过优美的音乐和睿智的演讲。广播的标准化影响几乎无可质疑，但是由于这个行业没有一个耽于纯粹商业开发的好莱坞，因此水准下降并不明显。但是广播与电影一样，实际上主要是一种消极消遣的途径，往往使积极的娱乐，特别是积极使用心智的难度加大。对于这一点，或许没有争议。② 而这种力量仅仅是开始。不远的未来蕴藏着这种迅速的发展。

如此刻意地发掘低级反应成为我们文明的特征，想到这一点，我们可以说，对应用心理学的史无前例的运用已成为一个新的历史要素。可能有人认为这是在夸大好莱坞，但是即便如此，当我们想到广告业及其在二三十年时间里取得的进展时，就没有怀疑的余地了。（并且可以认为，广告包罗广泛，而不是形式上徒有虚名。）

---

① "电影天生就是一种娱乐性的、提供信息的世界语，并且，在所有艺术中，它至少潜在地是一种审美性的世界语；如果可以将它划为一类的话，电影或许比其他任何艺术都拥有更大的普遍性……电影用直接、简洁、快捷、自然的方式讲故事，不是用语词，而是用无声的画面。看不仅仅是相信；在某种程度上说，它也是理解。在戏剧中，看是与听紧密联系在一起的，而听相应地是与精神上的努力联系在一起的。在电影中，看就是全部——至少是十之八九。"*Encyclopaedia Britannica*，14th edn-"Motion Pictures：A Universal Language".

《大英百科全书》的第14版本身就可作为正在发生之事的一个证据：如编者所宣称的，"人性化、现代化、形象化"。

② 埃德加·赖斯·巴勒斯先生（《人猿泰山》的作者）在一封信（我有幸被特许看到这封信）中写道："通过多次试验发现，只有通过思考才能欣赏的画面总是票房失利。普通公众并不想思考。这样一个事实或许比其他事实更能说明我的故事为什么成功，因为如果脑中没有这样一种特殊的观念，我仍然会努力地描述清楚，以至于任何读者都可以很容易地将各种状况变成同我所看到的一模一样的视觉图像。我这样做的理由不是基于对普遍智力的低估，而是基于这样一种认识：必须花大力气使不太可信的情境（我的作品中充满了这样的情境）看起来真实可信。因此，我设计了一种小说类型，只需在精神上付出极小的努力就可以读懂。"这段话对于我的论证的意义无需评论。巴勒斯先生补充说他的书每年的销量有一百万册。这里无暇与《詹姆斯·莱金顿的生活》(1791)之类的文献进行对比。

吉尔伯特·拉塞尔先生为“作家书架”所开的书目中纳入了莎士比亚的作品、《圣经》、《凡尔赛世家》、《牛津英诗选集》、C. E. 蒙田的《发光的微粒》以及阿瑟·奎拉库奇爵士的《写作的艺术》，他告诉我们：

> 只有那些充满深情的阅读、对文字有迷恋情结以及对形象生动的语句有感觉的人，才能进行出色的模仿；这些人足够多才多艺、拥有足够的判断力，知道怎样平实而辛辣地或带着特定的感情来写作。简单地说，出色的模仿不仅仅是一种相当高级的文学技巧，而且也是一种独特的专业技能。

在当代小说中将会看到这种技能的影响。例如，托马斯·拉塞尔先生(《爸爸，你在世界大战中做了什么?》的作者)告诉我们：如果“英语是世界上最佳的广告语言”，那么广告业也帮了英语大忙。它在推进拉迪亚德·吉卜林先生所开启的工作，并且，当涉及到某些重要词汇时，吹毛求疵的人更加难以应对。因为正在发生的事并不只是影响了文化环境，好像在外围戛然而止。这一点应该是显而易见的，但是对于很多认可我前面所列举的老生常谈的人来说，并不如此明显。甚至那些赞成标准已遭废除、权威已消失、货币贬值、通货膨胀的人，也似乎并不总是能明白灾难预示着什么。我的目标是借助一些具体的证据来使人认清这一点(如果可能的话)。无论如何，我希望能避免被人指责为过分悲观主义。

在《抒情歌谣集》的第一版“广告”中，我偶然间发现了这句话：

> 乔舒亚·雷诺兹爵士发现，在诗歌中同在所有其他艺术中一样，准确的趣味是一种习得的才能，只有通过艰难的思索和长期与最优秀的文学范本的不断交流才能获得。

在华兹华斯写下这句话的时代，艰难的思索和长期与最优秀的文学范本的不断交流，比今天具有更大的可能性。从那时起，娱乐开始困扰心灵生活。似乎有充分理由相信，一个世纪之前的普通受教育者是比这个群体在现代的代表更具能力的阅读者。现代人不仅自我放纵去阅读更多的各种各样的读物，而且获得辨别力的任务更难完成了。一位读着华兹华斯长大的读者游走于一套有限的所谓符号之间：变体并非铺天盖地。因此当他一路读下来就能够获得辨别力。但是现代人遭遇了一大堆的符号，变体之多、数量之巨，令人困惑，除非极具才华和天赋，否则几乎无法着手甄别的工作。此时，我们已在经历总体性的文化困境。界标在不断变动、不断增进、彼此挤压，差别和分界线已然模糊，边界消失，不同国家和时代的艺术和文学作品汹涌而入。因此，如果我们回到文化的“语言”隐喻的话，我们可以借用 T. S. 艾略特先生的语句这样描述知识的处境：“当有如此多的东西等待人们去了解时，当有如此多的知识领域都赋予同样的词以不同的意义时，当每个人都对众多事情略知一二时，人们要确定他是否了解自己正在谈论的东西变得越来越困难。”

因此，有批评眼光的成人公众，实际上数量是很少的：它们是能够在新书令人窒息的层层迷雾中清醒自持的为数极少的少数人。

读者必须为自己做更多的事。我们不得不再次向美国人学习：在那里，“每月读书俱乐部”及类似的组织解决了问题。在我们这里，问题也正在迅速地得到解决，继“图书协会”之后出现了“图书行会”。

> 埃塞尔·曼宁小姐为“图书行会”所写的文章中这样写道：“每年出版数以万计的图书——数量大概为 12 000 册到 14 000 册——老天，普通人怎样甄别优劣？卓越的批评家试图引导公众，但是他们常常无可救药地‘自诩清高’①、‘矫揉造作’，只能徒增迷乱与困惑。”
>
> 因此，当有人向我说明“图书行会”的目标时，它似乎好得难以置信：一个迎合普通才智的读者，而不是自认高雅的学者的组织；一个证实一本书可以讲一个好听的故事，投合大众的口味，却仍然可以成为优秀文学作品的组织——成为优秀文学作品，却仍然引人入胜、趣味盎然，一旦你开始阅读就难以放下；一个不会只因为一些学究气的批评家之类的人对一本书大加颂扬就将其当作天才作品推荐的组织，它却会负责地过滤掉大量装腔作势、自命不凡的作品。那些作品像大肆喧哗的第三等级一样令人厌烦。

---

① High brow，直译为“高眉”，高雅文学、严肃文学的代名词，与“low brow”所代表的通俗文学、畅销读物相对。作名词用时，表示有高深学养、自命不凡的人。——译注

“图书行会”的乔治·伯明翰(卡农·汉内)先生以一种令人赞叹的耿直揭示了“高眉”这个词背后所隐藏的态度。这位值得尊敬的先生在1930年7月14日的《图书协会公告》中写道：

> 侦探小说作者有自己的主顾,尽管他们对在社区图书馆的出纳台前挤作一团的年轻女士没什么吸引力,而那些像信徒一样遵照学养深厚的文学批评家的指示的读者对它也几无兴趣。

为了防止被忽略,他重申：

> ……不是我所提到的那些社区图书馆的年轻女士或文学信徒的食粮。

“高眉”在英语里是一个贬义的称号。我前面已说过,文化总是由少数人所保存。但是现在这少数人清楚地看到环境不仅令人不快,而且充满敌意。有一次我听到多佛·威尔逊先生说道:“莎士比亚并不是一个‘高眉’。”的确,在莎士比亚时代不存在“高眉”。对于莎士比亚来说,既写立刻流行的戏剧,又写只能由少数受过教育的人欣赏的诗歌是可能的。《哈姆雷特》迎合了从高到低各种层次的人的兴趣。《失乐园》、《克拉丽莎》、《汤姆·琼斯》、《唐璜》、《还乡》的情况也是一样。而乔治·伯明翰先生可能会指出,《荒原》、《休·赛尔温·毛伯利》、《尤利西斯》、《到灯塔去》的情况就不同了,这些作品只由很少量的专业人士所阅读,超出了大多数自认为受过教育的人的能力所及。最卓越的创造性才能在这类作品中得到应用的时代,正是“高眉”这个术语日渐流行的时代。但是“高眉”一词所蕴含的态度使这种才能成为对它的反拨,指出这一点也同样正确。少数人以前所未有的方式被剥夺了统治世界的能力;正如乔治·伯明翰先生和他的朋友们成功地实现了精致化、标准化,并赋予“人进行文学判断的天性中所固有的陈腐趣味”(借用马修·阿诺德的话)以权威,它们将会使“表达时代最精致的意识的作品应该非常专业,以至于只有少数人才能理解”变得越来越无可避免。

“文明”和“文化”日渐成为意义相反的词。如今不仅仅权威的能力和感觉与文化相脱离,而且某些最无偏见的对文明的关注动辄有意无意地与文化相抵牾。

因此，文化的前景极其暗淡。由于标准化的文明正迅速包围整个世界，希望渺茫。看一看允许我们观察的苏联的情况，它并未提供我们偶尔受邀去那里寻找的安慰。任何看过爱森斯坦的电影《旧与新》的人将会欣赏《新共和》杂志（1930 年 6 月 4 日）中的一位作家将它与美国电影作比时所做的评论：

> 在思考这些事时，人们想象着美国可以很顺利地把《死敌》卖给苏联，并说："这就是跟太多机器共处太久对人造成的影响。当你无可挽回地专心致志于同一个过程时，请三思而行。"

但是，抵抗机器的胜利是徒然的。用全新的"大众文化"的承诺聊以自慰同样毫无意义。毫无疑问，证明这样一种"大众文化"可能比我们正在失去的文化更好，是可能的。但是它会是无效的：其"全新"舍弃了任何可能引起我们兴趣的东西。①

那么，还残存着什么希望吗？无论如何，复苏的渺茫希望必定会降临吗？I. A. 理查兹先生的观点比大多数人的观点更有价值，它似乎证明了希望尚存，他谈到了"认为这个世纪是处于文化的低潮，而不是处于顶峰的原因"，还说："在情况好转之前，可能还会变得更糟。"②"一旦达到最底部"，他指出，"缓慢的回升是可能的。至少这是一个有理由接受的希望。"③但是当面对以上所描述的加速下滑时，这是一个看起来非常绝望的希望，并且它似乎并不指向任何可能形成合力逆转这个过程的要素。

那么，我们要听从斯宾格勒④（以及亨利 · 福特先生⑤）的忠告，停

---

① "……实际上，这位先生不畏困难地提议，从今以后我们应该称之为工业文化，并且，当然不再会对它们真正的特质产生误解；除了财富和舒适所带来的愉悦之外，它们将产生对甜美和光明的真正认识。"——《文化与无政府状态》

② *Practical Criticism*, p. 320.

③ *Practical Criticism*, p. 249.

④ "迄今为止，每个人都有表达对未来的希冀的自由。当事实消失时，情感统治。但是从今以后，提醒自己什么可能发生，因而提醒自己不管个人的理想、希望或欲望是什么，命中注定将要发生什么，成为每个人的份内之事。"——*The Decline of the West*, vol. 1, p. 39.

⑤ "但是未来如何？我们应该不生产过剩吗？我们不应该在某一天到达这样一个时刻，机器无比强大、人无关紧要？"

没有人可以对未来指手画脚。我们不必杞人忧天。尽管我们出于善意努力地阻止，未来仍然我行我素。如果今天我们尽最大力量去完成任务，那么我们就已竭尽所能。

或许直到整个世界已达到各取所需之时，我们才可能生产过剩。这种情况如果发生，我们当然应该感到心满意足。——Henry Ford, *To-day and To-morrow*, pp. 272 - 3.

止对必然出现的未来焦躁不安吗？这是不可能的。如果我们极度担心我们不得不相信的结果，那么，尽管可能显得荒唐可笑、自以为是，至少我们对即将到来的未来负有某种责任。我们不得不坚持理查兹先生所提供的这种希望，坚持这样的信仰（可能毫无理由）：我们最珍视的东西与族群紧密相关，最终无法舍弃，机器仍将被用作一种工具。

我们应该尽可能地了解正在发生的事，如果可以的话，我们还应该"随时保持与未来的交流"。

（选自 F. R. Leavis，*Mass Civilisation and Minority Culture*，Minority Press，Cambridge，1930，pp. 3 - 30。）

阿列西·艾尔雅维奇(ALEŠ ERJAVEC)小传

阿列西·艾尔雅维奇,1951年生,卢布尔雅那大学毕业。从1979至1989年期间,他是巴黎美学学院(C. N. R. S)研修班的成员。1993至1994年,他获得富布赖特奖学金,在美国伯克利加州大学从事博士后研究。

阿列西·艾尔雅维奇目前担任斯洛文尼亚科学和人文研究院哲学所所长,卢布尔雅那大学的美学教授,以及科佩尔大学人文学院美学教授和文化研究系的系主任。他在1984至1991年期间以及2005年至今,担任斯洛文尼亚美学学会会长。

阿列西·艾尔雅维奇是一位具有国际影响的美学家,他在1998年至2001年期间担任国际美学协会的会长职务,并在多国担任学术兼职和名誉职位。他的主要论著包括:《美学、艺术和意识形态》(*On Aesthetics, Art and Ideology*,卢布尔雅那,1983年);《美学和认识论》(*Aesthetics and Epistemology*,卢布尔雅那,1998;萨拉热窝,1991);《美学和批评理论》(*Aesthetics and Critical Theory*,卢布尔雅那,1995);《图像时代 》(*Toward the Image*,卢布尔雅那,1996);《后现代主义和后社会主义状况》(*Postmodernism and the Postsocialist Condition*,柏克利 2003,台北 2009);《弥留之爱:先锋艺术、美学和艺术的终结》(*Love at Last Sight. Avant-Garde, Aesthetics, and the End of Art*,卢布尔雅那,2004)等。其中《图像时代》的中译本已于2003年与中国读者见面。

他所参加编写的著作包括:《卢布尔雅那,卢布尔雅那:斯洛文尼亚艺术和80年代的文化(*Ljubljana, Ljubljana. Slovene Art and Culture of the Eighties*,与 Marina Gržinić(合编,卢布尔雅那,

1991);《美学与/即全球化》(*Aesthetics and /as Globalization* ,卢布尔雅那,北京,2005);《运动中的造型:当代西方文化美学、哲学和艺术理论》(*Figures in Movement. Contemporary Western Aesthetics, Philosophy and Theory of Art* ((与Miško Šuvaković合编,贝尔格莱德,2009);《现代主义、后现代主义及其他》(*Modernism, Postmodernism and Beyond*)(开封,即将出版);《美学的复兴》(*Revival of Aesthetics*)(与高建平合编,开封,即将出版);《审美革命》(*Aesthetic Revolutions*)(美国 Durham,进行中)。

在这一专栏中,我们则选取了阿列西·艾尔雅维奇最新的三篇论文,译成中文,以飨读者。

艺术的东方

颜　筝译

让我在开始前首先稍作解释，我所要讲的和题目中的“东方/东方的”并非指亚洲——这在欧洲也正迅速变得众所周知——而是指欧洲的前社会主义国家，包括俄罗斯。也许在某种矛盾的意义上，也包括中国。

欧洲曾有它的东方，但是随着 1989 年柏林墙的倒塌以及随后而来的政治和经济的变化，欧洲的东方象征性地被彻底摧毁了，现在其地理位置首先被称为前社会主义国家或欧盟的新成员国。而东欧则向更东处延伸，直至罗马尼亚、保加利亚等国家。

换句话讲，这个区域几世纪以来从政治上和地理上都被称为“东欧”，前苏联集团的国家加上南斯拉夫，或中欧或巴尔干半岛，这在现在被称为包括俄罗斯和东南欧的欧盟新成员国。东欧的“东”便迁义为欧盟成员资格，这总有一天会像“欧洲的东方”一样消失——而想像中的东方则向更远的东方延伸。所以，如果这个过程持续下去，东欧有一天将会在事实上移至中国邻近地区，也因此与当前的“西亚”相融合。

但我将把这个讨论限制在目前，并且重申，今天在欧洲许多地方不再称东部为“东欧”而是称之为曾经的“远东”已经十分平常，而新加坡、香港、韩国和中国大陆则代表了我们兴趣的焦点。

当代中国证明了这样一个事实，即有趣的艺术产生于社会紧张、快速的发展，以及本国与国外影响的动态的、生发性的冲撞等条件之下——一种历史性现象，它越过了经济和文化之间的被简单化的、错误的、直接的、机械化的联系和依赖性。东欧的艺术基本上是，也曾经是这样，只不过东欧（除了俄罗斯）艺术主要是在欧洲找到它的受众，而中国艺术在今天则是令全球感兴趣。

一些批评的观点指出，当代中国艺术的大多数仅仅是一种出口的商品，几乎没有艺术意义或者对国内大众也无甚社会、政治的影响。即便如此——我并不这样认为，因为艺术通常总是一种独有的、限制性的产品和活动——它也不会改变其普遍的艺术价值。

说到这种价值，在这个问题上我是个传统主义者，也许还部分地是个黑格尔主义者。我相信过去大多数的艺术都有一种有关存在(existential)的潜力和价值，尽管——当然，尤其是今天——在艺术的术语与概念之间存在巨大的鸿沟。或者我们可以重复雅克·朗西埃尔(Jacques Rancière)："有必要重视艺术认同的历史体制的存在"①。尽管独立艺术的存在只两个世纪，这并不阻止它在此前后以各种个体的单一形式存在，而且它也只能是偶然地出现——亦即在类似的可能性条件的基础上。

因此，古典的康德式的或分析的问题"这是艺术吗"，显得不太重要，尽管对大众来说，这的确总是首要的兴趣，它在传统艺术的传统中被提起，又面临当代的艺术。

艺术中显得更有趣的是确定它是否能让我们如初次一般看到事物和现象，如路易·阿尔都塞(Louis Althusser)在 20 世纪 70 年代所认为的，是否同样地揭示了意识形态，或就是它整体的一部分？它是否令我们的眼睛敞向那些前所未见的或未注意的抑或是已遗忘的？而且，它是否开发了被称为作品或事件的媒介并因此为艺术开放了新的表达潜能，来作为人类的创造性、自我表达和我们对世界的象征性挪用(symbolic appropriation)以及我们在其中富有象征性的和想象力的布置的中心形式之一？它是否在我们中引起反叛、恶心、美、移情(empathy)、拒斥或审美欣赏等这些感觉或者思考？它是否激发我们将它看作某种东西，既属于我们、又作为我们或这些感觉的一部分？

让我引用 S. A. Mansbach 的《东欧的现代艺术：从波罗的海到巴尔干半岛，约 1890—1930》(*Modern Art in Eastern Europe. From the Baltic to the Balkans*, *ca.* 1890—1939)书中一语以继续："为什么是在今天(东欧的)先锋人物和运动几乎完全被忘记和忽略了？——他们早在 20 世纪就克服了其次要地位而在先进艺术的产生中承担起批判的和构成性的角色。在艺术史的学术时代以后，为什么我们现在

① Jacques Rancière, *The Politics of Aesthetics* (London: Continuum 2004), p. 51.

对一般的现代运动的理解如此之不完整，以至于只是在半个世纪以前，西方批评家、历史学家、艺术家和有教养的大众对于从波罗的海到巴尔干半岛的艺术发展形式才相对地了解更多，并且对之也更怀感激？是什么事情向大众文化意识遮蔽了这种构成性的现代艺术？

"倒退到历史的模糊性之中，不是一种蓄意无知的西方计划或文化沙文主义的结果。在很大程度上，这毋宁说是，在东欧这片广泛领域中各个国家政治、社会甚至文化发展所导致。"①

作者继续说道："现代主义基本上诞生于工业化欧洲的空白的东方地带上——达达派产生于王朝时代的罗马尼亚，结构主义产生于沙皇帝国，而立体—表现主义独特的创造性形式则产生于波西米亚的哈布斯堡。"②

弗雷德里克·詹姆逊(Fredric Jameson)曾在十年前提出了"第二世界"(the Second World)，唐纳德·拉姆斯菲尔德(Donald Rumsfeld)则提出了"新欧洲"(New Europe)。当涉及其中的20世纪现代派(modernist)和先锋派传统时，以上所引的那段话则很好地说明了他们的一般境遇。之所以被称为"第二世界"，是因为它既不是高度发达的"第一"，也不是发展中的"第三"。而且拉姆斯菲尔德发明这个术语，是因为在东欧"野性的东方"(Wild East)之中的确存在某种"野性的西方"(Wild Wast)，所以"新欧洲"这个名称在那时的出现没什么不妥。那时正是殖民化时期，即市场经济发展和民主政治体制发展的开拓阶段，也是理解唯一的价值既不是个体也不是集体的开拓阶段。这个区域在19世纪将地方主义(provicialism)和隔离的时代抛诸脑后，而该时代在塞尔维亚文学家 Radomir Konstantinovi 那里得到了很好的描述，他在1969年将他所说的"地方哲学"(The Philosophy of the Province)和他所感觉到的，都描述为那整个区域的心灵的显著状态。正如他所说，地方的世界(the world of province)"是一种处于作为理想化个体的部落与作为理想化开放的世界精神之间的精神。当这种精神谈及它的不幸命运时，当它谈及它为历史所排除时……地方的基本假定是……它是一种被历史遗忘的精神，现在试图将它的欠缺

① S. A. Mansbach, *Modern Art in Eastern Europe. From the Baltic to the Balkans, ca.* 1890—1939 (Cambridge: Cambridge University Press, 1999), p. 1.

② Ibid., p. 2.

转换为它的特权，也通过它自身……忘记历史，因此在其自身中将自己想要存在于时间另一面的意图催眠。”[①]Konstantinovi 所宣称的恰好符合对于东欧的一种超越时间的描述：它是欧洲的一部分——尤其是在地方(in the province)，但四处除了地方(province)不存在任何东西——在那里生活围绕着日常事务打转。我们以俄罗斯为例，从契诃夫、尼古拉·果戈理或伊凡·蒲宁的许多戏剧或小说，或更近一些的，从伊利亚·卡巴科夫(Ilya Kabakov)的装置那里知道了这些。同时，这一方面是个体的焦点，另一方面也是世界的——但这二者从未相遇。一个艺术家总是被误解；即使他成功了，他的成功也停留在当地的、地方的、有限的范围与鉴赏。

在这种环境中，可应用的文化概念被 18 世纪的德国浪漫主义文化哲学家赫尔德(Johann Gottfried Herder，1774—1803)所理论化。因此，文化是民族的文化，“我”的文化特征正在于不同于“你”的。文化跟民族连结起来，而二者又都与政治挂钩。

同时，文化享有一种特有的角色，因为它不是日常活动的一部分。文化是你上衣翻领的一朵花，执行的功能是加强一个人的社会地位和民族的自我影像。

在这个语境中，文化和艺术有着特别的使命。如俄罗斯哲学家米克黑尔·爱泼斯坦(Mikhail Epstein)在 19 世纪所说的，“文化(＝艺术)不是社会的产品，而是对社会的挑战与另类选择。”[②]或者，又如俄罗斯画家布拉托夫(Erik Bulatov)宣称的，当描述俄罗斯艺术与社会的分离时，“我们的任务、我们后代的任务，是表明这个被描述为不可动摇的、不可改变的永恒世界并非一切。这明显的不可改变的世界实际上是错误的、蜉蝣般短暂和不真实的。真正的存在被建立在界域的另一端。这解释了为什么超越(油)画之外的空间对我如此重要。”[③]

我所要强调的是欧洲的这一部分——俄罗斯在某种程度上是其一段遥远的断片，同时也是这个宇宙的顶峰——基本上没有成功地创

---

① Radomir Konstantinovi c，*Filosofija palanke* (Belgrade：Nolit 1981)，p. 7.

② Mikhail N. Epstein，*After the Future*：*The Paradoxes of Postmodernism and Contemporary Russian Culture* (Amherst：University of Massachusetts Press 1995)，p. 6.

③ Erik Bulatov in，“Interview with Erik Bulatov and Ilya Kabakov，Moscow，July 1987，conducted by Claudia Jolles，” in *Erik Bulatov*：*Moscow* (London：Parkett Publishers & ICA 1989)，p. 42.

造一个整一的文化环境。之所以没有，首先是因为本质上不存在可以被艺术家所接受的具有说服力的、普遍性的和具有智性影响力的社会主义文化；其二，因为在这个区域的不同国家之间或在他们与世界上其他区域之间，几乎没有本质上的文化联结。只是由19世纪开始——在前南斯拉夫，这在十年前发生过——这种状况才开始有所变化。

的确，在某些情况中，看起来文化与艺术实际上是取代了政治或经济的力量。在斯洛文尼亚，剧评家Josip Vidmar在1932年阐述了文化的重要性和特殊地位的论点。他认为"小斯洛文尼亚可以在文化和艺术，而非在经济或政治上，有所建树……由此……'斯洛文尼亚的雅典'的观念产生了，即：斯洛文尼亚的首都卢布尔雅那(Ljubljana)，可以成为另一个雅典或佛罗伦萨，以它的文化著称、以这种方式亮相世界。"①

我们在很多其他的国家和艺术家那里找到了相似的观念，比如20世纪70年代俄罗斯艺术家科马尔(Komar)和梅拉米德(Melamid)的"想像的民族"(imaginary nation)，20世纪80年代后期的斯洛文尼亚IRWIN创作小组的类似的"想像的NSK(即欧文组合所属之团体)"或匈牙利艺术家Gábor Bachman的"纸建筑"(paper architecture)和"无的建筑"(architecture of nothing)的传统中。而Gábor Bachman继承的是Lajos Kassák自20世纪早期开始的"图画建筑"(picture architecture)的传统。

在所有这些例子中，我们见证了赫尔德文化概念的变异，艺术呈现了它最高的形式，在过去一个半世纪，这种境遇几乎从未改变。我想进一步论证，在世界的这个部分，不仅在苏联世界或集团产生前的时期，而且在苏联时代以及分裂的时期，至少在"作为共和国的一部分"这样一种信念中，艺术作为一种本质的人类活动和创造而存在。在社会主义下，至少从20世纪60年代后期开始，艺术不仅如此多地与宣传和文化相关，而且也与传统的、古典的和情感主义的(intimist)艺术形式相关。

Mansbach谈及20世纪前半叶(至1939)时，提到了在两场战争之

---

① Aleš Erjavec in, Aleš Erjavec (ed.), *Postmodernism and the Postsocialist Condition* (Berkeley: University of California Press 2003), p. 136.

间,这个区域——从波罗的海国家到亚得里亚海——如何拥有了它的经典先锋艺术、超现实主义、表现主义,更不用提达达派和未来主义了。这种文化(俄罗斯略有不同)随后便衰落了,它的主要人物或移居国外或在后来三十年里逐渐沉寂,由于明显的原因,在后四十年也是如此。后来,他们被遗忘了,由于即将来临的冷战,也由于他们中许多人所实践的现代主义的温和形式与官方的社会主义现实主义文化之间的紧张关系。

20世纪60年代甚至70或80年代不得不等待一种新的、单纯的、政治无知的和被忽略的艺术的产生,不管是现实主义的、立体主义的、抽象派的还是概念派的。这发展成为塞尔维亚艺术批评家 Ješa Denegri 所恰当命名的"温和的现代主义"(modest modernism)。

20世纪60年代和此后二十年里,尤其是这些国家的概念艺术(conceptual art),既是本土的又常常是极端的。它也是非政治的,尽管这并不妨碍它成为政治镇压的受害者。在被政治意识形态所主导的环境中,除了个人和私密的生活外,几乎没有什么可以保留。

在我们这个全球化的时代——也许除了朝鲜——难以想像那些时代的隔离与交流的匮乏。这些国家有成百上千的艺术家,他们中许多人从未在他们所在地的、宗教的或民族的环境之外表现过。他们的一些作品是有创造力的,有意义的,尽管有时候也是对西方作品的模仿。它的历史仍然需要探究和书写。从二战到1989左右时期的艺术与文化在今天是最不为人所熟悉的东欧艺术时期之一,而如 Mansbach 指出的,更早时期的艺术在今天也是同样陌生。

我所发现的对这些国家来说特别重要和独特的——从俄罗斯到匈牙利和斯洛文尼亚——是从我所说的后社会主义时期开始的,也就是社会主义阵营瓦解时期——人们就像詹姆逊所说的"消失的中介"(vanishing mediator)。从20世纪80年代起的艺术基本情况如下:兴起于高度重视艺术的社会主义时期,并且在这一时期艺术被给予超越其他社会话语的一定程度的表达自由;然后消失于从社会主义到一个新的社会和政治系统的转换几近完成的时期。这个时期正是俄罗斯批评家维克多·米希阿诺(Viktor Misiano)所界定的叶利钦时期。在他看来,"戈尔巴乔夫的改革仍然基于意识形态的出发点,因此对它来说,文化需要有成效。我们可以将它与紧随弗朗哥政权衰退的费利佩·冈萨雷斯(Felipe Gonzales)改革作比较,因为他的改革也是基于文化的改革。这些仍然是由现代主义时代以来的改革的例子。另一方面则是完全忽略了文化的改革者,比如叶利钦。”①

在19世纪下半期,文化与智性的活动不再重要,而唯独变得重要的是经济发展。在所有前社会主义国家(斯洛文尼亚可能是其中最后一个,因为这个过程仅在几年前确定)文化被推入到这个背景中。今天,这些国家通过经济、政治、军事的存在和支持来提升自己,而非通过文化——除了那些可以毫无问题地使用的,这通常指的是传统的、古典的和种族的文化,即已建立的、不成问题的精英文化和大众民族文化。

不过,在同一时期,也就是20世纪90年代,出现了一种新的艺术,非常国际化,尽管它与其文化政治的根源和环境紧密相联。虽然它常常是在国内边缘化,而只是被西方的博物馆馆长如哈洛德·塞曼(Harald Szeemann)或彼特·威伯尔(Peter Weibel)等进行国际范围性的提倡,并且由一组异质的艺术表达和指称所组成,但这种艺术超出或避免了对个体人的经验的狭义限制,并且获得由真实的艺术作品和事件所提供的普遍性价值。

在20世纪80年代和90年代初期的艺术领域中——作为过渡的初期——出现了新的技术和新的非传统观念。在这个过程中的一个重要的参与者是匈牙利裔美国富翁乔治·索罗斯(George Soros),他创立了一些当代艺术中心,被称为“开放的社会”中心。他持有这样的理念,即通过播下文化中的“开放社会”的种子,他就会促进自由和民主,也会产生不同的、年轻的、有创造力的艺术家和他们的宣传者。如他几年前所承认的,在这方面他部分地失败了:他的钱没能帮助艺术家发展他们自己的网络和财政来源,只是取代了之前由社会主义国家所提供的资助。他无意中也帮助设立了一个艺术中心的网络,它有着与前苏联集团和南斯拉夫几乎相同的艺术哲学和偏好。原因在于有着类似的艺术姻亲关系的人们被这些中心所雇佣——不管是在布达佩斯还是在里加(Riga)——因此赋予了一种相似艺术以特权,这种艺术就是占主导地位的装置艺术和概念艺术。无论如何,这些由索罗斯

---

① Viktor Misiano in, Eda Cufer, “A conversation with Viktor Misiano,” *Strategies of presentation 2 & 3* (Ljubljana: SCCA-Center for Contemporary Arts Ljubljana 2004), p. 84.

中心撒播下的种子比他们的建立者想的要更有成效,因为他们创造了艺术由之进一步发展的核心,这些艺术更不易倒向错误的国际主义,而是更倾向于开发和表达本土特征,不管他们有多民族化或全球化。

这种艺术在寻找它的观众。既然它几乎不能在国内找到公众,在国内只有传统的艺术代表着社会的力量和繁荣的资本,它便转向其他处于类似环境的国家或那些可以寻求到同情氛围的地区——例如德国、奥地利或荷兰。正是在此时,这些艺术家发现对他们来说在国际化和全球化中变得有竞争性的唯一方式,那就是开始追随后殖民艺术家所早已建立的艺术实践,亦即虽然言说着全球化的艺术语言,却是以之为辅助来阐述他们本土的根、环境与理念,并且更愿意以一种反讽的风格,从而发现一种程序——或者通过颠覆或者通过无视——来"地方化"(provincialize)西欧的艺术与文化。

这样的艺术家是某种流亡者,在西欧生活和工作,偶尔回到家乡。他们是移动中的艺术家,在这方面极似于许多其他的如非洲或中国的艺术家。

全球化的到来是发生在前二十年的现象,它早已被注意到。正如哥拉多·墨斯凯拉(Gerardo Mosquera)所宣称的:"全球化是可能的,只有在一个先已被殖民主义重组的世界里。"[①]话虽如此,但东欧是否也是这样?东欧是否被苏联殖民过?在某种意义上是。但这种说法是否适于中国?意识形态上并非是直接的,而且程度要低得多。或者更明确地说:我们是否可以宣称在后殖民和后社会主义范围内中存在相似性?那是肯定的。相似性是存在的,但它们产生于不同的历史环境。在许多前社会主义国家的文化中,冷战时期是一条时间的鸿沟。在其他国家——比如中国——这个过程是不同的,因为政治事件帮助引介了西方具象绘画(figurative painting)的传统,这在当代或近期的中国艺术家那里得到了极成功的运用。

同样发生的还有"去现代化"(de-modernisation),这与后现代主义的目标不谋而合,"去分化"(dedifferentiation)[②]的观念和对艺术"返魅"(reenchantment)[③]的寻求是其先导。在东欧的"逆现代化"的过程

---

① Gerardo Mosquera, " Alien-Own/Own-Alien; Globalization and Cultural Difference," *Boundary* (*From Cuba*), vol. 29, no. 3 (Fall 2002), p. 163.

② See Scott Lash, *Sociology of Postmodernism* (London: Routledge 1990).

③ Suzi Gablik, *The Reenchantment of Art* (London: Thames & Hudson 1991).

中,这意味着传统的、民间文化的兴起,它以当代的、先锋的艺术和文化为代价。一般认为现代主义时期是文化衰退的时期,而且从本质上就是一种文化的失常(aberration)。我们不得不做的就是回到传统。

在欧洲的前社会主义世界里,后现代主义是一个多产的时期,由于它的到来,不同国家文化的处境有了剧烈的改变。如果说在西方,后现代主义有时候被看作是团体后现代主义(corporate postmodernism),以及对未完成的现代性计划的保守的强烈反应的话,那么在这些国家,它指的是多元化和对新观念的开放性。

在80年代,随着查尔斯·詹克斯(Charles Jencks)、伊哈布·哈桑(Ihab Hassan)、让—弗朗索瓦·利奥塔(Jean-François Lyotard)和弗雷德里克·詹姆逊(Fredric Jameson)的著作的问世,后现代主义的概念在全球广泛散播。它在小的、边缘的文化里所意味的,与它在大的文化中所意味的有所不同。对集权的(centralized)和整体化(totalizing)的现代主义来说,折衷主义(eclecticism)与混杂(hybridization)是很陌生的;而在前种文化中,它将二者合法化了,它们第一次不是首先作为从大的欧洲文化中心引进的东西的当地变种和主要意在当地的文化消费,而是在全球范围内扩散现象和产品,以此对全球化的全球本性作出回应,对此罗兰·罗伯逊(Roland Robertson)称全球化是"将普遍特殊化和把特殊普遍化的双重过程"。①

在这方面,当我们以斯洛文尼亚和古巴为例来作比较时,情况并没从本质上有所改变。或者,如哥拉多·墨斯凯拉关于八十年代的古巴艺术家所写的:"他们出色地利用了包容性与后现代的多元性。"②同时,如作者所观察的,"即使是在被主导文化强加于被主导文化之上时,文化挪用(appropriation)也不是一个被动的现象。挪用者(appropriators)总是依据其自身的视野和兴趣来进行转换、重新赋意(resignify)和使用。"③

这种挪用于是便成为一项程序,与后现代主义成为一种合法的艺术方法,因此将边缘和次要的文化推入全球艺术的语境中,同时又消

---

① Roland Robertson, *Globalization: Social Theory and Global Culture* (London: Sage, 1992), pp. 177 - 178.

② Gerardo Mosquera in, Erjavec, op. cit., p. 230.

③ Gerardo Mosquera in, Erjavec, op. cit., p. 231.

解了它们的新客身份。这样，之前存在于大与小、中心与边缘之间的牢固边界，基本上丢失了它们的现代主义的重要性。

这个过程与真理地位的改变是一致的。如果我们将现代主义及其美学理论追溯到如海德格尔或阿多诺，我们会注意到他们赋予真理的基本的存在论地位，尤其是由艺术所阐明的真理——如诗歌、音乐或绘画。艺术考虑到我们向存在的敞开，顾及本真性，抵制工具理性和商品化的结果以及文化工业，它正是提供真理者。有趣的是在这里，20 世纪两个对立的思想家之间的不同消失了，而且他们关于艺术意义的思想虽以相反的术语被阐述，但彼此又极为相似。

同样的道理，哲学的角色是把握真理。正是在这里，我们遇到了近来看待真理的一种方法，即将真理视为我们的知觉与思想之间的联系，以及它们对作为一个事件的真理的指示。真理不再是某种外在的、我们应该去获得的东西，而是发生的某种东西——这与利奥塔对巴尼特·纽曼(Barnett Newman)的描述恰好相符，他说“但它发生?”或者以阿兰·巴迪乌(Alain Badiou)的话说，“当代哲学有两个基本的自明之理，……第一是真理的形而上学已经变得不可能。这个原理是否定性的。哲学不再能假装长久以来它所决心之所是，亦即对真理的探寻。第二是语言成为思想的关键，因为意义的问题在这里变得扑朔迷离。所以，意义问题取代了传统的真理问题。”[①]

艺术的这种从真理到意义的转移有什么后果？首先，这意味着艺术不再要求一种指示物(referent)，而这是其真理价值的前提条件，而且艺术也不再作为其表象(representation)。

今天，正是在这方面，前社会主义国家的艺术与它西方的表亲极为相似。一些人将这看作在全欧洲可见的一种衰退，使得艺术从指派给它现代主义的、关乎存在的和关乎真理的意义(import)那里被推离开。一些人则相反，用热拉尔·热内特(Gérard Genette)的说法，是将现代看作“艺术过誉”(overvaluation of art)[②]的时期。也有其他人宣称，艺术在所谓的发展中世界里仍然活跃并且发展健康。如果我们看看印度或巴西，就可以为这种看法找到恰当的理由。来自东欧的(但可能并非在东欧的)艺术也支持这种看法——美国或英国作为两种不同于

---

① Alain Badiou, *Infinite Thought* (London: Continuum 2005), pp. 34 - 35.

② Gérard Genette, *L'oeuvre de l'art. La relation esthétique* (Paris: Seuil 1997), p. 11.

大陆欧洲的文化亦是如此。

综上所述，我已暗示今天我们一定会谈及艺术的全球境遇，而且在今天第二世界的艺术与第一或第三世界的艺术之间，区别的重要性是微乎其微的：当前社会主义国家的艺术保持它部分的当地风貌时，它也吸收了当代全球化的特征，这些特征使得它们既有特殊性也有普遍性。同样的道理，来自世界主要文化中心的艺术保持了它的普遍化特征，但也同时获得了多文化的或跨文化的特征。我们已经进入了全球化艺术时代（the era of global art），例如印度艺术家 Pushpamala N 在照片上出示自身，作为辛迪·舍曼（Cindy Sherman）的印度版本——既然对二者都很熟悉，印度观众就可以将二者联系起来，进而接受这样的混合作品作为国内后殖民主题传统的被同化版本。

当涉及前社会主义国家的艺术时——除了俄罗斯和中国，重要的还有以下这个事实：在一战前、战争期间或二战后的社会主义时期，几乎没有尝试去整理、分析和发扬过东欧过去的艺术。

更为人所知的时期是在柏林墙倒塌以后。这个事件引起了对欧洲东部的文化艺术的极大兴趣。尽管对这种兴趣的解释通常很肤浅，也缺乏对于实际历史和政治环境的知识，但对于在欧洲其他地方产生关于这个区域文化的意识，其本身是十分关键的。

紧随这一时期的是 90 年代和年轻的东欧艺术家在全球舞台的扩展，这是一个仍在持续的进程。（尽管今天兴趣的主要区域已在向更远的东方转移——比如中亚。①）

关键的还有对这个区域艺术进行的理论的和分析的反思——尤其是社会主义及其随后的艺术。前者尚未被研究是因为通常它的一部分被看作宣传艺术，而另一部分——温和的现代主义还未受到妥当的分析。至于更切近的艺术，许多已在奥地利、德国和芬兰被记录和出版了，尽管在这些地方正如在前种情况下一样，反思这些艺术的任务很大程度上仍然留在这个区域的作者手中。来自这个区域艺术的“去本土化”（decontextualization）仍然是过度简化的冷战心态的受害者。

试图补救这种处境的计划正在出现。斯洛文尼亚创作小组

① See Valeria Ibraeva et al. (eds.), *The Tamerlane Syndrome. Art and Conflicts in Central Asia* (Milano: Skira 2005).

IRWIN 已始创了"东欧地图"计划[①],这涵盖了东欧的区域,并且给出了它的中心艺术形象,而其中许多不仅对于西方公众是陌生的,对于它们自己国家的公众来说也很陌生。塞尔维亚、斯洛文尼亚,尤其是俄罗斯的作家也已作出类似的尝试。这项任务仍在襁褓之中,但如果我们想再度抽取(redraw)传统的艺术准则(canon),它就是必需的——它与一些后殖民环境中发生的再度抽取是类似的。正如维克多·米西阿诺(Viktor Misiano)所说的,"现代化的出现作为一种渐进的过程被接受,在与此相同的程度上,也存在一种对当代艺术体系的出现的统一看法(a unified version)。这是博物馆展览'一边倒'的起点:从纽约现代艺术博物馆和巴黎蓬皮杜中心到最地方化的西方博物馆,它们都在重复一个被普遍接受的当代艺术史的单一视角。"[②]

尽管如此,今天许多艺术家和艺术作品的确是在艺术意义上开发这种"被接受的当代艺术史的视野"的或古典或现代主义或当代的资料库——就像 Pushpamala N 那样——创造出他们自己的版本。

对东欧以及世界其他地方的艺术史的重写,将提供文件来证明那些不仅在以前和现在的西方,而且在曾经的"欧洲的东方"都不为人所知的艺术家的努力。而应该做的,是看、探究、呈现、语境化、评价和欣赏那里早已有的或现在正在产生的,而这项任务最初是在这些区域的专家和批评家手中。在这方面,他们与他们对之进行反思的艺术家,地位并无不同。而且在这方面,来自前东欧的艺术家和作者们与当代中国的艺术家们也不会有太多不同。

---

① IRWIN (eds.), *East Art Map. Contemporary Art and Eastern Europe* (London: Afterall. Central Saint Martin's College of Art and Design, University of the Arts London 2006).

② Viktor Misiano, "Strategies of exhibiting from modernisation towards demodernisation," *Strategies of presentation 2 & 3*, p. 72.

作为艺术和真理的摄影

肖云恩 译　刘清平 校

摄影与艺术

我们在谈到摄影以及它在尝试进入艺术领域方面所取得的成功时，不应该忘记下面一点：人们有关摄影的古典解释，不但被发生在摄影自身历史之中的某些事件（诸如彩色摄影尤其是数码摄影的出现等）所动摇，而且也被发生在摄影之外的某些事件所动摇，这些事件曾推动着摄影最初朝着美术（the fine arts）的方向靠近，随后又主要是朝着视觉艺术的方向靠近——因为后两者也开始发生了根本性的转化。

在美术领域内，至少在最近二十年里（自从 1984 以后），我们频繁地说到艺术的终结或死亡，也就是下面这个事实：艺术已经失去了那种黑格尔式的历史性目的，已经变成了某种在本质上不那么重要的东西。在我的书《弥留之爱：美学、先锋艺术与艺术之死》[①]中，我详细阐发了我的观点：现代主义代表了赞美艺术的一座历史性高峰；结果，与艺术在现代主义时期中所占据的特殊地位相比，艺术在今天似乎已经变得无关紧要了。在我看来，这方面的一个例外是第三世界国家，尤其是拉丁美洲国家和某些亚洲国家；在这些国度里，艺术至今仍然保持着它在欧洲现代主义时期曾经拥有过的那种重要意义。

也许，在美术领域内（随后在一般艺术的领域内，并且由此或直接或间接地也影响到了作为一种艺术类型的摄影），根本的转折开始于马歇尔·杜尚在 1917 年从事的“现成品”实验，它在 20 世纪 60 年代

---

① 阿列西·艾尔雅维奇，《弥留之爱：美学、先锋艺术与艺术之死》（ZRC SAZU，Ljubljana 2004）。

从现代主义艺术向概念艺术的转型中获得了历史性的意义。这种现成品实验的影响效应在于：任何物品只要被放在了展览馆或是博物馆的合适位置上，它们就从那一刻起获得了艺术品的身份。这种生成艺术品的无限进程的结果就是当代西方艺术，在其中艺术与非艺术没有区别，一切都是艺术。

在摄影领域内，也出现了与杜尚的《泉》相类似的情况；摄影作品通过被放置在博物馆中，最终也被承认为美术作品。1893 年在汉堡市美术馆举办了首次摄影展。正如这次摄影展的组织者所描述的那样，当时的人们看到摄影照片居然悬挂在画廊里，感到非常惊奇。"对于他们来说，这看起来好像是在教堂里举办有关生物进化论的学术会议。"[①]"1910 年，施蒂格里茨（美国摄影大师 1864—1946）在布法罗的阿尔布莱特画廊里举办了一次国际摄影图片展；该画廊甚至购买了 12 幅摄影作品作为博物馆的永久性展品。"[②]

也正是在摄影发展史的这个时期中，摄影凭借它的写实主义本性，开始被接纳为一门艺术，并延续了半个多世纪。在这个时期，摄影可以说有着各种各样的存在方式，从纪录性作品、创作性作品、商业性作品、科技性作品直到政治性的和意识形态性的作品；这些作品既包括了我们从《消失的人民委员》（*The Commissar Vanishes*）[③]一书中看到的照片，也包括了那些帮助艺术作品得以广泛传播的照片（开始于 19 世纪晚期）——没有这些照片，那些著名的艺术作品是不可能以原样广为人知的，而遥远的异国文化也很难被人们所了解。我在这里指的是复制品的作用，它们出现在报纸、杂志或是当时的其他媒体中，使得艺术的、文化的或其他方面的人工产品的图像能够在全球范围内广泛传播。

我无需赘述摄影在尝试仿效绘画方面所取得的成功。举例来说，亨利·罗宾森（Henry Peach Robinsan）在 19 世纪 50 年代的摄影作品中，就以传统的绘画布景方式安排人物和室内器具来拍摄照片，从而成功地仿效了同时代的绘画主题。在他的作品里，除了只能使用黑白照相技术这一点外，其艺术效果绝不逊色于当时绘画取得的效果。在

---

① 见拉里·夏纳：《艺术创作的文化史》，芝加哥：芝加哥大学出版社，2001，第 233 页。

② 同上。

③ 大卫·金，《消失的人民委员》，纽约：大都会出版社，1997。

那个时代，摄影实际上已经构成了艺术生活中的一个重要组成部分；这一点可以从下面这个事实中看出来：当时那些从事古典绘画创作的艺术家们决定不再运用将表面抛光的技术，因为他们不想让自己的作品看起来与摄影作品太相似了[①]。

"摄影后的摄影"（也就是所谓"数码摄影"的出现），进一步将摄影变成了与其他艺术门类完全一样的一个分支。所以，人们在数码摄影的时代会使用像"数码刷"这样的术语，也就不是什么巧合了。如果说尼古拉斯·米尔佐夫（Nicholas Mirzoeff，美国艺术史学家）在讨论古典摄影的时候仍然会提到照片修整问题的话（相比之下，绘画中就不存在此类问题[②]），那么，对于数码摄影而言这样的难题就根本不存在了：数码摄影的确已经导致摄影作为一个门类的终结。正如米尔佐夫所宣称的那样，"在经过了一个半世纪的对死亡的记录和记忆之后，摄影于 20 世纪 80 年代的某个时刻遭遇了它自己的死亡，也就是死于电脑成像技术之手。用数码技术修改照片的能力瓦解了摄影存在的根本基础——在快门打开的那一刻，在镜头前面必须有个什么东西，哪怕人们对于被记录的东西的本真性会提出一些疑问。现在却有可能创造出有关从未存在过的景象的照片，而且伪造的痕迹还无法直接看出。"[③]

然而，在我看来，电脑成像技术的出现并没有导致摄影的终结；相反，它带来的是另一种摄影门类的诞生，这个门类失去了指涉经验事实的部分权利。请恕我重申，这一点只适用于摄影的某一部分。正如弗罗利安·罗切尔（Florian Rötzer）所说的那样："在一个后摄影的时代，事实与虚构已经变得无法区别了，虽然它们曾经被严格地区分开来。"[④]

现在是我们讨论真理问题的时候了。

---

① 见夏纳，上引书，第 232 页。

② 见尼古拉斯·米尔佐夫，《视觉文化导论》（伦敦：Routledge，1999），第 67 页。

③ 米尔佐夫，上引书，第 88 页。

④ 弗罗利安·罗切尔，"致摄影"，载胡波图斯·冯·阿麦伦克森（Hubertus von Amelunxen）等编：《摄影之后的摄影》（Photography after Photography），（阿姆斯特丹与慕尼黑：G+B Arts 出版社，1996），第 25 页。

摄影与真理

真理是什么呢？我们通常会谈到有关真理的三种解释。

根据第一种解释,真理就是思维与事物的符合。这种解释强调的是一致性,也就是理查德·罗蒂通过自然与其镜像的相符所指出的那种一致性(大家可能会想到,斯大林主义或正统马克思主义对真理的解释也会指出外部世界在我们意识之中的映射)。

根据第二种解释也就是所谓"实在论"对真理的解释,真理是一个命题与它所描述和指涉的超语言现实之间关系的一种功能[①]。

对真理的第三种理解来自阿兰·巴迪乌(Alain Badiou)以及另外一些与他同时代的哲学家,他们经常借助于路易斯·阿尔杜塞(Louis Althusser)的哲学来支持他们在这方面的观点。按照巴迪乌的观点,并不存在什么一般性的真理,而只有各种特殊性的真理。因此,真理关涉的不是语词而是行为,不是定义而是自明的道理。真理就是"存在和思维的连接点(*noeud*)"[②]。在这里,核心的问题就是梅洛·庞蒂试图在他有关肉体(*la chair*)的观念中所论述的东西。

每个永恒有效的真理都起源于一个可以严格确定的事件,而每个事件都构成了它自身的时间。因此,存在的不是单一性的时间,而是复数性的时间,无限的复数性时间。

巴迪乌的许多观点都可以在海德格尔、阿尔都塞和利奥塔那里找到根源。利奥塔就以某种相似的方式谈论真理,因为对他而言,真理是在事件与无定形之间摇摆不定的。利奥塔由此宣称:在一个伟大的历史事件出现的那一刻,某种无定形就会介入进来,阻止我们去解释它,阻止我们去确定它在历史中以及在我们自己的思想中所占据的位置。所以,事件总是会阻止我们维系某种认知性的图式——借用弗雷德里克·詹姆逊的术语说就是:事件总是会阻止我们维系某种允许我们定位我们自己的相对确定的持久性心智图式。

---

① 见彼得·哈尔瓦德(Peter Hallward),《巴迪乌:关于真理问题》,明尼阿波利斯:明尼苏达大学出版社,2003,第153页。

② 同上,第155页。

因此,真理是某种新东西的产物。与我们通常的理解不同,这样的真理不是什么静止的、一旦给定就永远不变的东西,而是某种持续不断的事件,是某种旨在创造出暂时性的、并且要求无限回返和再评价的知识的行为。真理就是当思想开始行动的时候出现在思想中的那种东西。或者,就像让·弗朗索瓦·利奥塔于1982年对此的解释的那样:"那些愿意对这些与(诸如奥斯威辛之类的)历史性名称相关联的震惊事件做出回应的哲学家们,会发现或重新发现,无论涉及到的是哪一类哲学,所谓的哲学性话语都服从于一条基本的规则:它必须寻找它的规则。"[①]如果它找到了这样的规则,它也就创造了真理。

换一种简单点的方式说:哲学性话语的独特之处就在于,它服从于必须始终寻找一条规则这条基本的法则。或者就像利奥塔自己所说的那样:"它的规则就是:重要的就是它的规则"。(出处同上)

所有这些与摄影又有什么关系呢?至少有两个作者——捷克理论家维勒穆·弗鲁萨(Vilém Flusser)和法国"结构主义"作家罗兰·巴特——认为,摄影的出现标志着新近历史或是(如弗鲁萨所宣称的那样)更长远历史的历史性断裂。正如巴迪乌所论证的那样,"事件就是开端"[②]:一个事件就是一个有某种东西浮现出来的时刻,在这个时刻之前,这种东西并不存在,而这个东西又会导致一个崭新的瞬间、一段崭新的时间出现。在弗鲁萨和巴特观点的基础上,我们甚至可以论证说,摄影的出现就代表了这样一个事件。更进一步看,摄影的种种潜能就在于:它们曾以回溯性的方式——这也就是利奥塔所说的"寻找规则"——确立了摄影的重要性。为了理解这一点,我们有必要阅读弗鲁萨在1983年出版的《走向摄影哲学》。[③] 当他宣布我们可以运用各种各样的方式去征服相机的力量,而其中的一种方式就是迫使"相机去创造那些不可预知的、看起来不大可能的、富于披露性(informative)的东西"时,他曾特别强调说这种"迫使"是人类的自由。当我们用"相机去创造那些不可预知的、看起来不大可能的、富于披露性的东西"[④]时,我们便创造了一个新事件,也就是某种在此之前——

---

① 让·弗朗索瓦·利奥塔:《历史的符号》,载《利奥塔选集》(The Lyotard Reader),安德鲁·本杰明编,牛津:Basil Blackwell, 1989,第394页。

② 引自哈尔瓦德,p330注释①的相关信息第116页、第4页。

③ 维勒穆·弗鲁萨,《走向摄影哲学》,(伦敦:Reaktion, 2005)。

④ 同上,第80页。

用巴迪乌的明晰语词说——还是"未曾被呈现也不能够呈现"[①]的东西。因此，一个事件也就是从这种无定形(formlessness)和不可披露(informlessness)中浮现出来的东西、被赋予了形式(formed)的东西。那么，这到底是它的"成形"(formation)还是"变形"(deformation)呢？

我们从历史中和艺术史中——尤其是在那些富于艺术表现力和趣味性的形式中——很容易发现变形；这也就是(Jurgis Baltrušaitis)所说的失常或失真，其中最有名的一个例子或许就是汉斯·荷尔拜因(Hans Holbein，德国肖像画家，1497—1543)的画作《使节》，在它的下半部分有一个扭曲了形状的骷髅。

当然，变形存在的前提就是某个东西已经被赋予了形式。在艺术史的领域中，我们近来已经了解到，诺曼·布莱逊(Norman Bryson)与贡布里奇这两个人所理解的艺术史是有所不同的。贡布里奇的批评者布莱逊认为，贡布里奇的艺术史是试图达到"普遍性的复制"，也就是对大自然展开越来越具有写实性的复制。亚里士多德已经注意到人们喜欢模仿，而贡布里奇则进一步宣称：当人们从画作中指认出某种东西时会感到愉悦。这两者都能够解释我们对于再现的需要和渴求。我想重申的是，我们需求和渴望的只是再现本身，而不是那些被再现的原物。所以，柏拉图已经在他的对话《克拉底鲁篇》(*Cratylos*)里指出，一个事物决不应当成为它自己的图像或画片，因为假如图像可以复制出它所再现的那个事物的所有性质，或者说假如这个事物的所有特征都被复制出来了，那我们就再也无法把这个事物与它的图像区别开来了。

在公元8世纪，大马色的约翰提出了一种类似于柏拉图《克拉底鲁篇》的理论。他这样论证说："一个图像与它的原型具有相似的特征，但是也会有一定的区别。它并不是在所有的方面都与它的原型相似。"[②]我们在这里也不妨顺便指出，笛卡尔在他的《沉思录》中曾经表述了一个与此十分类似的观点，虽然他经常因为相反的观点而受到人们的指责。

正是变形或再现的不足，才以一种悖论性的方式使得图像具有说服力。举例来说，正是通过把我们不知不觉地从现实的世界转移到再

---

① 维勒穆·弗鲁萨：《走向摄影哲学》，伦敦：Reaktion，2005。

② 大马色的约翰：《论圣像》Crestwood，N. Y.：圣韦迪梅神学院出版社，2000，第19页。

现的世界那里，拟真画(trompe l'oeil)才能够达成它的效果；这种艺术性的效果或者至少是让人惊异的效果是在霎那间实现的，使我们突然明白了放在我们面前的不是一个现实的面纱或窗帘，而是一个画出来的面纱或窗帘。要使这一点成为可能，要使这种效果呈现出来，一幅绘画就必须至少在某些小细节方面是不够完美的，因为只有这样才有可能达到预期的效果。否则，如果它完美无瑕的话，就像著名的宙克西斯(古希腊画家)的画作中的葡萄招来了鸟的啄食，那它就无法实现预期的效果了。事实上，一幅绘画总是有缺陷的：它只能够存在于二维空间之中，而不是像现实的物体那样存在于三维空间之中。

因此，任何再现如果想要发挥有说服力的作用，一个必要的先决条件就是变形。我们当然可以问自己：怎样才能把原型与它的图像区分开来呢？对于这个问题并没有唯一的或是普遍的答案。20 世纪在这方面提供了一系列的例证，从绘画中的表现主义到约翰·哈特菲尔德(John Heartfield)的照片拼贴画，再到新客观主义或是超现实主义的作品等。图像——无论它是一幅画、一张照片还是一个电影图像，经常也包括了那些可以唤起共鸣或类似情感反应的特征。

我们暂且把这类变形中的大多数情况放在一边不谈，先来集中探讨一下纪实摄影中的变形。一个没有发生任何变形的图像很可能会超过一张照片或是一幅完全地模仿了静止状态下人的两眼通常看到的事物的图像。但是，这里已经出现了涉及人类视野范围的问题，因为照相机(只有一个视点，因而)不可能完全地复制人的两眼通常看到的事物。

一个微不足道的事实是，运用某种照相机镜头会导致我们认为是写实图像的东西产生某种变形，这种变形与人类的视觉十分相似，在照片上常常是无法发现的。只有通过比较，比如通过比较一幅画出来的图像与一张运用广角镜拍摄同一景象得到的照片，我们才能发现这种变形。在照片中，由于运用广角镜所导致的变形是很难被人们发现的，因为照片中有无数个几乎无法一一指出的具体细节；但由于绘画图像当然不可能包括相同数目的具体细节，我们从中得到的就是一个变了形的、几乎不可能的图像。(举例来说，在一幅有关乡村景色的绘画图像中，一条消失在地平线的道路就不会笔直地出现，而只能是变形的，因为再现路的两边的两条线会在无限中融为一体。)

为什么从再现的角度看，一幅绘画图像中的变形是难以让人满意或接受的呢？因为观赏者的眼睛无法接受对幻觉的揭露，正如它不能接受一幅绘制拙劣的拟真画一样。幻觉不得不被精心地保留下来，它必须能够接受鉴定和顺利的确认，必须能够让人们形成共鸣、相信模仿的真实性，必须产生很可能有这样的东西存在的效果——哪怕在我们意识活动的另一个层面上，我们的确知道它只不过是幻觉和再现。

那么，摄影中的真理到底是什么呢？正如我在上面指出的那样，轻微的变形是任何有效再现的一个先决条件。它的另一个先决条件来自于贡布里奇所说的"目击原则"(eye-witness principle)。[①] 根据这个原则，观赏者不应当从一幅绘画中看到任何他在亲眼目击同一景象的情况下所看不到的东西。这就是再现中的幻觉的先决条件。如果我们考虑到这条规则，变形就是完全可能的；也只有在我们考虑到这条规则的时候，变形才会产生某种效应。我们当然能够很快找到一些例外——例如立体派或是超现实主义，在这些例外中，目击原则在某些情况下似乎被有意地忽视了；但是，这类图像的目标并不是为了获得写实主义的承认。正是在这一点上，W. J. T. 米切尔所说的"精神图像"，或是当梅洛·庞蒂论及"视觉被意义所栖居"的时候所想到的那种东西切入进来了。

那么，摄影中的变形又是什么呢？正如乔·施耐德指出的那样，这个与摄影相关联的有趣问题与其说涉及到了摄影的本体论状态，不如说涉及到了我们如何开始把摄影看成是一种自然现象的问题。正如他主张的那样，我们不能够诉诸摄影自身的机制来回答这个问题，而必须转向那种构成了摄影创作的基本原则的图画标准。"这些标准的源泉，是西方艺术家们从早期文艺复兴开始起就刻意尝试构造出视觉的图画对等物，并且取得了完全的成功。正是这种与视觉等价的绘画图像，构成了我们关于绘画与世界可以吻合的坚定信念的来源。"[②]

罗兰·巴特在 20 世纪 60 年代就已经屈服于这样一种信念：摄影是不带密码的信息；既然摄影只是复制，它就不包括变形和修饰，而这些东西在绘画中却会作为画家思想的延伸必然地通过他的画笔产生。巴特后来进一步发展了这种神话，并用来取代照片的意识形态内涵。

---

① E. H. 贡布里奇：《真理的标准：捕捉到的图像和移动的眼睛》，载米切尔(W. J. T. Mitchell)主编，《图像的语言》，芝加哥：芝加哥大学出版社，1984，第 190 页。

② 乔·施耐德：《绘画性视觉》，载米切尔主编，《图像的语言》，第 234 页。

在20世纪60年代，当罗兰·巴特撰写有关摄影和图像修辞学的论文时，摄影主要还是黑白的，也很少受到各种各样的修饰（或处理）；我们是在接下来的几十年中，包括在所谓后摄影时代，目睹了这种种修饰或处理的影响。与巴特相反，弗鲁萨有效地揭示出摄影的一些重要特征；但可能是由于他对摄影展开过度批评的缘故，他把现代性的范式性罪过——也就是视觉性及其镜像形式的无所不在——归咎于摄影。也许这种罪过从历史角度看的确可以从摄影中找到原因，但尽管如此，下面这种说法依然还是正确的：即使在今天，摄影仍然是所有视觉媒体中最不具有操控性的。

我的结论是这样的：今天，摄影与其他的视觉媒体一起扮演着类似的角色；今天，从本体论的角度说（并且考虑到它作为艺术的地位），它与视觉表现的其他形式或种类是没有什么区别的。因此，正如理查德·豪威尔（Richard Howells）所说的那样，摄影"是事实与想象之间的一场邂逅"。[①] 无论在摄影与现代主义再现的其他形式之间存在着多少对于我们所有人来说都是很明显的本质差异，它与这些形式在这方面依然是十分相似的——虽然这样说有点儿悖论的意味。摄影也在同等程度上依然是一种可能的艺术形式。

因此，摄影为我们提供的真理与其他种类的现代或后现代图像为我们提供的真理并无二致。

---

① 理查德·豪威尔，《视觉文化》（剑桥：波利提出版社，2003），第167页。

位置、重置和移置

邓文华 译

让我以几则故事开始：

故事一：

在印尼的巴厘省作调研的时候，来自西方的人类学家格列高里·贝特森(Gregory Bateson)和马格丽特·米德(Margaret Mead)曾请求巴图安(Batuan)[①]的艺术家为其研究提供一些能够表征"关于巴厘人的想象力的民族志"的作品。贝特森和米德并不鼓励(作品的)复制和重复，而是公开要求本真性。[②] 然而，令我们和他们都想不到的是，要求当地人创作出本真性的、原创性的作品，他们不经意之间已经破坏了当地的传统，后者实际上就是制作重复性的复制品。这乃是巴厘的旅游艺术之起源，时至今日，它们仍然是如此制作和销售。

故事二：

2004年，一位印度同行要我给他推荐一些他可以邀请参加孟买某个文化事件的斯洛文尼亚艺术家。我向他推荐了一群名叫"欧文组合"(IRWIN group)的视觉艺术家，因为我觉得他们是一群卓越不凡的艺术家，在世界上有着很好的知名度，并且能够清晰表达他们对艺术、文化、社会以及相关问题的观点。在浏览了NSK(即欧文组合所属之团体)的网站之后，这位印度同行写信向我反馈："我浏览了欧文组合的网站，但坦率地说，NSK这个团体让我一头雾水。他们听起来仿佛是一个异教团体，不过我相信这更多是因为我理解力有限吧。所有关于善恶的谈论，听起来甚为古怪。刚开始时，我就不大清楚，它们

① 巴图安为印尼巴厘省境内的一个旅游胜地，尤以版画出名，有"绘画村"之称。——译者

② See Patrick D. Flores, "Razstavitev Evrope v jugovzhodni Aziji: konteksti nove sodobnosti," *Filozofski vestnik*, vol. XXIV, no. 3(2003), p. 160.

的企图是否全是对哲学的嘲讽，但后来又觉得，艺术家们的所言都极其严肃庄重。”①

故事三：

巴西的批评家保罗·E. S. 戈麦斯(Paulo Emilio Sales Gómez)对专注主流文化而对民间文化一窍不通的巴西二十世纪艺术家的世界主义抱负，有着如下评述：他们很幸运，因为他们对欧洲和美国的艺术的摹仿糟糕透顶，②从而使得其作品带有了浓厚的当地特色，因而令外国受众备感兴趣。这种特色，这种蹩脚的摹仿，使得此类作品在欧洲人的眼里具有了“原创性”。糟糕的、被误解的摹仿反而带来了某种人们所接受的原创性。

故事四：

1907 年 11 月，石川钦一郎(Ishikawa Kinichro, 1871—1945)以翻译官员的身份从日本来到了台湾，并被邀请到台北师范大学兼职教绘画。石川倡导户外的写生训练。在此期间，石川把台湾的题材融入自己的绘画之中，由此向日本社会介绍了处于热带的台湾岛的“异国风情”。1924 年，石川成为台北师大的专职教师。他的许多台湾学生都去日本研修，后来也都在日本和台湾的官方画展上展出了自己的画作。石川的绘画风格后来发展成为一个独挡一面的台湾风景画派。③

故事五：

在我们所编的《后现代主义及后社会主义状况》(*Postmodernism and the Postsocialist Condition*)一书中，彼得·乔治(Peter Gyoergy)在其关于匈牙利的一章中写道：“对于东方人(这里指东欧人)而言，(抽象表现主义)艺术家表现了完好无损的艺术自由以及个人表现的权利。然而，在苏联的艺术世界里，没有人了解纽约学派取得广泛成

---

① P. J. Parikh, December 30, 2004. (Email correspondence with the author of this article.)

② See Gerardo Mosquera, “O umetnosti, globalizaciji in kulturni razliki,” *Filozofski vestnik*, vol. XXIV, no. 3 (2003), p. 61.

③ See Liao, Hsin-tien (Taipei), “Naturalistic and Distorted Natures,” (2003, manuscript), pp. 7 - 8.

功的原因，没有人了解他们和市场相抗争的本地语境，或者说，没有人了解克莱门特·格林伯格(Clement Greenberg)和哈罗德·罗森堡(Harold Rosenberg)的左翼理论和信念的本地意义。在柏林墙之背后，没有人了解基于市场机制的社会的本地语境。他们所了解的只是独立自在的、去语境化的艺术作品，以及他们所感知为"自由"的种种符号。①

关于艺术、文化及其意义的误解、重置和移置现象的例证是不胜枚举的，但有了以上所举之五例，足矣。我想要列举的是这样一些清晰明了的例证：它们表明了艺术中显而易见的再阐释和移置现象，后者基于文化背景，尤其是基于某种关联的缺失——本可以促成对原初意义的相对真实的理解。

我所提供的例子表明了不同的再阐释和移置现象：

第一个例子(即巴厘之例子)所表明的是：要求西方意义上的艺术，无异于清除了不以原创性为基础的创造性，结果只能是批量生产。这即使在西方意义上也并非艺术。

第二个例子是印度人对斯洛文尼亚欧文组合的阐释。他的关于异教团体的经验，不管是在美国还是亚洲的，重置了斯洛文尼亚人的一种善意的摹仿形式，即在斯洛文尼亚当地的天主教传统的构架之中展开的对极权主义话语和图像的嘲弄。

第三个例子，即巴西艺术家试图摹仿更加卓越突出的同行的现代主义作品。结果表明，这个目标的失败表明了他们的最大成就，并使得他们在国际艺术的版图上占有一席之地。本土风情和本土色彩的保留，以及两者同时所包含的国际主义、普遍主义、与欧美同行的作品的酷似，足以使得欧美同行能够以理解和欣赏的态度来看待巴西艺术家的作品。

在第四个例子中，一个悖论式的事实是，一个日本人创立了以台湾的异域情调为题材的绘画流派，而作为一种艺术流派，它在日本和中国台湾都有着蓬勃的发展，今天依旧如此。然而，我们也可以在别处找到同样的悖论式事实，我将在结语部分回到这点。

---

① Peter Gyoergy, "Hungarian Unofficial Art in the Period of Late Socialism," in Aleš Erjavec (ed.), *Postmodernism and the Postsocialist Condition* (Berkeley: University of California Press 2003), pp. 171 - 172.

在第五个例子里，彼得·乔治表明了，“铁幕”背后的艺术家是如何彻底地误解了西方现代主义艺术家的政治地位(更不用说其经济地位)，以及如何把后者看成一群生活于社会和政治真空地带的非政治化的、脱离经济的、抽象化的人。这种感知如此强烈，以至于众多东欧艺术家开始致力于一种完全避免与社会、历史语境发生联系的概念工程，用埃里克·布拉托夫(Erik Bulatov)的话来说，他们颇有成效地创造了一个比现实本身和“现实的存在”更加真实的艺术空间。[①] 后来，在20世纪80年代，特别是俄罗斯艺术家开始断言，在东西方的符号宇宙之间存在着一种对等关系，因为两者都建立于意识形态的基础之上：前苏联是政治的意识形态，而西方(或美国)则是市场意识形态。

当然，这种错误的诠释不是什么新鲜事了。最为确切地说，它不仅局限于艺术领域，文化习俗和传统亦是如此。比方说，菊花在斯洛文尼亚和中欧是死亡的象征，而在其他一些国家(如黑山共和国、日本等)，菊花则有节日，甚至是烹调方面的意义。这样的例子举不胜举。去语境化的、然后再语境化的人工制品和意义充斥着我们的生活；要正确理解它们，重要的是使它们保有把新旧语境联系起来的脐带，从而允许一个相对真实的意义的存在。这样，在处理我们所有人在生活中所遇到的各种物体和现象时，这点就变得简单明了。某些文化产品(尽管不一定是艺术作品)就能表象其中某些物体和现象，甚至在很大程度上，我们的语言也如此，尽管我们仍然拥有某些最为复杂的符号构造。

但让我们回到艺术或者人工制品这个话题来。一个小便池在某些语境下具有了某种文化意义，而在其他语境之下，它毫无或者几乎没有文化的意义。(你们也许还记得亚洲客人在巴黎某场所的那个尴尬情景，亨利·米勒在其小说《北回归线》中有着绝妙的描述。)然而，撇开这点不谈，我在这个语境下颇感兴趣的是目前已经明显成为一个永恒的美学话题的东西：小便池，即“泉”。

在这个署名为“笨蛋先生”(Mr Mutt)的作品中，起初的冲击也是建立在惊讶的基础之上的，而后者则又是基于移置，或者说，去语境化和再语境化之上。这种重置设定了诸多20世纪艺术(即属于概念艺

---

① Erik Bulatov, quoted in "Interview with Erik Bulatov and Ilya Kabakov," *Erik Bulatov: Moscow* (London: Parkett Publishers and ICA 1989), p. 42.

术的范畴之内的艺术)的初始条件。要成为艺术作品,杜尚的这件"作品"就必须保留原有意义并同时创造新的意义,而两种意义之间的关系,在赋予平凡无奇的对象(即公共卫生间的设施)以艺术作品之灵韵的展览空间的语境下得到了确立。然而,这件作品的另一个特征是它在当代的存在模式,即作为一张照片、一个记录,原物不复存在,亦不复展示。这类"虚"物包括马列维奇(Malevich)和其他构成派艺术家在1915年及其后几年的作品展览,或者是斯洛文尼亚的构成派画家和艺术家阿夫斯杜·切尔尼戈热(Avgust Černigoj)在1924年的作品展览,它们除了留下一张照片之外,别无所有。

所有这些作品,以及更晚近的作品(它们大多属于概念和环境艺术),留至今日的只是其记录(documentation)而已,无论其形式为照片还是电影。因此,这些作品成为罗兰·巴特意义上的神话以及次等的现实,其中,记录不仅指向该作品,事实上还取而代之,因而允许对其进行无穷尽的复制。这种复制形式成为了作品自身的"模拟虚像"(simulacrum),并且实际上替代了通常不复有物质意义上的存在的原物。这种无限的复制绕开了灵韵的问题,因为原物和复制品的问题已经变得毫不相关,尽管语境和重置的问题另当别论。比方说,杜尚的作品展览就是这个事实的见证,他的作品全是"泉"及其在斯德哥尔摩当代美术馆展出的其他现成品的复制品和第二代作品——所有这些现成品都是马歇尔·杜尚带到那里并亲自摆放的,但尽管如此,它们并不也不能以任何方式复制缺失的原物。在某些情况下,比方说,构成派雕塑家塔特林(Tatlin)的《第三国际纪念塔》(它的设计模型也在斯德哥尔摩展出),或者匈牙利的先锋派艺术家L.考沙克(Lajos Kassak)在20世纪20年代制作的纸建筑,似乎都是停留在想象的领域之内的欲望克服了把这些作品付诸实现的需求。

在大多情况下,这种作品的复制品都伴有理论性的、描述性的或者批评性的话语,而后者成功建构起了某种语境。于是,这些作品不再是无功利的凝神观照或者审美鉴赏的对象,而摇身变成了理论分析、反思以及在更宏大的论证框架内进行语境化的对象,因而使得那些复制品成为了理论性或者批评性话语的延伸,而不再像过去那样是反过来的。

使得所有这些情况相互关联的一点是:这类作品(比如说,概念作品)允许诗性效果的发生,哪怕这种诗性微乎其微。以小便池为例,杜尚的行为之诗性因素在于他给这件物体取名为“泉”，而不是简单的小便池。正是有了这种语言补充，小便池才产生了艺术性的迹象，才能清晰明了地延置于画廊的空间之内。倘若杜尚把小便池带进画廊，而不给它取任何名字，或者只是稍加描述，以“小便池”一词作为作品的标题，那我们有理由怀疑观众是否会把其归类于艺术。但是，通过“泉”这个标题，一种诗性效果得以实现了，它所导致的微妙变化使得公共卫生间的小便池能够挤进画廊的空间（这个变化可谓翻天覆地），并且使得一件平凡无奇的陶制品转化为一个艺术对象（这是精神维度的变化）。从策略上而言，如果这件物品仅仅叫作小便池，它就以一种简单的认定存在：A＝A。但有了（“泉”）这个标题，它就开始以如下认定存在：A＝B。也就是说，一件实用物品等于艺术作品。

因此，我们断言，概念艺术一开始就夹杂着一种诗性的因素，即使它不比罗曼·雅各布森（Roman Jakobson）的语词组合中所发现的诗性更具有实质性，而且，作品所获得的或者我们归结于作品的诗性因素（它通常以标题的形式出现）是这么一种本质因素，它使得这类作品截然区别于它们的非艺术性的直喻，或者促使我们把它们看成艺术作品。至于阿瑟·丹托在1964年所提到的《布里乐盒》（Brillo Boxes）这个例子，我们可以沿着刚才的路径继续论证，使这类作品称得上“艺术作品”的机制或艺术程序（这里不提安迪·沃霍尔潜在的批判，即其反消费主义的方面）是这样的：它们实际上先用胶合板做成，然后再上色，而不是直接用超市里买的“布里乐”牌清洁剂的纸板盒制作。如果艺术家仅仅把工业生产的清洁剂的纸板盒拿到纽约的斯特布尔画廊（Stable Gallery）去，他可能就不会收到任何回复，因而就不能把这个事件添加到艺术史的地图上。这样一来，我们将又一次得到这种简单的认定：盒子＝盒子。

因此，我们在这里看到了两种截然相反的程序，两者都移置了原始意义，并进一步使用了许多艺术所特有的“仿佛第一次见到”的“陌生化”（enstrangement）的古典程序。非常明显，杜尚有意采用这个程序：比方说，他的一些现成品，如一把标题为《折断胳膊之前》的雪铲，或者一个名叫《罗斯·欧文·瑟拉薇》的伪装人物（这是一个关于错误认定的例子），皆是如此。至于其他像《车轮》或者《瓶架》的现成品，我的想法是，它们利用了《泉》所赋予的新意义（resignification），后者使得现成品的使用得以合法化，并跻身于所谓艺术的行列之中。

像刚才所说的移置情况，在整个历史以及不同的文化中都可以找到。这个描述不仅适用于这类(现成品)作品，而且适用于大多数的文化作品——至少可以说，不同的文化架构之间的关系通常是令人惊讶的。今天，世界许多地方(也许不包括斯洛文尼亚的国内环境)的情况比阿俊·阿帕杜莱(Arjun Appadurai)的描述更加普遍，即"移动图像碰上去领土化的观众，从而创造了流散的公共领域，使得依赖于持续而显著的民族国家作为重大社会变动的主要仲裁者的理论变得混乱不堪"[①]。"大众媒体传播的事件和移动的观众之间的这种流动的和不可预测的关系界定了全球化和现代之间的关联的核心。"[②]在这点上，我们是否和霍米·巴巴(Homi Bhabha)和某些其他作者一样，认为存在着一个后殖民地的"反现代性"，[③]这个问题我现在还不能讨论。

再一次，和当代艺术作品的相似之处随处可见，因为把某种遥远陌生的文化或其某些文化产品(比方说，音乐、时装等)移置于一个截然不同的社会、文化语境之中的做法，非常类似于我们经常在当代艺术中所看到的，即艺术过程中的某个因素或者步骤的重置：诸如此类的作品"保留了它们先前历史的痕迹，即使它们作为惯例错综复杂的覆盖面的一部分而被另外写入或者吸收到新的语境之中"[④]。

上述所提及之例子来自不同的历史时期以及不同的文化架构。把它们统一起来的是某种相似的移置和重置的逻辑，在符号和物质的意义上皆是如此。同时，不言而喻，尽管其中某些例子也许掉入了我们可以暂时称为"认同问题"的框框内，却不尽然。请允许我用刚果诗人奥贝格(Theophile Obenga)来说明前一种情况。60年代伊始，他在《你将会说》(*Tu parleras*)这首诗中写道："词是他们的词，旋律却是我们的。"[⑤]奥贝格当然感觉到，有某种认同是他必须捕捉或者重新捕捉到的，即使它必须从自己所唱的法语歌的统一性中重新恢复。他领悟到，从严格意义上讲，属于他的唯有节奏，唯有诗歌的乐韵。当然，美

---

① Arjun Appadurai, *Modernity at Large* (Minneapolis: University of Minnesota Press 1996), p. 4.

② Ibid.

③ Homi Bhabha, *The Location of Culture* (London: Routledge 1994), p. 8.

④ Martha Buskirk, *The Contingent Object of Contemporary Art* (Cambridge, Mass.: MIT Press 2005), p. 14.

⑤ Quoted in Mosquera, op. cit., p. 60.

国的布鲁斯音乐中也可以找到类似观点,其中黑人也声称它是他们主要的原非洲遗产之一。然而,当我们去巴西、古巴、拉丁美洲其他一些地方或者美国的时候,尽管我们可以觉察到某种差异(比方说,节奏感的差异),但很明显,在很多情况下,它已经经过了重置、改变以及调换,因此,除了本质不明确的宽泛的相似感之外,已不复有其他共同点。此外,什么叫"非洲的"?非洲指北非,还是指撒哈拉以南的非洲?非洲人指恩姆贝莱人(Nmbele),科萨人(Xhosa),尼日利亚人,丁卡人(Dinka),还是其他?

这里的关键是,我们能够理解这些迥然不同的人工制品,虽然我们有时会误解其意义所指的大体方向,但在其社会和历史语境的帮助下,我们经常能够和它们融为一体,并在彼此之间发生移情。让我用中国戏曲为例来说明我的观点。我曾经一度觉得,中国戏曲似乎是一种很难理解的艺术形式(我这里不是指它的情节层次,而是指它的审美经验),但是,三年前我们来到中国的时候,曾有这样的一次驱车穿过河南省的某个农村的经历。记得那天是星期天,该村的广场上人山人海,村民们搭建了一个临时舞台,演奏乐器的人就隐藏在一些废弃的纸板后面,大概共有十个演员和十个乐器演奏者吧。那场戏较为简单,是一个关于爱情和欺骗的故事。观众们热烈鼓掌,与舞台上的事件融成了一体,但同时他们始终保持着虚构(fiction)、佯信(make-believe)和他们固有的现实之间的那层薄薄的屏障。这里没有人工的照明,晌午时分戏剧就在广场上演出。小孩在周围玩耍,老人带来了凳子,或者坐在牛车上。

当然,也存在着高雅的中国戏曲。它们两者之间也许类似于贝拉·巴托克(Bela Bartok)与贝多伊齐·斯美塔那(Bedřich Smetana)的"高雅"音乐和匈牙利、捷克的民族流行音乐和歌曲的区别。我的意思是,在许多语境下,文化的屏障是极其稀薄和相对次要的,但对它们原发地点、事件等方面的经验确实举足轻重。也许,对于某些概念作品(特别是大地艺术)而言,这些也是至关重要的,但由于种种原因,这些作品今天既不复存在,也不可获得,因此,呈现并见证了它们先前存在的纪录,给人们造成了某种似是而非的真实感。

我所说的意思是,我们应该意识到,体验艺术并探究其文化沟通性(cultural communicability)的正确方式是去体验真实具体的作品,而不是今天风靡一时的复制品。

在上述的中国戏曲这个例子里,我们处理的显然是这样一种文化产物,尽管它带有民族特色,但这种艺术体裁同时存在于中华民族的框架之中,因而不要求任何民族指称。它的“中华性”(Chinese nature)从不会被质疑,也从不会有什么危险。

诚然,对于刚果诗人奥贝格而言,事情并非如此:他意识到了他在非洲的根,并渴望建立他的主观认同——它乃是集体认同的一部分,但是,他力所能及的无非是通过殖民者的语言来表述其愿望而已。他所谓的非洲认同只是一个神话,只是在一个虚拟的非洲大陆上的某个地方的虚拟定位。

我们今天讲得最多的就是这种民族认同。尽管沃尔夫冈·韦尔施(Wolfgang Welsch)宣称,今天占主导地位的文化形式是跨文化性(transculturality),[①]我的观点却没有这么乐观。恰恰相反,我相信,至少在欧洲很多地方,赫尔德两个世纪前所倡导的民族文化在今天依旧是占主导地位的文化形式。这是一种通过与其他文化的界限来阐明自己的文化。这种民族文化有一个令人惊奇的特征:它经常建立在其对立面的基础之上,中国台湾那个例子就是如此。如果你还记得,有一位日本画家来到中国当时被占领的殖民地台湾,并最终创立了一个台湾画派,而台湾人和日本人都把它视为典型的台湾画派。

姆拉登·多拉(Mladen Dolar)在他的一篇文章中提出了类似的例子。他断言,斯洛文尼亚的民族文化认同在很大程度上实际是通过其差异性建构起来的。因此,斯洛文尼亚的民族文化肖像,如浪漫主义诗人弗兰茨·普列舍伦(France Prešern, 1800—1849)、象征主义/现实主义作家埃文·参卡尔(Ivan Cankar, 1876—1918)、或者更早的A·T·林哈特(Anton Tomaž Linhart, 1756—1795),在各自的时代都受到了这样的指控:他们不配为斯洛文尼亚人。他们成为了处于今天所谓的“斯洛文尼亚”民族认同的中心之外的人,成为了与社会格格不入的被遗弃者,并都被视为用据称是异质的思想来毒害民族实质的人。但是,数年或者数十年之后,这些作者却被看作建构斯洛文尼亚的民族认同的中流砥柱。(关于这种新指称,也许最具有悖论意义的例子是林哈特,他的作品《马蒂切克结婚》(Matiček se ženi)完全是剽

---

① See for example Wolfgang Welsch, “Transculturality: The Changing Forms of Culture Today,” *Filozofski vestnik*, vol. XXII, no. 2 (2001), pp. 59-86.

窃法国剧作家博马舍[Pierre-Augustin Caron de Beaumarchais，1732—1799]的作品《费加罗的婚礼》的，却被视为斯洛文尼亚的"第一部"舞台剧。)

诚如多拉以黑格尔为依据所说的那样，"每一种认同都是基于某种差异，即它所包含的作为其内在瞬间的以及它所产生的作为其真理的差异。而另一方面，如果我们把这一差异当回事的话，它就会产生自身的对立面，最后是某种冲突。"①

如上述所示，正是这一差异促使我们对其他文化的作品建立起了某种移情关系，但这些作品必须是建立于共同的人类或人类学的特质之上的，后者虽是偶然的，却是本质的。同样，也正是这一差异导致了艺术效果和审美效果的发生，并创造出我刚才在杜尚的例子里所提到的诗性效果。纯粹的等值或对等性永远不会出现，因为只有这种差异才会允许一件作品作为一件艺术作品和文化作品而发挥其功能。然而，不对等性也非其全部，因为这么一来，指称的链条就会断裂，新旧语境之间就会出现断层。在这种情况下，一件人工制品就不是被再语境化，而是被遗失了。特别是当代艺术作品，这种再语境化是很难实现的，即使是它的地理、文化和民族环境所特有的公众，经常也是如此。这类情况的过剩，充斥于大众传媒之中的艺术作品及其复制品，在所有全球化语境之下极端而大量地混杂的人工制品，导致了这样一种结果：艺术和非艺术的界限变得模糊了，而艺术所扮演的角色显然已被大众文化所取代。

艺术和文化的重置和移置是一种全球化现象。这种时下愈演愈烈的过程所导致的一个结果是，我们明显缺乏一种用来区分作品的主次方面的规范性坐标，因为艺术和文化批评已不再服务于这个任务了。因此，我们也许可以合理地说，也许我们应该依赖于这种由人类学意义上的共同特质所支持的人类共同状态来评价判断个别作品的关联性。此外，艺术的经验其实不太是一个媒介问题，而是你和我作为两个个体的个人的、主观的体验，这点也许值得我们铭刻于心。

---

① Mladen Dolar, "Slovenska nacionalna identiteta in kultura-navodila za uporabo," in *Nacionalna identiteta in kultura* (Ljubljana: Inštitut za civilizacijo in kulturo 2003), p. 29.

征稿启事

《外国美学》征稿启事

《外国美学》集刊自创刊至今已经有二十多年的历史了。1983 年，朱光潜先生在为《外国美学》集刊创刊所写的贺词中写道："今天已不再是闭关自守的时代，坐井观天者就难免诬天渺小。……在汝信同志的领导之下办好这个《外国美学》专刊，我相信它既有助于提高美学著作的质量，同时也有助于培养出一批杰出的美学方面的科学家。"二十多年来，《外国美学》没有辜负朱光潜先生的期望，在培育人才，积聚研究力量，推动中国美学的发展方面，做了很多的工作，发表了一批好文章，形成了自己的传统。

研究外国美学，借鉴外国美学，与国际美学界对话，发展中国美学，这是中国美学家们的共同心愿，也是我们这个集刊的宗旨。近年来，中国美学界与国际美学界的对话和交流有了长足的发展。一些重要的国际美学会议在中国召开，中国学者参与国际美学活动的意愿和能力也有了很大的提高。外国美学研究的一些新的成果，也陆续被介绍到国内。经过了一段时间的沉寂，美学这个学科在近年来受到了越来越多的研究人员、青年学生和社会各方面人士的关注。

《外国美学》将继续继承这个集刊已经形成的坚持马克思主义指导、学风严谨、信息量大、覆盖面广的传统，努力做到古典美学和当代美学并重，研究论著与外国重要论著的翻译并重，专论与当代西方美学研究情况介绍并重。

本集刊将邀请当代世界最重要的美学家、国际美学协会的主要负责人、一些国家的美学学会的主要负责人，以及国内对外国美学有专门研究的学者担任编委，形成一个中外结合的编委会，同时，充分发挥编委会的作用，将《外国美学》办成一个高质量的介绍和研究国外美学的重要平台。

《外国美学》由中国社会科学院文学研究所文学理论研究室和中华美学学会外国美学学术委员会负责编辑，由江苏教育出版社出版。《外国美学》敬请各位专家赐稿。稿件范围包括国内学者首次发表的有关国外古代和现当代美学的研究论文、研究动态，国外学者首次发表的论文及经典性论文或重要论著选段的译作（请自行解决版权）。

论文请附200字左右的内容提要和3至5个关键词，文章标题需要译成英文。来稿格式务必符合国家统一标准，注释一般采用脚注，每页重新编号，以①②③……顺序自动编排；特殊稿件，可采用尾注。请在文末注明作者真实姓名、学历职称、工作单位、联系方式等。若系译稿，请附原文。来稿请注明"《外国美学》稿件"。

本刊地址：北京建国门内大街5号中国社会科学院文学研究所《外国美学》编辑组 （邮编：100732）

电邮地址：waiguomeixue@yahoo.com.cn 或 waiguomeixue@hotmail.com

《外国美学》编委会